图解钳工入门与提高

钟翔山　主编

TUJIE
QIANGONG
RUMEN
YU TIGAO

化学工业出版社
·北京·

图书在版编目（CIP）数据

图解钳工入门与提高/钟翔山主编. —北京：化学工业出版社，2015.1（2022.6重印）

ISBN 978-7-122-22054-7

Ⅰ. ①图… Ⅱ. ①钟… Ⅲ. ①钳工-图解 Ⅳ. ①TG9-64

中国版本图书馆 CIP 数据核字（2014）第 239542 号

责任编辑：贾　娜　　　责任编辑：谢蓉蓉

责任校对：宋　玮　　　装帧设计：王晓宇

出版发行：化学工业出版社（北京市东城区青年湖南街 13 号　邮政编码 100011）

印　　装：北京七彩京通数码快印有限公司

850mm×1168mm　1/32　印张 12½　字数 339 千字

2022 年 6 月北京第 1 版第 13 次印刷

购书咨询：010-64518888　　　售后服务：010-64518899

网　　址：http://www.cip.com.cn

凡购买本书，如有缺损质量问题，本社销售中心负责调换。

定　　价：39.80 元

随着我国经济快速、健康、持续、稳定地发展和改革开放的不断深入，以及全球新一轮产业结构的调整，我国已成为世界制造业大国，国民经济建设各领域急需大量技能型人才。钳工加工是机械加工中起源较早、技术性很强，并对机械产品的最终质量负有重要责任的加工方法，具有工作范围广、涉及专业面宽、加工质量主要取决于操作人员的技术水平等特点。

为满足企业对熟练钳工的迫切需要，本着加强技术工人的业务培训，满足劳动力市场需求之目的，我们通过总结多年来的实践经验，精心编写了本书。

本书在介绍图样的识读、常用检测器具的操作与使用及检测方法的选用等钳工基础知识的基础上，围绕钳工加工的工作性质，对划线、锯切与錾削、锉削、刮削与研磨、抛光、钻孔、扩孔、锪孔和铰孔、攻螺纹与套螺纹、矫正与弯曲、铆接与粘接、装配与调整等各方面的操作技能、技巧、禁忌及加工方法、注意事项进行了详细的讲解。为提高操作技能和解决生产中实际问题的能力，书中较多地融入了成熟的实践经验，并精选了带有详细加工工艺和加工方法的典型实例。

本书注重实践性、针对性、启发性和可操作性，对基本理论部分以必需和够用为原则，注重基本知识和基本操作技能的讲解和工作能力的培养，将专业知识与操作技能、方法有机地融于一体，做到基本概念清晰，突出实用技能。

全书由钟翔山主编，钟礼耀、钟翔屿、孙东红、钟静玲、陈黎娟副主编，参加资料整理与编写的还有曾冬秀、周莲英、周彬林、刘梅连、欧阳勇、周爱芳、周建华、胡程英、周四平、李拥军、李卫平、周六根、曾俊斌，参与部分文字处理工作的有钟师源、孙雨暄、欧阳露、周宇琼等。全书由钟翔山整理统稿，钟礼耀、钟翔屿、孙东红校审。

在本书的编写过程中，得到了同行及有关专家、高级技师等的热情帮助、指导和鼓励，在此一并表示由衷的感谢，然而由于水平所限，不足之处在所难免，热忱希望读者批评指正。

编　者

目 录

第3章 锯切与錾削 99

第4章 锉削、刮削与研磨、抛光 123

第1章 钳工加工概述

1.1 钳工的工作内容

随着现代工业技术的不断发展，机械制造业越来越成为一种技术密集型行业，钳工是机械制造业中的一个重要工种，同时也是起源较早、技术性很强的工种之一。从钳工的工作性质来讲，钳工可定义为：使用手工工具或设备，主要从事工件的划线与加工、机器的装配与调试、设备的安装与维修、模具和工具的制造与维修等工作的人员。

在机械设备的制造过程中，任何一种机械产品的制造，一般都是按照先生产毛坯、经机械加工等步骤生产出零件，最终将零件装配组装成为机器的生产步骤完成的，为了完成整个生产过程，机械制造企业一般都有铸工、锻工、焊接工、热处理工、车工、钳工、铣工、磨工等多个工种。

在各类机械制造的工种中，只有钳工工作贯穿于机械产品的零件生产、机器组装全过程的始终。首先是毛坯在加工前，需经过钳工进行划线或矫正操作才能往下道工序进行；有些零件在机械加工完成后，往往根据技术要求，还需要钳工进行刮削、研磨等操作才能最终完成；在零件机械加工完成后，则需要通过钳工把这些零件按照技术要求进行组件、部件装配、总装配和调试才能成为一台完整的机械。因此，钳工工作对机械产品最终质量负有重要责任。

在不同规模、不同行业的企业，钳工的工作内容也有所不同。目前，《钳工国家职业标准》将钳工分为装配钳工、机修钳工和工具钳工三类。装配钳工的职业定义为：操作机械设备或使用工装、工具，进行机械设备零件、组件或成品组合装配与调试的人员。机修钳工职业定义为：从事设备机械部分维护和修理的人员。工具钳工的职业定义为：从事操作钳工工具、钻床等设备，进行刀具、量具、模具、夹具、索具、辅具等（统称工具，又称工艺装备）的零件加工和修整、组合装配、调试与修理的人员。根据工厂企业的实际情况，装配钳工一般又细分为机械装配钳工和内燃机装配钳工等，而在大中型机械加工企业，工种划分更细、更专业化，机械装配钳工又进一步划分为机械加工钳工、装配钳工、划线钳工等；机修钳工一般又细分为机械维修钳工和内燃机维修钳工等；工具钳工一般也细分为模具钳工、夹具钳工、量具钳工、划线钳工等。

不论从事何种职业性质的钳工，其所具备的基本操作技能都是相同的，即应掌握划线、锯切、錾削、锉削、钻孔、扩孔、锪孔、铰孔、攻螺纹、套螺纹、矫正、弯形、铆接、刮削、锉配、装配和简单的热处理等基本操作技能，而要掌握上述操作技能，首先应具备一定的机械识图能力、掌握一定的公差与配合基本知识、能较熟练地使用测量的各类常用量具、具有一定的金属材料与热处理基本知识以及具有一定的金属加工等基础常识，其中，尤以图样的识读、常用量具的使用及测量方法的掌握为最根本。

从钳工操作的工作性质来看，一般钳工职业具有以下特点。

① 钳工是从事比较复杂、细微、工艺要求较高的以手工操作为主的工作。

② 钳工工具简单，操作灵活，可以完成用机械加工不方便或难以完成的工作。

③ 钳工可加工形状复杂和高精度的零件。技艺精湛的钳工可加工出比使用现代化机床加工还要精密和光洁的零件，可以加工出连现代化机床也无法加工的形状非常复杂的零件，如高精度量具、样板、复杂的模具等。

④ 钳工加工所用工具和设备价格低廉、携带方便。

⑤ 钳工的生产效率较低，劳动强度较大。

⑥ 钳工工作质量的高低取决于钳工技术熟练程度的高低。

⑦ 不断进行技术创新，改进工具、量具、夹具、辅具和工艺，以提高劳动生产率和产品质量，也是钳工的重要工作。

1.2 钳工的加工设备与工具

由于细分的职业钳工工作性质较多，因此不同的钳工其所使用的加工设备与工具也有所不同。

(1) 钳工常用的设备与工具

表1-1给出了常用的钳工设备与工具。

表1-1 常用的钳工设备与工具

分类	主要工具名称
划线工具	划线平台、划针、划规、样冲、划线盘、分度头、千斤顶、方箱、V形架、砂轮机
锯切工具	手锯、手剪
錾削工具	手锤(榔头)、錾子、砂轮机
锉削工具	锉刀、台虎钳
钻孔工具	钻床、手电钻、麻花钻、扩孔钻、锪钻、铰刀、砂轮机
攻螺纹工具	铰杠(又称铰手)、板牙架、丝锥、板牙、砂轮机
刮研工具	刮刀、校准工具(校准平板、校准平尺、角度直尺、垂直仪)
研磨工具	研磨平板、研磨圆盘,圆柱研棒、圆锥研棒、研磨环等
矫正与弯形工具	矫正平板、铁砧、手锤、铜锤、木锤、V形架、台虎钳、压力机
铆接工具	压紧冲头、罩模、顶模、气铆枪
装配工具	螺丝刀(起子)、可调节扳手、开口扳手、整体扳手、内六角扳手、套管扳手、拔销器、斜键和轴承拆装工具

① 台虎钳是用来夹持工件的通用夹具，有固定式［图1-1(a)］和回转式［图1-1(b)］两种。回转式台虎钳由于使用较为方便，故应用很广泛。台虎钳的规格以钳口的宽度表示，有75mm、100mm、125mm、150mm、200mm等。

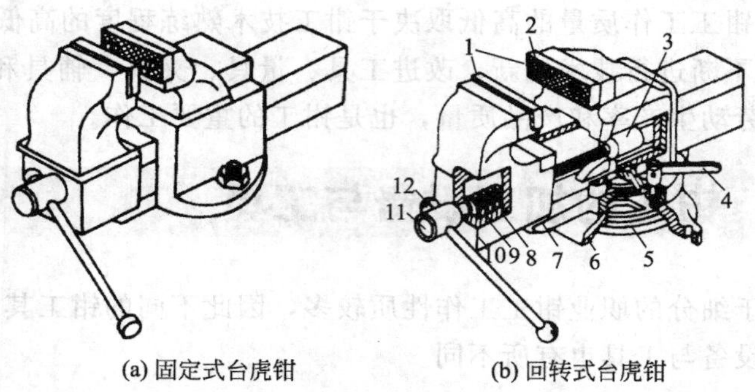

(a) 固定式台虎钳　　(b) 回转式台虎钳

图 1-1　台虎钳

1—钳口；2—螺钉；3—螺母；4,12—手柄；5—夹紧盘；6—转盘座；7—固定钳身；8—挡圈；9—弹簧；10—活动钳身；11—丝杠

台虎钳在使用和维护时应注意：夹紧工件时只允许依靠手的力量来扳动手柄，不允许用锤或随意套上长加力管来扳手柄，以防螺母、丝杠或钳身因过载而损坏；不能在活动钳身的光滑表面做敲击作业，以免降低它与固定钳身的配合性能。

② 钳台又称钳桌，是用来安装台虎钳、放置工具和工件并进行钳工主要操作的设备，其高度一般为 800～900mm，如图 1-2(a) 所示；其合适高度如图 1-2(b) 所示。

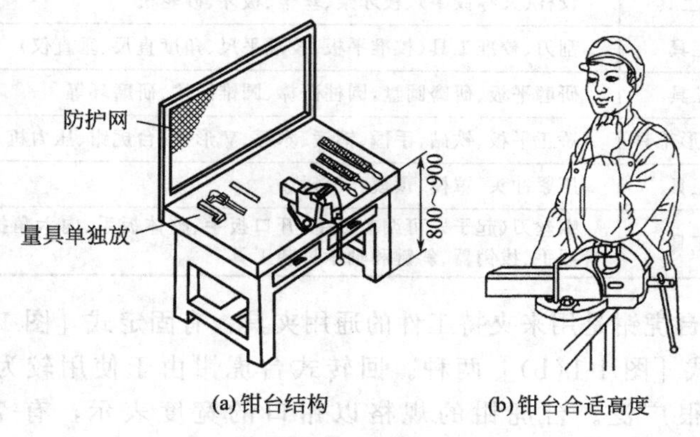

(a) 钳台结构　　(b) 钳台合适高度

图 1-2　钳台

③ 砂轮机用于刃磨钻头、刮刀和錾子等刀具或样冲、划线等工具。砂轮机主要由砂轮、电动机和机体组成，如图 1-3 所示。

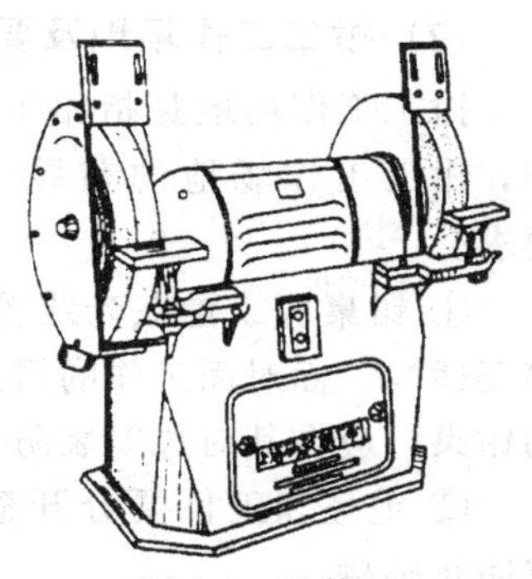

图 1-3 砂轮机

砂轮机在使用时应注意：砂轮的旋转方向应与砂轮罩上的箭头方向一致，使磨粒方向向下方飞离砂轮；磨削时，操作者不要站在砂轮机的正对面，而应站在砂轮机的侧面或斜对面；磨削时要防止刀具或工件对砂轮发生剧烈的撞击或施加过大的压力。当砂轮外圆跳动严重时，应及时用修整器修整。

④ 钻床是用来对工件进行圆孔加工的设备，有台式钻床、立式钻床和摇臂钻床等。

⑤ 划线平板又称划线平台，是用来进行划线、测量和检验零件的平面度、平行度、垂直度、角度和直线度的设备。

⑥ 方箱是用于钳工立体划线、测量和检验零件的平行度和垂直度的设备。方箱分为普通方箱和磁性方箱两类。

⑦ 分度头是用来进行分度划线、测量以及检验的设备。

⑧ V形架是用来放置圆柱形轴类零件进行划线、测量以及检验的设备。

⑨ 铁砧是用来对工件进行矫正、弯形、延展等锤击操作的设备。

此外，钳工在操作过程中，还需使用到以下量具，主要有钢直尺、内外卡钳、游标卡尺、高度游标卡尺、刀形样板平尺、90°角尺、万能角度尺、外径千分尺、塞尺、百分表、半径样板等。

各类钳工设备及工具在后续章节中将详细地介绍，但钳工不论使用何种设备及工具操作，均应遵守工作场地的要求，并严格按设备的维护保养方法进行。

(2) 钳工工作场地及要求

钳工工作场地是指钳工固定工作的地点。为安全、方便地工作，钳工工作场地的布局一定要合理，要符合安全文明生产的要求。

① 钳桌应放置在光线较好、操作方便的地方，钳桌之间的距离要适当。面对面工作的钳桌，应在其中间安装防护网，单边工作的钳桌，应在其对边安装防护网。

② 毛坯和工件要分开整齐放置，工件要尽量放置在搁架上，以防止磕碰。

③ 合理摆放工、量、夹具，量具要放置在钳桌的隔板上，工具要纵向放置在顺手的位置。

④ 工作场地要保持整洁，每天工作完毕后，应按照要求对设备进行清理、润滑，把工作场地打扫干净。

(3) 设备的维护保养方法

设备的维护保养应以设备的日常维护保养工作为主。做到设备的管理和维修以预防为主，维护保养和计划检修并重。

① 设备日常维护的内容　设备的日常维护主要包括以下内容。

a. 班前，按照设备的检查内容，认真检查，合理润滑设备。

b. 工作中，遵守操作规程，正确使用设备，保证设备正常运转。

c. 班后，进行设备的擦拭和清扫，并做好交接班工作。

d. 发现隐患及时排除，重大问题立即上报有关人员。

② 设备日常维护的要求　坚持日常维护经常化，必须达到整齐、清洁、安全、润滑四项要求。严格执行操作工人的三项权利：有权制止他人私自动用自己操作的设备；因生产需要，要求超负荷使用设备时，在没采取防范措施或未经主管部门批准的情况下，有权拒绝操作；发现设备运转不正常，逾期不检修，安全装置不符合技术标准规定时，应及时上报，在未经采取相应措施之前，有权停止使用设备。

③ 设备日常维护保养的岗位责任制　设备的日常维护保养工作应建立以下内容的岗位责任制。

a. 对单人操作的设备，实行操作者维护保养专责制。

b. 对多人共同操作的设备（机组），应建立机长负责制。

c. 自动生产线或一人操作多台设备时，应结合具体情况，建立相应的责任制。

d. 操作工人调动工作时，必须对设备进行认真交接，分清责任。

1.3 图样的识读

正确识读图样是机械工人进行加工的前提和基础。机械图形主要有零件图和装配图两种。操作工人需要根据零件图上所规定的要求来加工机器零件，并根据装配图将零件装配成机器。

1.3.1 识读图样的方法

识读图样的方法主要有两种，即形体分析法和线面分析法。形体分析法是使用最普遍、最基本的识图方法。一般说来，看三视图，以形体分析法为主，只有当形体上有切割部分而不易看懂形状时，可用线面分析法配合，最终就容易想象出物体的结构和形状了。

(1) 形体分析法

形体分析法识图的着眼点是体，它是把视图中的线框分为几部分，再在相邻视图中逐个线框找对应关系，然后逐个想象基本立体形状，并确定其相对位置、组合形式和表面连接关系，从而综合想象整体形状。如图1-4所示的底座视图可按如下步骤想象其立体形状。

① 分析视图找特征。通过分析可知，主视图主要反映底座特征，俯视图主要反映形体Ⅰ的特征，左视图主要反映形体Ⅱ、Ⅲ的特征。因此，该底座可大体分为Ⅰ、Ⅱ、Ⅲ三部分组成，其中，形体Ⅰ是两端挖槽四角倒圆的平板；形体Ⅱ是顶部挖去一个小半圆的长方块；形体Ⅲ是中间钻孔并开有键槽、外形为带圆角的平板，如

图 1-4(a) 所示。

② 旋转归位想形状。想象形体Ⅰ从俯视图出发，形体Ⅱ、Ⅲ从左视图出发，依据“三等”规律，分别在其他视图上找出对应的投影（如图 1-4 中粗实线所示），然后旋转归位想象出各形体的形状，如图 1-4(b)、(c)、(d) 中立体图所示。

③ 综合归纳想整体。长方形底板Ⅰ、长方块Ⅱ、拱形柱体Ⅲ前后对称，长方块和拱形柱体宽度相等，前后表面对齐，两者连接在一起并叠加到底板上，如图 1-4(e) 所示。

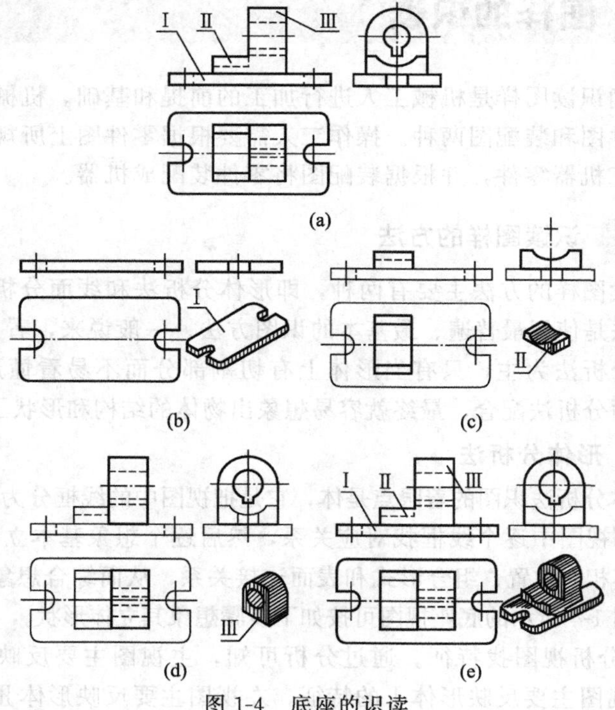

图 1-4 底座的识读

(2) 线面分析法

当视图所表示形体较为不规则或轮廓线投影相重合，应用形体分析法读图难以奏效时，应采用线面分析法。

线面分析法的着眼点不是体，而是体上面（平面或曲面）。它把视图中的线框、线段的投影对应关系想象为表示体上某一面。由于体都是由一些平面或曲面所围成的，所以只要把视图中每个线框、线段空间含义搞清楚，想象其所表示的空间线段、平面的形状和相对位置，然后再综合起来想象，并借助于立体概念，便可想象出整体形状。在进行线、面分析法读图时，应根据点、直线、曲线、平面、曲面的投影特性来分析，想象体上面形状和所处空间位置。如图 1-5 所示的压块视图可按如下步骤想象其立体形状。

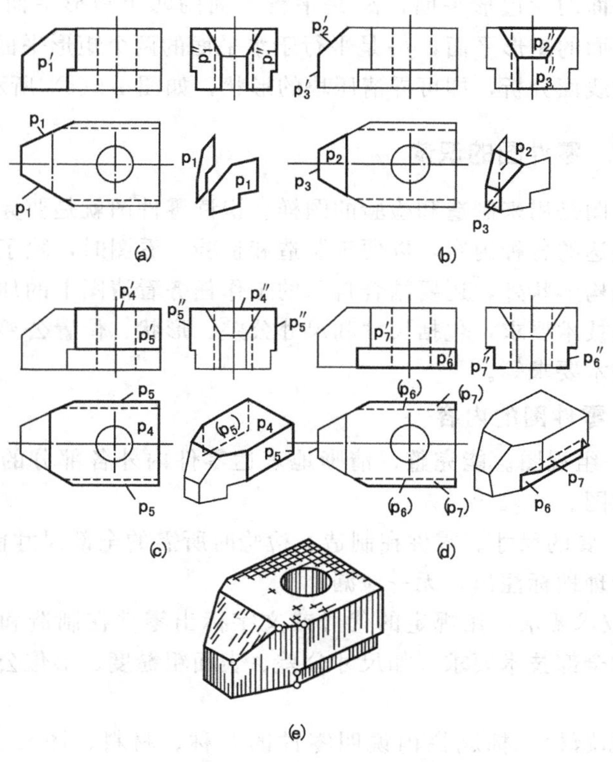

图 1-5　压块的识读

① 根据图 1-5(a) 所示视图，主、侧视图中 p_1'、p_1''都是七边形线框，根据“三等”规律可知，对应俯视图的斜线 p_1是一前一后垂直于水平面的两个七边形平面。

② 根据图 1-5(b) 所示视图，俯、侧视图中 p_2、p_2''是梯形线框，与其对应的主视图上是一条斜线 p_2'。根据投影的“三等”规律，可知 p_2是一个垂直于正面的梯形平面。另外，从左侧视图中的矩形线框 p_3''和与之对应的主、俯视图中的直线 p_3'、p_3，可知 p_3是一个平行于侧面的矩形平面。

③ 按上述方法继续对图 1-5(c)、(d) 进行分析，可知 p_4是平行于水平面的六边形平面，p_5是平行正面的两个矩形平面，p_6是平行于正面的矩形平面，p_7是平行于水平面的两个矩形平面。

通过线面分析，即可弄清压块的形状，如图 1-5(e) 所示。

1.3.2 零件图的识读

零件图是用来制造和检验的图样。识读零件图就是要弄清零件图中所表达的各种内容，以便于制造和检验。看图时，除了根据视图看出结构形状外，还要结合自己的工作任务看清图上的加工部位和标注的技术要求，包括尺寸和尺寸公差、形状、位置公差和文字说明的技术要求等。

(1) 零件图的内容

① 一组视图。能完整、清晰地表达零件内外各部分的形状和结构的视图。

② 必要的尺寸。零件在制造、检验时所需的全部尺寸能完整、清晰、合理地标注出，无一遗漏。

③ 技术要求。用规定的代号或文字标出零件在制造和检验时应达到的全部技术要求，如尺寸公差、表面粗糙度、形位公差、热处理等。

④ 标题栏。标题栏内说明零件的名称、材料、图号、数量、比例以及制图、校核人的姓名等。

（2）识读零件图的方法和步骤

零件的种类很多，按其结构形状，大致可分为轴套、轮盘、叉架、箱体等四种类型。图 1-6 为一级圆柱齿轮减速器的箱体零件图。

零件图的识读，一般可按以下方法和步骤进行，但对识图的每一步骤不要完全孤立地进行，要相互结合反复分析。如能结合尺寸进行分析，往往更有利于读懂图纸。

① 首先看标题栏。从标题栏了解零件的名称、材料、比例、重量等，结合对全图的浏览，初步认识该零件在机器中的部位、功能作用和特点。

图 1-6 所示零件为减速器箱体，属箱体类零件。箱体类零件在部件中起支承和包容轴承、齿轮等零件的作用，上有支承、安装、包容等结构（带有轴承孔、凸台或凹台、内腔、肋板、螺纹孔、螺栓通孔等）。零件的材料为铸铁（HT200），由铸件经机加工而成，外廓大小为 334mm×150mm×114mm。

② 分析视图和形体，想象零件形状。视图和形体分析是零件图的重要一环。看图时要首先找到主视图。围绕主视图弄清各视图的名称、投影方向、剖切位置、表示目的，以形成对零件整体轮廓的初步概念，然后应用形体分析法或线面分析法进行仔细分析，逐步看懂，最后综合想象出零件的整体形状。

箱体类零件结构形状通常较为复杂。图 1-6 所示的箱体零件共有 5 个视图，即 3 个基本视图、1 个局部视图和 1 个斜视图。三个基本视图表达了箱体的外形结构，主视图的三处局部剖视以及左视图的半剖视和一外局部剖视表明了箱体内腔壁厚和螺栓孔、销钉孔、螺纹孔、斜孔等的结构形状，B 向斜视和 C 向局部视图分别表示了两个凸台端面的结构形状。

在进行形体分析时，要把零件分成若干部分，按各自投影系逐一对照分析。对减速器箱体大致可分为箱壁、支承、连接板和底板四部分。三个基本视图表明了这四部分的结构形状、大小和相对位置。

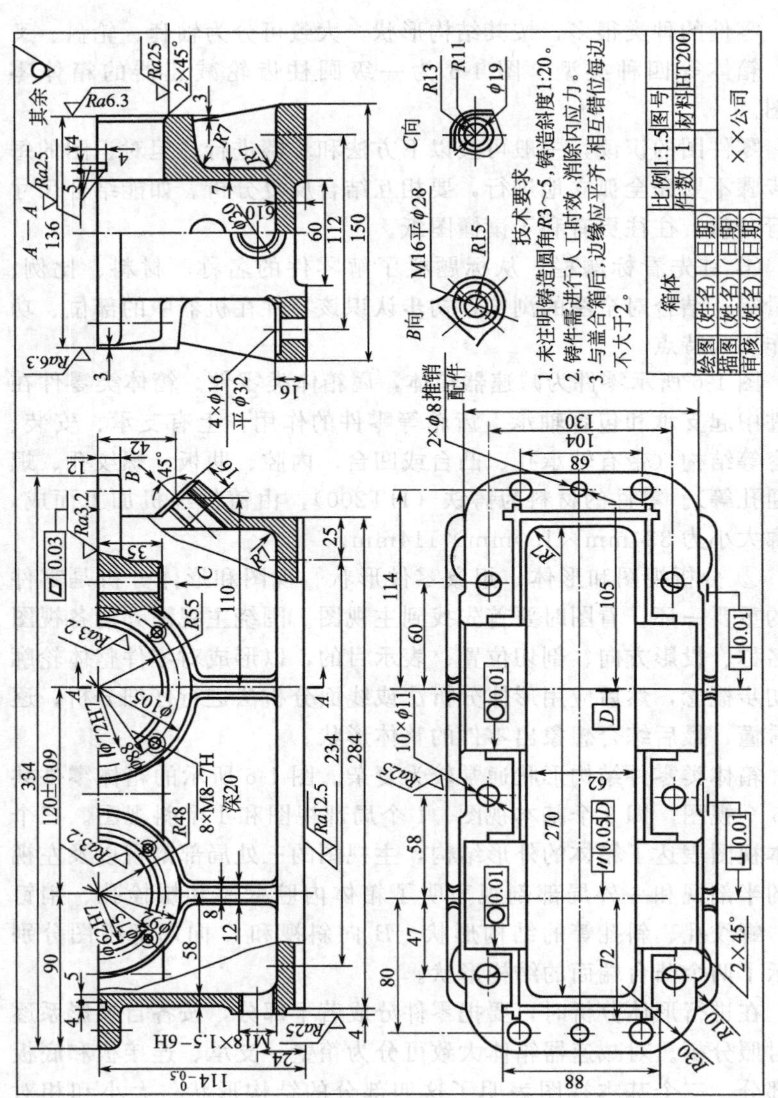
A—A
B向
C向
技术要求
1. 未注明铸造圆角R3～5，铸造斜度1:20。
2. 铸件需进行人工时效，消除内应力。
3. 与盖合箱后，边缘应平齐，相互错位每边不大于2。
箱体
比例 1:1.5
图号
件数 1
材料 HT200
绘图 (姓名) (日期)
描图 (姓名) (日期)
审核 (姓名) (日期)
××公司

图1-6 箱体零件图

箱体内部要安装一对齿轮，故箱体基本形状是中空的长方体。主视图的局部剖视和左视图的半剖视表明了箱壁壁厚。支承孔用于支承齿轮轴和轴承。在主、左视图上可以看出支承孔开在前后两箱壁的上方，其基本形状为对开式半圆柱孔，共两对。在支承孔内要安装轴承和端盖等零件。为保证具有足够的连接强度和刚度，加大了支承孔的宽度和凸缘的厚度，并设置了凸台，主视图上可看出支承孔上共有 8 个 M8 深 20mm 的螺钉孔，用来安装端盖。

矩形连接板用来连接对开式的箱体与箱盖，基本形状是中空长方体，从俯视图可以看出其外形，四角是圆弧，其上有 10 个 ϕ11mm 的螺栓通孔和 2 个 ϕ8mm 的销钉孔。销钉孔和螺栓孔分别用来使箱体与箱盖定位和固定，防止两者偏移。主视图的右上局部剖视图和 C 向局部视图表示出螺栓孔及凸台端面的形状。

底板的基本形状为长方体，俯视图、左视图表明它较箱壁宽，其上有四个通孔安装地脚螺栓；左视图还表明底板中部挖了一宽为 60mm 的空槽，这是为了减少加工面和安装结合面；从主视图、左视图上还可看出，主支承孔和底板之间设置了加强筋，这是为了增加支承孔的强度和刚度；左视图的局部剖视表明了 4 个 M16mm 的地脚螺栓孔的形状。主视图左端局部剖视表示了 M18mm×1.5mm 螺纹通孔是放油孔，是用来更换箱内的齿轮润滑油的；主视图右端局部剖视表示的斜孔，是用来插油面指示器的；B 向斜视图表明其凸台端面外形。在俯视图上看见的截油槽，是为防止箱体与箱盖的结合面处漏油而设置的，主视图、左视图上表示出了油槽的宽度、深度。

经过分析，弄清了零件各组成部分及细小部分的结构形状和相对位置后，就可逐步想象出该零件的整体形状结构。但对于比较复杂的零件或识图经验不多时，则应在归纳总结后再次审视全图，检查和完善已形成的零件整体形象，务使该形象能正确、完整地反映图示的零件。

③ 分析尺寸和技术要求。明确有哪些待加工部位及其要求的粗精程度。

分析尺寸时，首先要找出尺寸基准，然后从基准出发，用形体分析法找出各组成部分的定形尺寸和定位尺寸，分清主要尺寸和次要尺寸。箱类零件常以孔的轴线、对称平面、较大的加工平面或结合面作为长、宽、高三个方向尺寸的基准。图 1-6 所示箱体长度方向的尺寸基准是 ϕ62H7 和 ϕ72H7 的中心线；箱体前后是对称的，其对称平面是宽度方向的尺寸基准；箱体的上表面是箱体与箱盖的结合面，是箱体高度方向的尺寸基准；支承轴承的半圆孔 ϕ62H7 和 ϕ72H7 是箱体与箱盖连接一起加工的，所以要标注直径，(120±0.09)mm 是两轴承孔中心距，$114_{-0.5}^{0}$是两轴承孔的中心高度，这几个尺寸在图上直接注出了尺寸公差，比较重要。另外，螺纹孔的标注也有尺寸公差。

看技术要求时，根据图上标注的表面粗糙度、尺寸公差、形位公差及其他技术要求，搞清楚零件上的主要加工面、一般加工面和非加工面，从而明确加工任务，即哪些部位或尺寸需加工，哪些不必；需加工部位或尺寸加工质量要求如何。减速器箱体的技术要求，主要集中于支承轴承的半圆孔和上端面，其表面粗糙度、尺寸精度和形位公差将直接影响减速器的质量，是主要加工面。半圆孔的表面粗糙度为 3.2μm，其圆度公差以及轴线对端面的垂直度公差均为 0.01mm，ϕ62H7 孔的孔轴线对基准 D（ϕ72H7 孔的轴线）的平行度公差为 0.05mm。上端表面粗糙度为 3.2μm，平面度公差为 0.03mm；轴承孔表面粗糙度为 3.2μm，图上其他加工面为 ∀ 表示为非加工面。在技术要求中，还注出了对铸造的工艺要求。

④ 综合归纳，全面了解零件。通过以上的分析，将认识所得进行一次综合归纳，从而对该零件产生出全面的认识和概念。

对较复杂零件的识读，则往往还需要借助装配图、相关零件图、产品说明书和有关技术资料才能完全读懂。

1.3.3 装配图的识读

任何机器或部件都是由许多零件根据机器的工作原理和性能要求，按一定的相互关系和技术要求装配而成的。表达机器或部件的图样称为装配图。装配图是机器在制造、使用过程中用来指导装配、安装、调试以及维修的主要技术文件。识读装配图，就是了解装配体的名称、性能、结构、工作原理、装配关系及各主要零件的作用和结构、传动关系与装拆顺序。

(1) 装配图的内容

① 一组图形。表示机器或部件的工作原理，各零件间的装配连接关系以及零件的主要结构。除视图、剖视、剖面等外，必要时还有一些特别的表达方法。

② 必要的尺寸。装配图上只表示机器或部件的外形尺寸、安装尺寸、特征尺寸（表示机器或部件的性能、规格)、配合尺寸(零件间有公差配合要求的尺寸)、相对位置尺寸（装配时需要保证的零件间较重要的相对位置）等。

③ 技术要求。用文字或符号说明机器或部件在装配、检验、调试、使用等方面的要求。

④ 零件序号、明细表、标题栏。序号在图上用指引线引出，并按顺序编写每一个零件的序号。明细表在标题栏上方，用来说明每一个零件的序号、名称、数量、材料和备注等。标题栏用来说明机器或部件的名称、图号、比例以及制图、审核人的姓名等。

(2) 装配图的特殊表示方法

机件的各种表达方法都适用于装配图，由于装配图和零件图所表达的侧重点不同，装配图上还有一些特殊表示法，如规定画法、简化画法、假想画法、夸大画法等。

(3) 识读装配图的方法和步骤

读装配图的目的，是要从中了解机器或部件中各个组成零部件的相对位置、装配关系和连接方式，分析机器或部件的工作原理和作用功能，搞清各零件的作用和结构形状，有时还要从中拆绘出各零件的零件图。图 1-7 为某齿轮油泵的装配图。

装配图的识读，一般可按以下方法和步骤进行。

① 读标题栏及明细表。从标题栏中了解机器或部件的名称，

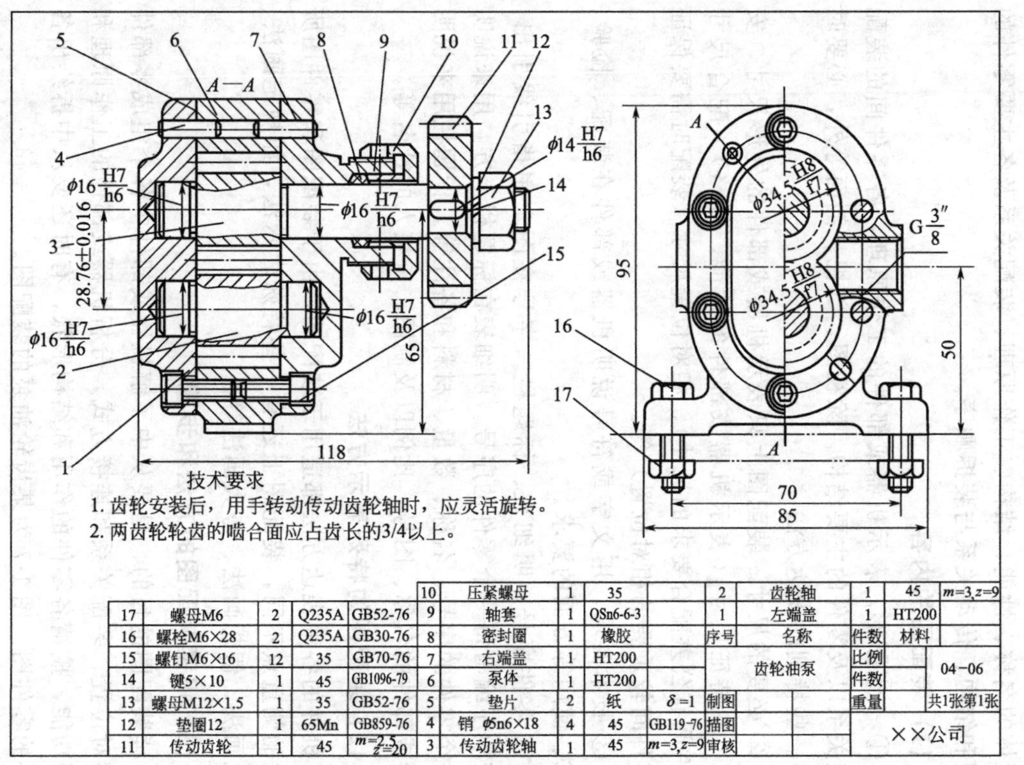
A—A
A
G$\frac{3''}{8}$
50
70
85
95
118
65
28.76±0.016
ϕ34.5$\frac{H8}{f7}$
ϕ14$\frac{H7}{h6}$
ϕ16$\frac{H7}{h6}$
技术要求
1. 齿轮安装后，用手转动传动齿轮轴时，应灵活旋转。
2. 两齿轮轮齿的啮合面应占齿长的3/4以上。
17 螺母M6 2 Q235A GB52-76
16 螺栓M6×28 2 Q235A GB30-76
15 螺钉M6×16 12 35 GB70-76
14 键5×10 1 45 GB1096-79
13 螺母M12×1.5 1 35 GB52-76
12 垫圈12 1 65Mn GB859-76
11 传动齿轮 1 45 m=2.5 z=20
10 压紧螺母 1 35
9 轴套 1 QSn6-6-3
8 密封圈 1 橡胶
7 右端盖 1 HT200
6 泵体 1 HT200
5 垫片 2 纸 δ=1
4 销 ϕ5n6×18 4 45 GB119-76
3 传动齿轮轴 1 45 m=3, z=9
2 齿轮轴 1 45 m=3, z=9
1 左端盖 1 HT200
序号 名称 件数 材料
齿轮油泵
比例
件数
重量
04-06
共1张第1张
制图
描图
审核
××公司

图1-7 齿轮油泵装配图

从明细表中了解各零件的名称、材料和数量等，结合对全图的浏览，初步认识该机器或部件的大致用途和大体装配情况。图 1-7 所示的齿轮油泵，由泵体、端盖、齿轮等 17 个零件组成，外形尺寸为 118mm×85mm×95mm，结构复杂，体积不大，是机器中用于输送润滑油或压力油的一种部件。

② 分析视图，明确装配关系。分析视图时，要根据图样上的视图、剖视剖面等的配置和标注，找出投影方向、剖切位置，了解各图形的名称和表达方法。齿轮油泵采用主、左两个基本视图。全剖视的主视图（沿传动齿轮轴轴线剖切）表达了泵的内部结构和各零件间的装配关系；左视图的半剖视图（沿左端盖，与泵体 6 的结合面剖切）表达了外部形状和齿轮啮合情况；局部剖视表明了油口的结构形状。

分析工作原理，有时需阅读产品说明书和有关资料。

分析装配关系时，要弄清各零件间的连接、固定、定位、调整、密封、润滑、配合关系、运动关系等。在图 1-7 中可看到，传动齿轮 11 用键 14 与传动齿轮轴 3 连接，并用垫圈 12、螺母 13 固定；一对带齿轮的齿轮轴 2、3 装入泵体 6 的内腔中，两侧由左、右端盖 1、7 支承；端盖与泵体由销 4 定位后，再用 12 个螺钉 15 将左、右端盖与泵体连接成整体。为了防止泵体与端盖的结合处，以及传动齿轮轴 3 的伸出轴处漏油，分别用垫片 5 和密封圈 8、轴套 9、压紧螺母 10 密封。两齿轮的齿顶与泵体内腔半圆孔的配合尺寸为 ϕ34.5H8/f7，是间隙配合；两齿轮轴轴颈与左、右端盖孔的配合尺寸均为 ϕ16H7/h6，是间隙配合；传动齿轮轴 3 与传动齿轮 11 的配合尺寸是 ϕ14H7/h6，也是间隙配合。带齿轮的齿轮轴 2、3 和传动齿轮 11 是油泵中的运动零件，当传动齿轮 11 旋转时，通过键将旋转运动及力矩传递给传动齿轮轴 3，经过齿轮啮合传动带动齿轮轴 2 转动。

分析零件的结构形状时，首先要按标准件、常用件、简单零件、复杂零件的顺序将零件逐个从各视图中分离出来，然后再从分离出的零件投影中用形体分析法或线面分析法逐个读懂各零件的形状结构。在图 1-7 中，首先根据标准件、常用件在装配图上的规定画法和简化画法等表达方法，把螺栓、螺母、螺钉、垫片、键等标准件以及齿轮轴、轴套等常用零件逐一从图中识出并分离出来，对这些零件不难读懂它们的形状。再将左端泵体用形体分析法读懂，最后识读较复杂的右端盖。

③ 综合归纳，形成完整认识。通过上面分析，把已经了解了结构形状的各个零件，按其在机器或部件中的相对位置、装配关系、连接方式结合起来，即可想象出机器或部件的总体形状。在此基础上，综合尺寸、技术要求等有关资料，进行归纳总结，便可形成或加深对机器或部件的认识。

1.4 常用量具及其使用

在零件加工过程中，必须经常用计量器具对工件进行测量，以便及时了解加工状况并指导加工，以保证工件的加工精度和质量。计量器具的种类繁多，根据其测量使用场合的不同可分为长度量具、角度量具两大类，而根据其是否具有通用性，又可分为通用量具和专用量具两大类。通用量具可用于所有工件尺寸与形位公差的测量，而专用量具则是针对某一种或某一类零件所使用的量具，主要用于检查使用通用量具不便于或无法检查的曲线、曲面等尺寸与形位公差。常用的专用量具有平面样板、量规等。

1.4.1 通用量具种类及使用

常用的通用量具有钢直尺、游标卡尺、百分表、千分尺、万能角度尺、高度尺、直角尺、深度尺、塞尺等。

(1) 钢直尺

钢尺是一种常用的粗略测量工具，它是用薄钢制成的尺子，可以直接量出工件尺寸，一般用来测量毛坯或尺寸精度不高的工件。测量范围有 0～150mm、0～300mm、0～500mm、0～1000mm 和 0～2000mm 五种。

① 钢直尺的结构 钢直尺的结构如图 1-8 所示。正面刻有刻度间距为 1mm 的刻线，在下测量面前端 50mm 的范围内还刻有刻度间距为 0.5mm 的刻线，背面刻有米英制换算表或英制单位的刻线。

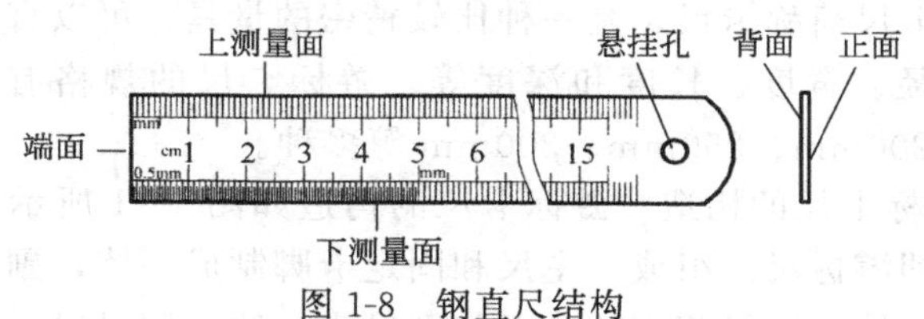

图 1-8 钢直尺结构

② 钢直尺的测量操作 利用钢直尺量取尺寸时，大拇指与食指相对捏住尺身上、下测量面，其他三指贴住尺身背面，如图 1-9 所示。

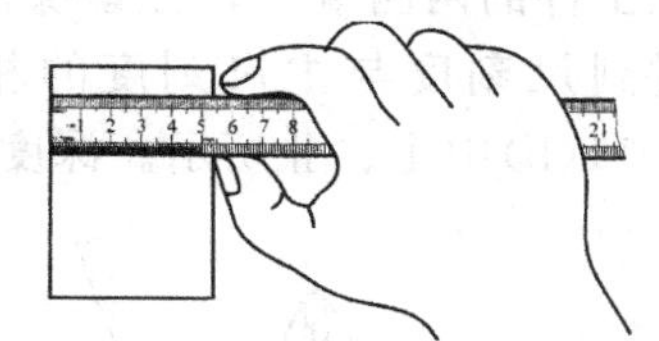
图 1-9 钢直尺握法及测量方法

测量时，尺身端面应与工件远端尺寸起始处对齐，大拇指的指腹顶住尺身下测量面、指甲顶住工件近端并确定工件长度尺寸；读数时，视线应垂直于尺身正面。认读误差控制在±0.5mm 以内。

此外，用钢直尺的上下测量面可对工件毛坯表面或粗加工表面的直线度或平面度通过“透光法”进行粗检测，检测时，尺身要垂直于被测表面，如图 1-10 所示。

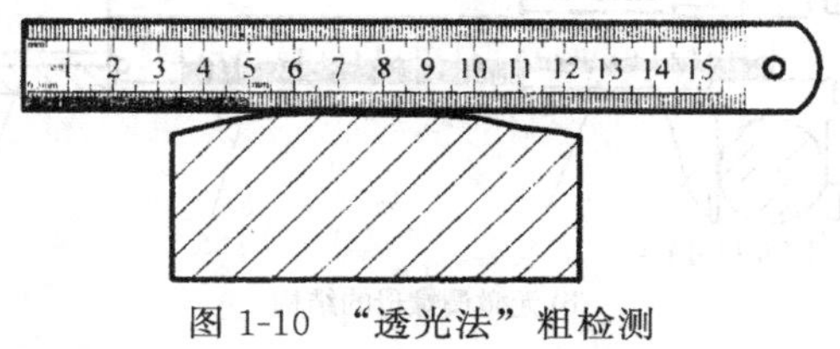
图 1-10 “透光法”粗检测

钢直尺和钢卷尺都是可直接读数的量具，使用较为方便，尺面刻度读数一般为 1mm。钢尺主要用于大尺寸测量和未标注偏差要求的非主要尺寸测量，在测量大尺寸直径时，钢直尺和钢卷尺应在其直径位置附近进行左右摆动，以得到的最大数值为所测量的直径。

(2) 游标卡尺

游标卡尺简称卡尺，是一种比较精密的量具，可以直接量出工件的内外径、宽度、长度和深度等。游标卡尺的规格有 120mm、150mm、200mm、250mm、300mm 等多种。

① 游标卡尺的构造　游标卡尺的构造如图 1-11 所示，由主尺和副尺（即游标尺）组成。主尺和固定卡脚制成一体，副尺和活动卡脚制成一体，测量深度的装置与副尺为一体。测量时，将两卡脚贴住工件的两测量面，拧紧螺钉，然后旋转螺母，推动副尺微动，通过副尺刻度与主尺刻度的相对位置，便可读出工件尺寸，如图 1-11(b)中Ⅰ、Ⅱ所示。深度测量方法如图 1-11(b) 中Ⅲ所示。

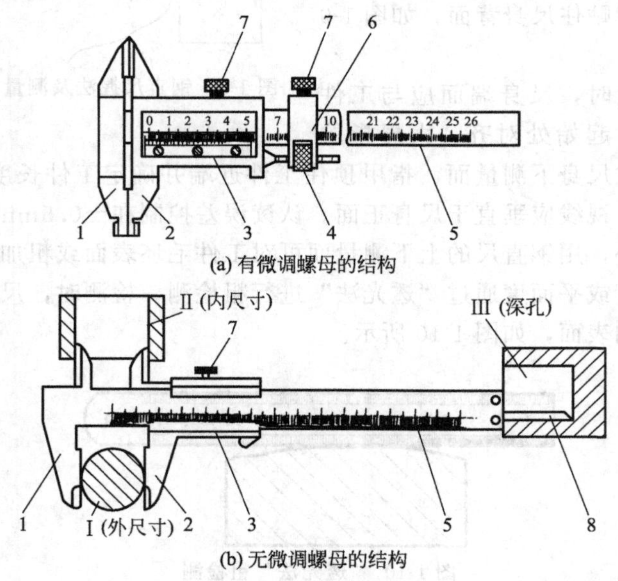

图 1-11　游标卡尺的构造

1—固定卡脚；2—活动卡脚；3—副尺；4—微调螺母；5—主尺；6—滑块；7—螺钉；8—深度尺

游标卡尺的读数精度有 0.1mm、0.05mm、0.02mm、0.01mm，读数精度高的多采用有微调螺母的结构。表 1-2 给出了常用游标卡尺的结构和基本参数。

表 1-2 常用游标卡尺的结构和基本参数

种类	结构图	测量范围/mm	游标读数值/mm
游标三用卡尺（Ⅰ型）	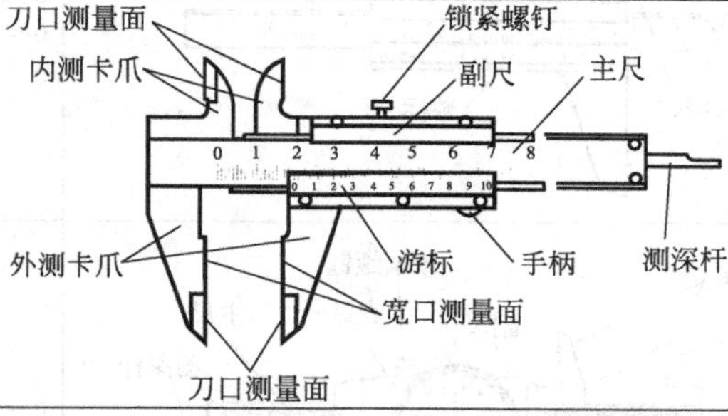 刀口测量面 锁紧螺钉 内测卡爪 副尺 主尺 外测卡爪 游标 手柄 测深杆 宽口测量面 刀口测量面	0～125 0～150	0.02 0.05
游标双面卡尺（Ⅱ型）	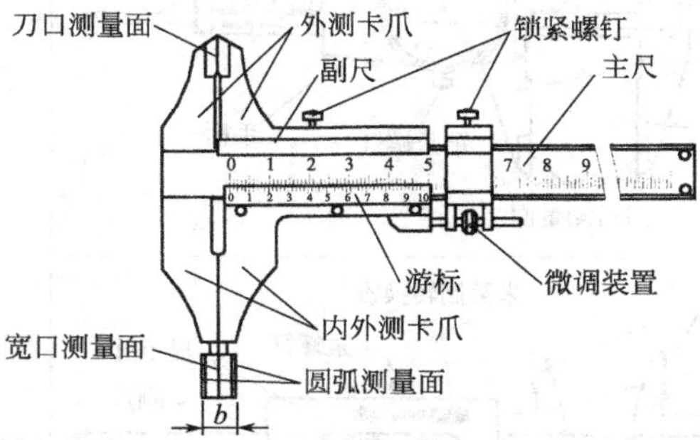 刀口测量面 外测卡爪 锁紧螺钉 副尺 主尺 游标 微调装置 内外测卡爪 宽口测量面 圆弧测量面 b	0～200 0～300	0.02 0.05
游标单面卡尺（Ⅲ型）	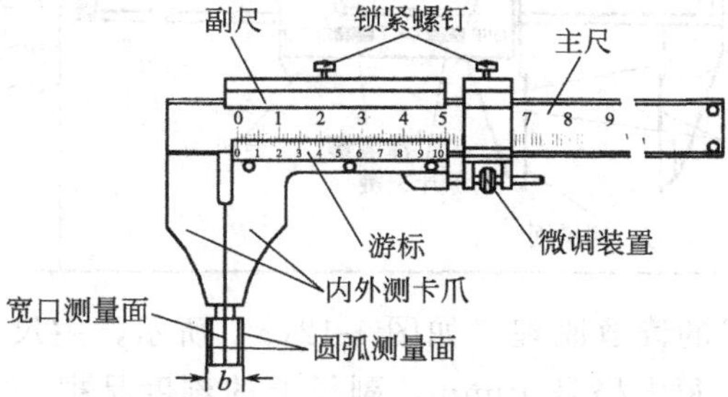 副尺 锁紧螺钉 主尺 游标 微调装置 内外测卡爪 宽口测量面 圆弧测量面 b	0～200 0～300	0.02 0.05
		0～500	0.02 0.05 0.1
		0～1000	0.05 0.1

续表

种类	结构图	测量范围/mm	游标读数值/mm
游标深度卡尺		0～150 0～250 0～500 0～600	0.02 0.05
游标表盘卡尺（Ⅰ型）		0～150 0～200 0～300	0.02
游标数显卡尺（Ⅰ型）		0～150 0～250 0～500 0～600	0.02 0.05

② 游标卡尺的读数原理　如图 1-12(a) 所示，主尺上的刻度每小格是 1mm，每大格是 10mm，副尺上的刻度是把 19mm 的长

度等分为 20 格，因此副尺上的每小格等于 19/20mm，副尺上的一小格与主尺上的一小格的差为：$1-\frac{19}{20}=\frac{1}{20}=0.05$mm。

根据上述游标卡尺制作原理，便可得到读数精度为 0.05mm 的游标卡尺。同样，在副尺等分不同的刻线，则可得到不同的读数精度，具体如下。

副尺有 10 个格，精度 0.1mm；

副尺有 10 大格，每一大格分为 2 个小格，共 20 格，精度0.05mm；

副尺有 10 大格，每一大格分为 5 个小格，共 50 格，精度 0.02mm；

副尺有 10 大格，每一大格分为 10 个小格，共 100 格，精度 0.01mm。

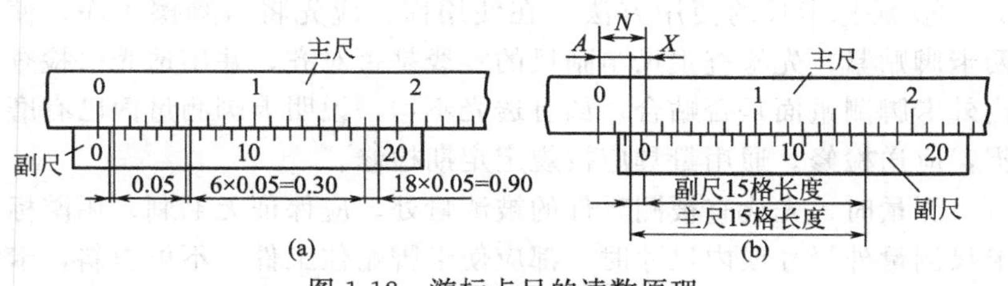

图 1-12 游标卡尺的读数原理

在图 1-12(a) 中，主、副尺的零线是正好对齐的，主、副尺刻度的相差是随着副尺上的格数增多而逐渐增大的。第一格相差为 0.05mm，到第六格相差 6×0.05＝0.30mm，而到第十八格就相差 18×0.05＝0.90mm。

③ 游标卡尺测量尺寸的读法 游标卡尺的读数方法分为以下三步。

a. 查出副尺“0”线前主尺上的整数；

b. 在副尺上查出哪一条刻线与主尺刻线对齐；

c. 将主尺上的整数和副尺上的小数相加，即得读数尺寸：

工件尺寸＝主尺整数＋副尺格数×卡尺精度

如果将副尺向右移动到某一位置，如图 1-12(b) 所示，这时主、副尺零线相错开的距离 N 正是卡脚张开的尺寸，即 $N=A+X$。式中 A 是整数（图中 $A=2\text{mm}$），X 是不足 1mm 的小数，它正是用游标卡尺读出的数值。因此，首先应定出副尺上被主尺任一刻线对齐的刻线的读数（该刻线距副尺零线的格数），再乘以卡尺的精度即得。

根据上述原理，从图 1-12(b) 中看出，副尺上第十五根刻线被对齐，于是得：

$$X=15\times0.05=0.75\text{mm}$$

所以，工件尺寸为：

$$N=A+X=2+0.75=2.75\text{mm}$$

当副尺上的“0”线对正主尺上的刻度线时，可直接读出主尺刻度数，即为测量尺寸。

④ 游标卡尺的使用方法　在使用前，应先将卡脚擦干净，使两卡脚贴紧，先检查主尺与副尺的零线是否对齐，并用透光法检查内外卡脚测量面是否贴合，如有透光不均，说明卡脚测量面已有磨损，应送检修。通用量具应按规定定期检修。

测量时，先检查被测零件的被测量处，应保证无毛刺。用游标卡尺测量外尺寸或内尺寸时，都应使卡脚贴住工件，不可歪斜，卡脚卡紧松紧适中，两卡脚与工件接触点的连线应为设计要求测量尺寸的尺寸线方向。

读数时可将制动螺钉拧紧后取出卡尺，把卡尺拿正，使视线尽可能正对所读刻线。

使用完毕后，应将卡尺擦拭干净放在专用的盒内，不能把卡尺放在磁性物体附近，以免卡尺磁化，更不要和其他工具放在一起，尤其不能和锉刀、凿子及车刀等刃具堆放在一起。

⑤ 游标卡尺的合理选用　游标卡尺属于中等精度的量具。不能用游标卡尺去测量铸件、锻件毛坯尺寸，也不能测量精度很高的工件。测量或检验工件尺寸时，要根据工件的尺寸精度要求，合理选用相应的游标卡尺，游标卡尺的适用范围可按表 1-3 选用。

表 1-3 游标卡尺的适用范围 单位：mm

游标读数值	示值误差	读数误差	适用精度范围
0.02	0.02	±0.02	IT12～IT16
0.05	0.05	±0.05	IT13～IT16
0.10	0.10	±0.10	IT14～IT16

⑥ 其他游标尺通用量具 根据游标卡尺的刻度原理，还有游标深度尺、高度游标尺等其他游标通用量具，如图 1-13 所示。其读法与游标卡尺相同。

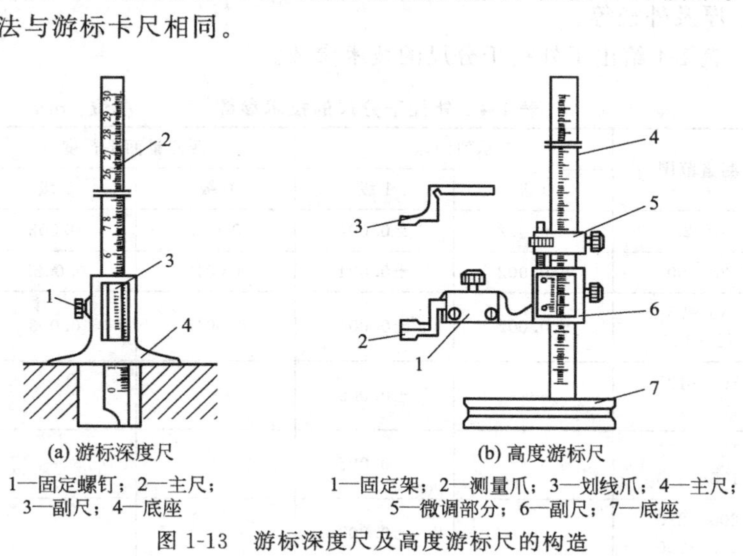

(a) 游标深度尺

1—固定螺钉；2—主尺；3—副尺；4—底座

(b) 高度游标尺

1—固定架；2—测量爪；3—划线爪；4—主尺；5—微调部分；6—副尺；7—底座

图 1-13 游标深度尺及高度游标尺的构造

游标深度尺是由主尺、副尺、底座和固定螺钉组成，其中副尺和底座二者为一体。它可用于测量深度、台阶的高度等，测量范围为 0～150mm、0～250mm、0～300mm 等多种，读数精度可分为 0.1mm、0.05mm、0.02mm 三种。

测量时将底座下平面贴住工件表面，将主尺推下，使主尺端面碰到被测量深度的底，旋转固定螺钉，根据主、副尺的刻线指示，即可读出测量尺寸。

高度游标尺有主尺、副尺、划线爪等，都立装在底座上，底座下平面为测量基面（工作平面）。测量爪有两个测量面，下面是平面，上面是弧面，可用于测内曲面高度。

高度游标尺应放在平台上测量工件高度和划线。

(3) 外径千分尺

外径千分尺是较精密的测量工具，外径千分尺的测量范围有0～25mm、25～50mm、50～75mm 和 75～100mm 等多种，分度值为 0.01mm，制造精度分为 0 级和 1 级两种。可用于测量长、宽、厚及外径等。

表 1-4 给出了外径千分尺的技术参数。

表 1-4 外径千分尺的技术参数 单位：mm

测量范围	示值误差		两测量面平行度	
	0 级	1 级	0 级	1 级
0～25	±0.002	±0.004	0.001	0.002
25～50	±0.002	±0.004	0.0012	0.0025
50～75 75～100	±0.002	±0.004	0.0015	0.003
100～125 125～150	—	±0.005	—	—
150～175 175～200	—	±0.006	—	—
200～225 225～250	—	±0.007	—	—
250～275 275～300	—	±0.007	—	—

① 外径千分尺的构造　外径千分尺构造如图 1-14 所示，由弓架、固定量砧、活动测轴、固定套筒和转筒等组成。固定套筒和转筒是带有刻度的主尺和副尺。活动测轴的另一端是螺杆，与转筒紧固为一体，其调节范围在 25mm 以内，所以从零开始，每增加25mm 为一种规格。

② 测量尺寸的读法　外径千分尺的工作原理是根据螺母和螺

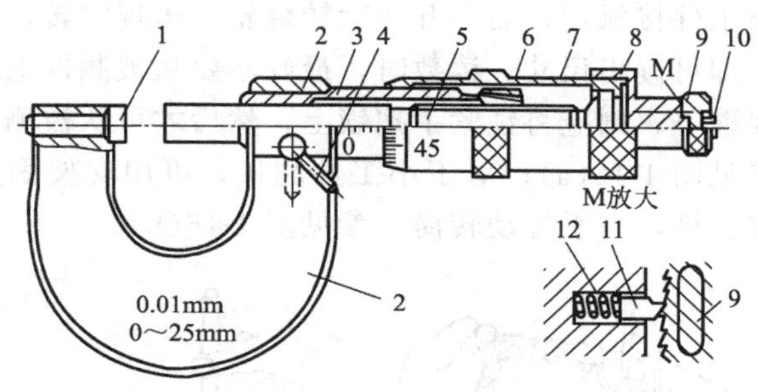

图 1-14 外径千分尺

1—固定量砧；2—弓架；3—固定套筒；4—偏心锁紧手柄；5—活动测轴；6—调节螺母；7—转筒；8—端盖；9—棘轮；10—螺钉；11—销子；12—弹簧

杆的相对运动而来的。螺母和螺杆配合，如果螺母固定而拧动螺杆，则螺杆在旋转的同时还有轴向位移，螺杆旋转一周，轴向位移一个螺距，如果旋转 1/50 周，轴向位移就等于螺距的 1/50。

固定套筒上 25mm 长有 50 个小格，一格等于 0.5mm，正好等于活动测轴另一端螺杆的螺距。转筒沿圆周等分成 50 个小格，则转筒一小格固定套筒轴向移动 0.01mm，因此可从转筒上读出小数，读法是：

工件尺寸＝固定套筒格数×1/2＋活动套筒格数×0.01

如图 1-15 所示，固定套筒 11 格，转筒 23 格，工件尺寸＝11×1/2＋23×0.01＝5.73mm

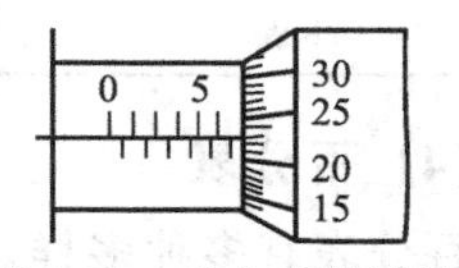

图 1-15 千分尺的读法

③ 外径千分尺的使用 使用前检查固定套筒中线和转筒零线是否重合。测量范围 0～25mm 的百分尺是将固定量砧和活动测轴两测量面贴近，若测量范围大于 25mm 的千分尺，应将检验棒置于两测量面之间。如中线与零线重合，千分尺可以使用，如不重合，应扭动转筒进行调整。

测量时，应先将千分尺的两测量面擦拭干净，还要将测量工件的毛刺去掉并擦净，一般左手拿千分尺的弓架，右手拧动转筒，当两测量面与工件接触后，右手开始旋转棘轮，出现空转，发出“咔咔”响声，即可读出尺寸。读数时，最好不要从被测件上取下百分尺，如果要取下，则应将锁紧手把锁上，然后才可从被测件上取下百分尺，参见图 1-16(a)；对于小工件测量，可用支架固定住百分尺，左手拿工件，右手拧动转筒，参见图 1-16(b)。

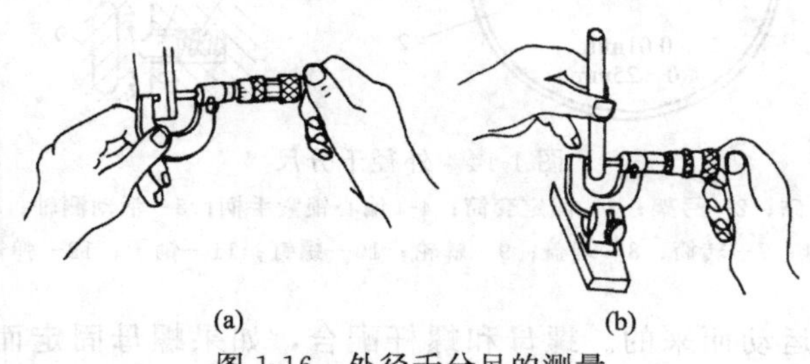

(a) (b)

图 1-16 外径千分尺的测量

④ 外径千分尺的合理选用 测量不同精度等级的工件要选用相应精度等级（0 级、1 级和 2 级）的千分尺进行测量，外径千分尺的适用范围可按表 1-5 选用。

表 1-5 外径千分尺的适用范围

级别	适用范围	合理使用范围
0 级	IT6～IT16	IT6～IT7
1 级	IT7～IT16	IT7～IT8

(4) 百分表

百分表有多种多样，图 1-17 是常用的一种，称为钟表式百分表，它是检查工件的尺寸、形状和位置偏差的重要量具。既可用于机械零件的绝对测量和比较测量，也能在某些机床或测量装置中作定位和指示用。

① 百分表的工作原理 各种百分表都有表盘、指针指示。被测件触动百分表的测头，然后经过百分表内的齿轮放大机构放大行程，再转动指针。根据这个原理使测头的微小直线位移，变成指针顶端的较大的圆周位移，借助表盘刻度读出测头的直线位移数值。

通常表盘 4 上的圆周等分为 100 格，放大比例是测头每位移 0.01mm 指针转动一格，所以百分表的测量精度为 0.01mm。

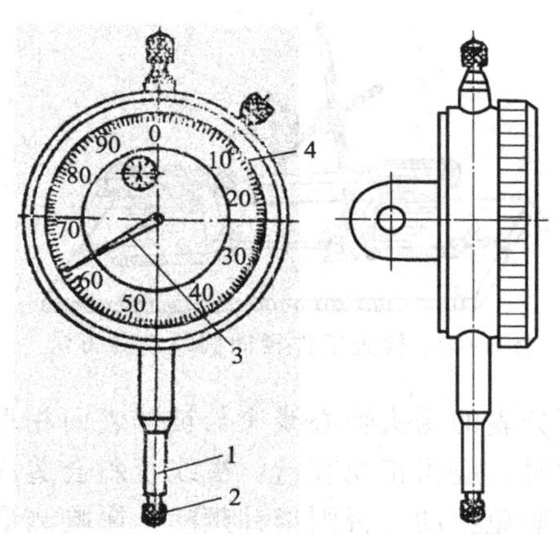

图 1-17 钟表式百分表

1—测轴；2—测头；3—指针；4—表盘

② 百分表的技术参数 百分表的示值范围有 0～3mm、0～5mm 和 0～10mm 三种。百分表的制造精度分为 0 级、1 级和 2 级三等。

表 1-6 给出了百分表的技术参数。

表 1-6 百分表的技术参数 单位：mm

精度等级	示值误差			适用范围
	0～3	0～5	0～10	
0 级	0.009	0.011	0.014	IT6～IT14
1 级	0.014	0.017	0.021	IT6～IT16
2 级	0.020	0.025	0.030	IT7～IT16

③ 百分表的使用 钟表式百分表常与表架一同使用。图 1-18 为用百分表检查在专用顶针上支承的工件，先使百分表的测头压到被测工件的表面上，再转动刻度盘，使指针对准零线，然后转动工

件，就可看到百分表指针的摆动，摆动的幅度就等于被测工件表面的径向跳动量。

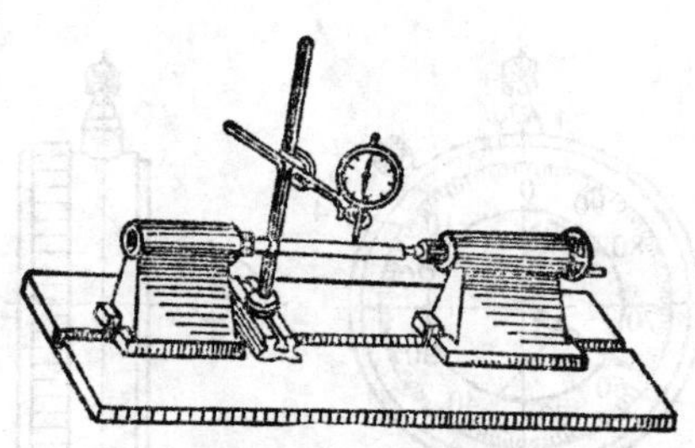

图 1-18　检查工件径向圆跳动的方法

测量时，百分表的测头轴心线应与被测表面相垂直，否则影响测量精度。读数时，应当正视表盘，视线歪斜会造成读数不准。使用百分表时，应避免振动，否则指针颤动，影响测量精度。

测量过程中，测头和测轴不应沾有油污，否则会使测轴失去灵敏性。百分表测量完后，应及时从表架上取下，擦干净后放入专用盒中，

④ 其他表类量具　除钟表式百分表外，还有内径百分表、杠杆百分表等其他类型的百分表。此外，还有外径千分表（测量精度为 0.001mm）、杠杆千分表（测量精度为 0.002mm）等表类量具。

内径百分表由百分表和专门表架组成，其主体是一个三通形式的表体 2，百分表的测量杆 5 与推杆 8 始终接触，推杆弹簧 4 是控制测量力的，并经过推杆 8、等臂直角杠杆 9 向外顶住活动测头 10。测量时，活动测头的移动使等臂直角杠杆回转，通过推杆推动百分表的测量杆，使百分表指针回转。由于等臂直角杠杆的臂是等长的，因此百分表测量杆、推杆和活动测头三者的移动量是相同的，所以，活动测头的移动量可以在百分表上读出。内径百分表的测量范围是由可换测头来确定。

护桥弹簧 12 对活动测头起控制作用，定位护桥 11 起找正直径位置的作用，它保证了活动测头和可换测头的轴线与被测孔直径的自动重合，具体参见其结构［图 1-19(a)］。内径百分表主要用于测

量孔的直径和孔的形状误差，特别适宜于深孔的测量；杠杆百分表的结构如图 1-19(b) 所示，杠杆百分表的体积小，测量杆可按需要摆动，并能从正反方向测量。主要用来校正基准面、基准孔。与机床配合可以对小孔、槽、孔距等尺寸进行测量。

a. 内径百分表的使用。使用内径百分表进行测量时，应注意以下方法。

首先应根据被测工件的基本尺寸，选择合适的百分表和可换测头，测量前应根据基本尺寸调整可换测头和活动测头之间的长度等于被测工件的基本尺寸加上 0.3～0.5mm，然后固定可换测头。接下来安装百分表，当百分表的测量杆测头接触到传动杆后预压测量行程 0.3～1mm 并固定。

其次，应进行正确的校对。用内径百分表测量孔径属于相对测量法，测量前应根据被测工件的基本尺寸，使用标准样圈调整内径百分表零位。在没有标准样圈的情况下，可用外径千分尺代替标准样圈调整内径百分表零位，要注意的是千分尺在校对基本尺寸时最好使用量块。

测量或校对零值时，应使活动测头先与被测工件接触，对于孔应通过径向摆动来找最大直径数值，使定位护桥自动处于正确位置；通过轴向摆动找最小直径数值，方法是将表架杆在孔的轴线方向上做小幅度摆动［图 1-20(a)］，在指针转折点处的读数就是轴向最小数值（一般情况下要重复几次进行核定），该最小值就是被测工件的实际量值。对于测量两平行面间的距离时，应通过上下、左右的摆动来找宽度尺寸的最小数值（一般情况下要重复几次进行核定），该最小值就是被测工件的实际量值。

最后，在读数时要以零位线为基准，当大指针正好指向零位刻线时，说明被测实际尺寸与基本尺寸相等；当大指针顺时针转动所得到的量值为负（－）值，表示被测实际尺寸小于基本尺寸；当大指针逆时针转动所得到的量值为正（＋）值，表示被测实际尺寸大于基本尺寸。

b. 杠杆百分表的使用。使用杠杆百分表进行测量时，应尽量

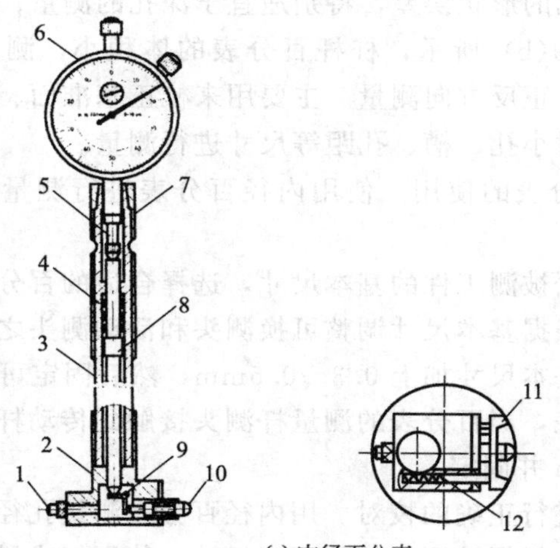

(a) 内径百分表

1—固定测头；2—表体；3—直管；4—推杆弹簧；5—量杆；
6—百分表；7—紧固螺母；8—推杆；9—等臂直角杠杆；
10—活动测头；11—定位护桥；12—护桥弹簧

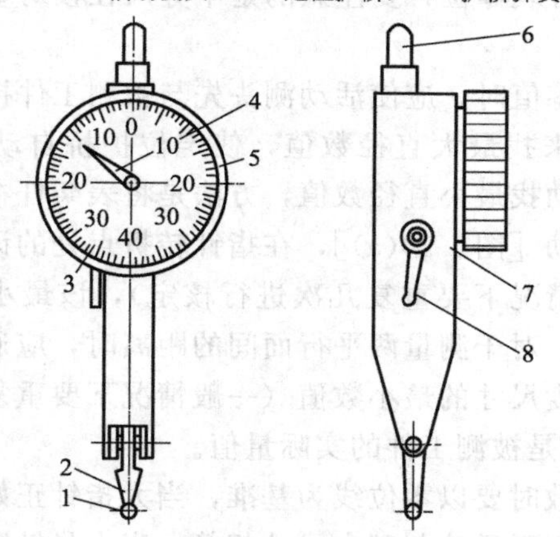

(b) 杠杆百分表

1—测头；2—测杆；3—表盘；4—指针；5—表圈；
6—夹持柄；7—表体；8—换向器

图 1-19　其他表类量具

使测量杆与被测面保持平行［图 1-20(b)］，进行基准孔、基准槽

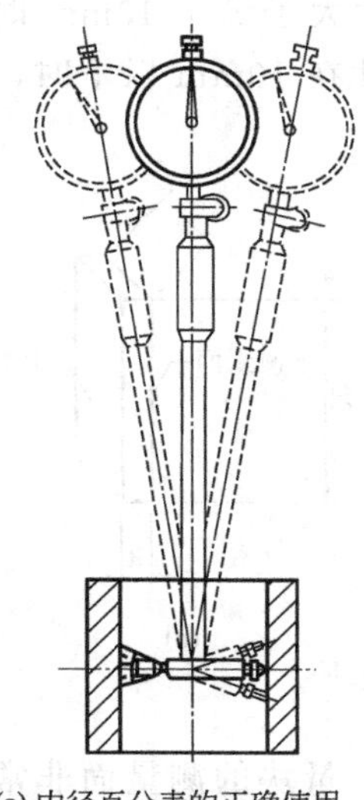

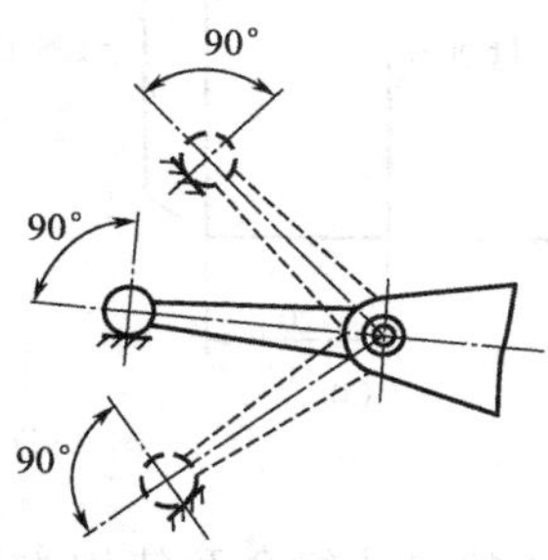

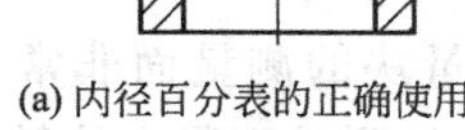

(a) 内径百分表的正确使用　　(b) 杠杆百分表的正确使用

图 1-20　表类量具的使用

校正时，由于杠杆百分表量程小，所以应基本找到孔或槽的中心时，方可进行测量以免损伤杠杆表，降低测量精度。

对于外径千分表、杠杆千分表，由于其灵敏度很高，故只能用于高精度零件的测量。

(5) 量块

量块是没有刻度的平行端面单值量具，又称为块规，是用特殊合金钢制成的长方体。量块的应用范围较为广泛，除了作为量值传递的媒介以外，还用于检定和校准其他量具、量仪，相对测量时调整量具和量仪的零位，以及用于精密机床的调整、精密划线和直接测量精密零件等。

① 量块的结构　量块的形状为长方形平面六面体，其结构如图 1-21 所示。

量块具有经过精密加工的很平、很光的两个平行平面，称为测量面。两测量面之间的距离为工作尺寸 L，又称为标称尺寸。该尺寸具有很高的精度。量块的标称尺寸大于等于 10mm 时，其测量面的尺寸为 35mm×9mm；标称尺寸在 10mm 以下时，其测量面的尺寸为 30mm×9mm。

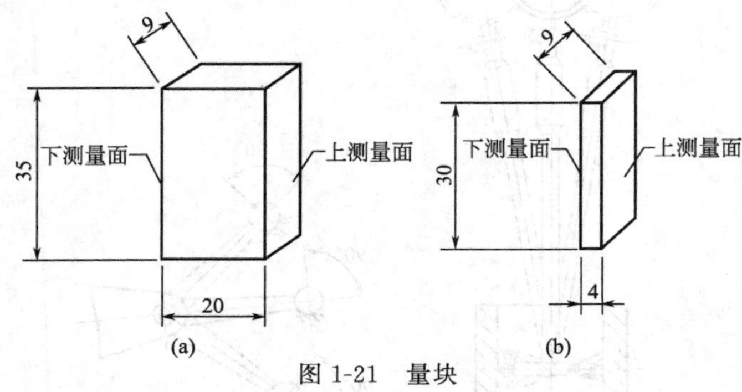

图 1-21 量块

② 量块的尺寸组合及使用方法　量块的测量面非常平整和光洁，用少许压力推合两块量块，使它们的测量面紧密接触，两块量块就能黏合在一起，量块的这种特性称为研合性。利用量块的研合性，就可用不同尺寸的量块组合成所需的各种尺寸。

在实际生产中，量块是成套使用的，每套量块由一定数量的不同标称尺寸的量块组成，以便组合成各种尺寸，满足一定尺寸范围内测量需求。

为了减少量块组合的累积误差，使用量块时，应尽量减少使用的块数，一般要求不超过 4～5 块。选用量块时，应根据所需组合的尺寸，从最后一位数字开始选择，每选一块，应使尺寸数字的位数减少一位，以此类推，直至组合成完整的尺寸。

③ 量块使用注意事项　在使用量块时，应注意到以下事项。

a. 量块是一种精密量具，不能碰伤和划伤其表面，特别是测量面。

b. 量块选好后，在组合前先用航空汽油洗净表面的防锈油，然后用软绸将各面擦干，再用推压的方法将量块逐块研合。

c. 使用时不得用手接触测量面，以免影响量块的组合精度。

d. 使用后，用航空汽油洗净擦干并涂上防锈油。

(6) 万能角度尺

万能角度尺又称角度游标尺，是用来测量工件内外角度和划线的常用角度量具，分为Ⅰ型和Ⅱ型两种。Ⅰ型万能角度尺的测量范围为0°～320°，Ⅱ型万能角度尺的测量范围为0°～360°。

① 万能角度尺的结构　Ⅰ型万能角度尺的结构如图1-22(a)所示，Ⅱ型万能角度尺的结构如图1-22(b)所示。

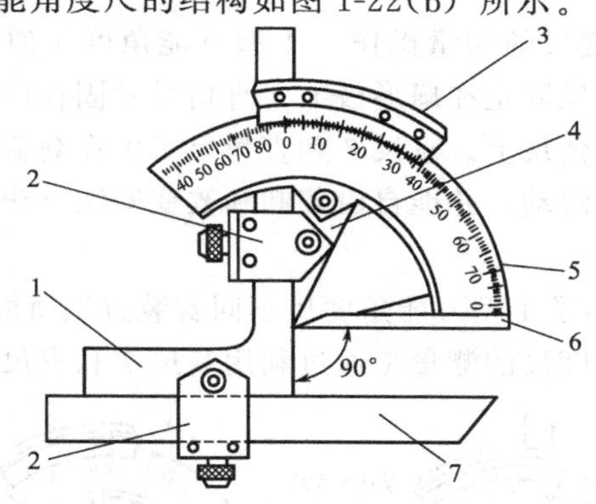

(a) Ⅰ型万能角度尺

1—直角尺；2—套箍；3—游标副尺；4—扇形板；5—主尺；6—基准板；7—直尺

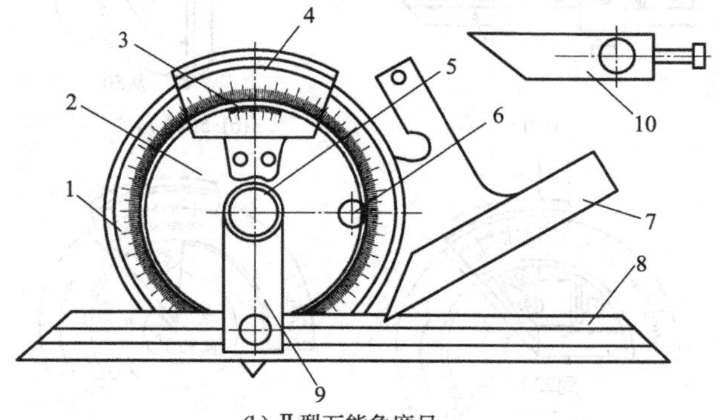

(b) Ⅱ型万能角度尺

1—圆盘主尺；2—小圆盘副尺；3—游标；4—放大镜；5—锁紧手轮；6—微动手轮；7—基尺；8—直尺；9—卡块；10—附加直尺

图1-22　万能角度尺的构造

万能角度尺的技术参数如表1-7所示。

表1-7 万能角度尺的技术参数

形式	测量范围	游标读数值	示值误差
Ⅰ型	0°～320°	2′,5′	±2′,±5′
Ⅱ型	0°～360°	5′,10′	±5′,±10′

② 万能角度尺的测量操作　Ⅰ型万能角度尺通过基准板、扇形主尺、游标副尺固定在扇形板上。直角尺紧固在扇形板上，直尺用套箍紧固在直角尺上。直尺7和直角尺1可在套箍2的制约下沿直角尺和扇形板滑动，并能自由装卸和改变安装方法，适应不同角度的测量。

图1-23给出了Ⅰ型万能角度尺不同安装方法所能测量的范围。

Ⅱ型万能角度尺的测量是通过利用基尺7和直尺8的测量面对

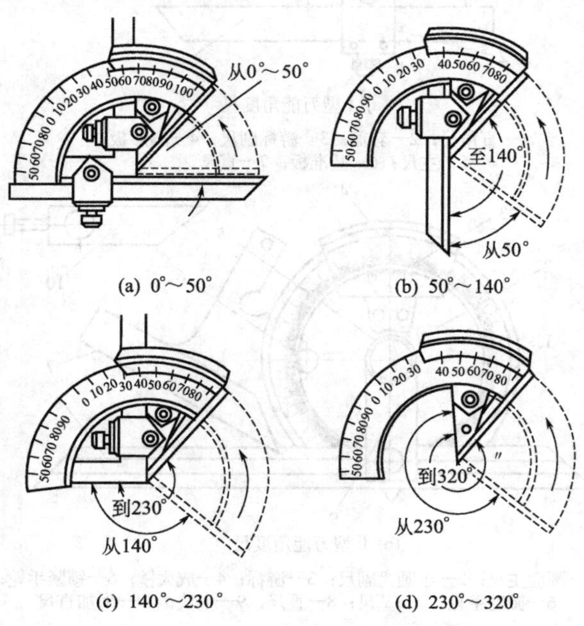

图1-23 不同安装方法测量的范围

工件的被测表面进行的。不论Ⅰ型及Ⅱ型万能角度尺，其测量尺寸的计数方法与游标卡尺基本相同。

万能角度尺测量尺寸的计数方法与游标卡尺基本相同。

(7) 直角尺

直角尺又称弯尺，是用来检查和测量工件内外直角的。直角尺的测量角度为一定值（90°），因此只可用来进行比较测量，如90° V形弯曲件的弯曲角度是否正确，U形弯曲件的两翼在弯曲后是否控制了回跳角度等。

直角尺分为整体和组合两种形式，图1-24(a) 为整体直角尺，图1-24(b) 为组合直角尺。

整体直角尺由整块金属板制成。组合直角尺由尺座和尺苗两部分组成，长而薄的一边为尺苗，短而厚的一边为尺座。

(8) 塞尺

塞尺又称厚薄规及间隙规，是由一组薄钢片组成的测量工具，每一片上都标有厚度，如图1-25所示。塞尺的长度有50mm、100mm、200mm等三种。厚度有不同规格，如0.03～0.1mm的，中间每片间隙为0.01mm；如0.1～1mm时，中间每片间隙为0.05mm。

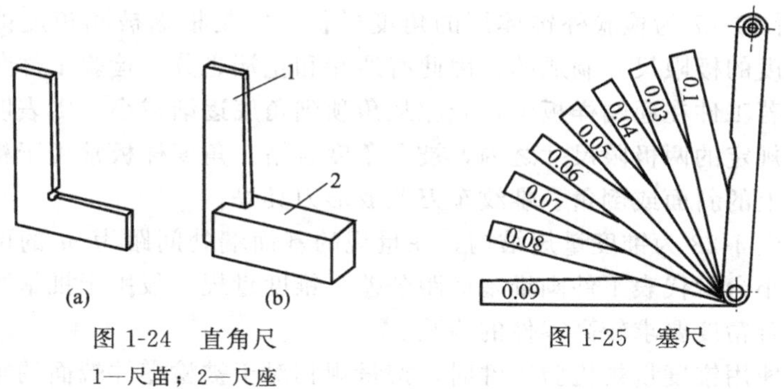

图1-24 直角尺

1—尺苗；2—尺座

图1-25 塞尺

塞尺用于测量零件配合间隙的大小，冲压操作人员常用来检查模具间隙或随同平尺等工具来检查冲床工作台的平面度等。使用时，根据间隙的大小，选用一片或数片（一般不超过 3 片）重叠一起放入间隙内，以钢片在间隙内能活动，又使钢片两面稍有轻微的摩擦为宜。

因为塞尺很薄，容易折断、生锈，使用时应细心，用完后涂油放好。使用时应由薄到厚逐级试塞。

1.4.2 专用量具的使用

专用量具主要用于检查使用通用量具不便于或无法检查的曲线、曲面等尺寸与形位公差。常用的有平面曲线样板、角度样板及外形样板以及各种量规等专用检具。用平面样板、量规检查属比较测量，一般配合塞规及塞尺使用，通过比较可判断零件是否在规定的检验极限范围内，而不能得出零件尺寸、形状和位置误差的具体数值，具有结构简单，使用方便、可靠，检验效率高等特点。图 1-26为用于检查各类工件平面样板的结构。通过样板与所检查工件的曲线、曲面部分吻合程度的比较，便可判定工件是否合格。

在图 1-26 中，图(a)、图(b) 用于检查工件的曲线形状，图(c) 用于检查工件的外形样板，图(d) 用于检查工件的外形角度。

图 1-27 为检验外锥体用的角度样板，它是根据被测角度的两个角度的极限尺寸制成的，因此有通端和止端之分。检验工件角度时，若工件在通端样板中，光隙从角顶到角底逐渐减小，则表明角度在规定的两极限尺寸之内，被测角度合格。角度样板常用于检验零件上的斜面或倒角、螺纹车刀及成形刀具等。

图 1-28 为锥度量规结构，在量规的基面端处间距为 m 的两刻线或小台阶代表工件圆锥基面距公差。锥度量规一般用于批量零件或综合精度要求较高零件的检验。

使用锥度量规检验工件时，按量规相对于被检零件端面的轴向移动量判断，如果零件圆锥端面介于量规两刻线之间则为合格。对于锥体的直径、锥角和形状（如素线直线度和截面圆度）、精度有

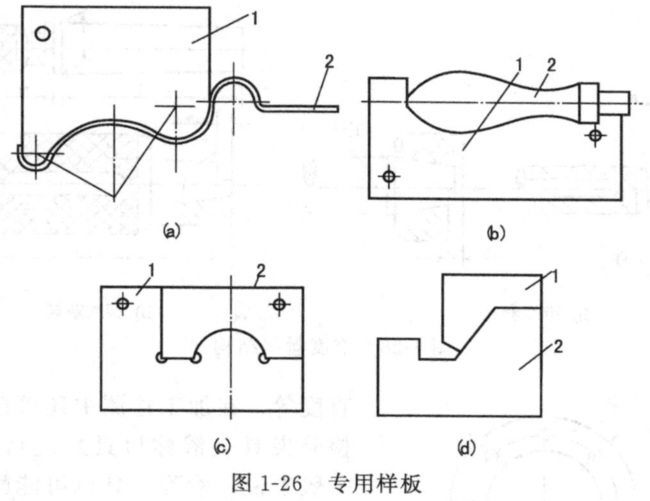

图 1-26 专用样板

1—样板；2—工件

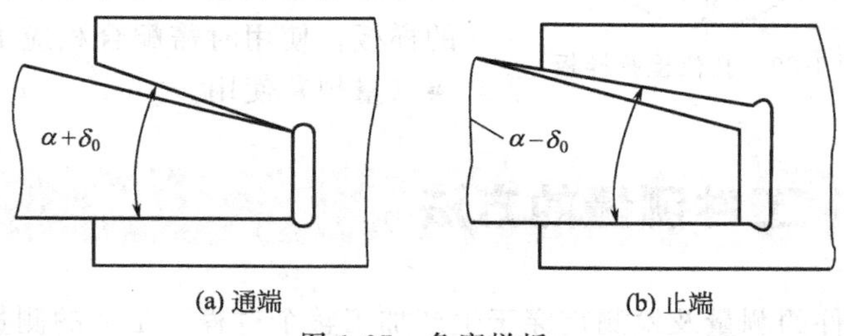

(a) 通端　　(b) 止端

图 1-27 角度样板

更高要求的零件检验时，除了要求用量规检验其基面距外，还要观察量规与零件锥体的接触斑点，即测量前在量规表面三个位置上沿素线方向均匀涂上一薄层如红丹粉之类的显示剂，然后与被测工件一起轻研，旋转 1/3～1/2 转，观察量规被擦涂色或零件锥体的着色情况，判断零件合格与否。

此外，由于产品性能的要求，对产品零件中的形状位置尺寸如孔位的对称度、位置度、成形平面的平面度、直线度、平行度、垂

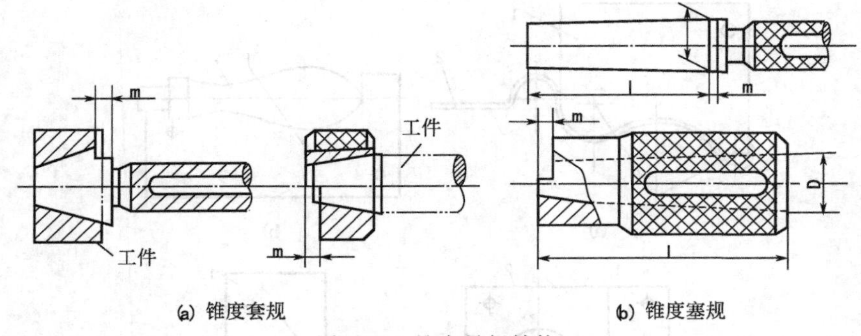

图 1-28　锥度量规结构

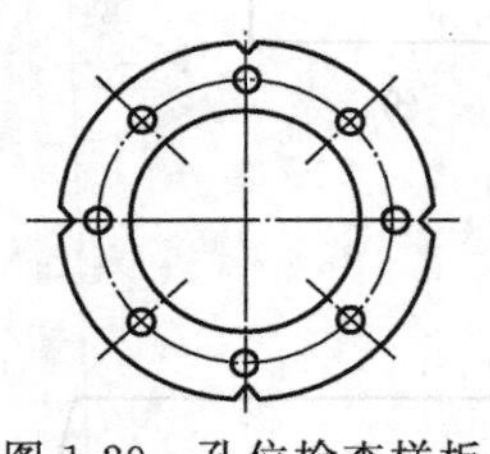

图 1-29　孔位检查样板

直度等，在加工检测中还可能涉及检验夹具（俗称检具）进行测量。一般来说，检验夹具也可能配合游标卡尺、塞规及塞尺共同使用。图 1-29为检查孔位对称度、位置度的样板，使用时需配合相应的测量棒（量规）使用。

1.5　工件测量的方法

工件的测量及检测贯穿于生产加工整个过程，工件的测量主要包括对成品件和中间工序件的测量及检测，以实现对工件进行质量控制。质量检测的内容分尺寸检测和表面质量检查两大类。

测量方法分直接测量和间接测量两种。直接测量是把被测量与标准量直接进行比较，而得到被测量数值的一种测量方法。如用卡尺测量冲裁孔的直径时，可直接读出被测数据，此属于直接测量。间接测量只是测出与被测量有函数关系的量，然后再通过计算得出被测尺寸具体数据的一种测量方法。

生产加工的工件尺寸，有的通过直接测量便能得到，有的尽管不能直接测量，但需通过间接测量，经过换算才能得到。

(1) 线性尺寸的测量换算

工件平面线性尺寸换算一般都是用平面几何、三角的关系式进行的。如测量图 1-30(a) 所示的两孔的孔距 L，无法直接测得，只能通过直接测量相关的量 A 和 B 后，再通过关系式 $L=(A+B)/2$，求出孔心距 L 的具体数值。

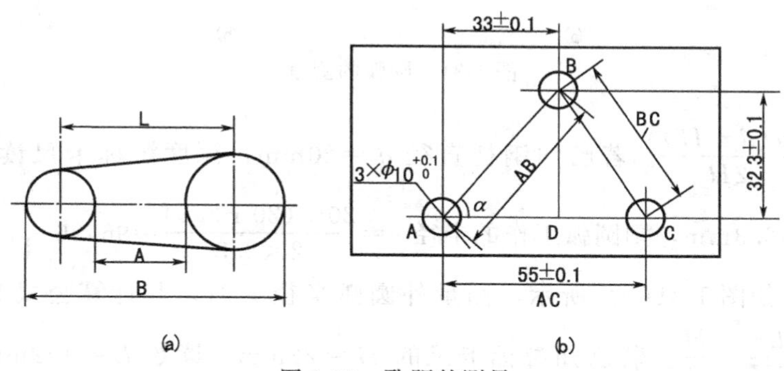

图 1-30 孔距的测量

又如测量图 1-30(b) 所示三孔间的孔距，利用前述方法可分别测得 A、B、C 三孔孔距为：$AC=55.03$mm；$AB=46.12$mm；$BC=39.08$mm。BD、AD 的尺寸可利用余弦定理求得。

$$\cos\alpha=\frac{AC^2+AB^2-BC^2}{2AC\times AB}=\frac{55.03^2+46.12^2-39.08^2}{2\times 55.03\times 46.12}=0.7148$$

$$\alpha=44.38°$$

那么，$BD=AB\sin 44.38°=46.12\times\sin 44.38°=32.26$mm

$AD=AB\cos 44.38°=46.12\times\cos 44.38°=32.96$mm

图 1-30(b) 所示的 BD、AD 孔距也可借助高度游标尺通过划线测量。

图 1-31 为圆弧的测量方法，其中(a) 为利用钢柱及深度游标卡尺测量内圆弧的方法，(b) 为利用游标卡尺测量外圆弧的方法。

如图 1-31(a) 所示，测量内圆弧半径 r 时，其计算公式为：

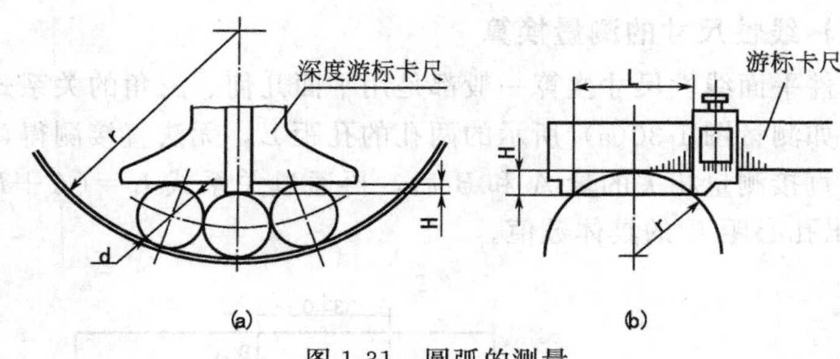

图 1-31　圆弧的测量

$r=\frac{d(d+H)}{2H}$。若已知钢柱直径 $d=20$mm，深度游标卡尺读数 $H=2.3$mm，则圆弧工作的半径 $r=\frac{20+(20+2.3)}{2\times2.3}=96.96$。

如图 1-31(b) 所示，测量外圆弧半径 r 时，其计算公式为：$r=\frac{L^2}{8H}+\frac{H}{2}$。若已知游标卡尺的 $H=22$mm，读数 $L=122$mm，则圆弧工作的半径 $r=\frac{122^2}{8\times22}+\frac{22}{2}=95.57$。

(2) 角度的测量换算

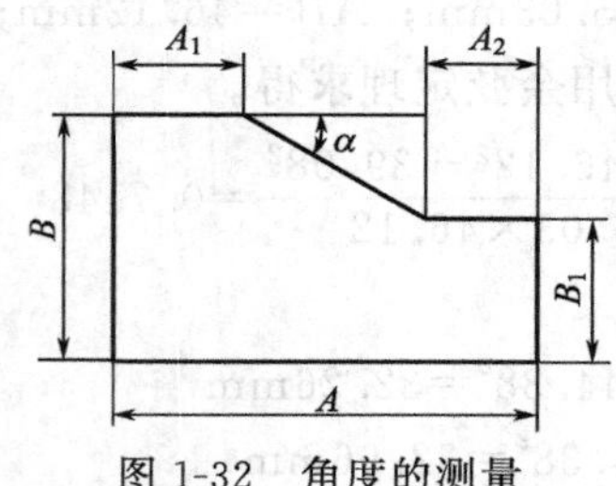

图 1-32　角度的测量

一般情况下，冲裁件和各类成形工件的角度可以直接采用万能角度尺进行测量，而一些形状复杂的工件，则需在测量后换算某些尺寸。尺寸换算可用三角、几何的关系式进行计算。

如图 1-32 所示零件，由于外形尺寸较小，用万能角度尺难以测量，则可借助高度游标尺划线，利用游标卡尺测量工件的尺寸 A、B、B_1、A_1、A_2，然后通过正切函数，即 $\tan\alpha=\frac{B-B_1}{A-A_1-A_2}$求得。

(3) 常用的测量计算公式

表 1-8 给出了生产加工中一些常用测量计算公式。

表 1-8 常用测量计算公式

测量名称	图形	计算公式	应用举例
外圆锥斜角	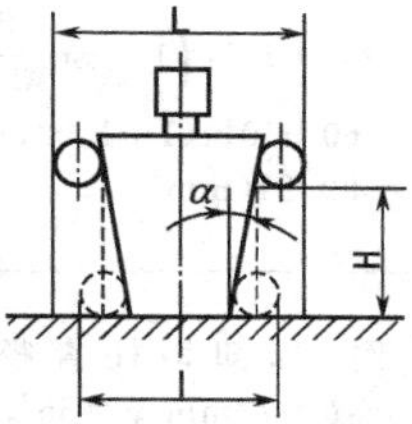	$\tan\alpha=\dfrac{L-l}{2H}$	[例]已知 $H=15$mm，游标卡尺读数 $L=32.7$mm，$l=28.5\mu$m，求斜角 α [解]$\tan\alpha=\dfrac{32.7-28.5}{2\times15}=0.140$ $\alpha=7°58'$
内圆锥斜角	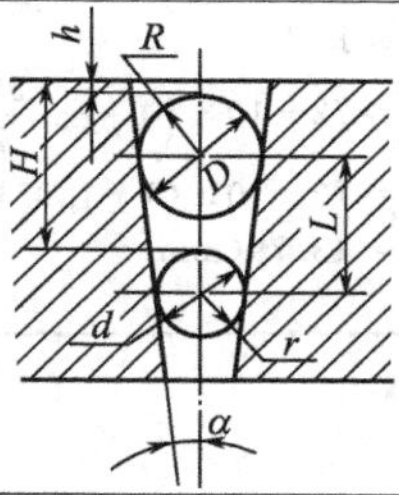	$\sin\alpha=\dfrac{R-r}{L}=\dfrac{R-r}{H+r-R-h}$	[例]已知大钢球半径 $R=10$mm，小钢球半径 $r=6$mm，深度游标卡尺读数 $H=24.5$mm，$h=2.2$mm，求斜角 α [解] $\sin\alpha=\dfrac{10-6}{24.5+6-10-2.2}=0.2186$ $\alpha=12°38'$
	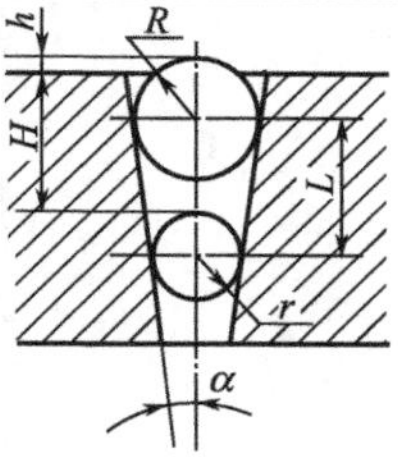	$\sin\alpha=\dfrac{R-r}{L}=\dfrac{R-r}{H+h-R+r}$	[例]已知大钢球半径 $R=10$mm，小钢球半径 $r=6$mm，深度游标卡尺读数 $H=18$mm，$h=1.8$mm，求斜角 α [解]$\sin\alpha=\dfrac{10-6}{18+1.8-10+6}=0.2532$ $\alpha=14°40'$
V形槽角度	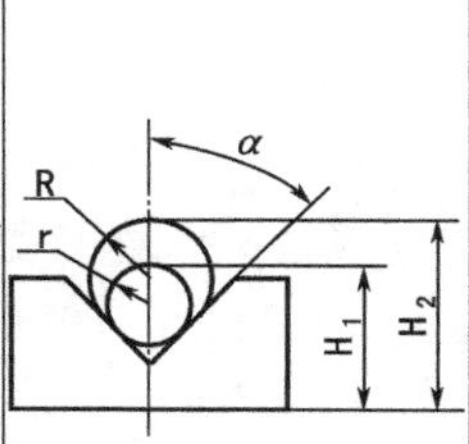	$\sin\alpha=\dfrac{R-r}{H_1-H_2-(R-r)}$	[例]已知大钢柱半径 $R=15$mm，小钢柱半径 $r=10$mm，高度游标卡尺读数 $H_1=43.53$mm，$H_2=55.6$mm，求 V 形槽斜角 α [解] $\sin\alpha=\dfrac{15-10}{55.6-43.53-(15-10)}=0.7071$ $\alpha=45°$

续表

测量名称	图形	计算公式	应用举例
燕尾槽	b, α, d, l	$l=b+d\left(1+\cot\frac{\alpha}{2}\right)$ $b=l-d\left(1+\cot\frac{\alpha}{2}\right)$	[例] 已知钢柱直径 $d=10\text{mm}$, $b=60\text{mm}$, $\alpha=55°$, 求 l [解] $l=60+10\times\left(1+\cot\frac{55°}{2}\right)$ $=60+10\times(1+1.921)$ $=89.21(\text{mm})$
	α, d, l, b	$l=b-d\left(1+\cot\frac{\alpha}{2}\right)$ $b=l+d\left(1+\cot\frac{\alpha}{2}\right)$	[例] 已知钢柱直径 $d=10\text{mm}$, $b=72\text{mm}$, $\alpha=55°$, 求 l [解] $l=72-10\times\left(1+\cot\frac{55°}{2}\right)$ $=72-10\times(1+1.921)$ $=43.79(\text{mm})$

第2章 划 线

2.1 划线的种类及作用

根据图样或实物的尺寸，准确地在工件表面（毛坯表面）上利用划线工具划出加工界线的操作称为划线。

根据所划线条在加工中的作用和性质，线条可分为基准线、加工线、找正线、检查线和辅助线五种，如图 2-1 所示。

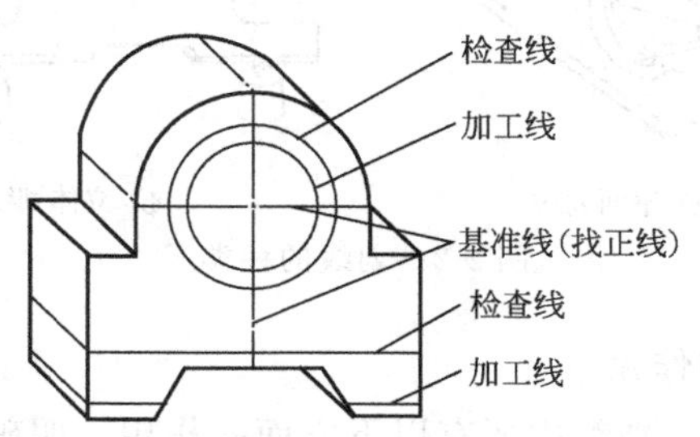

图 2-1 工件上的加工线、找正线、检查线

基准线：划在工件表面，作为确定点、线、面之间相互位置关系所依据的线条称为基准线。

加工线：根据图样，划在工件表面，表示加工界限的线条称为加工线。

找正线：划在工件表面，作为使工件在机床上处于正确位置时用于校正的线条称为找正线。一般是将基准线和检查线作为找正线。

检查线：划在工件表面，用于加工后检查和分析加工质量的线条称为检查线。

辅助线：加工线以外的线条均为辅助线。

(1) 划线的种类

根据划线的形式，划线分为平面划线和立体划线两种。

① 平面划线　在毛坯或工件的一个表面上划线后即能明确表示加工界限，与平面作图法类似，如图 2-2(a) 所示。

② 立体划线　在毛坯或工件上几个互成不同角度（通常是相互垂直）的表面上划线（即在长、宽、高三个方向上划线），才能明确表示加工界限，这种划线方式称为立体划线，如图 2-2(b) 所示。

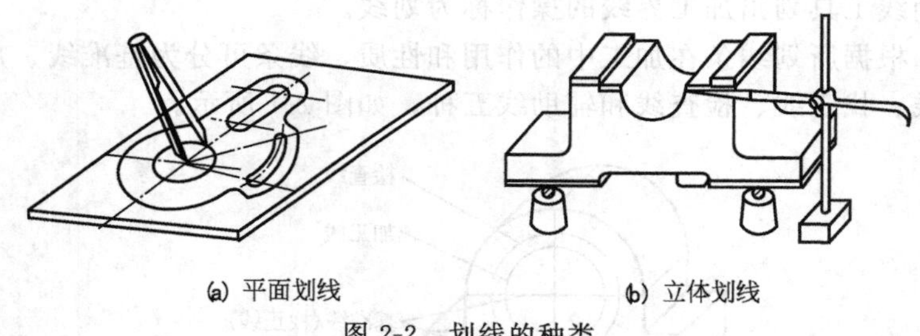

(a) 平面划线　(b) 立体划线

图 2-2　划线的种类

(2) 划线的作用

机械加工中，划线主要有以下方面的作用：明确表示出工件的加工位置及加工余量，使机械加工有明显的尺寸界线；便于复杂工件在机床上的安装，可按划线找正定位；检查毛坯形状尺寸是否符合图纸要求，避免后续加工造成废品；对一些局部存在缺陷的毛坯，有时可通过划线用借料的方法来进行补救，免其报废。

(3) 划线的基本要求

划线除了要使划出的线条均匀清晰之外，最重要的是要保证尺寸准确。划线发生错误或精度太低时，都可能造成加工错误而使工件报废。由于划出的线条总是有一定的粗细，同时在使用工具和量取尺寸时难免存在一定的误差，所以，划线不能达到绝对准确。一般说来，划线的精度应控制在 0.25～0.5mm 范围内。

2.2 划线工具及其操作

根据划线工具所起作用的不同，主要分为直接划线工具（用于划线操作的工具）、划线夹持工具（用于划线时放置和夹持工件的工具）。

2.2.1 常用的直接划线工具及操作

(1) 划线平台

划线平台（又称划线平板）是划线工作的基准工具，它是一块经过精刨和刮削等精加工的铸铁平板，如图 2-3 所示。工作面的精度分为六个等级，有 000 级、00 级、0 级、1 级、2 级和 3 级。一般用来划线的平板为 3 级，000 级、00 级、0 级、1 级和 2 级用于质量检验。

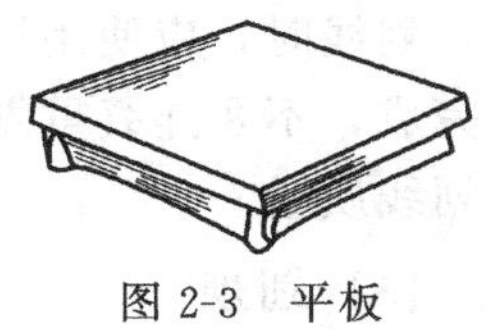

图 2-3 平板

由于平板表面的平整性直接影响划线的质量，因此，要求平板水平放置，平稳牢靠。平板各部位要均匀使用，以免局部地方磨凹；不得碰撞和在平板上锤击工件。平板要经常保持清洁，用毕应擦拭干净，并涂油防锈，并应按规定定期检查、调整、研修（局部），使其保持水平状态，保证平面度不低于国家标准规定的 3 级精度。

(2) 划针

划针是在钢板平面上划出凹痕线段的工具，如图 2-4(a) 所示。通常采用直径为 4～6mm、长约 200～300mm 的弹簧钢丝或高速钢制成，划针的尖端必须经过淬火，以提高其硬度，或者在划针尖端处，焊一段硬质合金，然后刃磨，以保持锋利。

划针的刃磨角度约为 15°～20°。用钢丝制成的划针用钝后，需要重磨，重磨时边磨边用水冷却，以防针尖过热退火而变软。使用划针时，用右手握持，使针尖与直尺底边接触，针杆向外倾斜

15°～20°，同时向划线方向倾斜约 45°～75°，如图 2-4(b) 所示。

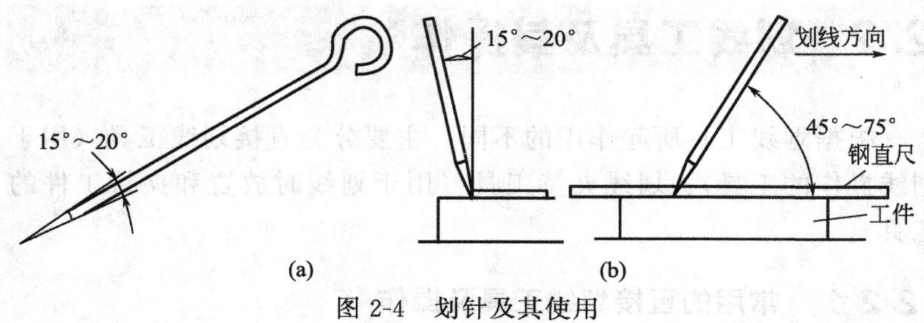

图 2-4 划针及其使用

划线时，应使用均匀的压力使针尖沿直尺移动划线，线条应一次完成，不要连续重划，否则线条变粗、不重合或模糊不清，会影响划线质量。

(3) 划规

划规是用于在钢板平面上划圆弧、求圆心、划垂线或分段测量长度的工具。常用的有普通划规［图 2-5(a)］、扇形划规［图 2-5(b)］和弹簧划规［图 2-5(c)］几种。

① 普通划规。普通划规张开、闭合调节比较方便，适用于量取变动的尺寸。

② 扇形划规。扇形划规由于刚性较好，故常用于毛坯的分段测量尺寸时使用，为避免工作中受振动而使张开的角度变化，可用螺母拧紧。

③ 弹簧划规。弹簧划规张开的角度是用螺母进行调节的，两脚尖的张开角度在工作中不易变动，常在光坯的分段测量尺寸时使用。

划规一般采用 45 钢制成，两脚要保证长短一致，脚尖能合拢靠紧，这样就能划较小的圆或圆弧。为了保证脚尖锋利，可经热处理淬火，有的在两脚端部焊上一段硬质合金，耐磨性就更好。

使用普通划规时，右手大拇指与其他四指相对捏住划规上部即可，如图 2-5(d) 所示。划圆或圆弧操作时，需将旋转中心的一个脚尖插在作为圆心的孔眼（或样冲眼）内定心，并施加较大的压力，另一脚则以较轻的压力在材料表面划出圆或圆弧，这样可保证中心不会移动，如图 2-5(e) 所示。

用划规划圆时，首先应通过钢直尺量出所划圆或圆弧的半径，应先试划一小段圆弧，再用钢直尺检查圆弧半径值，如果半径值正确，就可以接着划圆和圆弧；如果不正确，就要调整半径值。为安全起见，每次只按顺时针划出 1/4（90°）圆的圆弧段，然后对工件或划规作一个角度的调整，接着再划出后续 1/4 圆弧段，分四次逐段划出整个圆，如图 2-5(f) 所示。

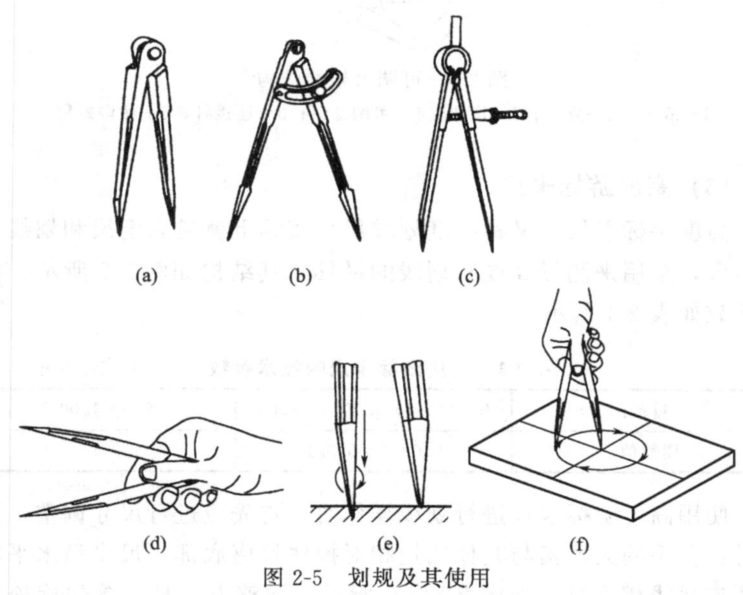

图 2-5　划规及其使用

(4) 划线尺架

划线尺架是用来夹持钢直尺的划线辅助工具，有固定尺架和可调尺架两种，图 2-6 所示为可调尺架的结构。

划线尺架是与划线盘配合使用的，其划线精度为±0.2mm，主要用于毛坯的划线。用划线盘进行划线时，要在划线尺架上度量出所需要的高度尺寸。使用划线尺架时，首先要检查钢直尺的底部端面一定要与平台工作面接触，然后拧紧锁紧螺钉固定钢直尺。

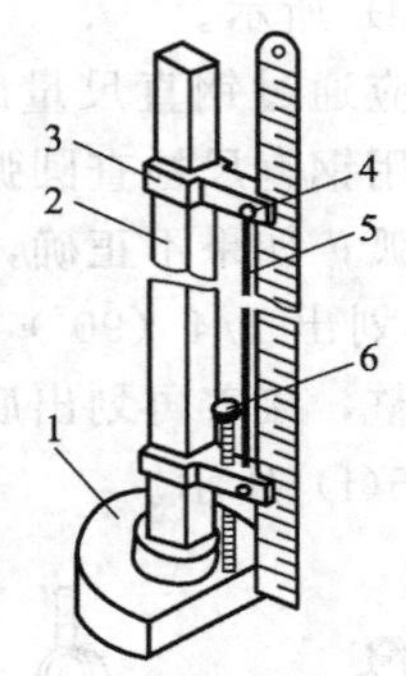

图 2-6 可调尺架的结构

1—底座；2—立杆；3—滑块；4—粗调螺钉；5—连接杆；6—微调螺钉

(5) 高度游标卡尺

高度游标卡尺（又称高度划线尺）实际上就是高度尺和划线盘的组合，是用来测量高度和划线的量具，其结构如图 2-7 所示，技术参数如表 2-1 所示。

表 2-1 高度游标卡尺的技术参数 单位：mm

测量范围	0～200、30～300、40～500	600～1000
读数值	0.02、0.05、0.1	0.1

使用高度游标卡尺进行划线操作时，首先应进行尺寸调整，调整时，左手的大拇指与其他四指相对捏住尺座底部，尺身呈水平状态并与视线相垂直，如图 2-8(a) 所示。调整方法是：首先旋松副尺和微调装置上的锁紧螺钉，右手移动副尺粗调尺寸，然后拧紧微调装置上的锁紧螺钉，通过微调手轮移动副尺精调尺寸，最后拧紧副尺上的锁紧螺钉。

划线操作时，用右手的大拇指与其他四指相对捏住底座两侧，如图 2-8(b) 所示。刀尖与被划工件表面的夹角在 45°左右，并要

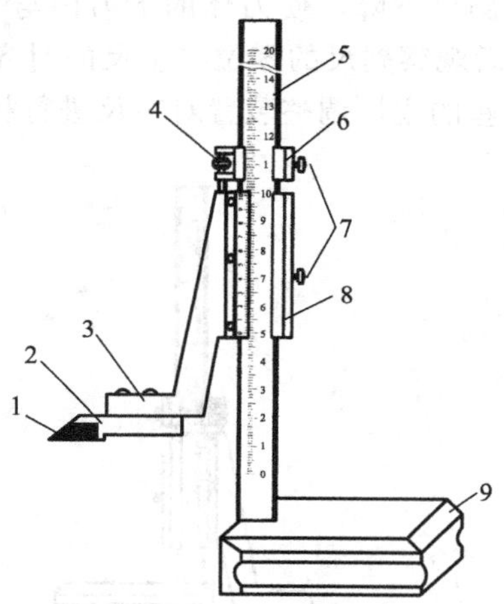

图 2-7 高度游标卡尺的结构

1—硬质合金刀尖；2—刀体；3—尺脚；4—微调手轮；5—主尺；6—微调装置；7—锁紧螺钉；8—副尺；9—尺座

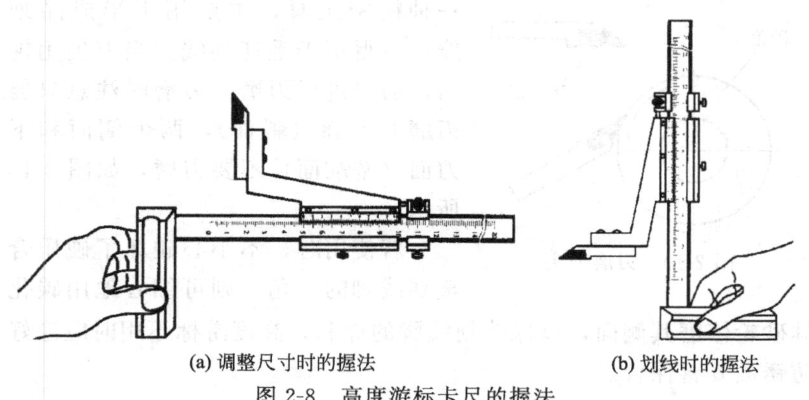
(a) 调整尺寸时的握法　(b) 划线时的握法

图 2-8 高度游标卡尺的握法

自前向后地拖动尺座进行划线，同时还要适当用力压住尺座，防止出现尺座摇晃和跳动。

精密划线时，还应检查刀尖和副尺游标的零位是否准确。检查方法是：首先移动副尺下降，使刀体的下刀面与平台工作面接触，如图 2-9 所示；然后观察副尺的零位与主尺的对齐状况，如果误差较大，则要通过尺座的主尺调整装置对主尺进行相应调整。

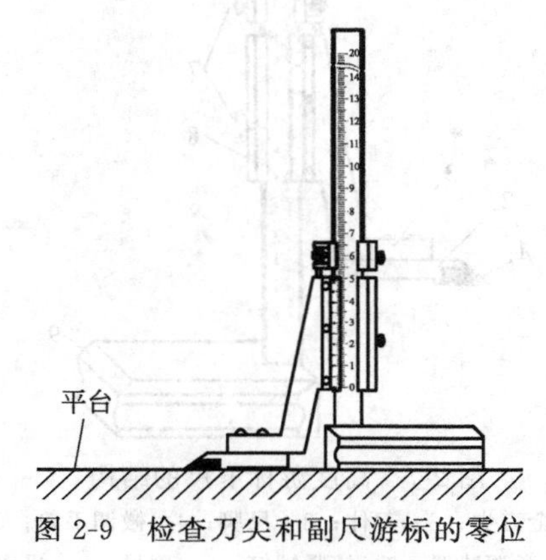

图 2-9 检查刀尖和副尺游标的零位

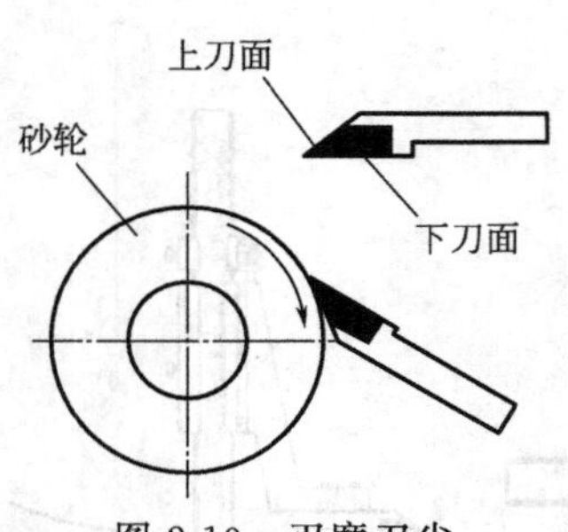

图 2-10 刃磨刀尖

应该说明的是，高度游标卡尺是一种精密工具，主要用于半成品划线，不得用于毛坯划线。当刀尖用钝后，需要进行刃磨。刃磨时注意只能刃磨上刀面（斜面），两个侧面和下刀面（基准面）不要刃磨，如图 2-10 所示。

若使用时，不小心碰坏了硬质合金划线脚的一角，则可细心地用碳化硅砂轮修磨其侧面，以保持划线脚的锋利，高度游标不用时应涂好防锈油妥善保管。

(6) 直角尺

直角尺既可用来检验工件装配角度的准确性，也是用来划线的导向工具。划线时，首先用钢直尺和划针确定出尺寸位置（划一段短线），然后再用直角尺和划针配合划出完整线段。注意要以尺座的内基准面紧贴工件的一个基准面，这样才能保证划线时的导向准确性，如图 2-11 所示。

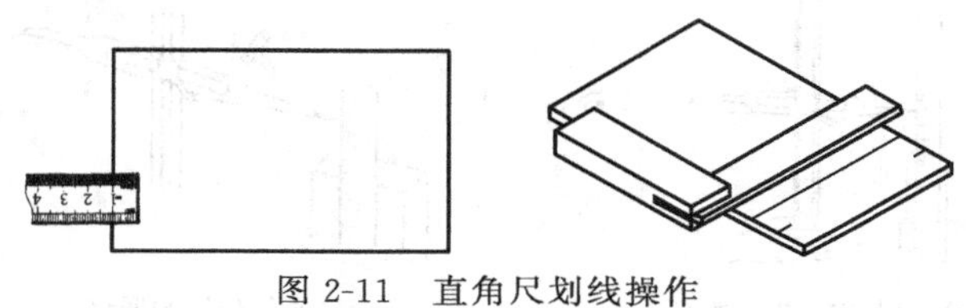

图 2-11 直角尺划线操作

(7) 划线盘

划针盘是用来进行立体划线和找工件位置的工具，分为普通式[图 2-12(a)] 和可调式 [图 2-12(b)] 两种，由底座、支杆、划针和夹紧螺母等组成。划线盘的直头端常用来划线，弯头端常用来校正工件的位置。

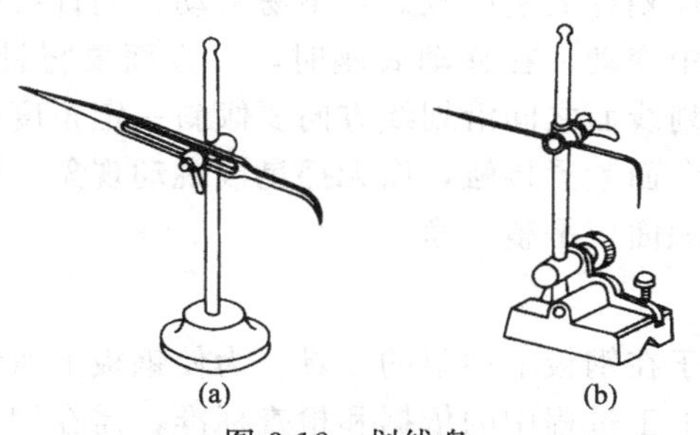

图 2-12 划线盘

使用划线盘划线操作前，应先将划线盘上的划针调整到需要的刻度，划针刻度的调整可按以下方法及步骤进行。

① 将划线尺架的端面与划线平台贴合在一起，并固定好钢直尺；

② 当针尖达到与钢直尺的刻度保持大致水平位置后拧紧螺钉；

③ 将划针对准钢直尺的刻度，目测两者间是否保持水平，如图 2-13(a) 所示，如需要微调，则可视情况用木锤轻轻分别敲击划针的端头，若划针偏高，可敲击靠近划针一端，若划针偏低，则可

敲击远离划针一端，如图 2-13(b) 所示；

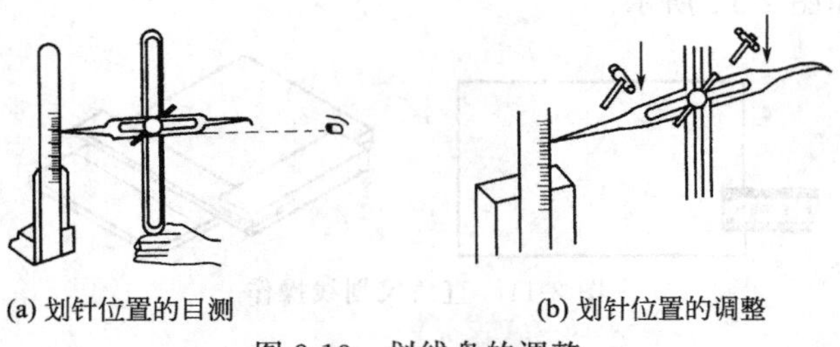

(a) 划针位置的目测　　(b) 划针位置的调整

图 2-13　划线盘的调整

④ 校准完成后，可将螺钉完全拧紧，拧紧后应再次确认划针未产生移动，便可进行后续的划线，否则，应重新进行调整。

划线时，用右手的大拇指与其他四指相对捏住底座两侧，并应使划针尽量处于水平位置，不要倾斜太大角度；划针伸出的部分应尽量短些，这样划针的刚度较好，不易抖动；划针要夹紧，避免尺寸在划线过程中变动，在移动底座时，一方面要将针尖靠紧工件，划针与工件的划线面之间沿划线方向要倾斜一定角度；另一方面应使底座与平台台面紧紧接触，而无摇晃或跳动现象。因此，要求底座与平台的接触面应平整干净。

(8) 样冲

样冲是用于在钢板上冲眼的工具。为使钢板上所划的线段能保存下来，作为加工过程中的依据和检查标准，需在划线后用样冲沿线冲出小眼作为标记。在使用划规划圆弧前，也要用样冲先在圆心上冲眼，作为划规脚尖的定心。样冲用高碳钢制成，呈圆柱形，其尖端磨成 45°～60°的锐角，并经过淬火（顶端不淬火）。

使用样冲时，应用左手大拇指与食指、中指和无名指相对捏住冲身［图 2-14(a)］，冲点时，先将尖端置于所划的线或圆心上，样冲成倾斜位置如图 2-14(b) 所示，然后将样冲竖直，用锤子轻击顶端，冲击孔眼。在直线段上可冲得稀些，曲线段上应冲得密些；在粗糙面上冲密些、锥坑直径大些，在光面上冲稀些、锥坑直径小些，具体可参考表 2-2。

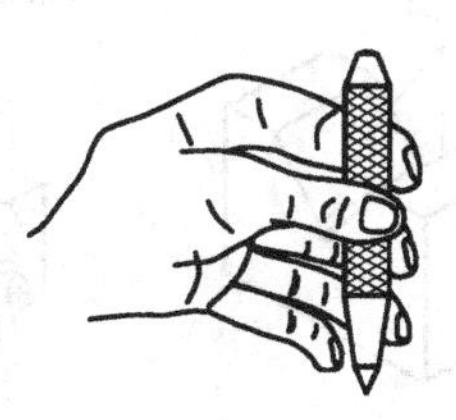
(a) 样冲的握法

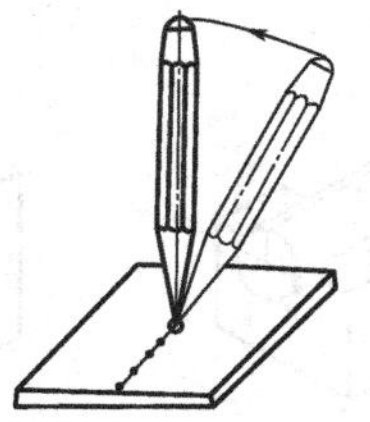
(b) 样冲的冲点

图 2-14 样冲的操作

表 2-2 冲眼操作技术参数

加工表面	表面粗糙度/μm	冲眼距离/mm	冲眼直径/mm
粗加工面	>25	10～15	ϕ1～ϕ2
半光面	12.5～2.2	7～10	ϕ0.5～ϕ1
光面	1.6～0.4	4～7	ϕ0.3～ϕ0.5

2.2.2 常用的划线夹持工具及其操作

除划线工具外，在划线时还需要使用各种夹持工具，如V形架、划线方箱、角铁、千斤顶和垫铁等，以保证划线的准确性及操作的便捷性。

(1) V形架

V形架（又称为V形铁）是划线操作中用于支承轴、套类工件的基准工具，其结构如图 2-15 所示，分为固定式［图 2-15(b)］和可调式两类［图 2-15(c)］，V形槽的两工作面一般互成90°或120°夹角。

通常情况下，V形架都是一副两块配合使用，这样可以使工件放置平稳，保证划线精度。

(2) 千斤顶

千斤顶是划线操作中主要用于支承形状不规则工件的辅助工具，其种类较多，常用的有顶针千斤顶［图 2-16(a)］和V形槽千斤顶［图 2-16(b)］等。

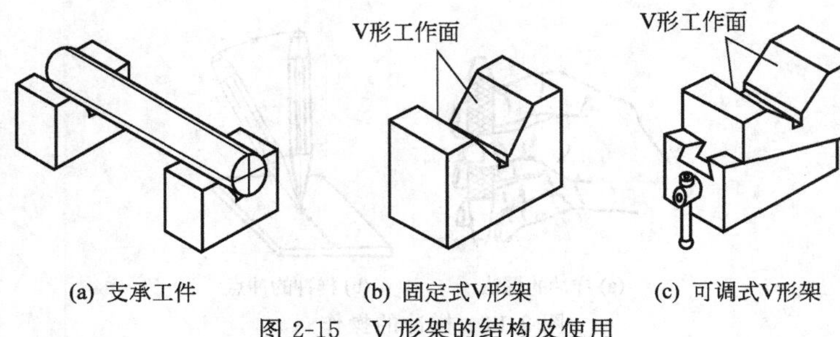

(a) 支承工件 (b) 固定式V形架 (c) 可调式V形架

图 2-15 V 形架的结构及使用

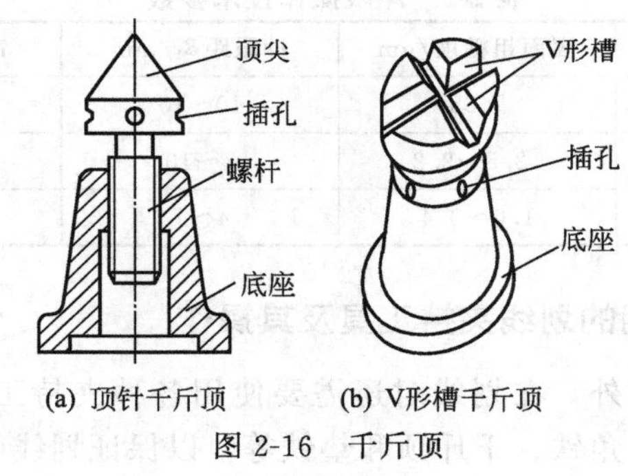

(a) 顶针千斤顶 (b) V形槽千斤顶

图 2-16 千斤顶

千斤顶用来支承较大的工件，其支承高度可以调节，调整工件高度时，可用圆棒插入插孔进行左右旋转，以使顶尖升降，此时要特别注意升降的极限位置。V 形槽千斤顶主要用于支承工件的圆柱面。划线前通过调节不同支承位置的千斤顶高度并找正，使划线工件的位置符合划线的要求。

用于支承高度的调整时，一般是 3 个千斤顶配合使用，此时，3 个千斤顶的支承点离工件的重心要尽量远，3 个支承点所组成的三角面积应尽量大。一般工件较重的一端放两只千斤顶，较轻的一端放一只。当工件需要竖起来划线，3 个千斤顶顶在一个窄长的平面上时，要借助行车并系一保险绳吊住工件起保险作用；当工件很重或 3 只千斤顶所支承的面积较小，可在工件下放几个硬质木块。为了不改变 3 个支承千斤顶的支承平面，这些木块与工件间有一微小距离，主要防止一旦发生不测可用来承重。

使用时千斤顶底面要擦干净，安放平稳，不能摇动。当千斤顶在圆弧面时，在所顶位置应打一个较大的样冲眼，使千斤顶尖顶在样冲眼内，防止滑动。

(3) G形夹头

G形夹头是划线操作中用于夹持、固定工件的辅助工具，其结构如图 2-17 所示。

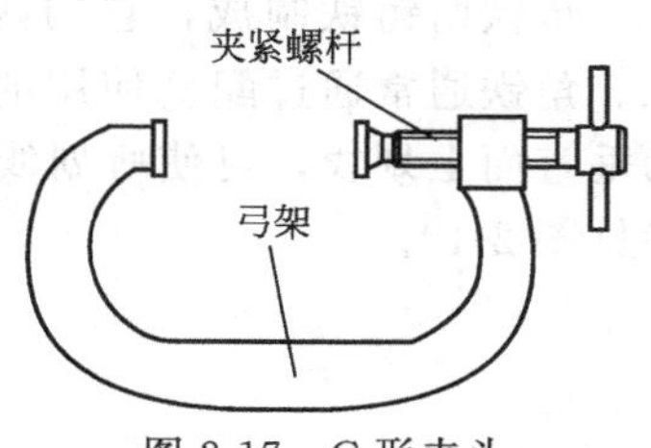

图 2-17 G形夹头

(4) 方箱和角铁

方箱是一个由铸铁制成的空心立方体或长方体，是划线操作中的基准工具。其每个面均经过精加工，相邻平面互相垂直，相对平面互相平行，因而共有 4 个平面工作面和 1～2 个 V 形槽工作面，其结构如图 2-18 所示。

划线时，轴、套类工件应放置在 V 形槽工作面内，并通过压

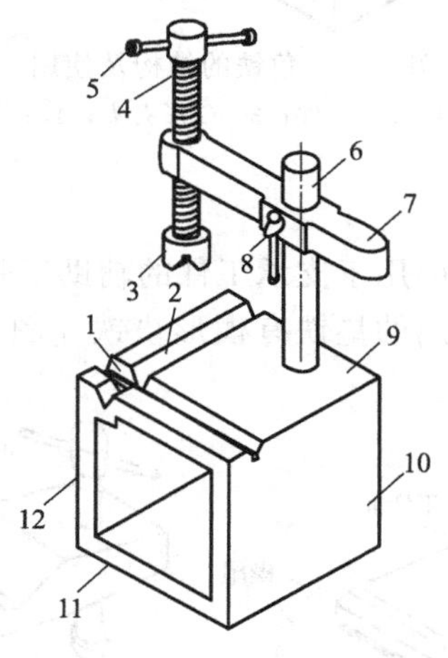

图 2-18 方箱的结构

1，2—V形槽工作面；3—V形压块；4—压紧螺杆；5—螺杆手柄；6—立柱；7—悬臂；8—锁紧手柄；9～12—工作面

紧螺杆将V形压块将其固定。较复杂的工件可用G形夹头将工件夹于方箱上，再通过翻转方箱，便可经一次安装，将工件上互相垂直的线条全部划出来。翻转方箱时用力要稳、要轻，防止损伤方箱和平台工作面。

角铁由铸铁制成，它的两个互相垂直的平面经刨削和研磨加工。角铁通常通过配套使用的G形夹头和压板将工件紧压在角铁的垂直面上划线，可使所划线条与原来找正的直线平面保持垂直，参见图2-19。

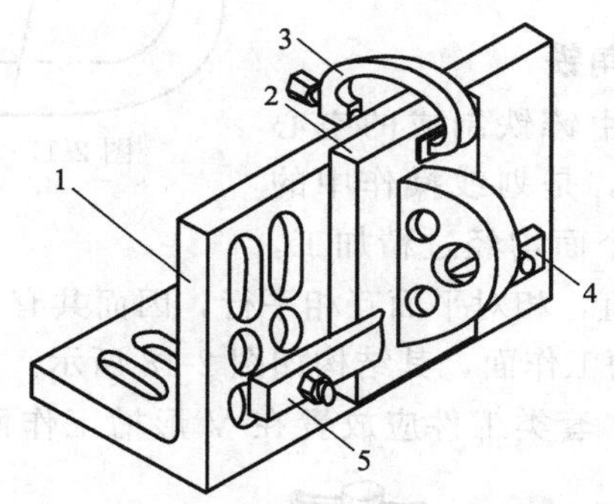

图2-19 角铁的结构及使用

1—角铁；2—工件；3—G形夹头；4,5—压板

(5) 垫铁

垫铁是划线操作中用于支承工件的辅助工具，主要用于不便使用千斤顶的部位。常用的垫铁有楔形垫铁［图2-20(a)］和可调V形垫铁［图2-20(b)］。

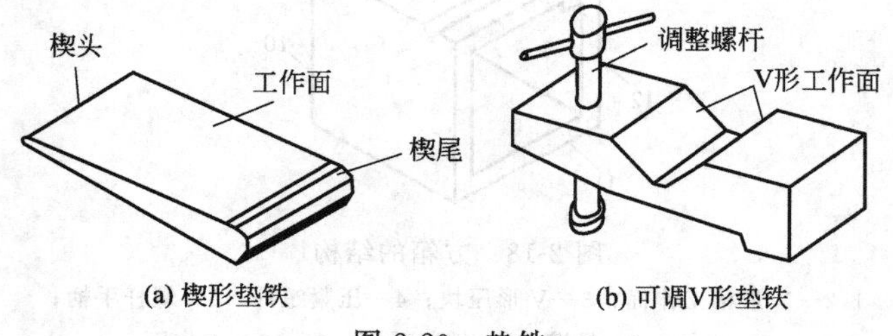

(a) 楔形垫铁　(b) 可调V形垫铁

图2-20 垫铁

楔形垫铁只能作少量的调整，在调整高度时，敲击垫铁的力量要适当。可调V形垫铁主要用于支承工件的圆柱面，V形垫铁可通过调整螺杆进行高度调整。

(6) 中心架

中心架用于调整带尖头的可伸缩螺钉，可将中心架固定在工件的空心孔中，以便于划中心线，其形状如图2-21所示。

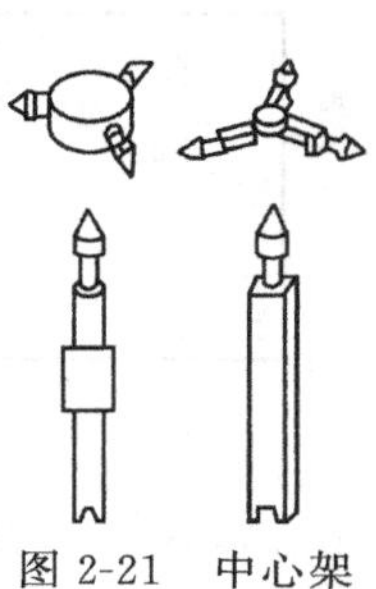

图2-21 中心架

(7) 分度头

分度头用来划轴类、盘类工件的中心线、等分线，十分准确方便。划线时也可直接使用卡盘圆周上的刻度进行分度或等分，其结构及具体的划线操作参见后续介绍。

2.3 基本图形的划法

钳工要熟练掌握划线操作，首先必须掌握基本图形的绘制，基本图形主要包括基本线条、基本几何图形等，它是钳工划线的基础。

2.3.1 基本线条的划法

任何复杂的图形都是由基本线条构成的，熟练掌握基本线条的划法是钳工划线的基础。基本线条主要包括直线、平行线、垂直线、角度线、圆弧线和圆周等分线等。

(1) 直线的划法

应先以工件端面为基准用钢直尺分别确定出直线两端的尺寸位置并用划针划出一小段线条，然后将两端的小段线条用直角尺或钢直尺连接成一条直线，如图2-22所示。

(2) 平行线的划法

① 用钢直尺或直角尺划平行线　用钢直尺或直角尺划平行线

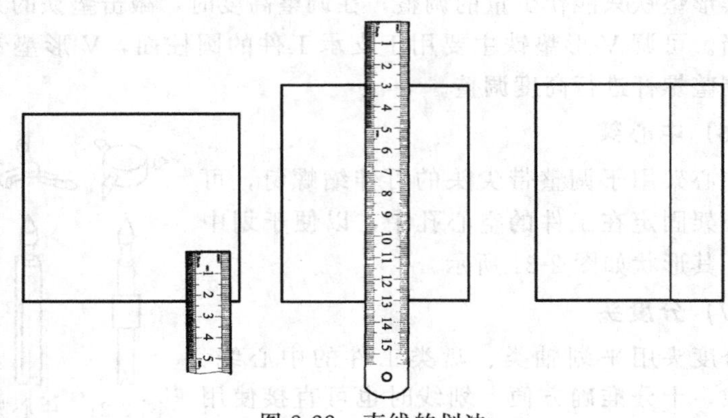
图 2-22 直线的划法

的方法与划直线的方法基本相同。在划平行线时，要以已划出的线条为基准用钢直尺分别确定出平行线两端的尺寸位置并用划针划出一小段线条，然后将两端的小段线条用直角尺或钢直尺连接成一条平行线，如图 2-23 所示。

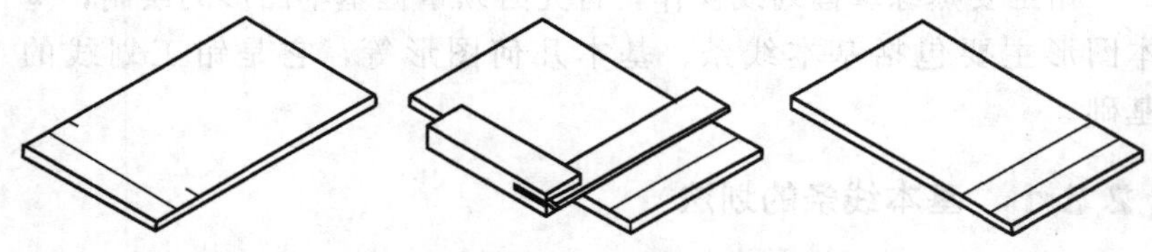
图 2-23 用钢直尺或直角尺划平行线

② 用划规划平行线　如图 2-24 所示，在已知直线上取 A、B 两点，打上冲点，用划规在钢直尺上度量出线间距 L 作为圆弧半径 R，再以 A、B 两点为圆心，分别划出两段圆弧，然后用钢直尺或直角尺和划针作两段圆弧的切线即可。

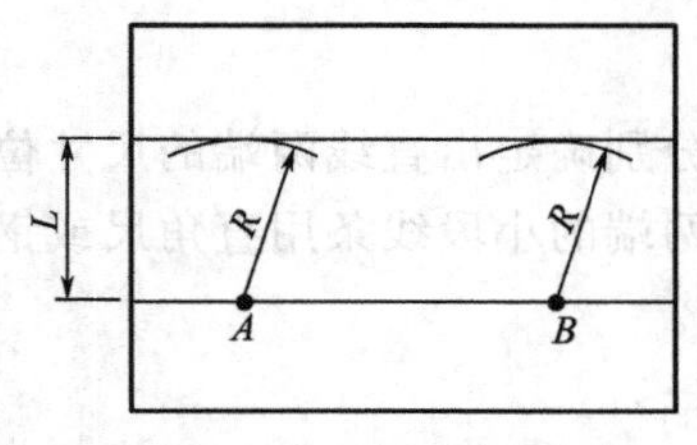

图 2-24 用划规划平行线

③ 用高度游标卡尺划平行线

如图 2-25 所示，在平板上将工件靠在方箱或角铁的垂直工作面上（必要时可用 G 形夹进行固定），然后用高度游标卡尺划出所需的平行线。

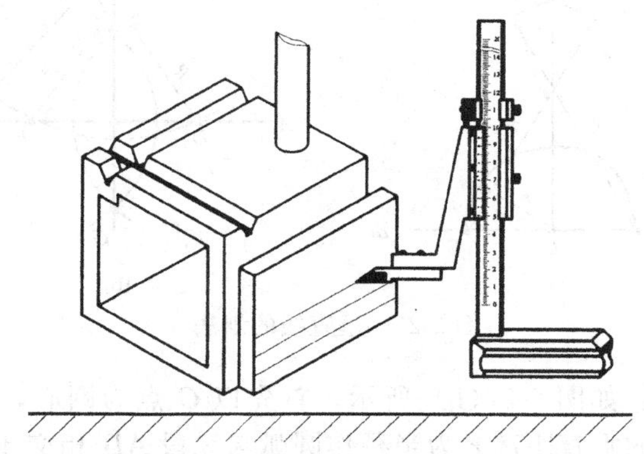

图 2-25　用高度游标卡尺划平行线

(3) 垂直线的划法

① 用直角尺划垂直线　如图 2-26 所示，先用钢直尺在已知线段上取一与其相垂直线段的起点，打上冲点，再以尺座的内基准面紧靠与已知线段相平行的工件的端面（或以尺座的内、外基准面直接与已知线段重合），然后用划针划出垂直线段。

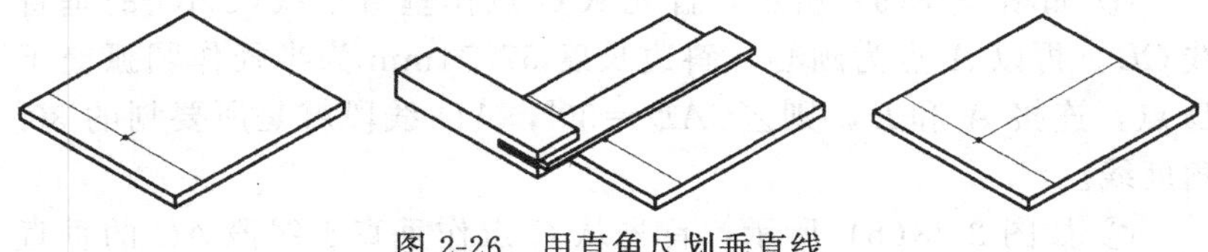

图 2-26　用直角尺划垂直线

② 用作图法划垂直线　已知线段 AB 上的一点 C，划出线段 AB 的垂直线的作法一般有两种方法。

第一种：如图 2-27(a) 所示，以 C 点为圆心，取任意长度 r 为半径，用划规划圆弧交 AB 线段于 D、E，分别以 D、E 两点为圆心，取大于 r 的长度 R 为半径作圆弧交于 F 点，连接 C、F 两点，则线段 CF 为已知线段 AB 的垂直线。

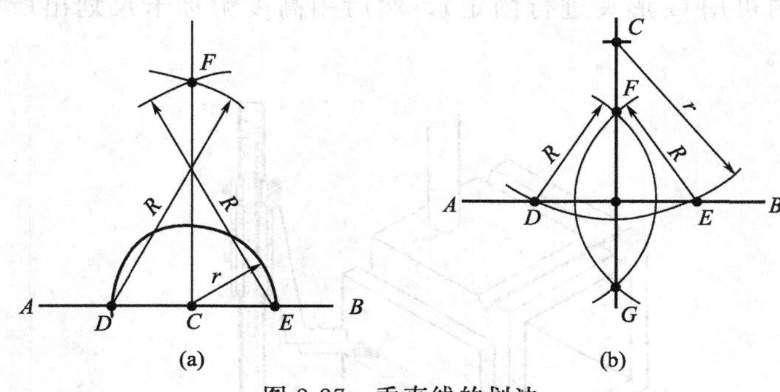

图 2-27　垂直线的划法

第二种：如图 2-27(b) 所示，首先以 C 点为圆心，大于 C 点与线段 AB 的垂直距离 r 为半径作圆弧与线段 AB 相交于 D、E 两点，再分别以 D、E 两点为圆心，以适当长度 R 为半径作圆弧交于 F、G 两点，线段 CFG 则为线段 AB 的垂直线。

(4) 角度线的划法

除了利用万能角度尺划角度线以外，还可通过划规来进行划线，如图 2-28 所示。已知线段 AB 的长度是 50mm，要求作出 30°的角度线，具体划法有以下三种情况。

① 如图 2-28(a) 所示，首先从 C 点作垂直于线段 AC 的垂直线 CB，再以 A 点为圆心，斜边长度 57.74mm 为半径作圆弧交于 D 点，连接 A 和 D，则 $\angle CAD=30°$，AD 线段就是所要划的 30°角度线。

② 如图 2-28(b) 所示，首先从 C 点作垂直于线段 AC 的垂直线 CB，再以 C 点为圆心，对边长度 28.87mm 为半径作圆弧交于 D 点，连接 A 和 D，则 $\angle CAD=30°$，AD 线段就是所要划的 30°角度线。

③ 如图 2-28(c) 所示，首先以 A 点为圆心，斜边长度 57.74mm 为半径作一段圆弧，再以对边长度 28.87mm 为半径作圆弧与上个圆弧交于 D 点，连接 A 和 D、C 和 D，则 $\angle CAD=$

30°，AD 线段就是所要划的 30°角度线。

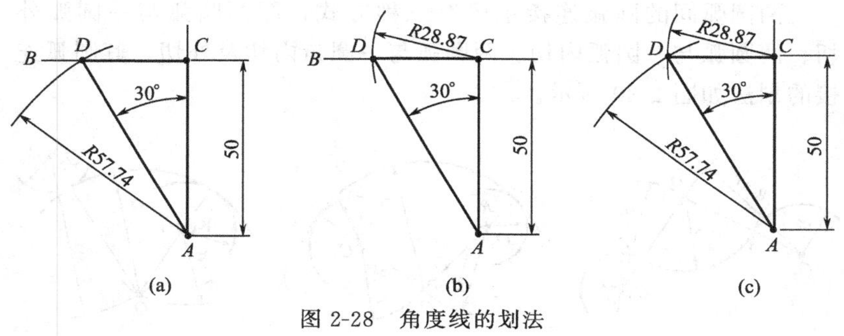

图 2-28 角度线的划法

(5) 用划规作两直线间圆弧相切的划法

如图 2-29 所示为用圆弧连接锐角、钝角和直角的两边。

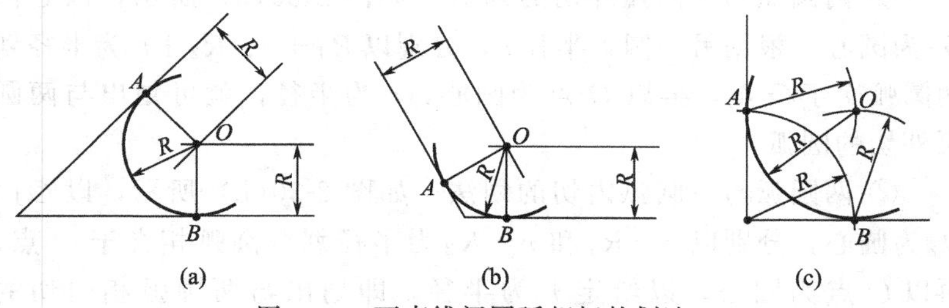

图 2-29 两直线间圆弧相切的划法

① 锐角、钝角两边与圆弧相切的划法　作与已知角两边相距为 R 的平行线，交点 O 即为连接弧圆心，自 O 点分别向已知角两边作垂线，垂足 A、B 即为切点，以 O 点为圆心，R 为半径划圆弧相切于 A、B 两点，此圆弧即为与已知两直线相切的圆弧，参见图 2-29(a) 和 (b)。

② 直角两边与圆弧相切的划法　以角顶为圆心，R 为半径划圆弧相切于直角边 A、B 两点，以 A、B 两点为圆心，R 为半径划圆弧交于 O 点，再以 O 点为圆心，R 为半径划圆弧相切于 A、B 两点，此圆弧即为与已知两直线相切的圆弧，参见图 2-29(c)。

(6) 用划规作两圆弧间的圆弧连接划法

两圆弧间的圆弧连接主要有三种方式，即两圆弧与一圆弧外切、两圆弧与一圆弧内切、两圆弧与一圆弧内切及外切，其圆弧连接的划法如图 2-30 所示。

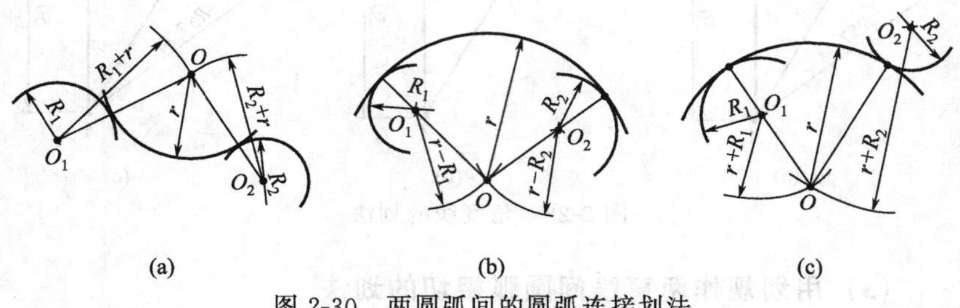

图 2-30 两圆弧间的圆弧连接划法

① 两圆弧与一圆弧外切的划法　如图 2-30(a) 所示，以 O_1、O_2为圆心，根据另一圆弧半径 r，分别以 R_1+r、R_2+r 为半径划两圆弧交于 O 点，再以 O 点为圆心，r 为半径，就可划出与两圆弧外切的圆弧。

② 两圆弧与一圆弧内切的划法　如图 2-30(b) 所示，以 O_1、O_2为圆心，分别以 $r-R_1$ 和 $r-R_2$ 为半径划两圆弧相交于 O 点，再以 O 点为圆心，以给定 r 为半径，即划出与两圆弧相内切的圆弧。

③ 两圆弧与一圆弧内切、外切的划法　如图 2-30(c) 所示，以 O_1、O_2为圆心，分别以 $r-R_1$，和 $r+R_2$ 为半径相交于 O 点，再以 O 点为圆心，以给定 r 为半径，即划出两圆弧与一圆弧内切、外切的圆弧。

(7) 用划规作圆周三、六、十二等分的划法

如图 2-31 所示，圆周三等分的划法是先作直径线段 AB，在 B 点以圆周半径 R 作圆弧与圆周相交于 C、D 两点，则 A、C、D 就是圆周上的三等分点；圆周六等分的划法是在 A、B 两点以圆周半径 R 作圆弧与圆周相交于 C、D、E、F 四点，则 A、C、D、

B、E、F 就是圆周上的六等分点；圆周十二等分的划法是在 A、B、C、D 四点以圆周半径 R 作圆弧与圆周相交于 E、F、G、H、I、J、K、M 八点，则 A、G、H、D、I、J、B、K、M、E、F 就是圆周上的十二等分点。

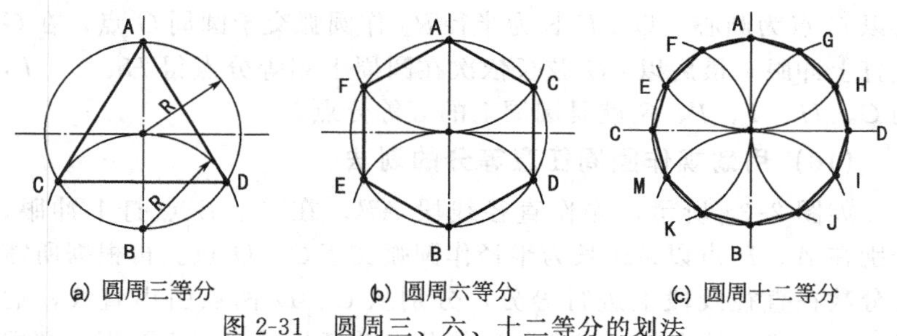

(a) 圆周三等分　　(b) 圆周六等分　　(c) 圆周十二等分

图 2-31　圆周三、六、十二等分的划法

(8) 用划规作圆周四等分的划法

如图 2-32 所示，先作直径线段 AB，然后分别在 A、B 点以大于圆周半径 r 的任意半径 R 作圆弧交于 C、D 两点，连接 C、D 两点与圆周相交于 E、F 两点，则 A、E、B、F 就是圆周四等分点。

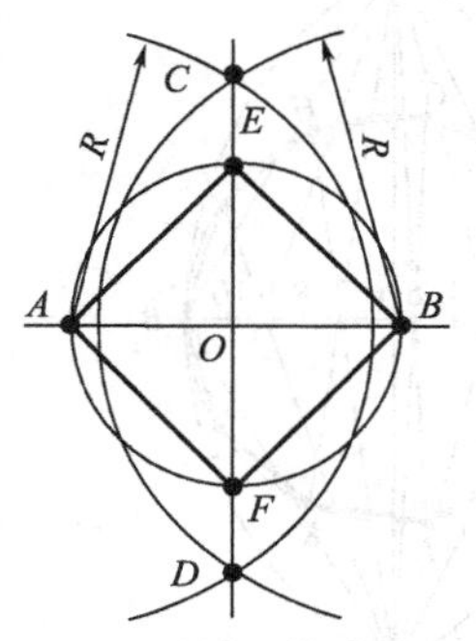

图 2-32　圆周四等分的划法

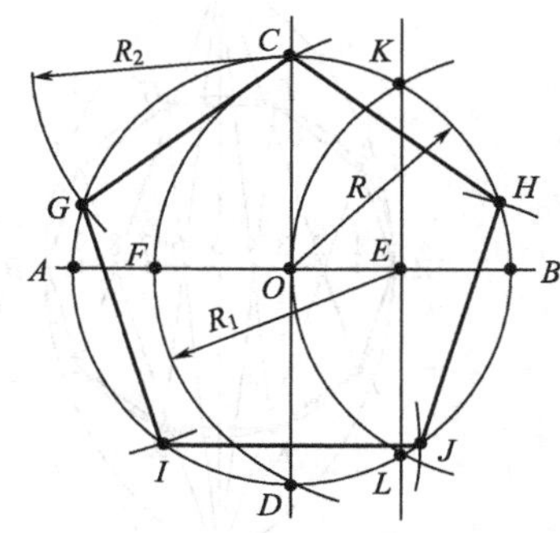

图 2-33　圆周五等分的划法

(9) 用划规作圆周五等分的划法

如图 2-33 所示，首先按照圆周四等分的划法作出互相垂直的

两条直径线段 AB 与 CD。在 B、C 点打上冲眼。以 B 点为圆心、以圆周半径 r 作圆弧与圆周交于 K、L 点。连接 K、L 两点，线段 KL 与线段 AB 交于 E 点，在 E 点打上冲眼。以 E 点为圆心，以 CE 长为半径 R_1 作圆弧交于 AB 线段 F 点，在 F 点打上冲眼。再以 C 点为圆心，以 CF 长为半径 R_2 作圆弧交于圆周 G 点，在 G 点打上冲眼。最后以 CG 弦长依次在圆周上划等分点得 H、I、J，则 C、H、I、J、G 就是圆周上的五等分点。

(10) 用划规作圆周任意等分的划法

如图 2-34 所示，先作直径线段 AB。在 A、B 点打上冲眼，分别在 A、B 点以 AB 长为半径作圆弧交于 C、D 点。再根据所需等分数在直径线段上进行等分，分别从 C、D 两点引出直线，通过 AB 线段上的奇数（或偶数）等分点并延长后相交于圆周，圆周上的各交点就是圆周上的等分点。如图 2-34(a) 所示是把圆周十等分，分别从 C、D 两点引出直线，通过 AB 线段上的奇数等分点并延长后相交于圆周，则交点 A、E、F、G、H、B、J、I、K、L 就是圆周上的十等分点。如图 2-34(b) 所示是把圆周十一等分，

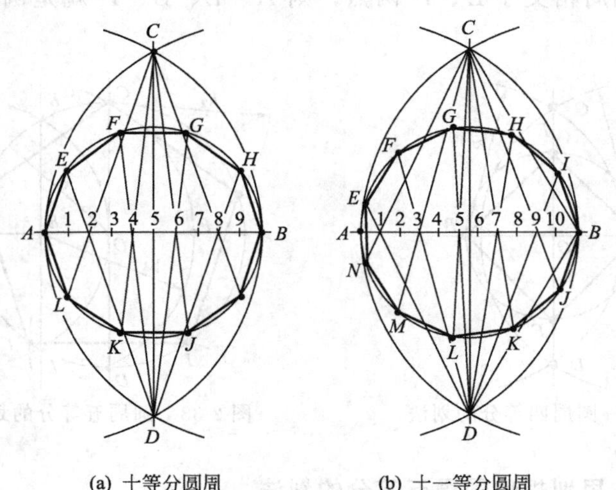

(a) 十等分圆周　　(b) 十一等分圆周

图 2-34　圆周任意等分的划法

分别从 C、D 两点引出直线，通过 AB 线段上的偶数等分点并延长后相交于圆周，则交点 E、F、G、H、I、B、J、K、L、M、N 就是圆周上的十一等分点。

(11) 用划规作圆周弦长等分的划法

圆周弦长等分的划法是根据在同一圆周上每一等分弧长所对应的弦长相等来等分圆周的。为计算方便，列出圆周等分弦长系数表，如表 2-3 所示。

表 2-3 圆周等分弦长系数表

等分数 n	系数 k	等分数 n	系数 k	等分数 n	系数 k
3	0.86603	13	0.23932	23	0.13617
4	0.70711	14	0.22252	24	0.13053
5	0.58779	15	0.20791	25	0.12533
6	0.50000	16	0.19509	26	0.12054
7	0.43388	17	0.18375	27	0.11609
8	0.38268	18	0.17365	28	0.11197
9	0.34202	19	0.16459	29	0.10812
10	0.30902	20	0.15643	30	0.10453
11	0.28173	21	0.14904	31	0.10117
12	0.25882	22	0.14232	32	0.09801

弦长计算公式如下：

$$L = Dk$$

$$k = \sin \frac{180°}{n}$$

式中 L——圆周弦长；
D——圆周直径；
k——圆周弦长系数；
n——圆周等分数。

圆周弦长等分的划法有一个缺点，就是累计误差比较大，划线时需要多次试划和调整才能达到准确等分。

2.3.2 基本几何图形的划法

为了能在图样上精确、快速地作出零件轮廓的图形，仅仅熟悉基本线条的作法还是远远不够的，此外，还必须要懂得一些基本几何图形的作法，主要有以下几种。

(1) 直线和角的划法

各类直线和角的划法见表 2-4。

表 2-4 直线和角的划法

名称	作图条件与要求	图形	操作要点
平行线的画法	作 $\overline{ab}$ 的平行线，相距为 S	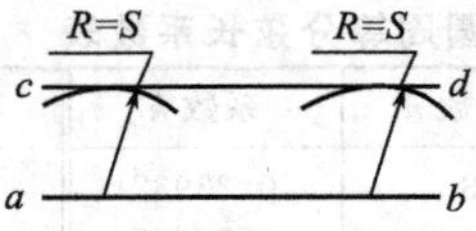	(1)在 $\overline{ab}$ 线上分别任取两点为圆心，以 S 长为半径，作两圆弧 (2)作两圆弧的切线 $\overline{cd}$，则 $\overline{cd} \parallel \overline{ab}$
平行线的画法	过 p 点作 $\overline{ab}$ 的平行线	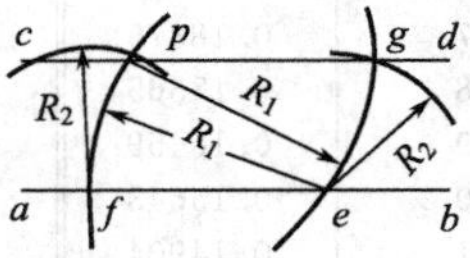	(1)以已知点 p 为圆心，取 R_1（大于 p 点到 $\overline{ab}$ 的距离）为半径画弧交 $\overline{ab}$ 于 e (2)以 e 为圆心、R_1 为半径画弧交 $\overline{ab}$ 于 f (3)以 e 为圆心，取 $R_2=\overline{fp}$ 为半径画弧交于 g，过 p、g 两点作 $\overline{cd}$，则 $\overline{cd} \parallel \overline{ab}$
垂直线的画法	作过 $\overline{ab}$ 外任意定点 p 的垂线	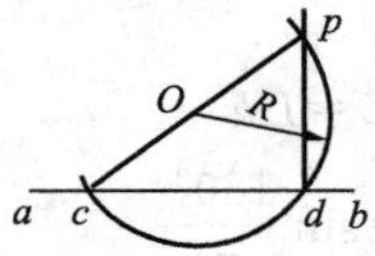	(1)过 p 点作一倾斜线交 $\overline{ab}$ 于 c，取 $\overline{cp}$ 中点为 O (2)以 O 为圆心，取 $R=cO$ 为半径画弧交 $\overline{ab}$ 于 d 点，连接 $\overline{dp}$，则 $\overline{dp} \perp \overline{ab}$
垂直线的画法	作过 $\overline{ab}$ 的端点 b 的垂线	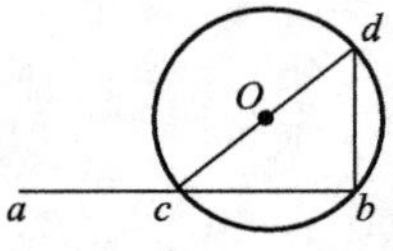	(1)任取线外一点 O，并以 O 为圆心，取 $R=Ob$ 为半径画圆交 $\overline{ab}$ 于 c 点 (2)连接 cO 并延长，交圆周于 d 点，连接 $\overline{bd}$，则 $\overline{bd} \perp \overline{ab}$
垂直线的画法	作过 $\overline{ab}$ 的端点 b 的垂线（用 3：4：5 比例法）	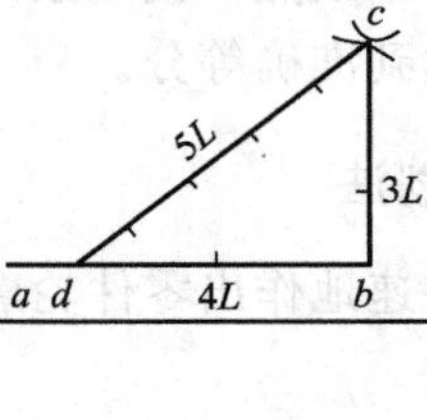	(1)在 $\overline{ab}$ 上以 b 为顶点量取 $bd=4L$ (2)以 d、b 为顶点，分别量取以 $5L$、$3L$ 长作半径交弧得 c 点，连接 $\overline{bc}$，则 $\overline{bc} \perp \overline{ab}$

续表

名称	作图条件与要求	图形	操作要点
线段的等分	作$\overline{ab}$的2等分线	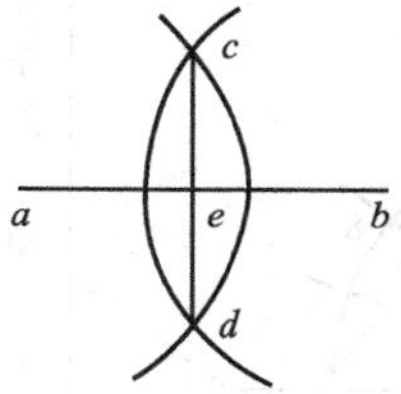	(1)分别以a、b为圆心，任取$R\left(>\frac{\overline{ab}}{2}\right)$为半径画弧，得交点$c$、$d$两点 (2)连接$\overline{cd}$并与$\overline{ab}$交于$e$，则$ce=be$，即$\overline{cd}$垂直平分$\overline{ab}$
	作$\overline{ab}$的任意等分线(本例为五等分)	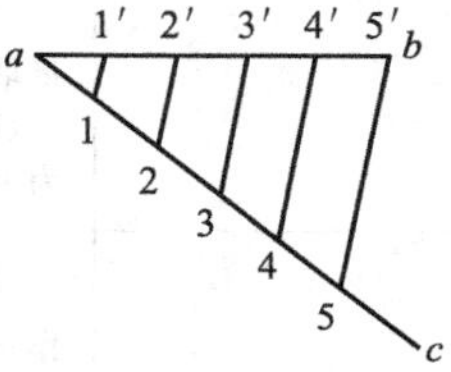	(1)过a作倾斜线$\overline{ac}$，以适当长在$\overline{ac}$上截取五等分，得1、2、3、4、5各点 (2)连接$b5$两点，过$\overline{ac}$线上4、3、2、1各点，分别作$b5$的平行线交$\overline{ab}$于$4'$、$3'$、$2'$、$1'$各点，即把ab五等分
角度的等分	$\angle abc$的二等分	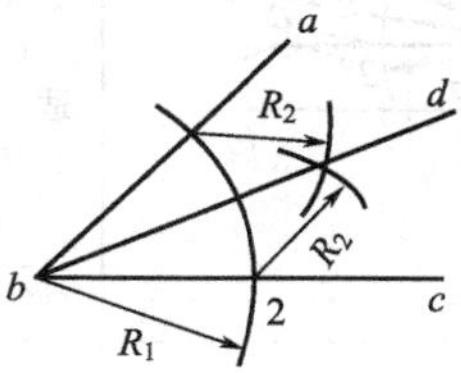	(1)以b为圆心，适当长R_1为半径，画弧交角的两边于1、2两点 (2)分别以1、2两点为圆心，任意长$R_2\left(>\frac{1}{2}线段12距离\right)$为半径相交于$d$点 (3)连接$\overline{bd}$，则$\overline{bd}$即为$\angle abc$的角平分线
	$\angle abc$的三等分	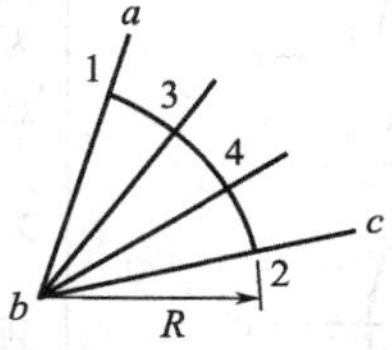	(1)以b为圆心，适当长R为半径，画弧交角的两边于1、2两点 (2)将弧12用量规量取三等分为3、4两点 (3)连接$b3$、$b4$即为$\angle abc$的三等分线

续表

名称	作图条件与要求	图形	操作要点
角度的等分	90°角的五等分		(1)以 b 为圆心,适当长 R 为半径,画弧交$\overline{ab}$延长线于点 1 和$\overline{bc}$于点 2,量取点 3,使$\overline{23}=\overline{b2}$ (2)以 b 点为圆心,$\overline{b3}$为半径画弧交$\overline{ab}$于点 4 (3)以点 1 为圆心,$\overline{13}$为半径画弧交$\overline{ab}$于点 5 (4)以点 3 为圆心,$\overline{35}$为半径画弧交弧 34 于点 6 (5)以弧 $a6$ 长在弧 34 上量取 7、8、9 各点 (6)连接 $b6$、$b7$、$b8$、$b9$ 即为 90°角$\angle abc$ 的五等分线
	作无顶点角的角平分线		(1)取适当长 R_1 为半径,作$\overline{ab}$和$\overline{cd}$的平行线交于 m 点 (2)以 m 为圆心,适当长 R_2为半径画弧交两平行线于 1、2 两点 (3)以 1、2 两点为圆心,适当长 R_3 为半径画弧交于 n 点 (4)连接$\overline{mn}$,则$\overline{mn}$即为$\overline{ab}$和$\overline{cd}$两角边的角平分线
作已知角	作$\angle a'b'c'$等于已知角$\angle abc$		(1)作一直线$\overline{b'c'}$ (2)分别以$\angle abc$ 的 b 和$\overline{b'c'}$的 b' 为圆心,适当长 R 为半径画弧,交$\angle abc$ 于 1、2 点和$\overline{b'c'}$于点 1′ (3)以 1′点为圆心,取$\overline{12}$为半径画弧交于 2′ (4)连接 $b'2'$ 并适当延长到 a',则$\angle a'b'c'=\angle abc$

续表

名称	作图条件与要求	图形	操作要点
作已知角	用近似法作任意角度(图中为49°)	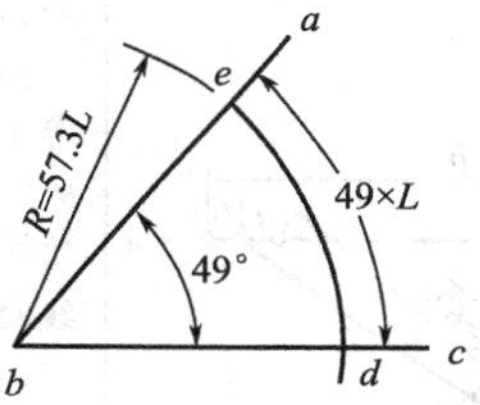	(1)以 b 为圆心,取 $R=57.3L$ 长为半径画弧(L 为适当长度)交 $\overline{bc}$ 于 d (2)由于作49°角,可取 $49\times L$ 的长度,在所作的圆弧上,从 d 点开始用卷尺量取弧长到 e 点 (3)连接 be,则 $\angle ebd=49°$ (4)作任意角度,均可用此方法,只要半径用 $57.3\times L$ 以角度数 $\times L$ 作为弧长(L 是任意适当数)
已知三角形三边长为 a、b、c,求作该三角形		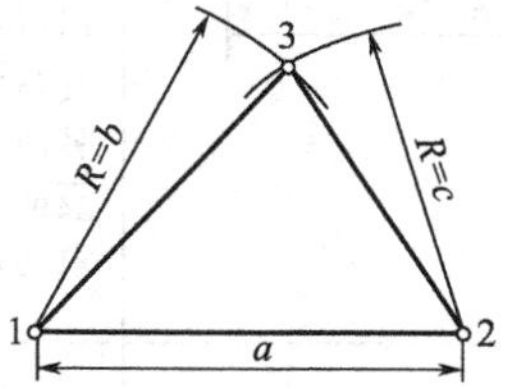	(1)作直线段 $\overline{12}$ 使其长为 a,以1和2分别为圆心,以半径 $R=b$ 和 $R=c$ 分别画弧交于3点 (2)连接 $\overline{13}$ 和 $\overline{23}$,那么△123即为所求作的三角形
作倾斜线(图中斜度为1∶6)		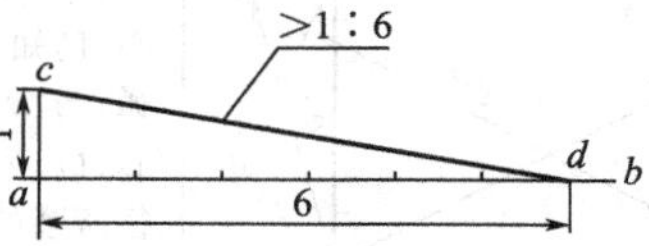	(1)画直线 ab,再作直角 cad,在垂直线上定出任意长度 ac (2)再在 ab 上定出相当于6倍 ac 长度的点 d,连接点 d、c 所得的直线,即得到与直线 ac 的斜度为1∶6的倾斜线
已知正方形的边长为 a,用近似法求作该正方形		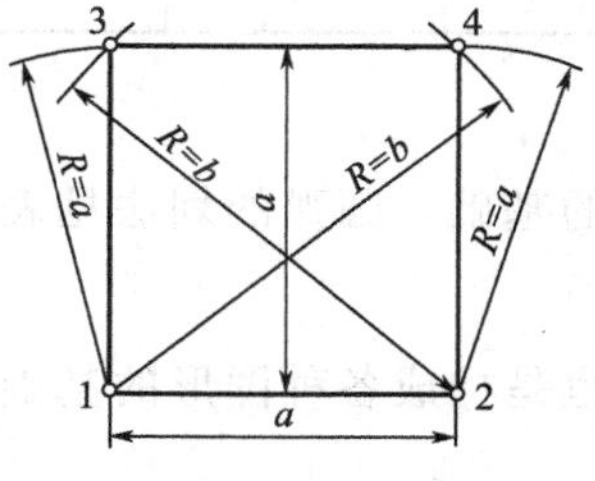	(1)作一水平线,取 $\overline{12}$ 等于已知长度 a,分别以点1、2为圆心,已知长度 a 为半径画圆弧,与分别以点1、2为圆心,以 $b(b=1.414a)$ 为半径所画的圆弧相交,得交点为3、4 (2)分别以直线连接各点,即得所求正方形

续表

名称	作图条件与要求	图形	操作要点
	已知矩形两边长度 a 和 b，求作该矩形	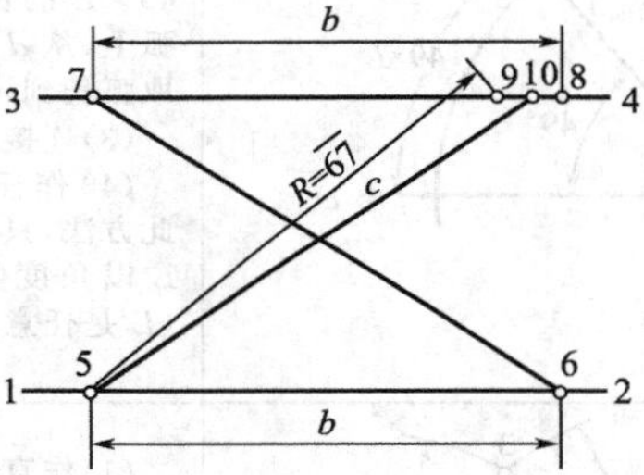	(1)先画两条平行线$\overline{12}$和$\overline{34}$,其距离等于已知宽度 a (2)在$\overline{12}$和$\overline{34}$线上分别取等于已知长度 b 的点为 5、6、7、8,以点 5 为圆心,$\overline{67}$对角线长为半径画圆弧与直线$\overline{34}$相交,交点为 9 (3)连接点 5 及$\overline{89}$之中点 10,则$\overline{510}$即为所求对角线长 c (4)分别以 5、6 为圆心,以对角线长 c 为半径画弧,其与$\overline{34}$的交点,即为矩形的另两个顶点,点 5、6 分别与$\overline{34}$的交点相连接便得到所求的矩形
		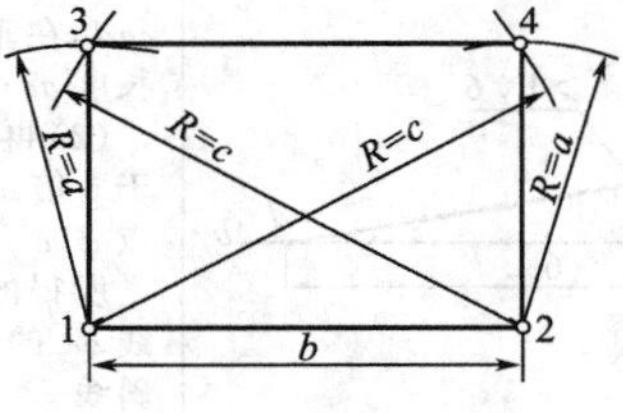	(1)作一水平线$\overline{12}$,使其长度等于 b (2)分别以点 1、2 为圆心,已知长度 a 为半径画圆弧,与分别以点 1、2 为圆心,以 $c(c=\sqrt{a^2+b^2})$为半径所画的圆弧相交,得交点为 3、4 (3)分别以直线连接各点,即得所求正方形

(2) 圆弧的划法

圆弧是构成各种图形的基础，圆弧的划法见表 2-5。

(3) 椭圆的划法

除圆、圆弧外，椭圆也是构成各种图形的基础，椭圆的常用划法见表 2-6。

表 2-5 圆弧的划法

作图条件与要求	图形	操作要点
已知弦长$\overline{ab}$和弦高$\overline{cd}$作圆弧		(1)连接$\overline{ac}$、$\overline{bc}$，并分别作垂直平分线相交于点 O (2)以 O 为圆心，$\overline{aO}$长为半径画弧，即为所求圆弧
已知弦长$\overline{ab}$和弦高$\overline{cd}$作圆弧（近似画法）		(1)连接$\overline{ac}$并作垂直平分线，并在其上量取$\overline{cd}/4$得 e (2)分别连接$\overline{ae}$、$\overline{ce}$并作垂直平分线，并在其上量取$\overline{cd}/16$长，得 f、g 点 (3)同理将弦长作垂直平分线，量取$\overline{cd}/64$长，依次类推得到近似的圆弧（图中画一半）
已知弦长$\overline{ab}$和弦高$\overline{cd}$作圆弧（准确画法）		(1)分别过 a、c 点作$\overline{cd}$和$\overline{ab}$平行线的矩形 $adce$ (2)连接$\overline{ac}$，过 a 作$\overline{ac}$垂线交$\overline{ce}$延长线于 f (3)在$\overline{ad}$、$\overline{cf}$、$\overline{ae}$线上各取相同等分，分别得 1、2、3、1″、2″、3″和 1′、2′、3′点（图中三等分） (4)小圆的$\overline{11''}$、$\overline{2p}$与$\overline{ab}$相交于 1′、2′点 (5)分别连接$\overline{11''}$、$\overline{22''}$、$\overline{33''}$和$\overline{1'c}$、$\overline{2'c}$、$\overline{3'c}$并得对应相交各点，圆滑连接各点，即得所求圆弧（图中画一半）

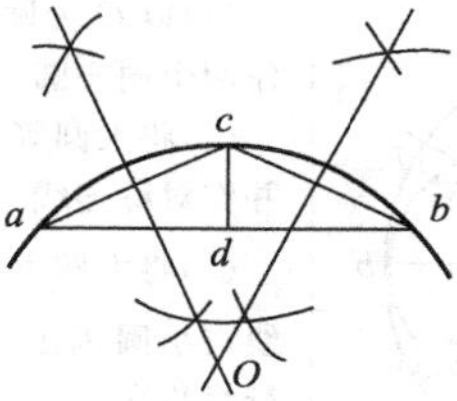

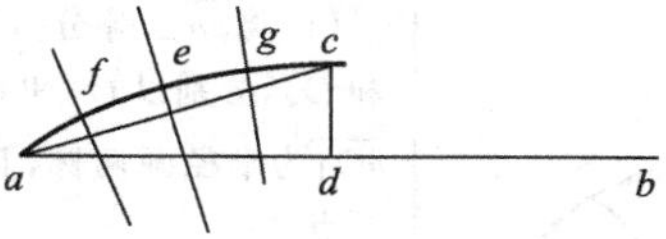

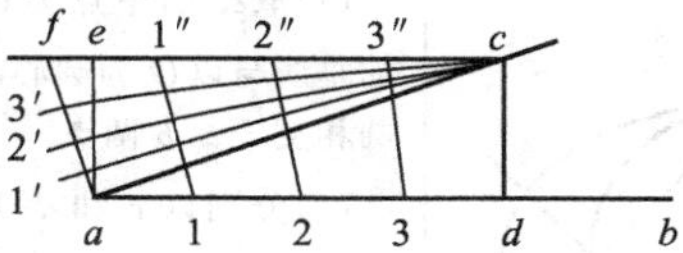

表 2-6　椭圆的常用划法

已知条件与要求	图　形	操作要点
已知长轴 $\overline{ab}$ 和短轴 $\overline{cd}$ 作椭圆（用同心作法）	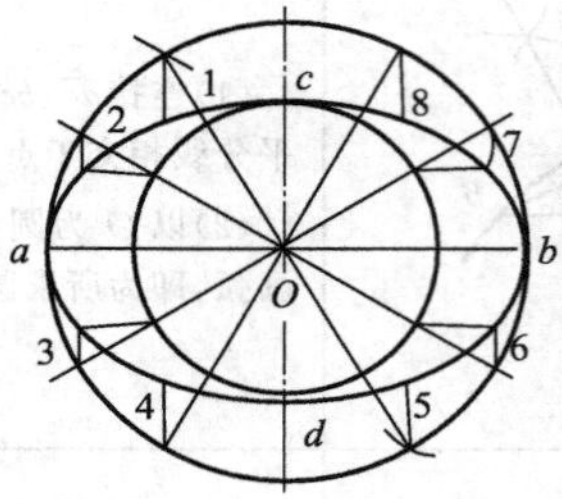	(1)以 O 为圆心，$\overline{Oa}$ 和 $\overline{Oc}$ 为半径作两个同心圆 (2)将大圆等分（图中十二等分）并作对称连线 (3)将大圆上各点分别向 $\overline{ab}$ 作垂线与小圆周上对应各点作 $\overline{ab}$ 的平行线相交 (4)用圆滑曲线连接各交点得所求的椭圆
已知长轴 $\overline{ab}$ 作椭圆（长轴三等分法）	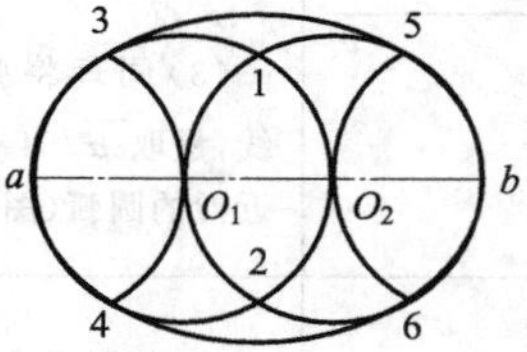	(1)将 $\overline{ab}$ 三等分。等分点为 O_1 和 O_2，分别以 O_1 和 O_2 为圆心，取 $\overline{aO_1}$ 为半径画两圆，且相交于 1、2 两点 (2)分别以 a 和 b 为圆心，仍取 $\overline{aO_1}$ 为半径画弧交两圆于 3、4、5、6 各点 (3)分别以 1 和 2 为圆心，取 $\overline{25}$ 线段长为半径画弧 35、46，即为所求之椭圆
已知短轴 $\overline{cd}$ 作椭圆	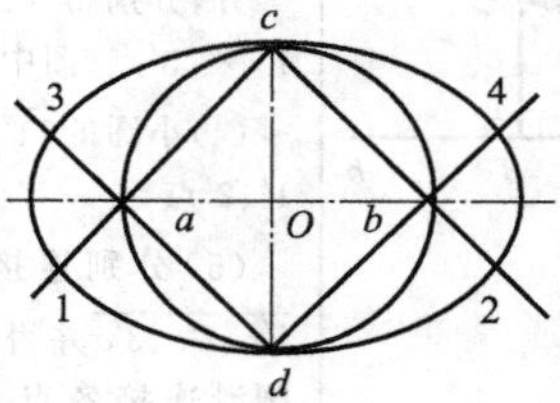	(1)取 $\overline{cd}$ 的中点为 O，过 O 作 $\overline{cd}$ 的垂线与以 O 为圆心，$\overline{cO}$ 为半径的圆相交于 a、b 两点 (2)分别以 c 和 d 为圆心，取 $\overline{cd}$ 为半径画弧交 $\overline{ca}$、$\overline{cb}$ 和 $\overline{da}$、$\overline{db}$ 的延长线于 1、2、3、4 点 (3)分别以 a 和 b 为圆心，取 $\overline{a1}$ 为半径画弧 13 和 24，即完成所求之椭圆

续表

已知条件与要求	图　形	操作要点
已知长轴$\overline{ab}$和短轴$\overline{cd}$作椭圆	e 3 c f 2 1 a O b h d g	(1)长轴$\overline{ab}$和短轴$\overline{cd}$相交于O点 (2)分别过a、b和c、d点作$\overline{cd}$和$\overline{ab}$的平行线，交成矩形，交点为e、f、g、h (3)把$\overline{aO}$和$\overline{ae}$作相同的等分(图中四等分)并从c点作$\overline{ae}$线上各等分点的连线和从d点作$\overline{aO}$线上的各等分点的连线并延长，各对连线交于1、2、3各点 (4)用光滑曲线连接各点得1/4的椭圆，同理求出其他三边曲线

2.4 划线用涂料

为使划出的线条清晰可见，划线前应在零件划线部位涂上一层薄而均匀的涂料，主要使用白粉、竹青、速干墨水等。

白粉主要用于钢铁材料划线，将白粉溶于水再添加一些有黏性的牛胶和树脂胶。涂白粉时应尽量涂得薄些（防止涂得过厚用划针划线时脱落）。白粉虽然有涂了之后需一定时间才能干燥的缺点，但是这是一种用于钢铁材料最为合适的涂料。生活中常用白墨代替白粉，但就附着力而言，还是白粉的效果最好。

竹青是由蓝色染料用酒精溶解后再添加牛胶调制而成（与速干性墨水性质相同），可快速干燥、涂得薄，所以多用于机械加工面。

常用划线涂料配方和应用见表2-7。此外，对于表面粗糙的大型毛坯，也可用粉笔代替石灰水。

表 2-7 常用划线涂料配方和应用

名称	配制比例	应用场合
石灰水	稀糊状石灰水加适量骨胶或乳胶	大中型铸、锻件毛坯
紫色水	紫色颜料(青莲、普鲁士蓝)2%～5%,加漆片或虫胶3%～5%和91%～95%酒精混合而成	已加工表面
硫酸铜溶液	100g水中加1～1.5g硫酸铜和少许硫酸	形状复杂零件或已加工表面
特种淡金水	乙醇和虫胶为主要原料的橙色液体	精加工表面

在工作结束后，必须将涂料清洗干净。要注意避免使用一种一直附着在工件表面，或涂了其他涂料后，原来所涂的涂料颜色返回至表面涂层的涂料，以免影响工件外观及其表面质量。

2.5 划线基准的选择

一个加工件不论其所划的尺寸如何复杂，都是由定形和定位两种尺寸组成。其中，用来确定线段的长度、圆弧的半径（或圆的直径）和角度的大小等的尺寸称为定形尺寸；而用于确定线段在工件表面中所处位置的尺寸称为定位尺寸。定位尺寸通常以工件形状的对称中心线、中心线或某一轮廓面作为基准来完成的。划线实质上就是合理完成上述尺寸位置的冲点（样冲眼）操作过程。

无论划如何复杂的图样尺寸线，划线操作时首先需要选择工件上某个点、线或面作为依据，以用来确定工件上其他各部分尺寸、几何形状和相对位置，这个过程称为确定划线基准。划线基准是指在零、部件上起决定作用的基准面和基准线。确定好划线基准事实上也就是确定了大部分定位尺寸的基准。

设计图样中的零、部件上用来确定其他点、线、面位置的依据，称为设计基准。划线时，一般应选择设计基准为划线基准。即所选择的划线基准应与设计基准保持一致，这称为基准重合原则。遵循这一原则，能直接量取划线尺寸，简化尺寸换算，保证划线质量和提高划线效率。

(1) 常见划线基准的类型

通常平面划线时需要划两个互相垂直方向的线条，立体划线时一般要划三个互相垂直方向的线条。因此，平面划线时要确定两个基准，而立体划线时则要确定三个基准，但无论是平面划线还是立体划线，其基准的选择原则是一致的，所不同的是把平面划线的基准线变为立体划线的基准平面。常见的划线基准类型有以下三种。

① 以相互垂直的两个平面（或直线）为基准　图 2-35 所示样板，需划出外形高度、宽度和孔加工线。从图样上可以看出，其设计基准为两个相互垂直的底平面和右侧平面。因此，划出各加工线时，应从底平面和右侧平面为划线基准。否则，要进行尺寸换算，加工尺寸也难以控制。

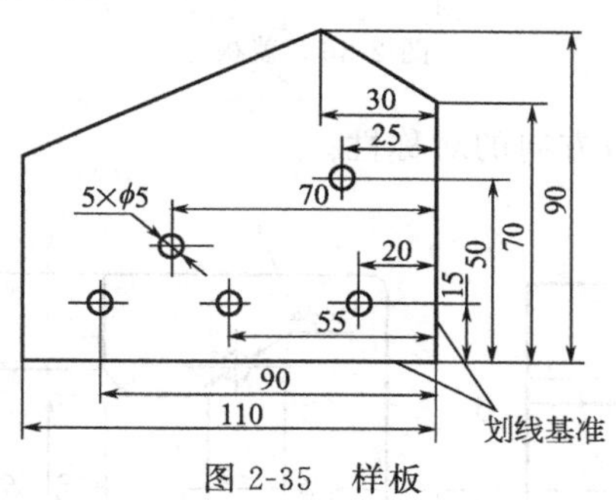

图 2-35　样板

② 以两条对称中心线为基准　图 2-36 所示盖板，需划出 ϕ25mm 的车削加工线和 4 个孔 ϕ7mm 的钻削加工线。从图样上可以看出，其设计基准为两条对称中心线。因此划线时，应以两条相互垂直且对称的中心线为划线基准。以保证各孔加工位置与毛坯边缘对称均匀，不致影响外观质量，若以 B、C 面为划线基准，不仅要进行尺寸换算，还可能影响工件外形的对称性。

③ 以一个平面和中心线为基准　图 2-37 所示的制动滑块，其设计基准为底平面和中心线，划高度方向的尺寸加工线时，应以底平面为划线基准；划宽度方向的尺寸加工线时，应以中心线为划线基准。若以 A、B 面为划线基准，不仅要进行尺寸换算，还难以

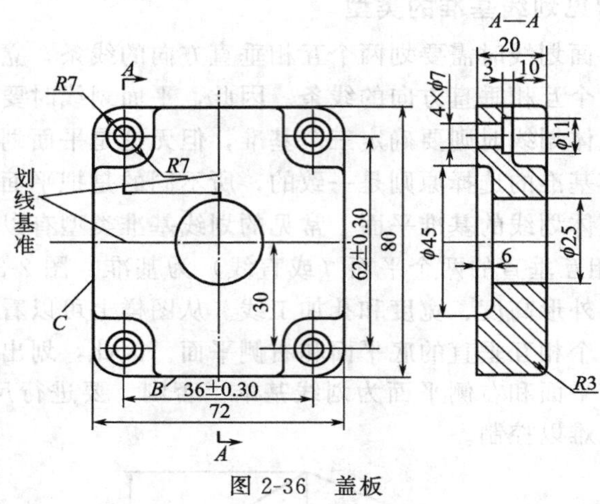

图 2-36 盖板

保证工件外形左右方向的对称性。

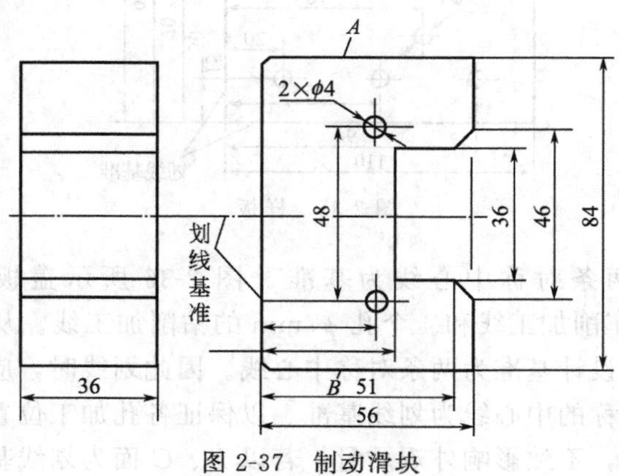

图 2-37 制动滑块

在划线操作过程中，划线基准的选择还应根据所划零件的加工状态来选择，即毛坯划线还是半成品划线来决定。

(2) 毛坯划线基准的选择

毛坯件划线不可避免地要选择不加工面作为划线的基准，并且该基准面还应有利于后续的找正、定位和借料等。这是因为毛坯件上要进行加工的面所留余量并不一定均匀，而且铸件的浇、冒口也留在加工面上，还有飞边、毛刺等，所以，加工面就不那么平整规矩。因此选择作为划线基准的不加工面，应能较好地保证在后续的划线中测定加工面的加工余量，并划出加工线来。为此，在决定坯件的划线基准时，有以下几个原则必须遵循。

① 尽量选择零件图上标注尺寸的基准（设计基准）作为划线基准。

② 在保证划线工作能进行的前提下，尽量减少划线基准的数量。

③ 尽量选择较平整的大面作为划线基准，以实现大面来确定其他小面的位置。因坯件按大面找正后，其他较小的各平行面、垂直面或斜面，就必然处在各自应有的位置上。否则，以小面定大面，则后续划线确定的大面很可能超出允许的误差范围。

④ 选择的划线基准应能保证工件的安装基准或装配基准的要求。

⑤ 划线基准的选择应尽量考虑到工件装夹的方便，并能保证工件放置的稳定，保证划线操作的安全。

(3) 半成品划线基准的选择

凡经过机床加工一次以上，而又不是成品的零件称为半成品。半成品的基准面的选择主要有以下几个原则。

① 在零件的某一坐标方向有加工好了的面，就应以加工面为基准划其他各线。如图 2-38 所示，划轴承座 d 孔时，就要由加工好了的底面 A 往上量取尺寸 l，划出孔的水平中心线。

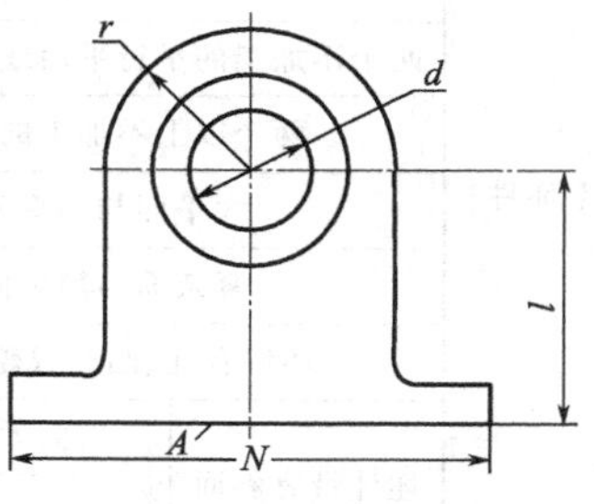

图 2-38 划轴承座线

② 在零件的某一坐标方向没有加工过的面，仍应以不加工面为基准划其他各线。如图 2-38 所示，水

平中心线划出以后，孔的左右方向仍要按半径为 r 的不加工两侧面确定位置，保证孔有足够的加工余量。与此同时，还要照顾到两个侧面的对称性。

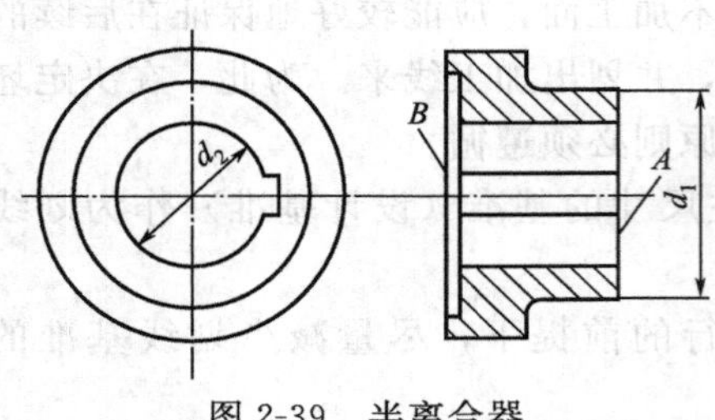

图 2-39　半离合器

③ 同是加工过的几个面，要选设计基准面为基准面，以减少定位差。或者选择尺寸要求最严的面为基准面。如图 2-39 所示，半离合器划键槽线就要以孔的中心为基准，而不要以 d_1 外圆为基准划线。因为孔 d_2 和基面 B 是一次装夹加工的，外圆 d_1 是调头装夹加工的，两个圆不完全同心。

④ 有个别工件，工艺或设计有特殊要求，指定要以哪个面为基准，保证哪一个尺寸等，这时就必须服从这些要求。

(4) 立体划线基准的选择

常用立体划线基准的选择可参照表 2-8 确定。

表 2-8　立体划线基准的选择

<table>
<tr><th>工件类型</th><th colspan="2">表面状况</th><th>基准的选定</th></tr>
<tr><td rowspan="9">毛坯件</td><td colspan="2">待加工平面与不加工平面</td><td>选择不加工平面</td></tr>
<tr><td colspan="2">所有平面都要求加工</td><td>选择加工余量较小或
精度要求较高的平面</td></tr>
<tr><td colspan="2">两个不加工的平行平面或对称的平面</td><td>选择对称中心平面</td></tr>
<tr><td colspan="2">两个以上不加工的平面</td><td>选择较大而平整的不加工平面</td></tr>
<tr><td colspan="2">大平面与小平面</td><td>选择大平面</td></tr>
<tr><td colspan="2">复杂面与简单面</td><td>选择复杂面</td></tr>
<tr><td colspan="2">坯件有孔、凸台或轮毂面</td><td>选择中心点</td></tr>
<tr><td rowspan="2">坯件带有斜面</td><td>斜面大于其他面</td><td>应先划斜面</td></tr>
<tr><td>斜面相当或小于其他面</td><td>最后划斜面</td></tr>
</table>

续表

工件类型	表面状况		基准的选定
半成品件	在工件某一坐标方向上	有经加工好的面	以加工面为基准划其余各线
		不加工面与待加工面	选定设计基准或尺寸要求最严的面
	经加工过的几个面		选择设计基准或尺寸要求最严的面

2.6 划线的找正与借料

找正和借料是划线中常用到的操作手段，主要目的是充分保证工件的划线质量，并在保证质量的前提下，充分利用、合理使用原材料，从而在一定程度上降低成本，提高生产率。所谓找正是指利用划线工具（划线盘、直角尺等）使工件的待加工表面相对基准（不加工面）处于合适位置的操作过程。对于毛坯工件，在划线前一般都要进行找正。

当零件毛坯材料在形状、尺寸和位置上的误差缺陷，用找正后的划线方法不能补救时，就要用借料的方法来解决。所谓借料就是通过若干次的试划线和调整，使各个加工面的加工余量合理分配，互相借用，从而保证各个加工表面都有足够的加工余量，而误差和缺陷可在加工后排除。

应该指出的是：划线时的找正和借料这两项工作是密切结合进行的。因此，找正和借料必须相互兼顾，使各方面都满足要求，如果只考虑一方面，忽略其他方面，是不能做好划线工作的。

(1) 找正

划线过程中，通过对工件找正，可以达到以下目的：当工件毛坯上有不加工表面时，通过找正后再划线能使加工表面和不加工表面之间的尺寸得到均匀合理的分布；当工件毛坯上没有不加工表面时，对加工表面自身位置找正后再划线，能使各加工表面的加工余量得到均匀合理的分配。

根据所加工工件结构、形状的不同，找正的方法也有所不同，但主要应遵循以下原则。

① 为了保证不加工面与加工面间各点的距离相同（一般称壁厚均匀），应将不加工面用划线盘找平（当不加工面为水平面时），或把不加工面用直角尺找垂直（当不加工面为垂直面时）后，再进行后续加工面的划线。

图 2-40 为轴承座毛坯划线找正的实例。该轴承座毛坯底面 A 和上面 B 不平行，误差为 f_1，内孔和外圆不同心，误差为 f_2。由于底面 A 和上面 B 不平行，造成底部尺寸不正，在划轴承座底面加工线时，应先用划线盘将上面（不加工的面）B 找正成水平位置，然后划出底面加工线 C，这样底部的厚度尺寸就达到均匀。在划内孔加工线之前，应先以外圆（不加工的面）ϕ_1 为找正依据，用单脚规找出其圆心，然后以此圆心为基准划出内孔的加工线 ϕ_2。

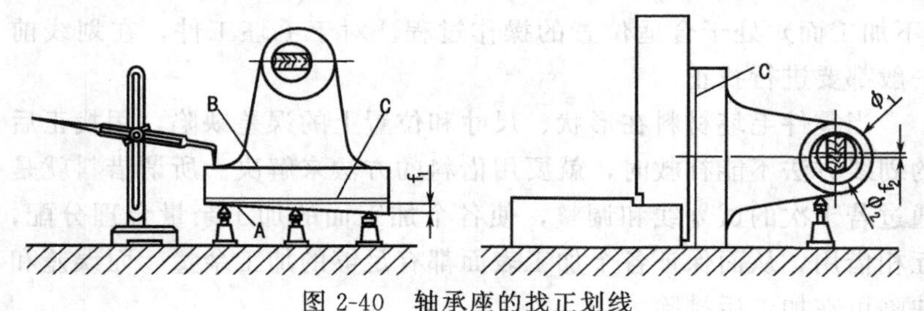

图 2-40　轴承座的找正划线

② 如有几个不加工表面时，应将面积最大的不加工表面找正，并照顾其他不加工表面，使各处壁厚尽量均匀，孔与轮毂或凸台尽量同心。

③ 如没有不加工平面时，要以欲加工孔毛坯面和凸台外形来找正。对于有很多孔的箱体，要照顾各孔毛坯和凸台，使各孔均有加工余量而且尽量与凸台同心。

④ 对有装配关系的非加工部位，应优先作为找正基准，以保证工件的装配质量。

(2) 借料

要做好借料划线，首先要知道待划毛坯材料的误差程度，确定需要借料的方向和大小，这样才能提高划线效率。如果毛坯材料误差超出许可范围，就无法利用借料来补救了。

划线时，有时因为原材料的尺寸限制需要利用借料，通过合理调整划线位置来完成。有时在划线时，又因原材料的局部缺陷，需要利用借料，通过合理调整划线位置，来完成划线。因此，在实际生产中，要灵活地运用借料来解决实际问题。

图 2-41 所示为一支架借料划线实例，图(a) 为支架铸件毛坯的实际尺寸；图(b) 为支架的图样，需要加工的部位是 ϕ40mm 孔和底面两处。

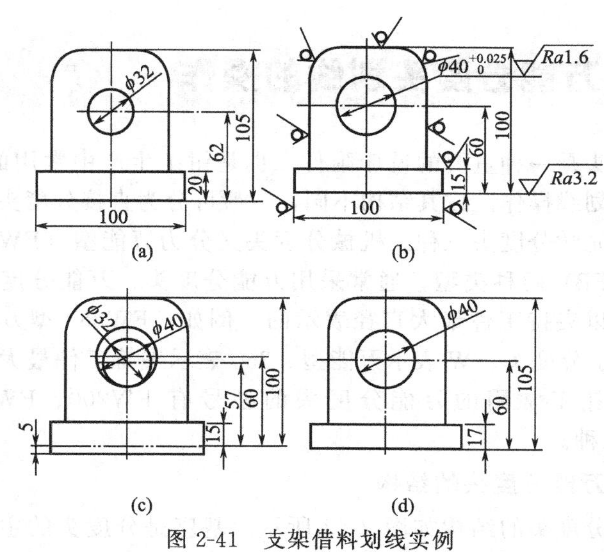

图 2-41 支架借料划线实例

由于铸造缺陷，ϕ32mm 孔的中心高向下偏移，如果按图样以此中心高直接进行划线，则当底面划出 5mm 加工线后，ϕ32mm 孔的中心高将跟着降低 5mm，从 62mm 降到 57mm，这样就与 ϕ40mm 孔的中心高 60mm 相比降低 60－57＝3（mm）。这时，ϕ40mm 孔的单边最小加工余量为(40－32)/2－3＝1(mm)。由于

ϕ40mm孔的单边余量仅为1mm，可能导致孔加工不出来，使毛坯报废，如图2-41(c)所示。

为了不使毛坯报废，将采取借料划线的方法进行补救。为保证ϕ40mm孔的中心高不变，而且又有比较充足的单边加工余量，就只能向支架底面借料，底面的加工余量为5mm，如果向支架底面借料2mm，则ϕ40mm孔的单边加工余量可达到3mm，这样就使孔有比较充足的加工余量，而且支架底面还有3mm的加工余量，是能够满足加工要求的。由于向支架底面借料2mm，会导致支架总高增加2mm变为102mm，但由于顶部表面不加工，且无装配关系，因此不会影响其使用性能，如图2-41(d)所示。

2.7 万能分度头划线的操作

分度头是一种重要的铣床附件，也是钳工生产中常用的工具，特别用于划线操作。按其结构不同，一般可分为直接分度头、机械分度头和光学分度头三种。机械分度头又分为万能型（FW）和半万能型（FB）两种类型，通常采用万能分度头。万能分度头的规格主要是以夹持工件最大直径表示的，例如，FW250型万能分度头，F表示分度头、W表示万能型、250表示夹持工件最大直径为250mm。钳工常用的万能分度头的型号有FW200、FW250和FW320三种。

(1) 万能分度头的结构

万能分度头的结构如图2-42所示。基座是分度头的主体，回转体可沿基座作水平轴线回转，同时也可以在垂直方向的－10°～110°范围内任意转动。刻度环套在主轴上，刻度环上刻有0°～360°的刻度，用来直接分度。分度盘的正反面上都有若干圈不同等分的小孔，作为分度定位时使用。不同形式的分度头配备的分度盘块数也不同，有配备一块、两块和三块的，各种分度盘的孔数如表2-9所示。

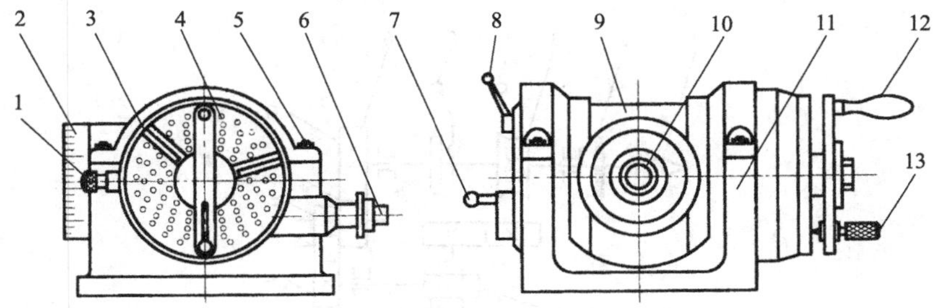

图 2-42 FW250 型万能分度头的结构

1—分度盘锁紧螺钉；2—刻度环；3—分度叉；4—分度盘；5—锁紧螺栓；6—交换齿轮轴；7—蜗杆脱落手柄；8—主轴紧固手柄；9—回转体；10—主轴；11—基座；12—分度手柄；13—定位插销

表 2-9 各种分度盘的孔数

分度头形式	分度盘的孔数
带一块分度盘	正面:24、25、28、30、34、37、38、39、41、42、43 反面:46、47、49、51、53、54、57、58、59、62、66
带两块分度盘	第一块:正面 24、25、28、30、34、37； 反面 38、39、41、42、43 第二块:正面 46、47、49、51、53、54； 反面 57、58、59、62、66
带三块分度盘	第一块:15、16、17、18、19、20 第二块:21、23、27、29、31、33 第三块:37、39、41、43、47、49

(2) 万能分度头的传动系统

万能分度头的传动系统一般有三条传动路线，如图 2-43 所示。

第一条传动路线：当分度手柄 10 转动时，通过一对圆柱齿轮（$i=1$）和蜗杆副（$i=1/40$）使主轴 1 转动。

第二条传动路线：当动力由交换齿轮侧轴 12 输入，经过一对交错轴斜齿轮 7（$i=1$），使它与斜齿轮固定在一起的分度盘 11 旋转。若定位插销 9 插在分度盘孔中，因而又带动分度手柄 10 按照第一条传动路线使主轴 1 转动。

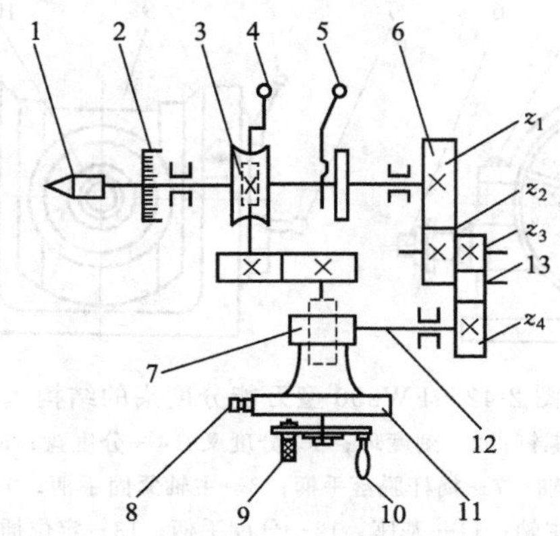

图 2-43　FW250 型万能分度头的传动系统

1—主轴；2—刻度环；3—蜗杆；4—蜗杆脱落手柄；5—主轴紧固手柄；6—交换齿轮；7—交错轴斜齿轮；8—分度盘锁紧螺钉；9—定位插销；10—分度手柄；11—分度盘；12—侧轴；13—中间齿轮

第三条传动路线：主轴后端装有交换齿轮心轴，用交换齿轮与主轴连接。转动分度手柄，使主轴按照第一条传动路线转动。又经过交换齿轮按照第二条传动路线使主轴转动，这样主轴的实际转数就是这两种传动的合成。

(3) 万能分度头的分度原理

由图 2-43 所示万能分度头的传动系统可知，分度手柄转过 40r，分度头主轴转过 1r，即传动比为 40 ∶ 1，40 称为分度头的定数。定数也就是分度头内蜗杆蜗轮副的传动比。因此，工件等分数 n 的计算公式为

$$40:1=n:\frac{1}{Z}$$

$$n=\frac{40}{Z}$$

式中　n——分度手柄转过的转数；

40——分度头定数；

Z——工件等分数。

(4) 万能分度头的分度方法

万能分度头可用来对各种等分数及非等分数进行分度，分度的方法有简单分度法、角度分度法和差动分度法等。

① 简单分度法　简单分度法又称为单式分度法，是最常用的分度方法。用这种方法分度时，分度盘固定不动，转动分度手柄，通过蜗杆蜗轮副带动主轴和工件转过一定的转（度）数。简单分度法有下列两种情况。

a. 当工件的等分数为定数 40 的整除数时，由于分度手柄转过 40r，分度头主轴转过 1r，即传动比为 40∶1，所以分度手柄转过的转数可由公式 $n=40/Z$ 确定。

b. 当计算的转数不为整数而是分数时，可采用分度盘上相应孔圈进行分度。具体方法是选择分度盘上某孔圈，其孔数为分母的整倍数，然后将该分数的分子、分母同时增大到整倍数，利用分度叉实现非整转数部分的分度。

② 角度分度法　角度分度法是简单分度的另外一种形式，只是计算的依据不同，简单分度时是以工件的等分数作为计算分度的依据，而角度分度法是以工件所需转过的角度 θ 作为计算分度的依据。由于分度手柄转过 40r，主轴带动工件转过 1r，即 360°，所以分度手柄每转过 1r，工件转过 9°。因此，可得出角度分度法的计算公式：

$$n=\frac{\theta}{9}$$

角度分度法有下列两种情况。

a. 当工件的等分角度为 9 的整除数时，可由公式 $n=\frac{\theta}{9}$ 确定。

b. 当工件的等分角度不为 9 的整除数时，可利用分度叉实现非整转数部分的分度。

③ 差动分度法　分度时遇到的等分数是用简单分度法难以解决的质数（如 61、67 等）时，就要采用差动分度法来进行分度。

差动分度法的分度头传动路线是前述的第三条传动路线。

在分度头的主轴后锥孔中装上交换齿轮心轴，通过交换齿轮使分度头主轴与分度盘连接起来。此时，必须松开分度盘的紧固螺钉，转动分度手柄，经过一系列传动使主轴转动。主轴的转动，经交换齿轮和一对交错轴的斜齿轮使分度盘转动。分度盘通过手柄上的定位销，带动手柄同向或反向转动一个角度。一次，手柄的实际转数是手柄相对于分度盘的转数与分度盘的转数的代数和。进行差动分度时，首先选取一个与所要求的等分数接近，而又能在分度盘的孔圈中找得到的等分数 Z_0，并设实际等分数为 Z_1，则主轴每转过 $1/Z_0$，就比 $1/Z_1$ 多转或少转了一个较小的角度。这个角度就要通过交换齿轮使分度盘正向或反向转动来得到。由此可得差动分度的计算公式如下：

$$\frac{40}{Z_1}=\frac{40}{Z_0}+\frac{1}{Z_1}\times i$$

$$i=\frac{40}{Z_0}(Z_0-Z_1)$$

式中 Z_1——工件实际分度数；

Z_0——工件假设分度数；

Z——交换齿轮传动比。

若式中的 i 值为负值，则表示分度盘手柄转向相反，转向的调整可通过交换齿轮的中介齿轮来解决。

(5) 分度操作实例

根据分度头的传动系统可知，简单分度法的原理是：当手柄转过一圈，分度头的主轴便转过 1/40 周。如果要求主轴上装夹的工件 Z 等分，即每次分度时主轴应转过 $1/Z$ 周，则手柄每次分度时应转的转数为：$n=40/Z$。

如要在一圆盘端面上划出六边形，每划一条线后，手柄应转几周后再划第二条线？

由于此处 $Z=6$

故分度头手柄摇转的圈数 $n=40/2=40/6=(6+2/3)$

即手柄应转过 $6\frac{2}{3}$周，圆盘（工件）才转过$\frac{1}{6}$，操作时可按下式完成：

$$40/Z=a+P/Q$$

式中 a——分度手柄的整转数；

Q——分度盘某一孔圈的孔数；

P——手柄孔数为 Q 的孔圈上应转过的孔距数。

手柄转 6 周后，还要转 2/3 周。为了准确达到 2/3 周，此时可将分母扩大到分度盘上有合适孔数的倍数值。如分母扩大为 24，则 2/3 就成了 16/24，即在 24 孔的孔圈上转过 16 个孔距数。也可以扩大为 42/63，即在 63 孔的孔圈上转过 42 个孔距数。一般选用孔数较多的孔圈较好。

若按角度分度法计算，则分度手柄的转数 n 应当是：$n=\frac{\theta}{9}$

此处，$\theta=\frac{360}{6}=60$

因此，$n=\frac{\theta}{9}=\frac{60}{9}=6\frac{6}{9}=6\frac{42}{63}$

即手柄转 6 周后，还要在 63 孔的孔圈上转过 42 个孔距数。

(6) 分度头划线注意事项

① 为了保证分度准确，分度手柄每次转动必须按照同一个方向进行。

② 由于分度头蜗杆副在传动中会产生一定的间隙，为保证分度精度，在划线前，可先将分度手柄反向转过半圈左右以消除间隙。

③ 当分度手柄将要转到预定孔位时，注意不要让它转过了头，定位插销要正好插入孔内。若出现已经转过了头，则必须反向转过半圈左右消除间隙后再重新谨慎地转到预定孔位。

④ 在使用分度头时，每次分度前必须先松开分度头侧面的主轴紧固手柄，分度完毕后再锁紧主轴，以防止在划线过程中主轴出

现松动。

⑤ 选择分度盘时，应尽可能选择使分数部分的分母倍数较大的分度盘孔数，以提高分度精度。

⑥ 划线完毕，应将分度头擦拭干净；要按照要求定期加注润滑油。

2.8 平面划线的操作

(1) 划线的步骤及方法

① 分析图样。确定要详细了解工件上需要划线的部位和有关要求，确定划线基准。

② 工件清理。对工件的毛刺等进行清理。

③ 工件涂色。在钢板上涂上涂料。

④ 准备工具。准备好划线操作所需要的划线工具。

⑤ 划线过程中，基本上可按以下步骤进行：首先划基准线（基准线中应先划水平线，后划垂直线，再划角度线）；其次再划加工线（加工线中应先划水平线，后划垂直线，再划角度线，最后划圆周线和圆弧线等）；划线结束后，经全面检查无误后，打上样冲眼。

⑥ 工件划线时的装夹基准应尽量与设计基准一致，同时考虑到复杂零件的特点，划线时往往需要借助于某些夹具或辅助工具进行校正或支撑。

⑦ 装夹时合理选择支撑点，防止重心偏移，划线过程中要确保安全。

⑧ 若零件的划线基准是平面，可以将基准面放在划线平台上，用游标高度尺进行划线；如果划线基准是中心线（或对称面），应将工件装夹在弯板、方箱、分度头或其他划线夹具上，先划出对称平面或中心线，以此为基准，再用游标高度尺划其他线。

(2) 划线操作实例

如图 2-44 所示为某产品的划线样板，采用 2mm 的 Q235A 材料制成，则在板料上划出其全部线条的划线操作过程如下。

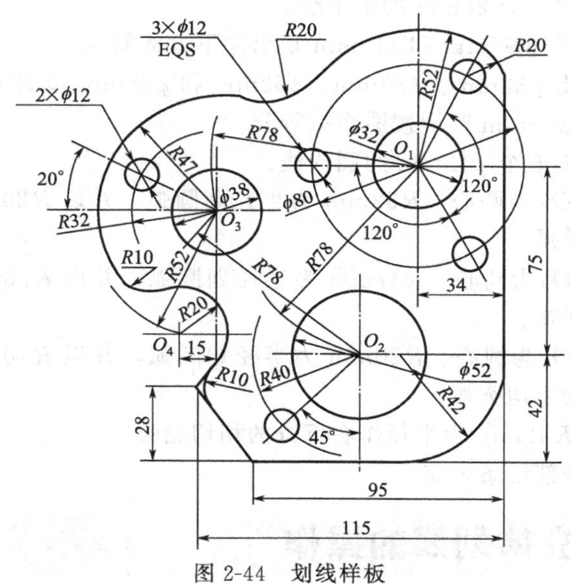

图 2-44 划线样板

① 确定以底边和右侧边这两条互相垂直线为基准。

② 沿板料边缘划出两条垂直基准线。

③ 划尺寸为 42mm 和 75mm 的两条水平线。

④ 划尺寸为 34mm 的垂直线。

⑤ 以 O_1 为圆心、R78mm 为半径作弧并截 42mm 的水平线得 O_2 点，通过 O_2 点作垂直线。

⑥ 分别以 O_1、O_2 为圆心，R78mm 为半径作弧相交得 O_3 点，通过 O_3 点作水平线和垂直线。

⑦ 通过 O_2 点作 45°线，并以 R40mm 为半径截得小孔 ϕ12mm 的圆心。

⑧ 通过 O_3 点作与水平线成 20°的线，并以 R32mm 为半径截得另一小孔 ϕ12mm 的圆心。

⑨ 划垂直线使与 O_3 垂直线的距离为 15mm，并以 O_3 为圆心，

$R52$mm 为半径作弧截得 O_4点。

⑩ 划尺寸为 28mm 的水平线。

⑪ 按尺寸 95mm 和 115mm 划出左下方的斜线。

⑫ 划出 $\phi32$mm、$\phi80$mm、$\phi52$mm 和 $\phi38$mm 圆周线。

⑬ 把 $\phi80$mm 圆周按图作三等分。

⑭ 划出五个 $\phi12$mm 的圆周线。

⑮ 以 O_1为圆心、$R52$mm 为半径划圆弧，并以 $R20$mm 为半径作相切圆弧。

⑯ 以 O_3为圆心、$R47$mm 为半径划圆弧，并以 $R20$mm 为半径作相切圆弧。

⑰ 以 O_4为圆心、$R20$mm 为半径划圆弧，并以 $R10$mm 为半径作两处的相切圆弧。

⑱ 以 $R42$mm 为半径作右下方的相切圆弧。

至此全部线条划完。

2.9 立体划线的操作

立体划线相对来说比较复杂，这是因为：平面划线一般要划两个方向的线条，而立体划线一般要划三个方向的线条。每划一个方向的线条就必须有一个划线基准，故平面划线要选两个划线基准，立体划线要选三个划线基准。因此，划线前要认真细致地研究图纸，正确选择划线基准，才能保证划线的准确、迅速。

(1) 划线的方法

立体划线的方法很多，根据零件结构、外形尺寸大小的不同，其所采用的方法也不同，主要有直接翻转工件划线方法、仿划线方法和配划线方法、直角板划线法、作辅助线法及混合法等。

① 直接翻转工件划线方法　通过对工件的直接翻转，在工件的多个方向表面上进行的划线操作称为直接翻转工件划线方法。

在机械制造中，最常用的立体划线就是直接翻转工件划线法。其优点是便于对工件进行全面检查和在任意表面上划线；其缺点是工作效率低，劳动强度大，调整找正比较费时。

② 仿划线方法　仿划线法划线时不是按照图样，而是仿照现成的工件或样件直接进行划线的操作。

仿划线一般作为划线作业中的应急措施，在遇到急需要立即更换的零件，但又没有图样时，为了争取时间，可不必等待图样测绘完成后再划线，而是直接按照原样件边测绘边进行仿划线。

将样件和毛坯件同时放在划线平台上，用千斤顶或楔铁支承，先校正样件，然后校正毛坯件，再用高度游标卡尺（或划线盘）直接在样件上量取尺寸，并在毛坯的相应位置划出加工线。图 2-45 所示为轴承座的仿划线。在仿划线时，对于某些磨损比较严重的部位，要留足磨损补偿量。

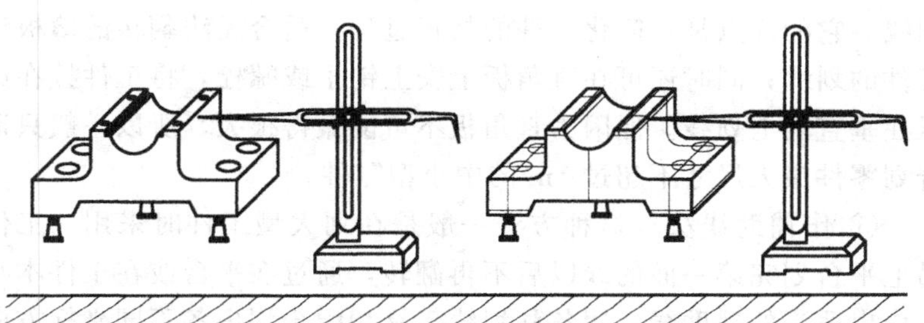

图 2-45　轴承座的仿划线

③ 配划线方法　用已加工的工件或纸样与其他未加工的工件配合在相应位置所进行的划线操作称为配划线方法。

配划线是在装配或制造小批量工件时，为满足装配要求和节省时间而采用的一种划线方法。配划线的方法有用工件直接配划的，也有用纸片拓印或其他印迹配划的。图 2-46 所示为箱盖与箱体的配划线。

配划前，先在箱体上需要划线的部位涂上涂料，放置箱盖，要使箱盖与箱体四周对齐。配划时，用划针紧靠孔壁的边缘，要在箱体上多划几圈，拿掉箱盖后，要以所划线圈的最外层线圈来确定圆心位置，在线圈的前后、左右用样冲打上四个点，再用划规求出

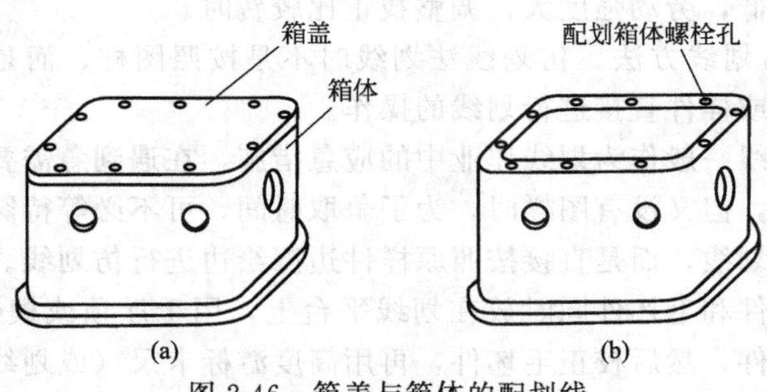

图 2-46　箱盖与箱体的配划线

圆心。

④ 直角板划线法　直角板划线是将划线盘靠在直角板上进行划线。它的优点是：简化工件的找正过程；适合无法翻转的薄板型工件的划线；同时还可在直角板上安上销子或螺栓，将工件挂在或压在垂直面上划线。但因为直角板不可能做得很大，所以一般只适合划零件最大尺寸不超过 1m 的中小型零件。

⑤ 作辅助线法　这种方法一般是在划大型工件时采用。工件吊上平台划完第一面的线以后不再翻转，通过在平台或在工件本身上作出适当的辅助线，用各种划线工具相配合划出各不同坐标方向的线。

⑥ 混合法　有时工件形状特殊，单用作辅助线法很困难，这时可考虑将工件再翻转一次，与作辅助线法相结合划完各线。

(2) 划线的顺序

进行毛坯件的立体划线，在决定坯件的放置基准和划线顺序时，一般可按以下原则进行：第一个原则是以大面定小面。因坯件按大面找正后，其他较小的各平行面、垂直面或斜面，就必然处在各自应有的位置上。否则，以小面定大面，则大面很可能超出允许的误差范围。所以划线的顺序只能是先划坯件上最大的一面，再划较大的面，依次而来，最后划最小的一面；第二个原则是以复杂面定简单面，复杂面上形状位置要求多，先以复杂面找正后，简单面以复杂面的位置定位，难度较少；第三个原则是当坯件带有斜面时，划线的顺序要看斜面的大小而定，如斜面大于其他面，就应先划斜面，如斜面相当或小于其他各面时，斜面放到最后划。较小的斜面通常都是当其他各面加工好了之后才加工的。所以在划坯件线时，只要注意检查斜面的所在位置，而不必划出线来。

当工件上有两个以上的不加工表面时，应选择其中面积比较大的、重要的或外观质量要求较高的表面作为找正基准。这样可使划线后各不加工表面之间厚度均匀，并使其形状误差调整到次要部位。

对有装配关系的非加工部位，应优先作为找正基准，以保证工件的装配质量。

(3) 划线的步骤

① 准备阶段

a. 分析图样，详细了解工件上需要划线的部位和有关的加工工艺；明确工件及其划线的作用和要求。

b. 确定划线基准和装夹方法。

c. 清理工件。对铸件毛坯应事先将残余型沙清理干净，錾平浇口、冒口和毛刺，适当锉平划线部位表面。对锻件应去掉飞边和氧化皮。对于半成品，划线前要把毛头修掉，把浮锈和油污擦净。

d. 对工件划线部位进行涂色处理。

e. 在工件孔中安装中心顶或木塞，注意应在木塞的一面钉上薄铁皮，以便于划线和在圆心位置打冲眼。

f. 准备好划线时要用的量具和划线工具。

g. 合理夹持工件，使划线基准平行或垂直于划线平台。

② 实体划线阶段　实体划线阶段是划线工作中最重要的环节，当毛坯在尺寸、形状和位置上由于铸造或锻造的原因，存在误差和缺陷时，必须对总体的加工余量进行重新分配，即借料。借料是划线工作中比较复杂的一项操作，当毛坯形状比较复杂时，常常需要多次试划才能确定借料方案。

③ 检查校对阶段

a. 详细检查所划尺寸线条是否准确，是否漏划线条。

b. 在线条上打出冲眼。

(4) 划线操作实例

如图 2-47 所示是一个传动机架零件图，是一个外形不规则的工件，其中 $\phi 40^{+0.025}_{0}$ mm 孔的中心线与 $\phi 75^{+0.03}_{0}$ mm 孔的中心线成 45°角，且交点在工件以外，由于孔的交点在空间，给划线带来一定困难。因此划线时需要划出辅助基准线和在辅助夹具的帮助下才能完成。为了尽量减少安装次数，在一次安装中尽可能多地划出所要加工的尺寸线，因此，可以利用三角函数解尺寸链的方法来减少安装次数。其划线操作步骤如下。

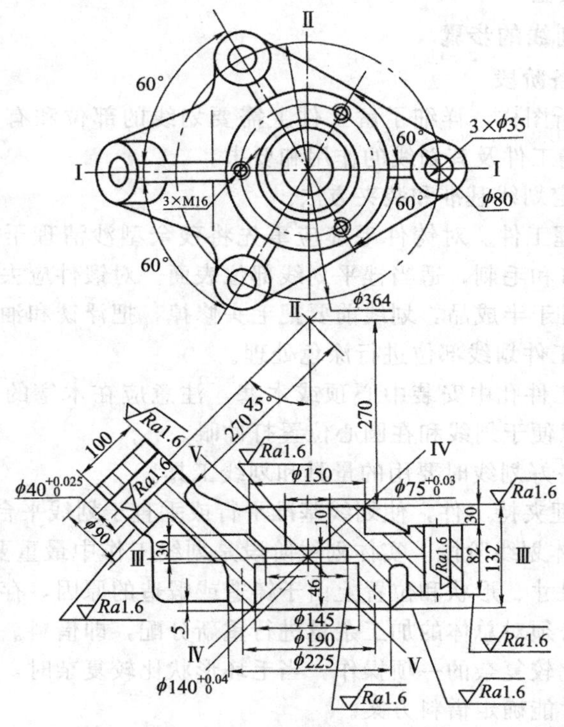

图 2-47 传动机架

① 将传动机架固定在直角板上，如图 2-48(a) 所示。以划线平台为基准，使 A、B、C 三个凸缘部分中心尽可能调整到图 2-47 中的Ⅰ—Ⅰ线上（同一条水平线上）。同时用 90°角度尺检查上、下两个凸台表面，使其与划线平台工作台面垂直；然后将安装直角板连同工件翻转 90°，使直角板大平面紧贴平板台面，如图 2-48(b) 所示。用划线盘找正 D、E 两凸缘部分毛坯中心与平板台面平行。经过反复找正后将工件与直角板紧固。

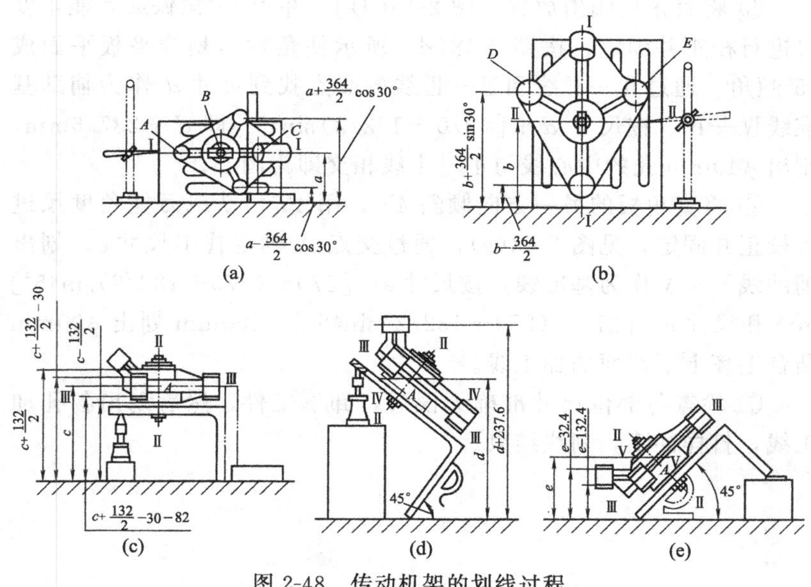

图 2-48 传动机架的划线过程

② 按图 2-48(a) 所示，可以划出 A、B、C 三个凸缘在一个方向中心线Ⅰ—Ⅰ作为基准线，同时建立划线基准尺寸 a，利用 a 可以推算出 D、E 两孔在该方向的划线尺寸：$a+(364/2)\cos30°$ 和 $a-(364/2)\cos30°$，可分别划出 ϕ35mm 孔一个方向的中心线。

③ 按图 2-48(b) 所示，划 A、B、C、D、E 另一个方向中心线。首先找正 ϕ75mm 孔中心点，划出Ⅱ—Ⅱ基准线（即 ϕ75mm 孔的中心线）作为基准尺寸 b，利用它可以推算出 A、D、E 的中

心线尺寸：$b+(364/2)\sin30°$ 和 $b-364/2$，用它分别划出三个 $\phi35$mm 的中心线。

④ 按图 2-48(c) 所示，划出工件Ⅲ—Ⅲ线作为基准线 c，然后以该线为基准确定Ⅱ—Ⅱ线的交点 A。按尺寸 $c+132/2$ 和 $c-132/2$ 分别划出 $\phi150$mm 凸台两端面的加工界限；同时按尺寸 $c+132/2-30$mm 和 $c+132/2-30-82$mm 分别划出三个 $\phi80$mm 凸台的端面加工界限。

⑤ 将直角板倾斜放置［图 2-48(d)］，并用 45°角铁或万能角度尺进行校正并固定，按图 2-48(d) 所示使角铁与划线平板平面成 45°倾角。通过Ⅱ—Ⅱ线和Ⅲ—Ⅲ线的交点找到尺寸 d 作为辅助基准线Ⅳ—Ⅳ。按尺寸 $d+[(270+132/2)\sin45°]$ 即 $d+237.6$mm，刚出 $\phi40$mm 孔的中心线与Ⅰ—Ⅰ线相交即为圆心。

⑥ 将直角板的另一方向倾斜 45°，用 45°角铁或万能角度尺进行校正并固定，见图 2-48(e)，通过交点 A 确定找出尺寸 e，划出辅助线Ⅴ—Ⅴ作为基准线，按尺寸 $e-[270-(270+132/2)\sin45°]$ mm 和尺寸 $e-[270-(270+132/2)\sin45°]-100$mm 划出 $\phi90$mm 凸台毛坯上下端面的加工线。

⑦ 检查各部位尺寸准确无误后，卸下工件，然后划出各孔加工线，打样冲眼，划线结束。

第3章 锯切与錾削

3.1 锯切

用手锯对工件进行切断和切槽的加工操作称为锯切。锯切主要应用有：①锯断各种原材料或半成品，见图 3-1(a)；②锯掉工件上的多余部分，见图 3-1(b)；③在工件上锯槽等，见图 3-1(c)。

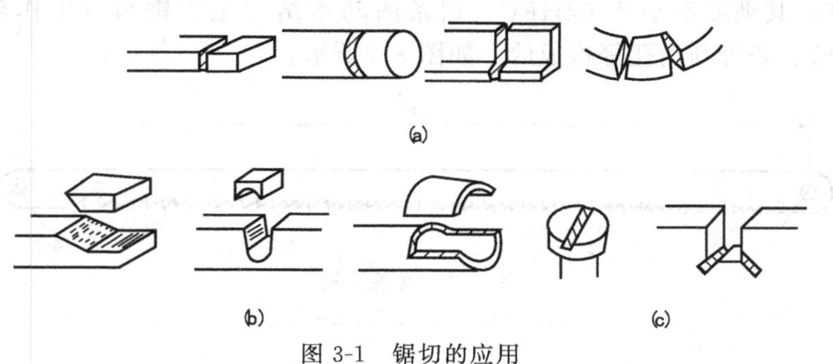

图 3-1　锯切的应用

3.1.1 锯切工具

钳工的锯切加工通常由手锯来完成，手锯是由锯弓和锯条组成。

(1) 锯弓

锯弓是用来安装和张紧锯条的，分可调式和固定式两种，其结构如图 3-2 所示。

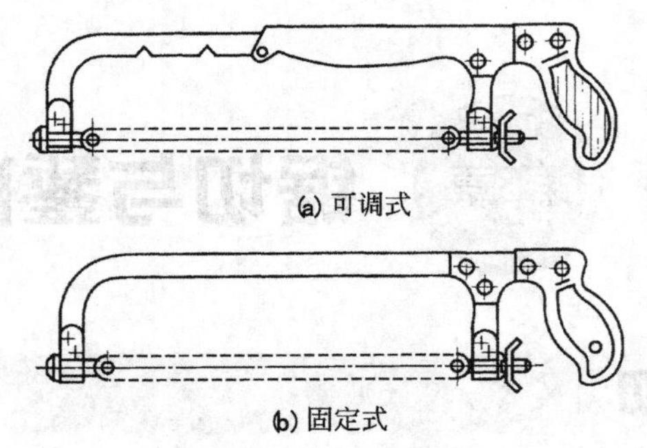
(a) 可调式

(b) 固定式

图 3-2 锯弓的形式

(2) 锯条

锯条材料一般是由 T10、T10A 碳素工具钢制成的，经过热处理，其硬度不小于 62HRC。锯条的基本结构是由锯齿（工作部分）、条身和销孔等构成的，如图 3-3 所示。

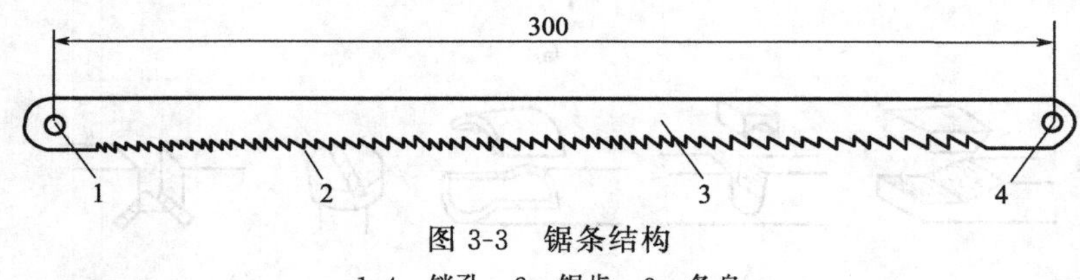

图 3-3 锯条结构

1,4—销孔；2—锯齿；3—条身

① 锯条规格　锯条规格包含两种情况，一种是指长度规格，另一种是指锯齿规格。

a. 长度规格。长度规格是以两端安装孔之间的中心距长度来表示的，其规格有 200mm、250mm 和 300mm 三种，钳工常用的是 300mm。

b. 锯齿规格。锯齿规格分为粗齿、中齿、细齿三种情况，有两种表示方法，一种是以每 25mm 长度内的齿数来表示，如粗齿为 14～18、中齿为 22～24、细齿为 32；另一种是以齿距来表示，如粗齿为 1.8mm、中齿为 1.2mm、细齿为 1.1mm。

② 锯齿形状及切削角度 锯齿形状及切削角度如图 3-4 所示。

a. 后角 α_0。后刀面与已加工表面之间的夹角称为后角。后角一般为 35°～40°，后角越大，摩擦就越小。

b. 楔角 β_0。后刀面与前刀面之间的夹角称为楔角。楔角一般为 45°～50°，楔角越大，锯齿强度就越大。

c. 前角 γ_0。前刀面与待加工表面之间的夹角称为前角。前角一般为 0°～10°，前角越大，锯削越锋利。

d. 齿距 B。两齿尖之间的距离称为齿距。

③ 锯路。为保障锯齿自由切削，在制造锯条时，锯齿按一定要求左右错开所排成的形状称为锯路。锯路分为交叉形［图 3-5(a)］和波浪形［图 3-5(b)］两种。锯条条身的厚度一般为 0.6～0.7mm，锯路的宽度一般为0.9～1mm，如图 3-5(c) 所示。这样在锯削时，锯条既不会被卡住，又能减小锯削过程中的摩擦阻力；同时，锯条也不致因为摩擦过热而加快磨损，从而延长了锯条的使用寿命。

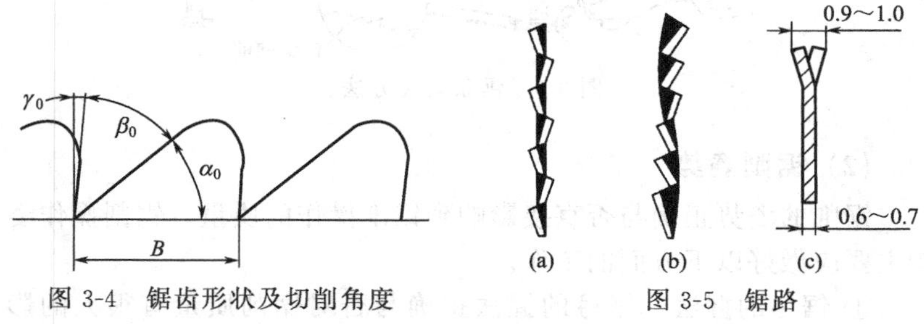

图 3-4 锯齿形状及切削角度

图 3-5 锯路

④ 锯条的选用。粗齿锯条一般锯削较软的材料，如铜件、铝件、铸件、比较软的（低碳钢）钢件等；细齿锯条一般锯削较硬和较薄的材料，如（中碳钢、高碳钢）钢件、薄壁管件；中齿锯条锯削的材料范围较广。表 3-1 给出了锯齿的粗细规格及应用。

表 3-1 锯齿的粗细规格及应用

锯齿粗细	每 25mm 长度内齿数	应用
粗	14～18	锯削软钢、黄铜、铝、铸铁、纯铜、人造胶质材料
中	22～24	锯削中等硬度钢、厚壁的钢管、铜管
细	32	锯削薄板料，薄壁管子

3.1.2 锯条的安装与锯削的姿势

(1) 锯条安装方法

锯条安装时，右手握弓柄，左手首先适当调松后锯钮的蝶形螺母，再持锯条，注意观察齿尖方向（齿尖应向前），先挂后锯钮销，后挂前锯钮销，然后尽量调紧锯条，如图 3-6 所示。锯条安装既不能调得太紧也不能调得太松，否则锯切时，容易造成锯条折断或使锯缝歪斜。此外，锯条安装后应检查锯条是否歪斜和扭曲，如锯缝超过锯弓高度时，应将锯条与锯弓成 90°安装。

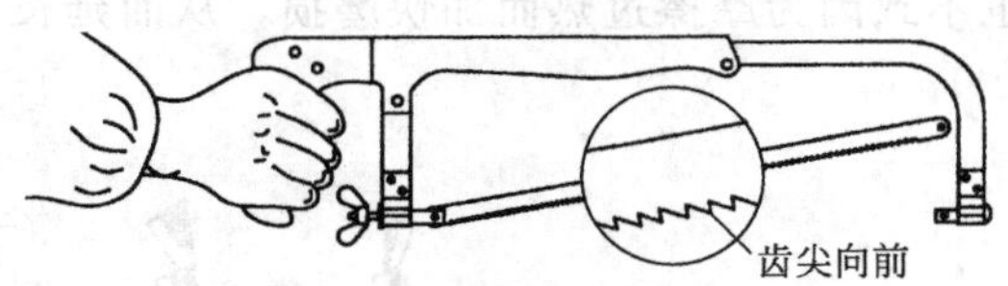

图 3-6 锯条安装方法

(2) 锯削姿势

锯削的姿势正确与否直接影响到锯削操作的质量，锯削操作姿势主要应做好以下方面的工作。

① 锯弓的握法 锯弓的握法正确与否对锯削质量有很大的影响，正确的握法应是左手轻扶锯弓前端，右手握住锯柄，如图 3-7 所示。

② 站立位置 操作者应面对台虎钳，站在台虎钳中心线一侧，左脚与台虎钳中心线成 30°，右脚与台虎钳中心线成 75°，如图 3-8 所示。这种站立方式可使站立者稳定，便于锯削。

③ 锯削姿势 锯削时的站立位置和身体摆动姿势如图 3-9 所

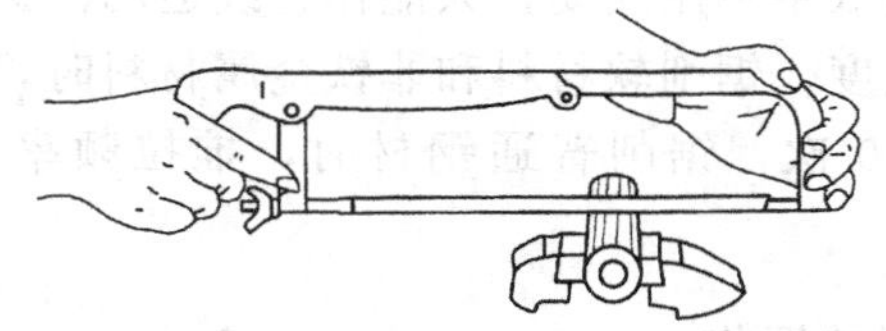

图 3-7 握锯弓的方法

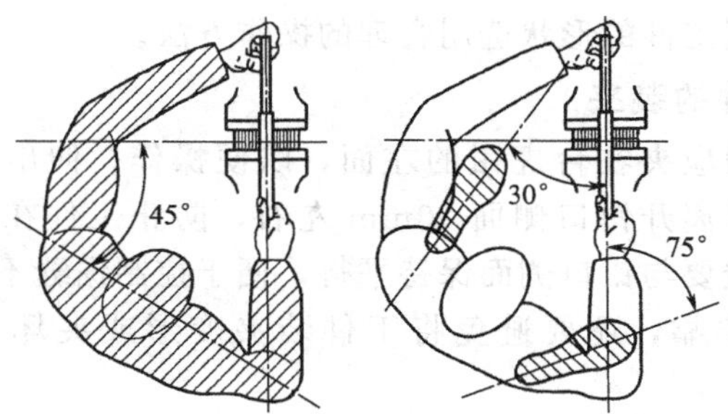

图 3-8 锯削站立位置

示。锯削时手锯稍作上下摆动，当手锯推进时，身体略向前倾，双手随着压向手锯的同时，左手稍为上翘，右手稍作下压。当手锯回程时，右手稍微上抬，左手自然回收以减少切削阻力，提高工作效率，并且操作自然，双手不易疲劳。但锯削对锯缝底面要求平直和

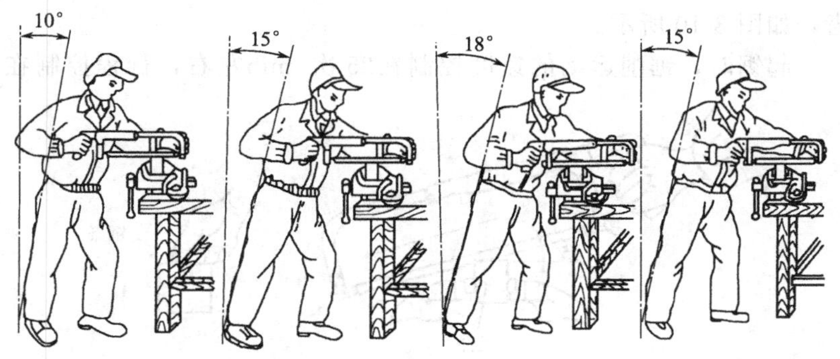

图 3-9 锯削姿势

薄壁工作时，则双手不用摆动，只能作直线运动。锯削时应尽量利用锯条的有效长度。锯削软材料和非铁金属材料时，推动频率为每分钟往复 50～60 次，锯削普通钢材时，推拉频率为每分钟往复 30～40 次。

3.1.3 锯削的操作

锯削操作时，首先应做好工件的装夹，做好锯削前的起锯，然后根据所锯削工件的形状选用合理的操作方法。

（1）工件的装夹

工件一般应夹在台虎钳的左面，以便操作；伸出钳口不应过长，应使锯缝离开钳口侧面 20mm 左右，防止工件在锯削时产生振动；锯缝线要与钳口侧面保持平行，便于控制锯缝不偏离划线线条；夹紧要牢靠，还要避免将工件装夹变形或夹坏已加工好的平面。

（2）起锯的方法

在工件的边缘处进行锯缝定位时的锯削称为起锯。起锯分为前起锯、后起锯和后拉起锯三种方法。

① 前起锯　在工件的前端开始起锯，起锯前，用左手拇指或食指的指甲盖抵住锯条的条身进行锯缝定位，然后倾斜 15°左右的起锯角度，保证至少有三个以上的锯齿参加切削，以防止卡断锯齿，如图 3-10 所示。

起锯时，锯削运动的速度控制在25 次/min左右，行程控制在

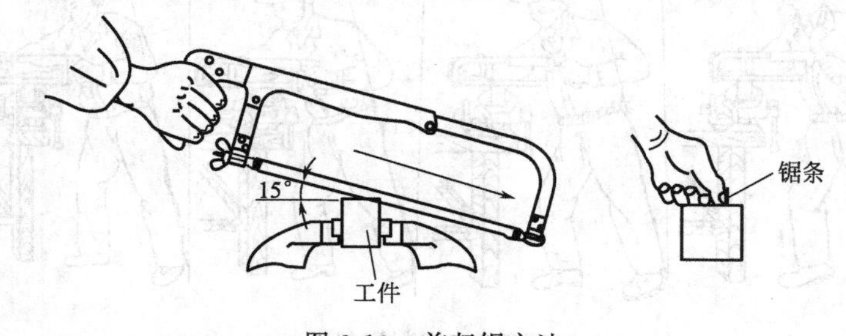

图 3-10　前起锯方法

150mm 左右，压力要小，当锯到槽深 3～4mm 时，起锯完成，左手拇指或食指即可离开锯条，扶在前弓架端部进行全程锯削。

② 后起锯　在工件的后端开始起锯，起锯前，用左手拇指或食指的指甲盖抵住锯条的条身进行锯缝定位，然后倾斜 15°左右的起锯角度，如图 3-11 所示。起锯时，锯削运动的速度控制在 25 次/min左右，行程控制在 150mm 左右，压力要小，当锯到槽深 3～4mm 时，左手拇指或食指即可离开锯条，扶在前弓架端部进行全程锯削。

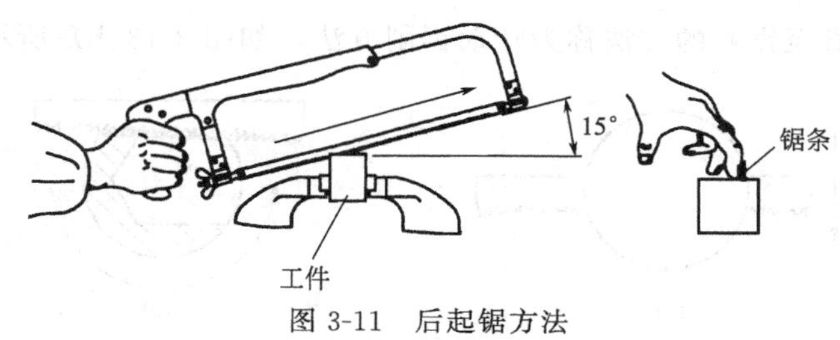

图 3-11　后起锯方法

③ 后拉起锯　在工件的后端开始起锯，起锯前，不用左手拇指或食指的指甲盖抵住锯条的条身进行锯缝定位，而是直接将锯条的后端放在锯缝位置，倾斜 15°左右的起锯角度，如图 3-12 所示。起锯时，是将锯条自前向后拉动锯削，一次锯削行程后，再抬起锯条并将锯条的后端放在锯缝位置，再自前向后拉动锯削。后拉起锯的特点，一是不挂齿；二是振动很小、定位稳定。后拉动锯削的速度控制在 20 次/min 左右，行程控制在 200mm 左右，压力要稍大一点，当锯到槽深 3～4mm 时，起锯完成，进入全程锯削。

(3) 典型工件的锯削操作

生产加工中，常见工件的锯切操作主要应注意以下方面的内容。

① 棒料的锯切　棒料锯切时，如果要求锯切面平整，应从开始连续锯到结束，如图 3-13(a) 所示。如要求不高，可采用转动锯切法，即将棒料锯到一定深度后再转动一个方向重新进行锯削，依

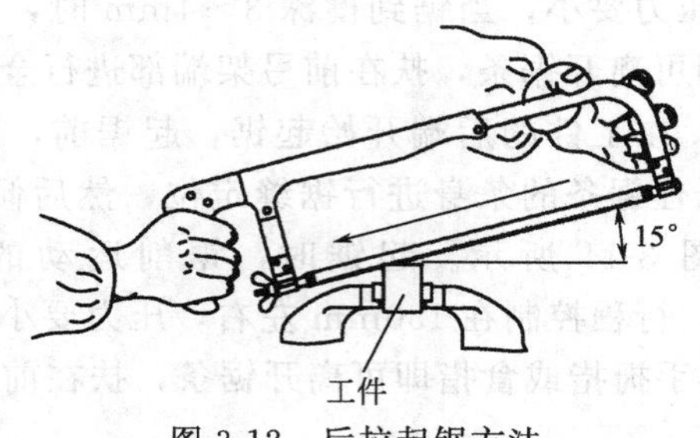

图 3-12 后拉起锯方法

次循环直至锯断的方法称为转动锯削方法，如图 3-13(b) 所示。

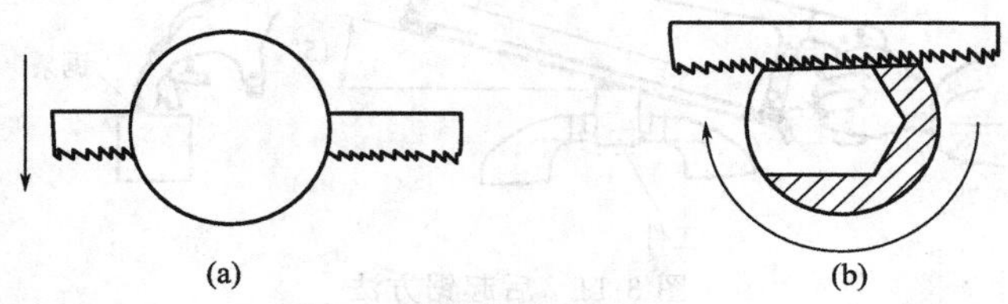

图 3-13 棒料的锯削方法

② 管料的锯切 管料锯切一般采用如图 3-14(a) 所示的转动锯切法，即当锯条刚一锯透内管壁，就转动一个方向重新进行装夹后锯削，以此类推，直至将管料锯断。

此外，也可采用图 3-14(b) 所示的连续锯削法，即锯条自上而下进行连续锯切，直至锯断管料的方法。但这种锯法从刚一锯透内管壁开始到接近圆心处的区域［图 3-14(c)］锯齿容易被内管壁卡住而崩掉。因此，锯削此区域时，要注意以下几个问题：一是锯条要尽量水平锯削，不要上下摆动；二是要将锯削速度控制在 20 次/min 左右；三是压力适当加大。

当锯切薄壁管时，为防止夹伤管件，要用 V 形木衬垫夹持管件［图 3-14(d)］，可采用转动锯切法，也可采用连续锯切法。这两种方法的特点是自始至终都要采用水平后拉锯削，具体方法与后拉起锯大致相同，是将锯条自前向后拉动锯削，一次锯削行程后，再抬起锯条并将锯条的后端放在锯缝位置，再自前向后拉动锯削，后拉锯削的速度控制在 20 次/min 左右，并尽量全程锯削，压力感觉适当即可。

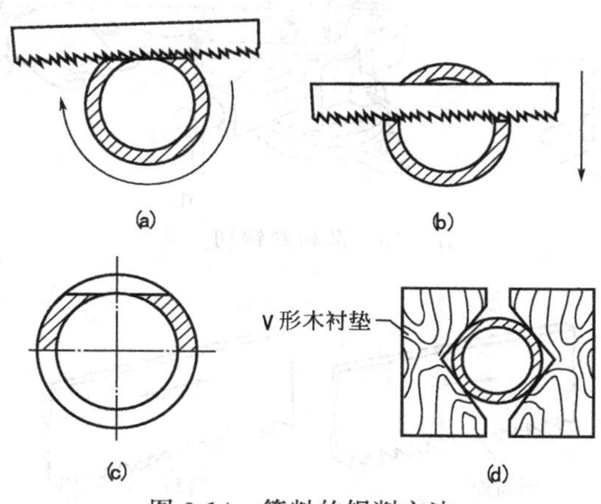

图 3-14 管料的锯削方法

③ 薄板料的锯切 锯切薄板时，锯条若少于两个齿同时参与锯削，锯齿就容易卡住锯齿使锯条崩齿或折断。锯薄板料，应选用细齿锯条，尽可能从宽面锯下去，锯条相对于工件的倾斜角不超过 45°，这样锯齿不易被钩住；如果一定要从板料的狭面锯下去时，当板料宽度大于钳口深度时，应在板料两侧贴上两块木板夹紧，按线连同木板一起锯下，如图 3-15(a) 所示；当板料宽度小于钳口深度时，应将板料切断线与钳口对齐，使锯条与板料成一定角度自工件右端向左锯切，如图 3-15(b) 所示。

板料锯割过程中，由于操作不当，会出现崩齿现象。当锯齿局部有几个齿崩裂后，应及时把断齿处在砂轮上磨光，并把后面二、三齿磨斜（图 3-16），然后再进行锯割。

(4) 锯削的操作要领

① 中途锯削 当起锯到槽深 3～4mm 时，起锯即告完成，这时就进入中途锯削阶段。中途锯削时，锯齿应尽量全部参加切削行程。为提高锯削效率，在每次锯削行程中，锯弓可作一个小幅度

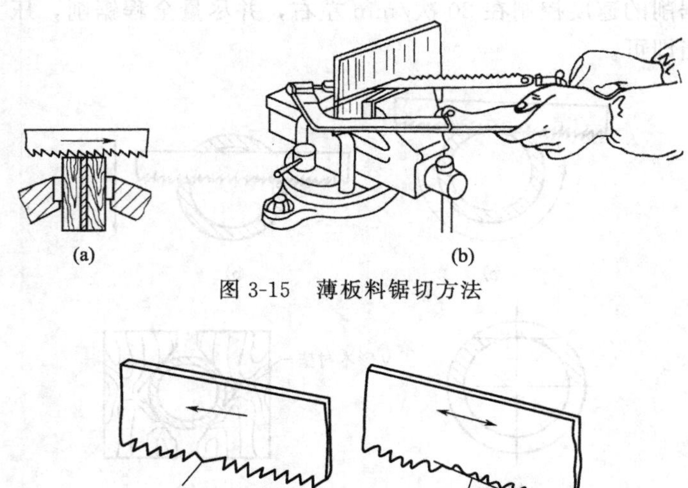

图 3-15　薄板料锯切方法

图 3-16　锯齿崩裂的处理

的、自然的上下摆动，即前 1/2 行程时前弓架低，后 1/2 行程时后弓架低。要注意的是，上下摆动的幅度不宜过大，因为摆动幅度过大，锯缝容易发生歪斜。

② 锯削速度　全程锯削时的锯削速度控制在 20～40 次/min 左右，锯软材料可以快些，锯硬材料应慢些，且锯削行程不应小于锯条全长的 2/3。锯切速度过快，锯条发热严重，容易磨损，必要时可加水、乳化液或机油进行冷却润滑，以减轻锯条的发热磨损。

③ 推力和压力　锯削运动时，推力和压力由右手控制，左手主要配合右手扶正锯弓，压力不要过大。手锯推进时为切削行程，应该施加压力，返回行程不切削，则不施加压力，自然拉回即可。

④ 收锯　收锯形式有两种：一种是对将要锯断的工件而言，当接近边缘时，应采取逐渐降低锯削速度、减轻推力和压力，锯条倾斜一定角度并直线往返锯削直至锯断；另一种是对将要锯至一定深度的工件而言，当锯至接近深度位置时，采取逐渐降低锯削速度、减轻推力和压力，水平直线往复锯削至深度要求位置。

(5) 锯缝歪斜的防止和纠正方法

锯条安装夹紧后，其侧平面一般并不是和弓架的侧平面处于同一平面或构成平行的状态，这时可利用一些工具进行适当的矫正。但条身与弓架的侧平面仍然有一定的倾斜角度 α，如图 3-17(a) 所示。如果以弓架的侧平面为基准对工件进行锯削，锯缝就容易发生歪斜，如图 3-17(b) 所示。

因此，在锯削过程中，可从以下方面防止锯缝的歪斜：一是弓架的握持与运动要以条身侧平面为基准，条身应与加工线平行或重合，如图 3-17(c) 所示；二是在锯削中应不断观察并及时调整，这样才能有效地防止锯缝歪斜。

在锯削加工中，锯缝如果发生较明显歪斜时，如图 3-17(d) 所示，可利用锯路的特点采用“悬空锯”的方法进行纠正。其操作

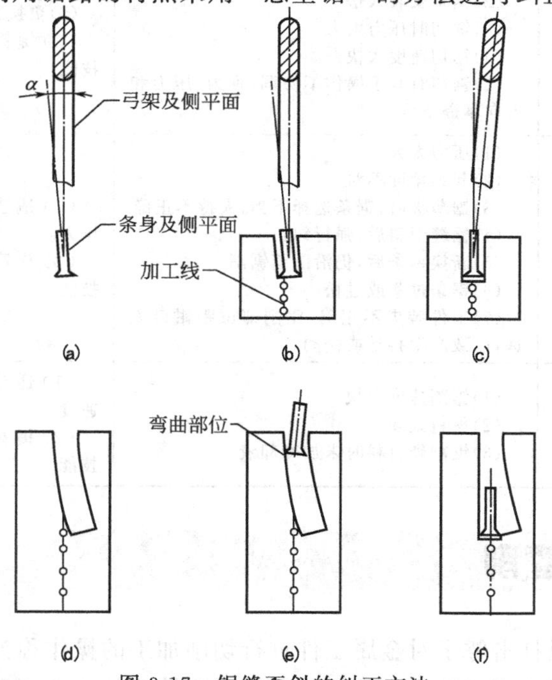

图 3-17 锯缝歪斜的纠正方法

方法是，先将锯条尽量调紧绷直，将条身悬于锯缝歪斜的弯曲部位稍上位置，如图 3-17(e) 所示，左手拇指与食指、中指相对地捏住条身前 1/3 处，并适度用力扭转条身向弯曲点一侧自上而下地进行修正锯削。此时，锯削行程不宜过长，一般控制在 80mm 左右，当修正的锯缝与加工线平行或重合时，即可恢复正常锯削，如图 3-17(f)所示。

(6) 锯切常见缺陷及防止措施

锯切常见的缺陷及其防止措施参见表 3-2。

表 3-2 锯切常见的缺陷及其防止措施

常见缺陷	原因分析	防止措施
锯切面不直、不平、锯缝歪斜	(1)锯条磨损仍继续使用 (2)锯条安装太松 (3)锯切时压力太大 (4)锯切速度太快 (5)锯切时双手操作不协调，推力、压力和方向掌握不好	(1)更换新锯条 (2)提高锯切操作技能
锯条崩齿折断	(1)压力太大 (2)起锯角度不对 (3)锯薄板时，锯条选择不当，夹持不正确 (4)锯缝歪斜后，强行纠正 (5)新换锯条后，仍沿旧缝锯割 (6)锯条过紧或过松 (7)工件装夹不正确，锯削部位距钳口太远，以致产生抖动或松动	(1)适当减小锯切压力 (2)提高锯切操作技能
锯条磨损过快	(1)锯割速度太快 (2)材料太硬 (3)锯割硬材料时未加冷却液	(1)适当减小锯割速度 (2)提高锯切操作技能

3.2 錾削

用手锤打击錾子对金属工件进行切削加工的操作称为錾削。錾削加工主要进行工件表面的粗加工、去除铸造件的毛刺和凸台、分割材料和錾削油槽。

3.2.1 錾削工具

錾削的主要工具是錾子和手锤。

(1) 錾子

錾子的种类很多，钳工常用錾子的种类主要有扁錾（平錾）、尖錾（窄錾）和油槽錾三种，如图 3-18 所示。扁錾主要用来錾削凸缘、毛边和分割板料，应用最为广泛；尖錾主要用来錾削槽和分割曲线形板料；油槽錾主要用来錾削油槽。

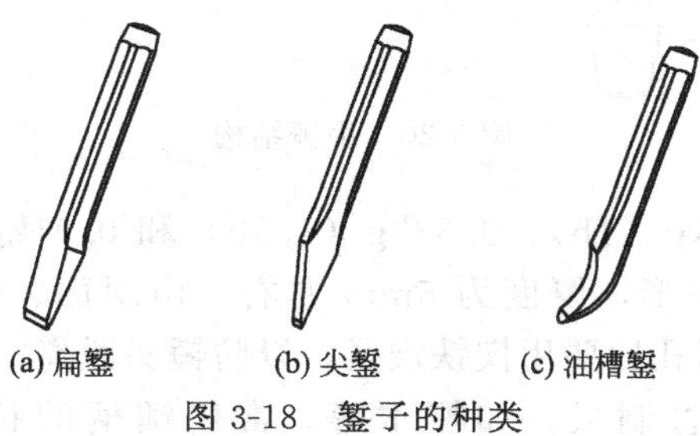

(a) 扁錾　(b) 尖錾　(c) 油槽錾

图 3-18　錾子的种类

錾子是錾削工件的刃具，一般用碳素工具钢（T7A、T8A）经锻打成型、刃磨和热处理制成，其硬度不小于 62HRC。

图 3-19 所示为扁錾的结构。錾子的结构主要由錾刃（切削部）、錾身和錾头三部分构成。錾刃是由前、后刀面的交线形成；錾身的截面形状主要有八角形、六角形、圆形和椭圆形，使用最多的是八角形，便于掌控錾子的方向；錾头有一定的锥度，錾头端部略呈球面，便于稳定锤击。

(2) 手锤

手锤是由锤头、锤柄和楔铁构成的，如图 3-20 所示，是钳工常用的锤击工具。

其中，锤头由 T7、T8 碳素工具钢制成，两端锤击部位经过热处理，其硬度不小于 62HRC。锤头的规格以其质量来表示，钳工

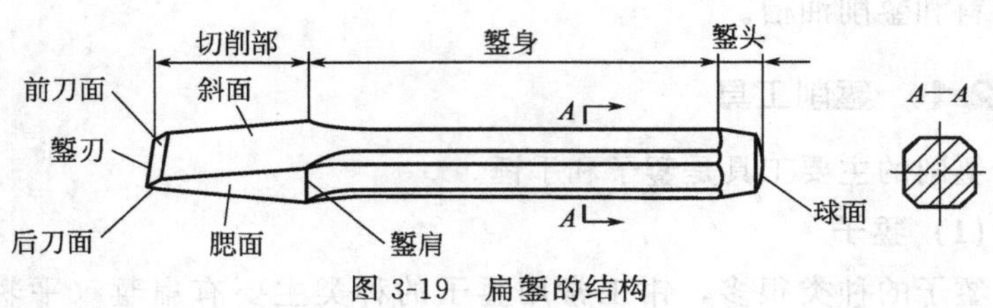

图 3-19 扁錾的结构

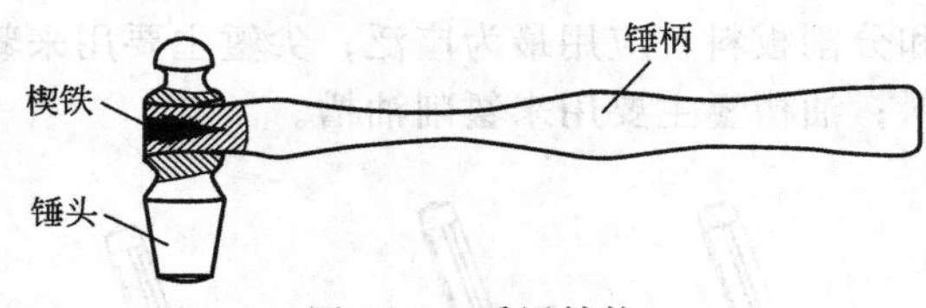

图 3-20 手锤结构

常用的有 0.45kg（1b）、0.68kg（1.5b）和 0.91kg（2b）三种；楔铁的形状为楔形，厚度为 5mm 左右，由斜面、倒刺和楔尖构成，锤柄装入锤孔后要用楔铁楔紧，以防锤头脱离；锤柄一般选用比较坚韧的木材制成，如檀木等。常用锤柄的长度为 350mm 左右。

3.2.2 錾削工具的使用及錾削姿势

(1) 錾子的握法

錾子主要用左手的中指、无名指和小指握住，食指和大拇指自然地接触，常用的握法有两种。

① 正握法 手心向下，腕部伸直，用中指、无名指握住錾身，食指和大拇指自然伸直，小拇指自然收拢即可，錾头露出虎口10～15mm，如图 3-21(a) 所示。

② 反握法 手心向上，大拇指与食指、中指、无名指相对捏住錾身，手掌悬空，如图 3-21(b) 所示。

(2) 手锤的握法

手锤用右手握住，采用五个手指满握的方法，大拇指轻轻压在

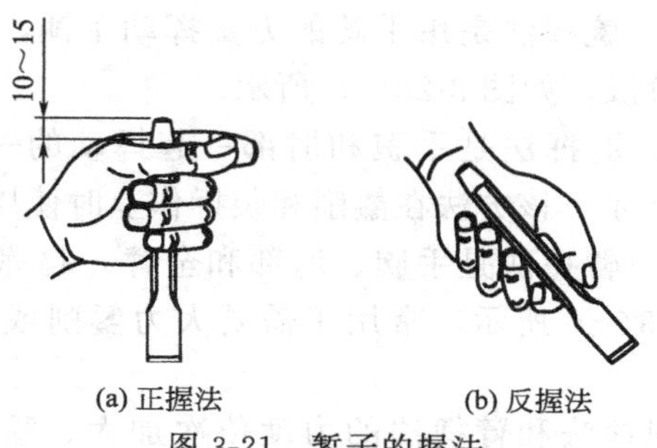

(a) 正握法　　(b) 反握法

图 3-21　錾子的握法

食指上，虎口对准手锤方向，锤柄尾端露出约 15～30mm。

手锤在敲击过程中，手指的握法有两种：一种是五个手指的握法，无论是在抬起锤子或进行捶击时都保持不变，这种握法称为紧握法。紧握法的特点是在挥锤和落锤的过程中，五指始终紧握锤柄，如图 3-22(a) 所示；另一种握法是在抬起锤子时，小指、无名指和中指依次放松；在落锤时，又以相反的顺序依次收拢紧握锤柄，这种握法称为松握法。松握法的特点是手不易疲劳，锤击力大，如图 3-22(b) 所示。

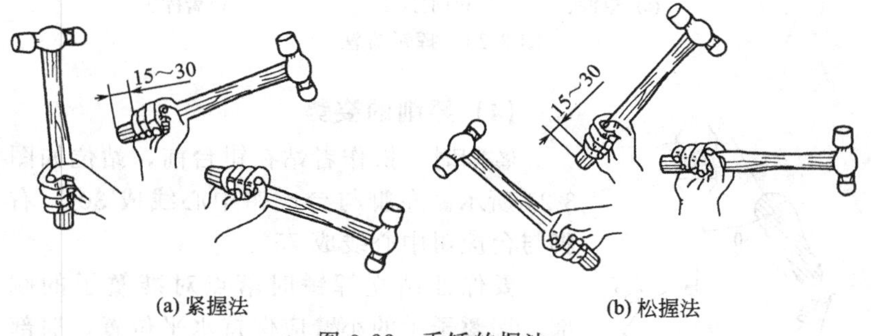

(a) 紧握法　　(b) 松握法

图 3-22　手锤的握法

(3) 挥锤的方法

挥锤方法分为腕挥法、肘挥法和臂挥法三种。其操作方法分别如下。

① 腕挥法 腕挥法是用手腕的力量挥动手锤，一般用于錾削的开始和结尾阶段，如图 3-23(a) 所示。

② 肘挥法 肘挥法是手腕和肘部一起挥动的一种挥锤方法，如图 3-23(b) 所示，该方法在錾削和装拆作业时使用较广。

③ 臂挥法 臂挥法是手腕、肘部和全臂一起挥动的一种挥锤方法，如图 3-23(c) 所示，常用于需要大力錾削或拆除紧固机件作业。

腕挥法、肘挥法和臂挥法的力度依次加大。錾削时的锤击要稳、准、狠，其动作要一下接一下有节奏地进行，一般每分钟约 40 次。

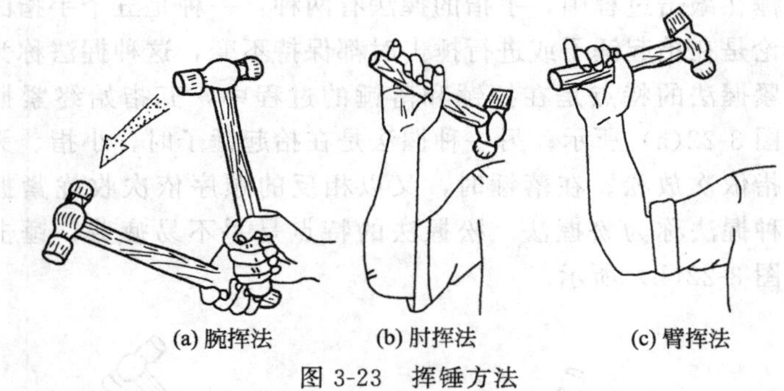
(a) 腕挥法 (b) 肘挥法 (c) 臂挥法

图 3-23 挥锤方法

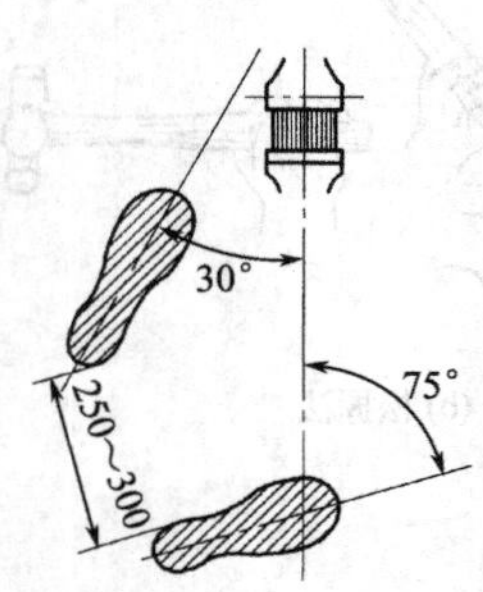

图 3-24 站立图

(4) 錾削的姿势

錾削时，操作者站在钳台前，站位如图 3-24 所示。左脚与台虎钳中心线成 30°，右脚与台虎钳中心线成 75°。

要保证站立挥锤时落点对准錾子的端部，握錾子手的小臂应保持水平位置，肘部不能下垂，也不能抬高，以免影响錾子的切削角度，如图 3-25 所示。

(5) 錾子的刃磨操作

在錾削操作过程中，为保证錾子的正常使用，必须要对錾钝的

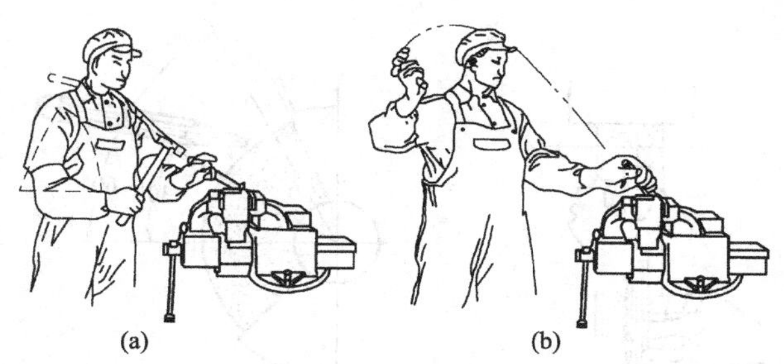

图 3-25 錾削姿态

錾子进行刃磨，錾子的刃磨操作方法主要有以下几方面。

① 錾子刃磨时的握法　右手大拇指与其他四指左右相对捏住錾子的两腮面，以控制錾子刃磨时的左右移动，左手大拇指与其他四指上下相对捏住錾身尾部两平行面，以控制錾子刃磨时的楔角值，如图 3-26(a) 所示。

② 刃磨方法　双手握錾在砂轮的轮缘面上进行刃磨，刃磨时，錾刃必须高于砂轮水平中心线，一般在砂轮水平中心线上 30°～60° 的范围内进行刃磨，如图 3-26(b) 所示。要在轮缘的全宽面上作左右移动，同时要控制好錾子的位置和角度，以保证刃磨出所需要的楔角值和平直的刃线（刃线要平行于斜面）。刃磨时施加在錾子上的压力不宜过大，左右移动要平稳，要及时蘸水冷却以防止退火。

(6) 錾子的热处理操作

錾子的热处理操作包括淬火和回火两个过程，其目的是为了保证錾子的切削部具有较高的硬度和一定的韧性。

① 淬火　淬火是将工件加热到奥氏体后以适当方式冷却获得马氏体或贝氏体组织的热处理工艺。

当錾子的材料为 T7、T8 碳素工具钢时，可把切削部约 20mm 长的一端放在炉膛内温度较高处，均匀加热至 780～800℃（呈樱红色）后用圆钳或方钳夹住取出，并将錾子的淬火部位（长度 4～

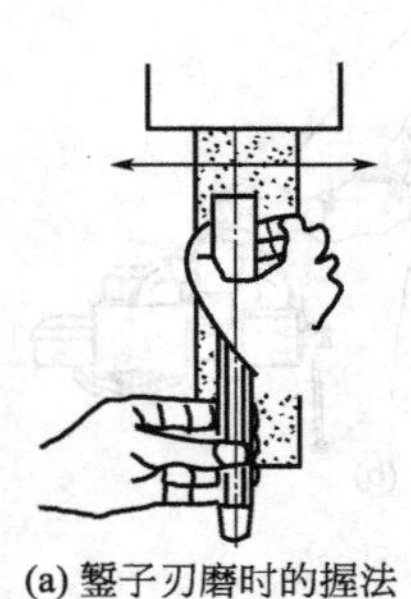

(a) 錾子刃磨时的握法

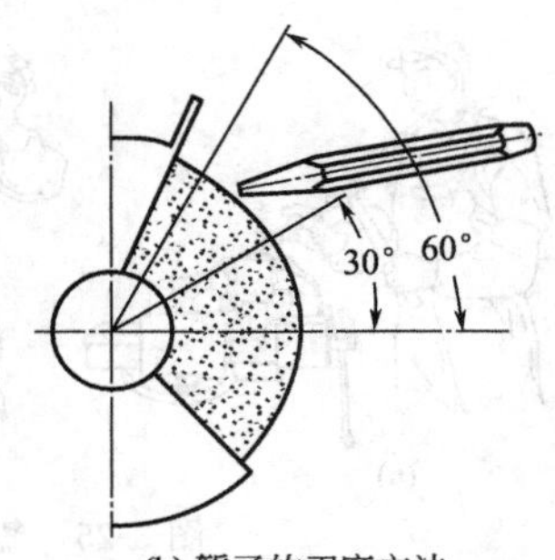

(b) 錾子的刃磨方法

图 3-26 錾子的刃磨技术

6mm）垂直放入水中进行水淬，淬火部位在水中冷却时，应沿着水面缓慢移动。其目的是，加速冷却，提高淬火硬度；使淬火部位与不淬硬部分不致有明显的界限，以避免錾子在此线上产生裂纹。

② 回火 回火是将工件淬硬后加热到 A_{c1} 以下的某一温度，保温一段时间，然后冷却到室温的热处理工艺。

錾子的回火是利用其本身的余热进行的。当淬火部位露出水面的部分呈现黑色时，即由水中取出，迅速擦去氧化皮，观察淬火部位的颜色变化。颜色变化的基本顺序是白色→黄色→红色→蓝色→黑色，这个时间很短，只有几秒钟。在淬火部位介于红色和黑色之间，呈现蓝色时，将切削部放入水中进行冷却，俗称得“蓝火”；在淬火部位介于白色和红色之间，呈现黄色时，将切削部放入水中进行冷却，俗称得“黄火”。至此就完成了錾子的淬火和回火处理的全部过程。“黄火”的硬度比“蓝火”高些，不容易磨损，但脆性较大，容易崩刃，“蓝火”的硬度比较适中。当錾子的材料为 T7、T8 碳素工具钢时，扁錾一般采取得“蓝火”的回火处理；尖錾和油槽錾一般采取得“黄火”的回火处理。

表 3-3 给出了不同钢号錾子的热处理工艺及硬度。

表 3-3 不同钢号錾子的热处理工艺及硬度

钢号	淬火规范		回火温度(黄蓝色相间的温度)/℃		
	加热温度/℃	冷却液(浸入深度 5～6mm)	240±10	280±10	320±10
			硬度 HRC(刃口部分约 15mm 长的被处理过的一段)		
45	830±10(淡樱红色)	水	53±2	51±2	—
T8	780±10(樱红色)	水	—	56±2	54±2
65Mn	820±10(淡樱红色)	油	—	54±2	52±2

3.2.3 常见形状的錾削

錾削不同的形状，其操作方法也是不同的，图 3-27 给出了錾子錾削的操作简图。

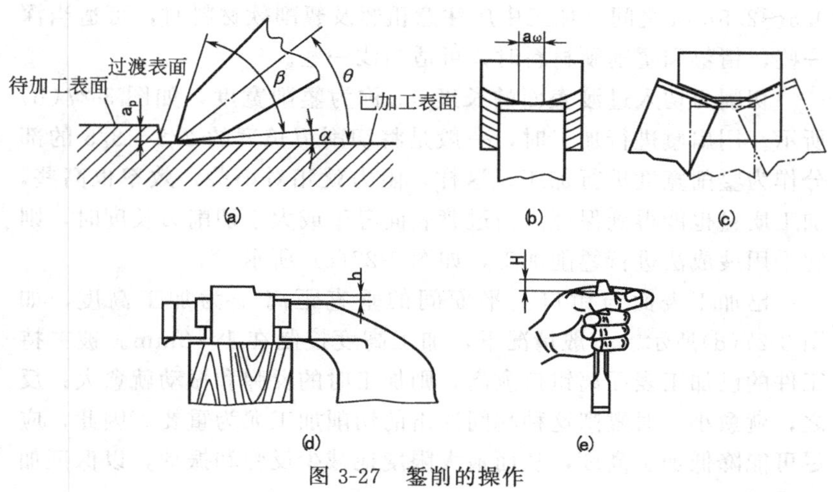

图 3-27 錾削的操作

其中，錾身中心线与已加工表面间的夹角 θ 称为錾身倾角，如图 3-27(a) 所示。錾身倾角的大小应根据錾刃楔角的大小来确定，具体角度值如表 3-4 所示。

表 3-4 錾削技术参数

工件材料	楔角(β)	倾角(θ)
较硬材料	60°～70°	43°～48°
一般硬度材料	50°～60°	38°～43°
较软材料	40°～50°	33°～38°

后刀面与已加工表面间的夹角 α 称为錾身后角，如图 3-27(a) 所示。若后角过大，錾刃容易向下錾；若后角过小，錾刃容易向上滑出加工表面。因此，后角的角度值很小并在加工中要始终稳定在 5°～8°之间。

已加工表面与待加工表面间的垂直距离 a_p 称为錾削量，如图 3-27(a)所示。錾削加工是手工操作，錾削量将受工件材质、加工余量、质量要求和个人力量等因素的制约。若过深，则阻力太大，甚至錾不动；过浅，则效率较低。所以，錾削量一般控制在 0.5～2.5mm 之间。加工中应注意粗錾及錾削软材料时，可适当深一些；精錾和錾削硬材料时，可适当浅一些。

切削刃切入过渡表面的长度 a_ω 称为錾削宽度，如图 3-27(b) 所示。用扁錾进行加工时，一般是将切削刃长度的 2/5～3/5 的部分作为錾削宽度进行加工。这样，阻力就相对小些，效率也高些，加工质量也能得到保证。当过渡表面等于或大于切削刃长度时，则宜采用展成法进行錾削加工，如图 3-27(c) 所示。

已加工表面与钳口上平面间的垂直距离 h 为加工高度，如图 3-27(d)所示。一般情况下，加工高度控制在 1～3mm。被夹持工件的已加工表面离钳口愈高，则加工时的反弹和振动就愈大；反之，就愈小。对錾削这种瞬间冲击的切削加工尤为重要。因此，应尽可能降低加工高度，从而最大限度地减少反弹和振动，以保证加工质量。

錾头球面高出握持手虎口上的垂直距离 H 为錾头露出高度，如图 3-27(e) 所示。一般情况下，錾头露出高度稍低一些，握持手对錾身的控制效果就会好一些；若过高，就会一定程度地影响錾身倾角的稳定性和锤击的准确性。因此，錾头高度一般控制在10～15mm。

（1）平面的錾削

錾削平面用扁錾进行。每次錾削余量约为0.5～2mm。錾削较宽平面时要掌握好起錾方法，起錾时应从工件缘角处着手，如图3-28所示。

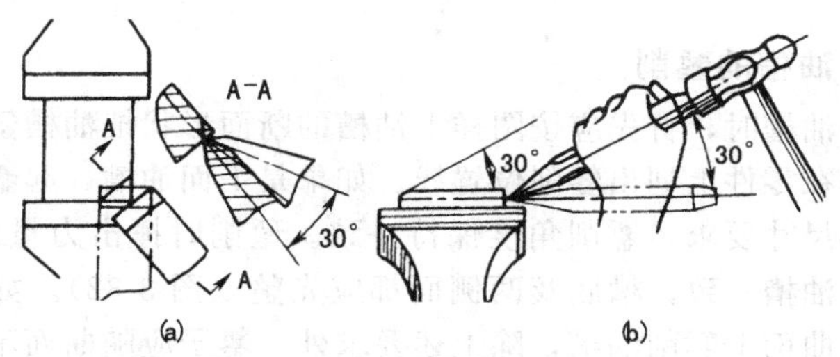

图3-28　起錾方法

錾削窄平面时，錾子的切削刃最好与錾子前进方向倾斜一个角度，如图3-29所示。

图3-29　錾窄平面

当錾削快到尽头时，要防止工件边缘材料的崩裂，尤其是铸铁、青铜等脆性材料，应调头再錾去余下部分（图3-30）。

当錾削较宽平面时，应先用窄錾间隔

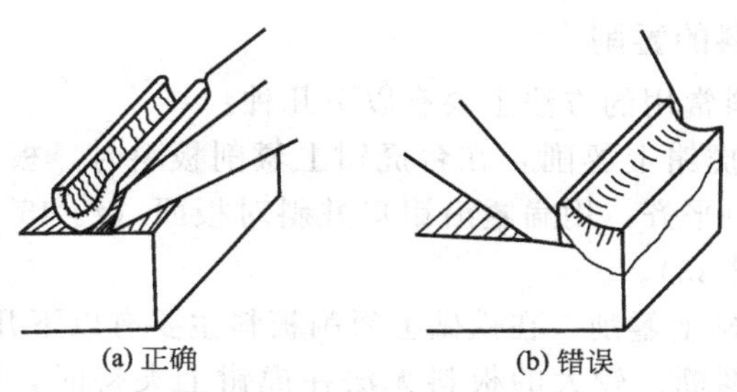

图3-30　錾到尽头时的方法

开槽后再用扁錾錾去多余部分，这样比较省力（图 3-31）。

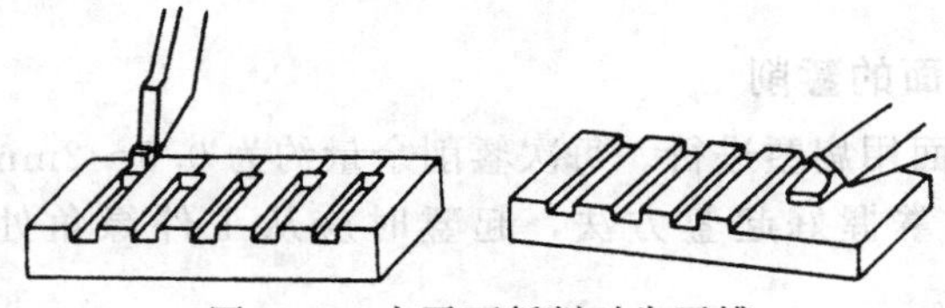

图 3-31　大平面錾削时先开槽

(2) 油槽的錾削

錾削油槽时，首先应按图样上油槽的断面形状把油槽錾子刃磨准确，并在零件上划出錾削位置线。如果是平面油槽，起錾时应慢慢加深到尺寸要求，錾削角度保持一致。錾削时捶击力量应均匀，使錾出的油槽一致，槽底及两侧面都应光整（图 3-32）。如果是在轴瓦的内曲面上錾削油槽，除上述要求外，錾子应随曲面不断改变位置，应始终保持錾子后角不变，方能保证錾出的油槽光整和深浅一致。

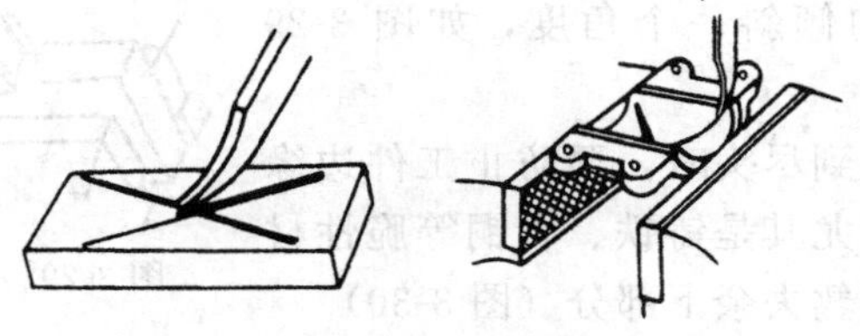

图 3-32　錾油槽

(3) 板料的錾削

錾削板料常用的方法主要有以下几种。

① 在台虎钳上錾削　在台虎钳上錾削板料时，板料应按划的线夹成与钳口平齐，用扁錾沿钳口并斜对板面（约 45°）自右向左錾切（见图 3-33）。

② 在铁砧上錾削　在铁砧上錾削板料主要有以下几种情况。

a. 直线錾断。较大的板料无法在虎钳上夹持时，可在铁砧上进行錾削，其方法见图 3-34。

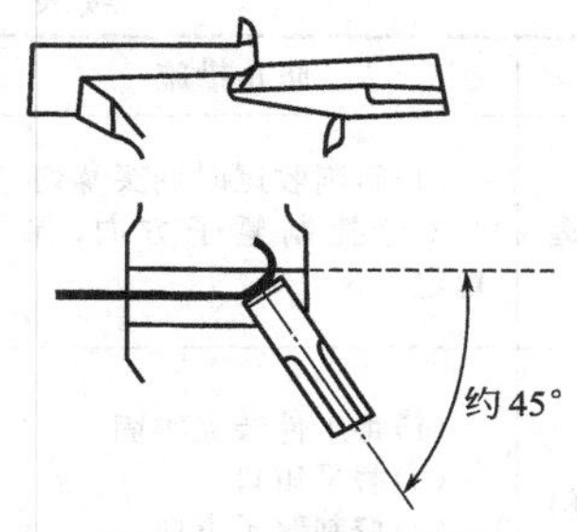

图 3-33 板料切断法

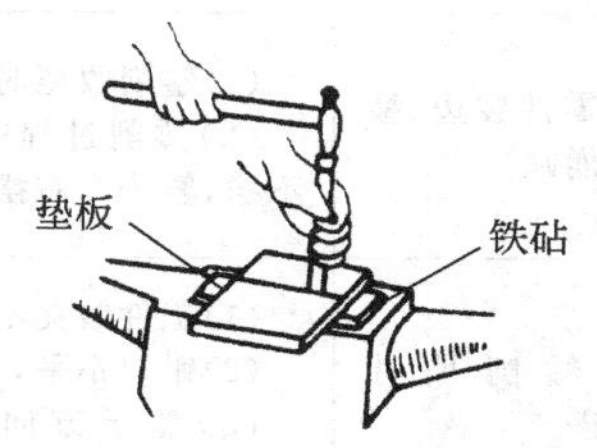

图 3-34 大尺寸板料的切断

b. 形状较复杂的内形余料的錾削方法。一般先按轮廓线钻出密集的排孔，再用扁錾或狭錾逐步錾削去除余料，见图 3-35。

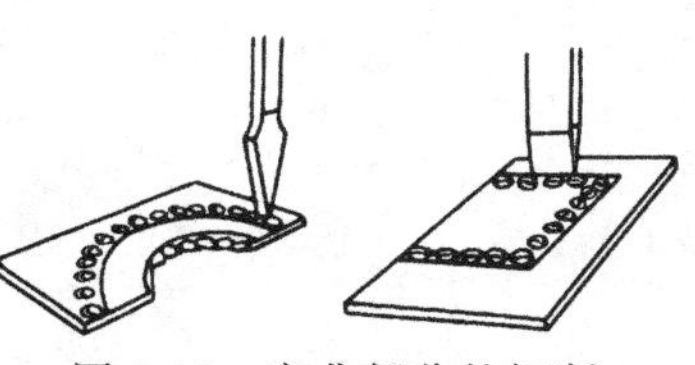
图 3-35 弯曲部分的切断

(4) 錾削常见缺陷及防止措施

錾削常见的缺陷及其防止措施参见表 3-5。

表 3-5 錾削常见缺陷及其防止措施

常见缺陷	原因分析	防止措施
錾削表面粗糙、凸凹不平	(1)錾子刃口不锋利 (2)錾子掌握不正，左右、上下摆动 (3)錾削时后角变化太大 (4)捶击力不均匀	(1)刃磨錾子刃口 (2)掌握錾削方法
錾子刃口崩裂	(1)錾子刃部淬火硬度过高 (2)零件材质硬度过高或硬度不均匀 (3)捶击力太猛	(1)降低錾子刃部淬火硬度 (2)零件退火，降低材质硬度 (3)减少捶击力
錾子刃口卷边	(1)錾子刃部淬火硬度偏低 (2)錾子楔角太小 (3)一次錾削量太大	(1)提高錾子刃部淬火硬度 (2)刃磨錾子，增大其楔角 (3)减少一次錾削量

续表

常见缺陷	原因分析	防止措施
零件棱边、棱角崩缺	(1)錾削收尾时未调头錾切 (2)錾削过程中,錾子方向掌握不稳,錾子左右摆动	(1)錾削收尾时调头錾切 (2)控制錾子方向,保持稳定
錾削尺寸超差	(1)工件装夹不牢 (2)钳口不平,有缺陷 (3)錾子方向掌握不正、偏斜超线	(1)将工件装夹牢固 (2)磨平钳口 (3)控制錾子方向

第4章 锉削、刮削与研磨、抛光

4.1 锉削

用锉刀对工件表面进行切削加工，使其尺寸、形状、位置和表面粗糙度等达到技术要求的操作称为锉削。锉削加工的生产效率很低，但尺寸精度最高可达0.005mm，表面粗糙度可达到 $Ra0.4\mu m$ 左右。

锉削主要用于无法用机械方法加工或用机械加工不经济或达不到精度要求的工件上（如复杂的曲线样板工作面修整、异形模具腔的精加工、零件的锉配等）。

4.1.1 锉削工具

锉削加工的工具主要为锉刀，锉刀一般采用 T12 或 T12A 碳素工具钢经过轧制、锻造、退火、磨削、剁齿和淬火等工序加工而成，经表面淬火热处理后，其硬度不小于62HRC。

(1) 锉刀的种类及用途

锉刀分钳工锉、异形锉（特种锉）和整形锉（什锦锉）三类。按其断面形状的不同，钳工锉又分扁锉（其中，扁锉又分尖头和齐头两种）、方锉、三角锉、半圆锉和圆锉五种；异形锉是用来加工零件特殊表面；整形锉是用来修整零件上的细小部位；人造金刚石什锦锉是整形锉的新品种，主要用于硬度高的模具修整及特种材料的锉削。各种锉刀的种类及用途见表4-1。

表 4-1 锉刀的种类及用途

种类		外形或截面形状	用途
钳工锉	齐头扁锉		锉削平面、外曲面
	尖头扁锉		
	方锉		锉削凹槽、方孔
	三角锉		锉削三角槽、大于60°内角面
	半圆锉		锉削内曲面、大圆孔及与圆弧相接平面
	圆锉		锉削圆孔、小半径内曲面
异形锉	直锉		锉削成形表面，如各种异形沟槽、内凹面等
	弯锉		
整形锉	普通整形锉		修整零件上的细小部位，工具、夹具、模具制造中锉削小而精细的零件
	人造金刚石整形锉		锉削硬度较高的金属，如硬质合金、淬硬钢修配淬火处理后的各种模具

(2) 锉刀的形式、规格与锉纹号

锉刀的形式按照横截面形状的不同，分为扁锉、半圆锉（半圆锉又分为薄形和厚形两种）、三角锉、方锉、圆锉、菱形锉、单面三角锉、刀形锉、双半圆锉、椭圆锉和圆边扁锉等，如图 4-1 所示。

锉刀的规格主要是指尺寸规格，钳工锉是以锉身长度作为尺寸规格，异形锉和整形锉是以锉刀全长作为尺寸规格。

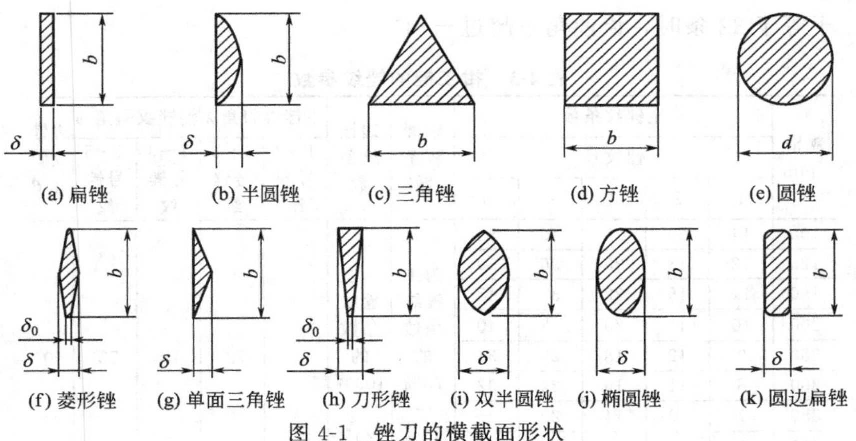

图 4-1 锉刀的横截面形状

钳工锉的基本尺寸如表 4-2 所示。

表 4-2 钳工锉的基本尺寸 单位：mm

规格 L /in	规格 L /mm	扁锉(尖头、齐头) b	扁锉(尖头、齐头) δ	半圆锉 b	半圆锉 薄形 δ	半圆锉 厚形 δ	三角锉 b	方锉 b	圆锉 d
4	100	12	2.5(3.0)	12	3.5	4.0	8.0	3.5	3.5
5	125	14	3.0(3.5)	14	4.0	4.5	9.5	4.5	4.5
6	150	16	3.5(4.0)	16	4.5	4.0	11.0	4.5	4.5
8	200	20	4.5(4.0)	20	4.5	6.5	13.0	7.0	7.0
10	250	24	4.5	24	7.0	8.0	16.0	9.0	9.0
12	300	28	6.5	28	8.0	9.0	19.0	11.0	11.0
14	350	32	7.5	32	9.0	10.0	22.0	14.0	14.0
16	400	36	8.5	36	10.0	11.5	26.0	18.0	18.0
18	450	40	9.5					22.0	

钳工锉的锉纹号按主锉纹条数分为 1～5 号，其中，1 号为粗齿锉刀，2 号为中齿锉刀，3 号为细齿锉刀，4 号为双细齿锉刀，5 号为油光锉刀。钳工锉的锉纹角度以及每 10mm 纵（轴）向长度内的锉纹参数如表 4-3 所示。钳工锉的齿高应不小于主锉纹法向齿距的 45%，主锉纹条数小于等于 28 条时，齿前角不超过−10°；大

于等于32条时，齿前角不超过－14°。

表4-3 钳工锉的锉纹参数

规格/mm	主锉纹条数					辅锉纹条数	边锉纹条数	主锉纹斜角λ		辅锉纹斜角ω		边锉纹斜角θ
	锉纹号							1～3号锉纹	4～5号锉纹	1～3号锉纹	4～5号锉纹	
	1	2	3	4	5							
100	14	20	28	40	56	为主锉纹条数的75%～95%	为主锉纹条数的100%～120%	65°	72°	45°	52°	90°
125	12	18	25	36	50							
150	11	16	22	32	45							
200	10	14	20	28	40							
250	9	12	18	25	36							
300	8	11	16	22	32							
350	7	10	14	20	—							
400	6	9	12	—	—							
450	4.5	8	11	—	—							
公差	±5%(其公差值不足0.5条时可圆整为0.5条)					±8%	±20%	±5°				±10°

异形锉和整形锉按主锉纹条数锉纹号可分为00、0、1……7、8共10种，其锉纹斜角及每10mm轴向长度内的锉纹参数如表4-4所示。锉齿的齿高不小于主锉纹法向齿距的40%。在锉刀梢端10mm长度内齿高不小于30%。

表4-4 异形锉和整形锉的锉纹参数

规格/mm	主锉纹条数										辅锉纹条数	边锉纹条数	主锉纹斜角λ	辅锉纹斜角ω	边锉纹斜角θ
	锉纹号														
	00	0	1	2	3	4	5	6	7	8					
75	—	—	—	—	50	56	63	80	100	112	为主锉纹条数的65%～85%	为主锉纹条的50%～110%	72°	52°	80°
100	—	—	—	40	50	56	63	80	100	112					
120	—	—	32	40	50	56	63	80	100	—					
140	—	25	32	40	50	56	63	80	—	—					
160	20	25	32	40	50	—	—	—	—	—					
170	20	25	32	40	50	—	—	—	—	—					
180	20	25	32	40	—	—	—	—	—	—					
公差	±5%												±4°		±10°

4.1.2 锉刀的选用

(1) 按工件的材质来选择

锉削较软的金属材料时，选择单纹锉刀或粗锉刀；锉削钢铁等较硬的金属材料时，选择双纹锉刀。

(2) 按工件加工部位的形状来选用

图 4-2 给出了不同形状的加工部位所选择锉刀的断面形状。

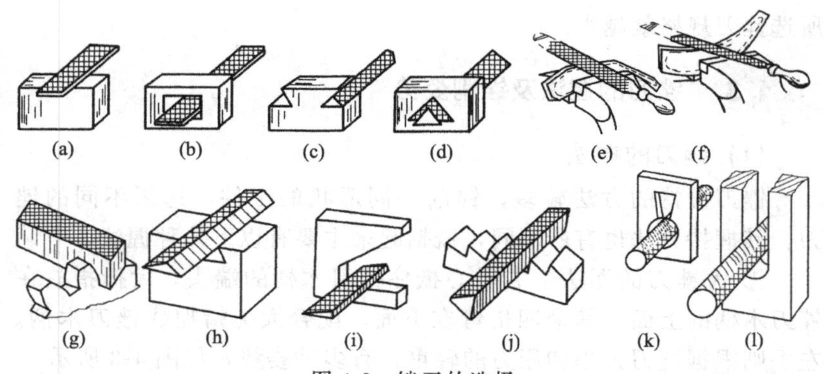

图 4-2 锉刀的选择

(a),(b) 锉平面；(c),(d) 锉燕尾面和三角孔；(e),(f) 锉曲面；(g) 锉楔角；(h) 锉内角；(i) 锉交角；(j) 锉三角形；(k)，(l) 锉圆孔

(3) 按工件加工表面的加工余量、精度及表面粗糙度来选用

一般情况下，粗齿锉刀、中齿锉刀主要用于粗加工；细齿锉刀主要用于半精加工；双细齿锉刀主要用于精加工；油光锉刀主要用于表面光整加工。

表 4-5 给出了不同种类锉刀应用于工件不同的表面加工余量、精度及表面粗糙度的范围。

表 4-5 锉刀的选用

锉刀	适用场合		
	加工余量	尺寸精度/mm	表面粗糙度值 $Ra/\mu m$
粗齿锉	0.5～2.0	0.3～0.5	6.3～25
中齿锉	0.2～0.5	0.1～0.3	6.3～12.5
细齿锉	0.05～0.2	0.05～0.2	3.2～6.3
双细齿锉刀	0.05～0.1	0.01～0.1	1.6～3.2
油光锉	0.02～0.05	0.01～0.05	0.8～1.6

(4) 按工件锉削面积来选用

锉刀的长度、规格也应根据工件加工面的大小来选择。一般情况下，工件加工面越大，所选锉刀规格也越大，工件加工面越小，所选锉刀规格就越小。

4.1.3 锉刀的握法及锉削姿势

(1) 锉刀的握法

锉刀握持的方法较多，锉削不同形状的工件，选用不同的锉刀，其握持方法也有所不同，概括起来主要有以下几种握法。

① 大锉刀的握法　右手心抵住锉刀木柄的端头，大拇指放在锉刀木柄的上面，其余四指弯在下面，配合大拇指捏住锉刀木柄。左手则根据锉刀大小和用力的轻重，有多种姿势，如图 4-3 所示。

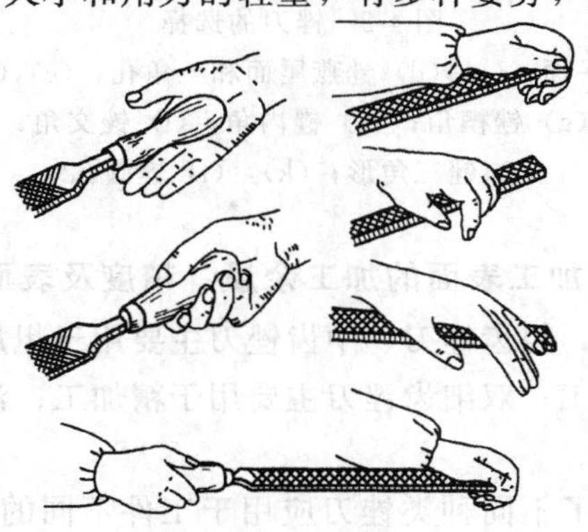

图 4-3　大锉刀的握法

② 中锉刀的握法　右手握法与大锉刀握法相同，左手用大拇指和食指捏住锉刀前端，如图 4-4 所示。

③ 小锉刀的握法　右手食指伸直，拇指放在锉刀木柄上面，食指靠在锉刀的边缘，左手四个手指压在锉刀中部，如图 4-5 所示。

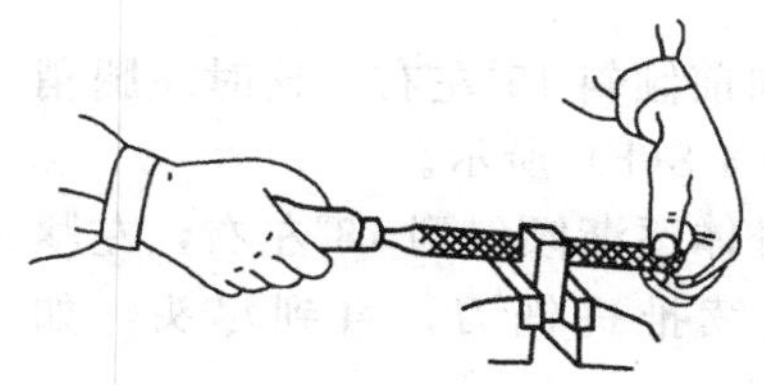

图 4-4　中锉刀的握法

图 4-5　小锉刀的握法

④ 微小锉刀（整形锉）的握法　一般只用右手拿着锉刀，食指放在锉刀上面，拇指放在锉刀的左侧，如图 4-6 所示。

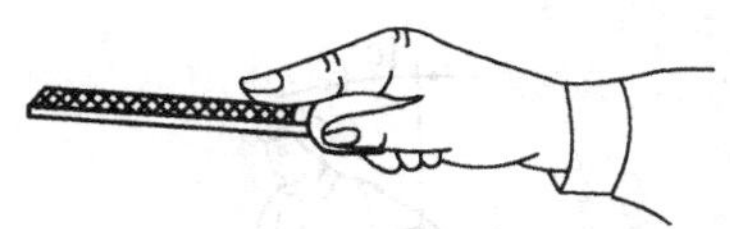

图 4-6　微小锉刀的握法

（2）锉削姿势

① 双脚位置　站立时面向台虎钳，站在台虎钳中心线左侧。与台虎钳的距离，按小臂端平锉刀，锉刀尖部能搭在工件上来控制。然后迈出左脚，左脚与右脚距离大约为 250～300mm。左脚与虎钳中心线成 30°，右脚与虎钳中心线成 75°，如图 4-7 所示。

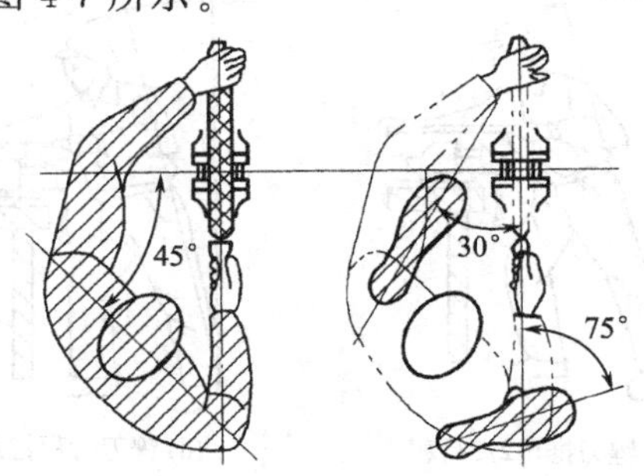

图 4-7　锉削时的双脚位置

② 身体姿势 锉削时左腿弯曲，右腿伸直，身体重心落在左脚上，两脚始终站稳不动，靠左腿的伸屈作往复运动。手臂和身体的运动要互相配合，并充分利用锉刀的全长。

a. 开始锉削时身体要向前倾 10°左右，左肘弯曲，右肘向后但不可太大，如图 4-8(a) 所示。

b. 锉刀推出 1/3 行程时，身体向前倾斜 15°左右，这时左腿稍弯曲，左肘稍直，右臂向前推，如图 4-8(b) 所示。

c. 锉刀继续推到 2/3 行程时，身体逐渐倾斜到 18°左右，左腿继续弯曲，左肘渐直，右臂向前继续推进锉刀，直到尽头，如图 4-8(c)所示。

d. 锉刀推到尽头后，身体随着锉刀的反作用退回到 15°位置，

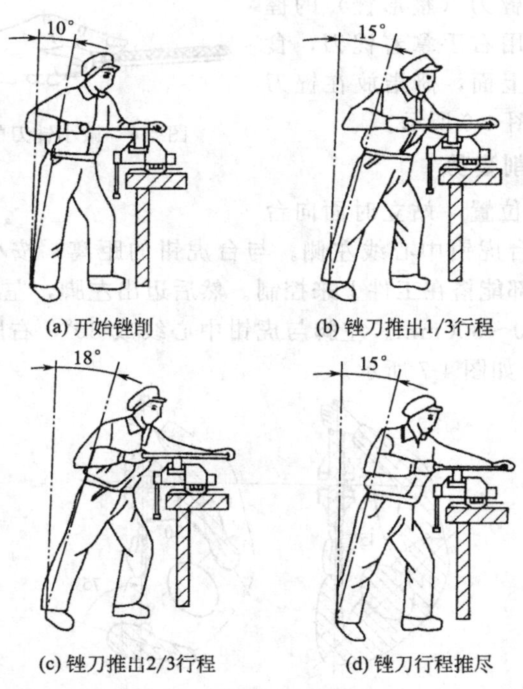

(a) 开始锉削　(b) 锉刀推出1/3行程

(c) 锉刀推出2/3行程　(d) 锉刀行程推尽

图 4-8 锉削时的身体姿势

如图 4-8(d) 所示。

e. 行程结束，把锉刀略微抬起，使身体和手回复到开始时的姿势，如此反复。

4.1.4 锉削的操作

与锯削操作一样，锉削之前应先做好工件的装夹，然后根据所锯削工件的形状选用合理的操作方法。具体操作时，还应控制好锉削力及锉削的速度。

(1) 工件的装夹

锉削加工前，应做好工件的装夹，主要应注意到以下几方面。

① 工件要装夹在台虎钳的中间。

② 对工件的装夹要牢固，同时要保证不使工件产生变形。

③ 工件装夹后伸出钳口部分不能太多，以免锉削时产生振动。

④ 装夹几何形状特殊的工件时，要考虑增加衬垫，如装夹圆形工件时，衬上 V 形架等，如图 4-9 所示。

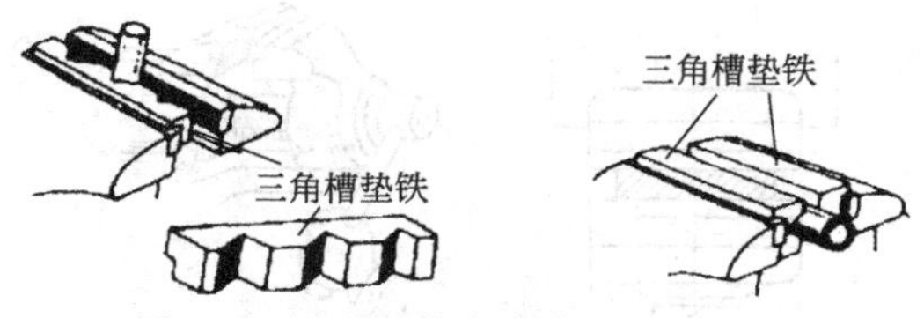

图 4-9 圆形工件在台虎钳上的装夹

⑤ 装夹工件的已加工面或装夹精密工件时，台虎钳的钳口应衬以护口或者其他软材料，以免夹伤工件表面，如图 4-10 所示。

(2) 工件锉削时的装夹实例

图 4-11 给出了装夹毛坯件或一般工件时，所采用的方法。

图 4-12 给出了在台虎钳上装夹槽钢的方法。

图 4-13 给出了在台虎钳上装夹板材的方法。

(3) 锉削力及锉削速度

正确运用锉削力是锉削的关键，锉削的力量有水平推力和垂直

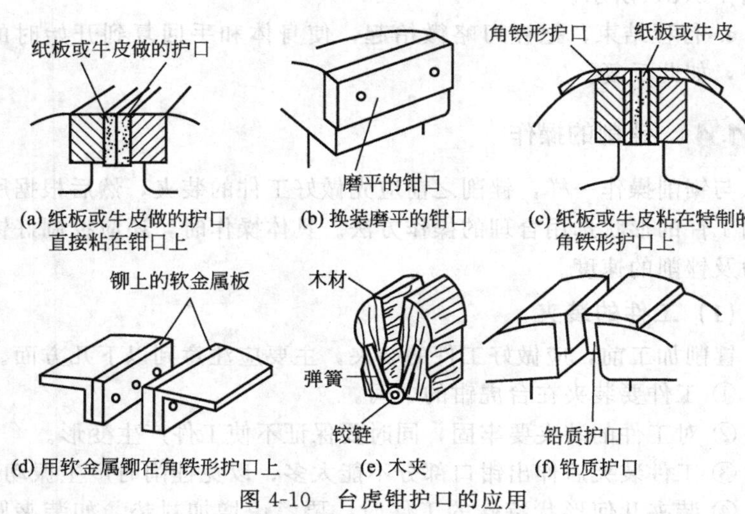

(a) 纸板或牛皮做的护口直接粘在钳口上　(b) 换装磨平的钳口　(c) 纸板或牛皮粘在特制的角铁形护口上

(d) 用软金属铆在角铁形护口上　(e) 木夹　(f) 铅质护口

图 4-10　台虎钳护口的应用

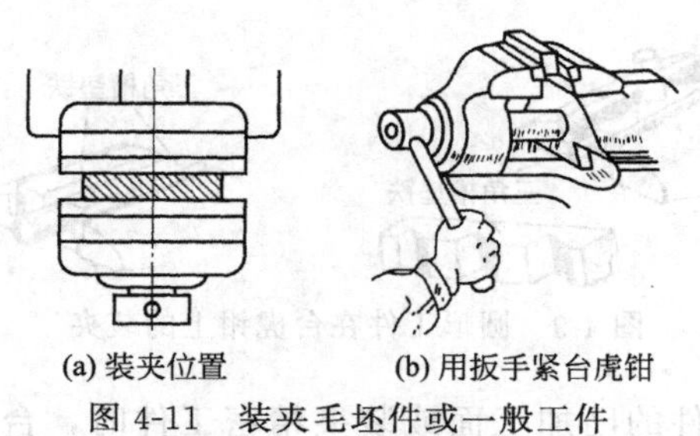

(a) 装夹位置　(b) 用扳手紧台虎钳

图 4-11　装夹毛坯件或一般工件

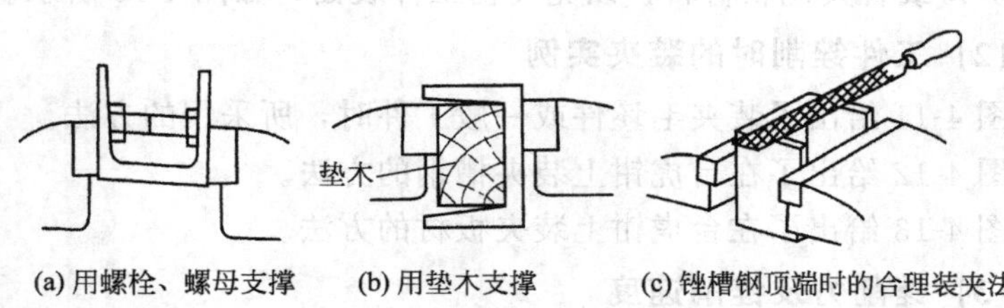

(a) 用螺栓、螺母支撑　(b) 用垫木支撑　(c) 锉槽钢顶端时的合理装夹法

图 4-12　装夹槽钢

压力两种。推力主要由右手控制，必须大于切削阻力时才能锉去切屑。压力是由两手控制的，其作用是使锉齿深入金属表面。水平推力和垂直压力的大小必须随着锉刀前移而变化，两手压力对工件中心的力矩应该相等，这是保证锉刀平直运动的关键。

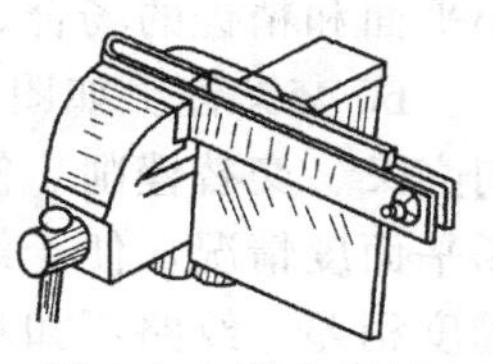

图 4-13　装夹板材

控制力矩平衡的方法是：随着锉刀的推进，左手压力由大逐渐减小，右手压力则由小逐渐增大，具体操作如图 4-14 所示。

锉削时，对锉刀的总压力不能太大，因为锉齿存屑空间有限，压力太大只能使锉刀磨损加快；但压力也不能过小，过小时锉刀打滑，达不到切削目的。一般是向前推进时手上有一种韧性感觉为适宜。

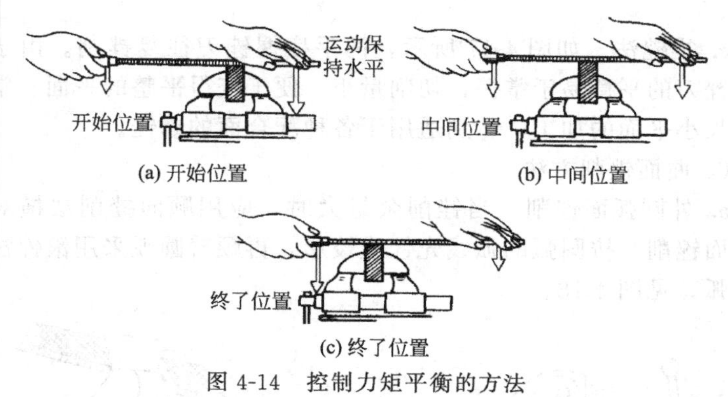

(a) 开始位置　(b) 中间位置

(c) 终了位置

图 4-14　控制力矩平衡的方法

锉削速度一般为 30～60 次/min，速度太快时操作者容易疲劳，且锉齿易磨钝；如果速度过慢，则切削效率低。

(4) 常见形状的锉削操作

① 平面的锉削

a. 顺向锉。如图 4-15 所示，锉刀的运动方向始终保持一致。顺向锉锉纹较整齐、清晰一致，比较美观，表面粗糙度低，适用于小平面和精锉的场合。

b. 交叉锉。如图 4-16 所示，锉刀的运动方向是从两个不同方向交叉、交替锉削。使锉纹呈交叉状，每锉一遍都可以从锉纹上判断平面度情况，便于纠正锉削。锉削平面的平面度较好，但表面粗糙度稍差。纹路不如顺向锉美观，适用锉削余量大的平面粗加工。

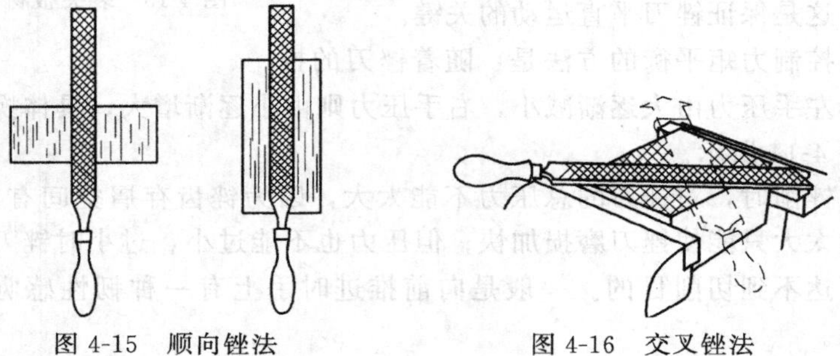

图 4-15　顺向锉法　　　　图 4-16　交叉锉法

c. 推锉法。如图 4-17 所示，两手横握锉刀往复锉削。由于推锉时锉刀的平衡易于掌握，切削量小，便于获得平整的平面。常用于狭长小平面的加工，特别适用于各种配合面的修锉。

② 曲面锉削方法

a. 外圆弧面锉削。当锉削余量大时，应用顺向锉削法横对着圆弧面锉削。按圆弧的弧线先锉成棱形，再顺着圆弧采用滚锉法精锉圆弧，见图 4-18。

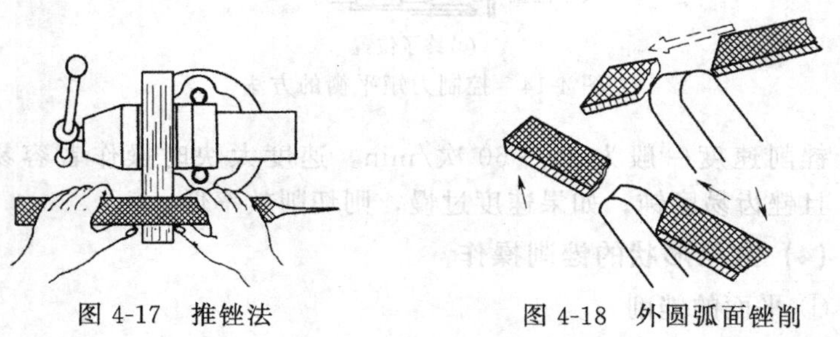

图 4-17　推锉法　　　　图 4-18　外圆弧面锉削

b. 内圆弧面锉削。锉削内圆弧面的锉刀可选用圆锉、半圆锉、方锉（圆弧半径较大）。锉削时锉刀要完成三个动作：前进运动、随圆弧向右或向左移动。绕锉刀中心转动：只有这三个动作协调，才能使锉出的圆弧准确、光滑，见图 4-19。

c. 球面锉削。锉削球面时用扁锉。锉刀在完成外圆弧锉削复合运动的同时，还需环绕球中心作周向摆动，见图 4-20。

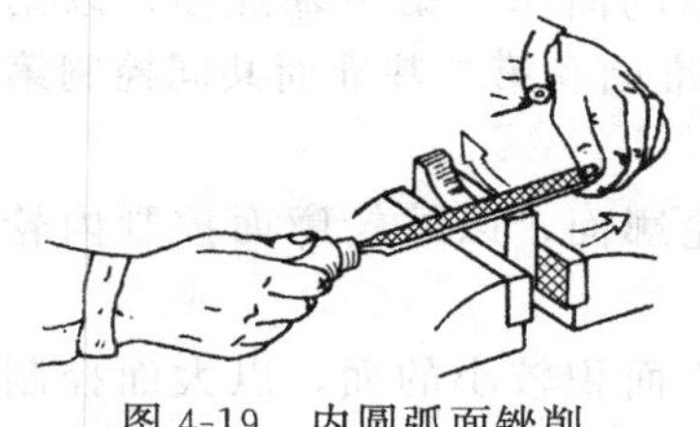
图 4-19 内圆弧面锉削

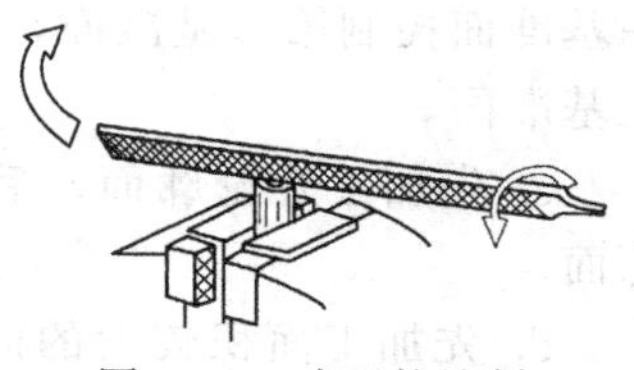
图 4-20 球面的锉削

③ 通孔的锉削　根据通孔的形状、工件材料、加工余量、加工精度和表面粗糙度来选择所需的锉刀，即可顺利完成通孔的锉削，如图 4-21 所示。

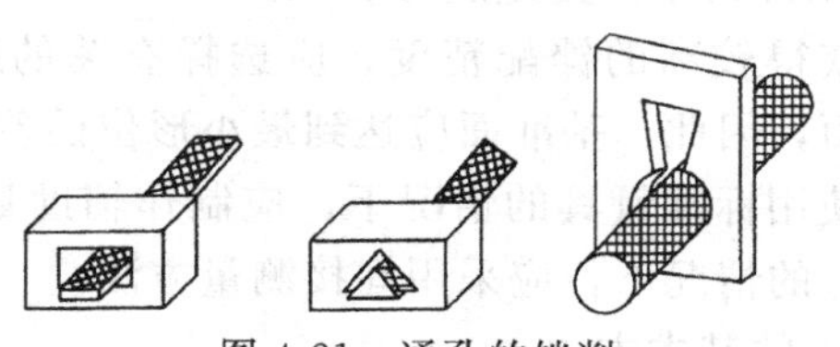
图 4-21 通孔的锉削

(5) 锉配的操作

通过锉削，使两个或两个以上的互配件达到规定的形状、尺寸和配合要求的加工操作称为锉配（又称为镶配和镶嵌）。锉配加工是钳工所特有的一项综合性操作技能。锉配加工以其灵活性和经济性广泛应用于模具、工具、量具以及零件、配件等的制造和修理。

① 锉配的基本方法　锉配的基本方法是先把相配的其中一件零件锉好，作为基准件，然后再用基准件来锉配另一件。由于外表面容易加工便于测量，能达到较高精度。所以锉配加工的顺序一般

是先加工外表面，然后锉配内表面，先钻孔后修形（形位公差）。具体说来，锉配加工的原则与方法主要有以下几方面的内容。

② 锉配加工的一般原则

a. 锉配应采用基轴制，即先加工凸件（轴件），以凸件（轴件）为基准件配锉凹件（孔件）。

b. 尽量选择面积较大且精度较高的面作为第一基准面，以第一基准面控制第二基准面，以第一基准面和第二基准面共同控制第三基准面。

c. 先加工外轮廓面，后加工内轮廓面，以外轮廓面控制内轮廓面。

d. 先加工面积较大的面，后加工面积较小的面，以大面控制小面。

e. 先加工平行面后加工垂直面。

f. 先加工基准平面，后加工角度面，再加工圆弧面。

g. 对称性零件应先加工一侧，以利于间接测量。

h. 按加工工件的中间公差进行加工。

i. 为保证获得较高的锉配精度，应选择有关的外表面作划线和测量的基准面，因此，基准面应达到最小形位误差要求。

j. 在不便使用标准量具的情况下，应制作辅助量具进行检测；在不便直接测量的情况下，应采用间接测量方法。

③ 锉配加工的基本方法

a. 试配。在锉配时，将基准件用手的力量插入并退出配合件，在配合件的配合面上留下接触痕迹，以确定修锉部位的操作称为试配（相当于刮削中的对研显点）。为了清楚显示接触痕迹，可以在配合件的配合面上涂抹红丹粉、蓝油、烟墨等显示剂。

b. 同向锉配。锉配时，将基准件的某个基准面与配合件的相同基准面置于同一个方向上进行试配、修锉和配入的操作称为同向锉配，如图 4-22 所示。

c. 换向锉配。锉配时，将基准件的某个基准面进行一个径向或轴向的位置转换，再进行试配、修锉和配入的操作称为换向锉配，如图 4-23 所示。

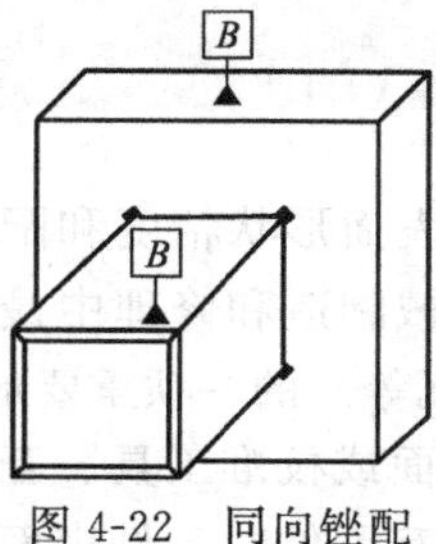

图 4-22 同向锉配

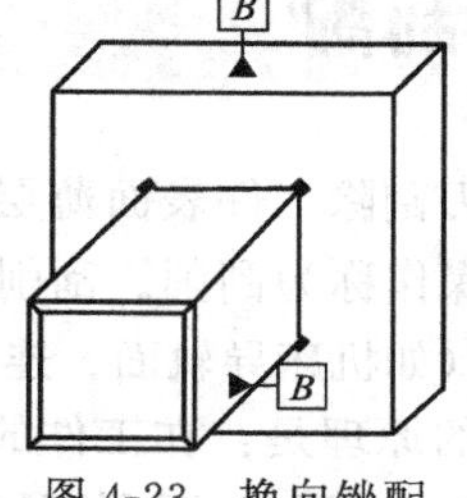

图 4-23 换向锉配

(6) 锉削常见缺陷及防止措施

表 4-6 给出了锉削常见的缺陷及防止措施。

表 4-6 锉削常见的缺陷及防止措施

常见缺陷	产生原因	防止措施
零件表面夹伤或变形	(1)台虎钳口未装软钳口 (2)夹紧面积小,夹紧力大	(1)夹持零件时应装软钳口 (2)调整夹紧位置及夹紧力 (3)圆形零件夹紧时应加 V 形架
零件尺寸偏小超差	(1)划线不准确 (2)锉削时未及时测量尺寸 (3)锉削时忽视形位公差的影响	(1)划线要细心,划后应检查 (2)粗锉时应留余量,精锉时应检查尺寸 (3)锉削时应统一协调尺寸与形位公差
表面粗糙度超差	(1)锉刀齿纹选择不当 (2)锉削时未及时清理锉纹中的锉屑 (3)粗、精锉余量选用不当 (4)直角锉削时未选用光边锉刀	(1)应依据表面粗糙度合理选择齿纹 (2)锉削时应及时清理锉刀中的锉屑 (3)精锉的余量应适当 (4)锉直角时,应选用光边锉刀,以免锉伤直角面
零件表面中间凸、塌角或塌边	(1)锉削方法掌握不当 (2)锉削用力不平衡 (3)未及时用刀口尺检查平面度	(1)依据零件加工表面选择锉削方法 (2)用推锉法精锉表面 (3)锉削时应经常检查平面度,修锉表面 (4)应掌握各种锉削法的锉削平衡

4.2 刮削

用刮刀刮除工件表面薄层，以提高表面形状精度和配合表面接触精度的操作称为刮削。刮削加工是机械制造和修理中最终精加工各种形面（如机床导轨面、连接面、轴瓦等）的一项重要加工方法。

刮削的原理是：在工件的被加工表面或校准工具、互配件的表面涂上一层显示剂，再利用标准工具或互配件对工件表面进行对研显点，从而将工件表面的凸起部位显现出来，然后用刮刀对凸起部位进行刮削加工并达到相关技术要求。

4.2.1 刮削工具

（1）刮削刀具

刮刀是刮削工作中的主要工具。刮刀的材料一般采用碳素工具钢（T10、T10A、T12、T12A）或轴承钢（GCr15）锻制而成，刀头部分必须具有足够的硬度，经热处理淬硬至60HRC左右，且刃口必须锋利。当刮削硬度较高的工件表面时，刀头可焊上硬质合金刀片。

根据刮削形面的不同，刮刀分为平面刮刀和曲面刮刀两大类。

① 平面刮刀　平面刮刀主要用来刮削平面，也可用来刮削外曲面。按结构形式的不同，常用的平面刮刀可分为手握刮刀、挺刮刀、活头刮刀、弯头刮刀和钩头刮刀五种，其结构参见图4-24；按刮削精度要求的不同，又可分为粗刮刀、细刮刀和精刮刀三种，

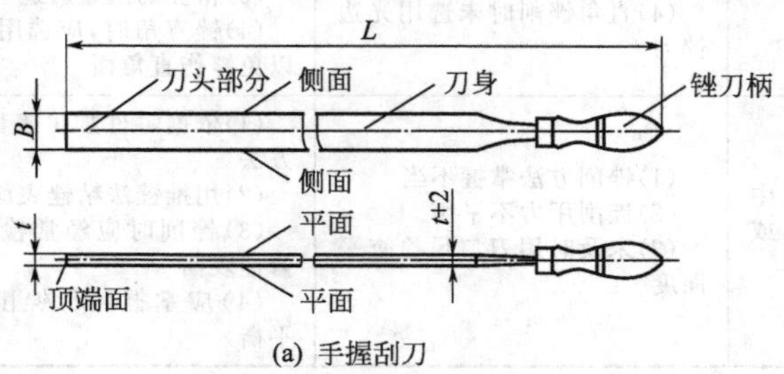

(a) 手握刮刀

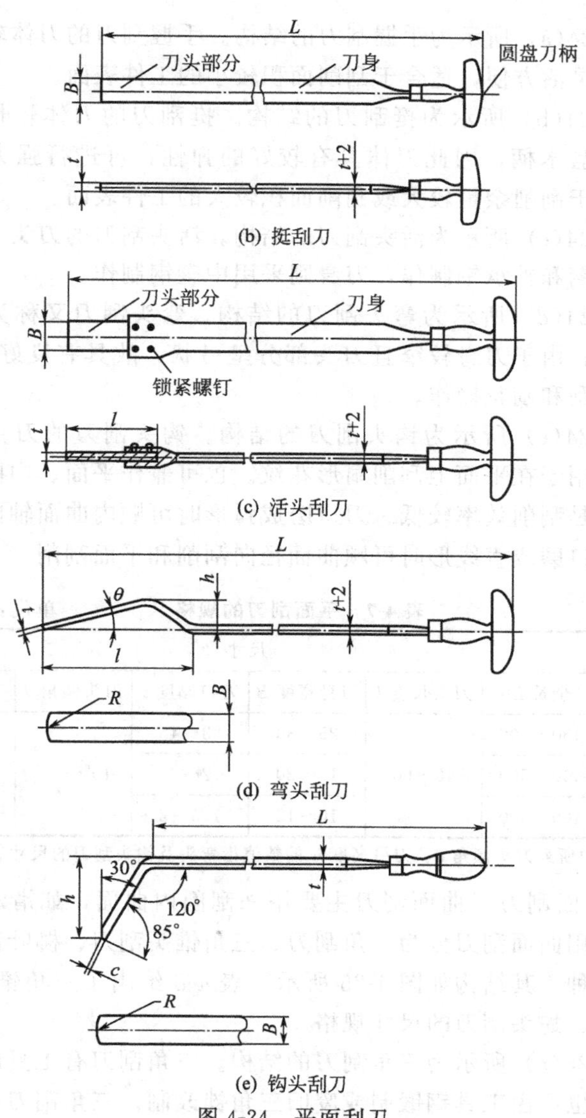

图 4-24　平面刮刀

表 4-7 给出了平面刮刀的规格。

图 4-24(a) 所示为手握刮刀的结构。手握刮刀的刀体较短，操作时比较灵活方便，适合于刮削面积较小的工件表面。

图 4-24(b) 所示为挺刮刀的结构。挺刮刀的刀体较长，刀柄为木质圆盘木柄，因此刀体具有较好的弹性，可进行强力刮削操作，适合于刮削余量较大或刮削面积较大的工件表面。

图 4-24(c) 所示为活头刮刀的结构。活头刮刀的刀头一般采用碳素工具钢和轴承钢制作，刀身则采用中碳钢制作。

图 4-24(d) 所示为弯头刮刀的结构。弯头刮刀又称为精刮刀和刮花刀，由于刀身较窄且刀头部分呈弓状，故具有良好的弹性，适合于精刮和刮花操作。

图 4-24(e) 所示为钩头刮刀的结构。钩头刮刀的刀身呈弯曲状，主要用于在平面上刮削扇形花纹。也可兼作平面、内曲面两用刮刀，但是刮削效率较低。刀口磨成弧形时可顺内曲面轴向、径向刮削；刀口磨成直线形时可顺曲面径向刮削和平面刮削。

表 4-7 平面刮刀的规格 单位：mm

种类	尺寸					
	全长 L	刀头长度 l	刀身宽度 B	刀口厚度 t	刀头倾角 θ	刀弓高度 h
粗刮刀	450～600	40～60	25～30	3～4	10°～15°	10～15
细刮刀	400～500		15～20	2～3		
精刮刀	400～500		10～12	1.5～2		

注：表中所列刀头倾角 θ、刀弓高度 h 的数值指弯头及钩头刮刀的尺寸。

② 曲面刮刀　曲面刮刀主要用来刮削内曲面，如滑动轴承内孔等。常用曲面刮刀分为三角刮刀、三角锥头刮刀、柳叶刮刀和蛇头刮刀四种，其结构如图 4-25 所示。表 4-8 给出了三角锥头刮刀、柳叶刮刀、蛇头刮刀的尺寸规格。

图 4-25(a) 所示为三角刮刀的结构。三角刮刀有工具厂家专门生产的，也可由工具钢锻制或废旧三角锉改制。三角刮刀的断面成三角形，有三条弧形刀刃，在三个面上有三条凹槽，可以减少刃磨面积。三角刮刀规格按照刀体长度 L 分为 125mm、150mm、

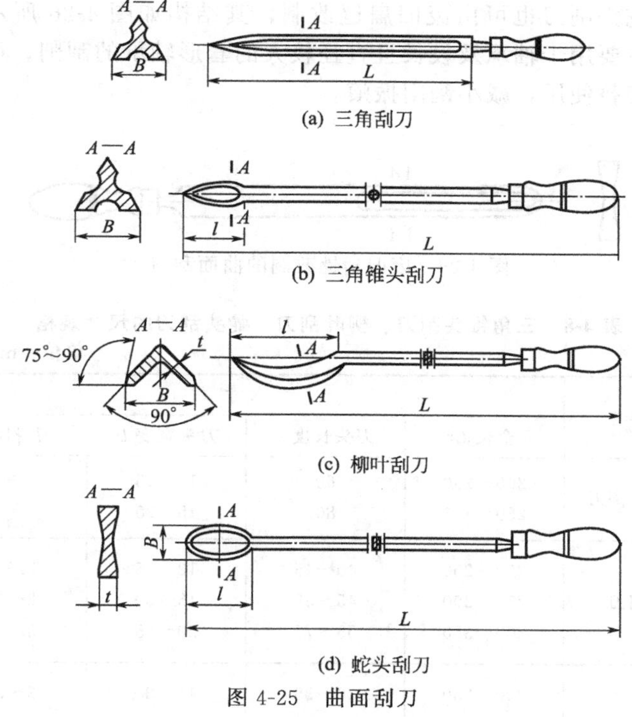

(a) 三角刮刀

(b) 三角锥头刮刀

(c) 柳叶刮刀

(d) 蛇头刮刀

图 4-25 曲面刮刀

175mm、200mm、250mm、300mm、350mm 等多种。规格较短的三角刮刀可采用锉刀柄，规格较长的三角刮刀可使用长木柄。三角刮刀及三角锥头主要用于一般的曲面刮削。

图 4-25(b) 所示为三角锥头刮刀的结构。三角锥头刮刀采用碳素工具钢锻制而成，其刀头部分呈三角锥形，刀头切削部分与三角刮刀相同，刀身断面为圆形。

图 4-25(c) 所示为柳叶刮刀的结构。柳叶刮刀的刀头部分像柳树叶，故称为柳叶刮刀。切削部分有两条弧形刀刃，刀身断面为矩形。柳叶刮刀主要用于轴承及套形轴承的刮削。

图 4-25(d) 所示为蛇头刮刀的结构。蛇头刮刀采用碳素工具钢锻制而成，刀头部分有上下、左右共四条弧形刀刃，刀身断面为

矩形，蛇头刮刀也可由废旧扁锉改制，其结构如图 4-26 所示。蛇头刮刀主要用于轴承及较长且直径较大的套形轴承的刮削，可与三角刮刀交替使用，减小刮削振痕。

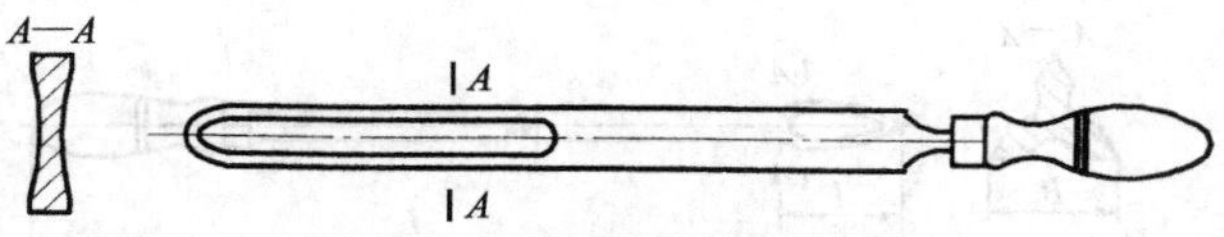

图 4-26　废旧扁锉改制的曲面刮刀

表 4-8　三角锥头刮刀、柳叶刮刀、蛇头刮刀的尺寸规格

单位：mm

种类	尺寸			
	全长 L	刀头长度 l	刀头宽度 B	刀身厚度 t
三角锥头刮刀	200～250 250～350	60 80	12～15 15～20	— —
柳叶刮刀	200～250 250～300 300～350	40～45 45～55 55～75	12～15 15～20 20～25	2.5～3 3～3.5 3.5～4
蛇头刮刀	200～250 250～300 300～350	30～35 35～40 40～50	15～20 20～25 25～30	3～3.5 3.5～4 4～4.5

(2) 校准工具

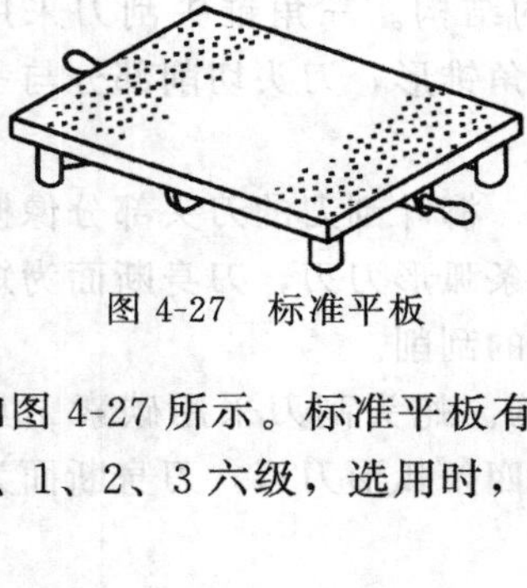

校准工具是用来配研显点和检验刮削状况的标准工具，也称为研具。常用的有标准平板、标准平尺和角度平尺三种。

图 4-27　标准平板

① 标准平板　标准平板主要用来检查较宽的平面，其结构和形状如图 4-27 所示。标准平板有多种规格，平板的精度分为 000、00、0、1、2、3 六级，选用时，它的面积应大于刮削面的 3/4。

② 标准平尺　标准平尺又称为检验平尺，是用来检验狭长工件平面的平面基准器具。常用的标准平尺有桥形平尺［图 4-28(a)］和工形平尺［图 4-28(b)］桥形平尺用来检验机床导轨面的直线度误差。工形平尺又分为两种，一种是单面平尺，即有一个工作面，用来检验机床上较短的导轨面的直线度误差；另一种是双面平尺，即有两个互相平行的工作面，是用来检验导轨相对位置的精度。

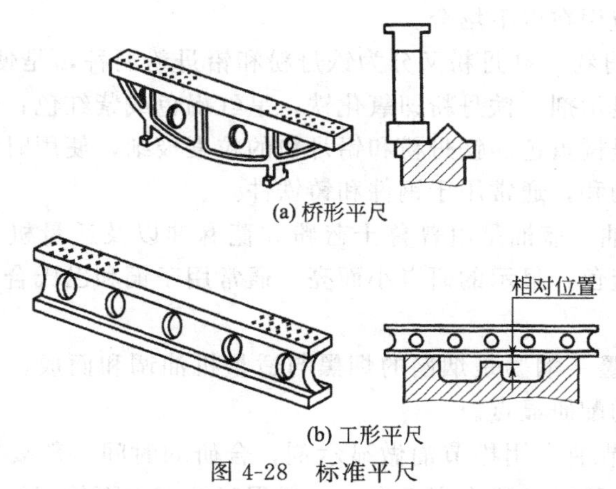

图 4-28　标准平尺

③ 角度平尺　角度平尺用来检验两个工件刮削面成一定角度（55°、60°等）的组合平面的平面基准器具，如燕尾导轨面等，其结构和形状如图 4-29 所示。

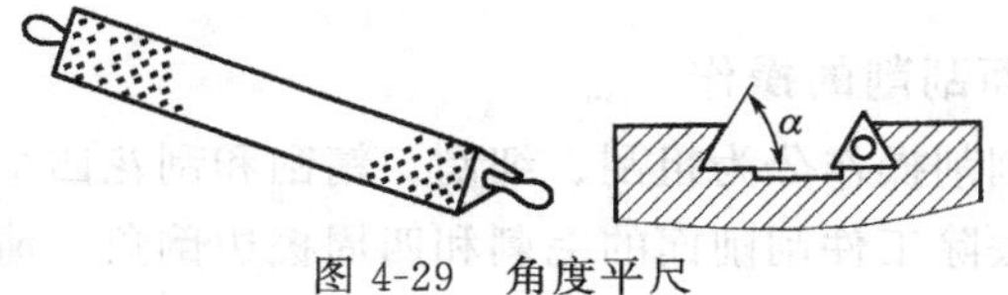

图 4-29　角度平尺

④ 其他校准工具　检验曲面的刮削质量，多数是用与其相配合的轴作为校准工具。齿条蜗杆的齿面则是用与其相啮合的齿轮和蜗杆作为校准工具。

(3) 显示剂

显示剂作为一种涂料，其作用主要是涂在工件表面或研具表面通过对研后，增大工件表面色差，如凸起部位颜色发黑和发亮，从而清晰地显示出工件表面的高低状况，然后有针对性地进行刮削加工。

显示剂的种类主要有红丹粉、蓝油、烟墨、松节油和酒精。其分别主要应用在以下场合。

① 红丹粉　红丹粉又分为铁丹粉和铅丹粉两种，是使用最多、最普遍的显示剂。铁丹粉即氧化铁，呈红褐色或紫红色；铅丹粉即氧化铅，呈橘黄色。铁丹粉和铅丹粉的粒度极细，使用时，可用牛油或机油调和，通常用于钢件和铸铁件。

② 蓝油　蓝油是由普鲁士蓝粉和蓖麻油以及适量机油调和而成，呈深蓝色，显示的研点小而亮，通常用于铜和巴氏合金等有色金属。

③ 烟墨　烟墨是烟囱的烟黑与适量机油调和而成，一般用于有色金属的配研显点。

④ 松节油　用松节油做显示剂，合研的时间一般要比用红丹粉长一些，研后的研点亮而白，一般用于精密表面的配研显点。

⑤ 酒精　用酒精做显示剂，配研的时间一般要比用红丹粉长1倍左右，配研后的研点黑而亮，一般用于极精密表面的配研显点。

4.2.2 刮削的操作

(1) 平面刮削的操作

平面的刮削操作分为粗刮、细刮、精刮和刮花四个步骤。刮削前，首先应去除工件刮削面的毛刺和四周棱边倒角，清除油污，铸件毛坯应清砂刷防锈漆，开始刮削时，工件应安放平稳、牢固、安全，高低位置应便于操作。

① 平面刮削的基本操作手法　平面刮削的基本操作手法是平面刮削操作的基础，主要有挺刮法、手刮法两种。

a. 挺刮操作法。挺刮操作是两手握持挺刮刀，利用大腿和腰腹力量进行刮削的一种方法。挺刮法可以进行大力量刮削，适合于大面积、大余量工件的刮削，但劳动强度大。其中刀身的基本握法有抱握法和前后握法两种。图 4-30(a) 所示为抱握法。其操作要领是右手大拇指向下放在刀身平面上且与另外四指环握刀身，左手掌心向下抱握在右手上面，同时手掌外侧压在刀身平面上，左手掌离刮刀顶端面 60～100mm。

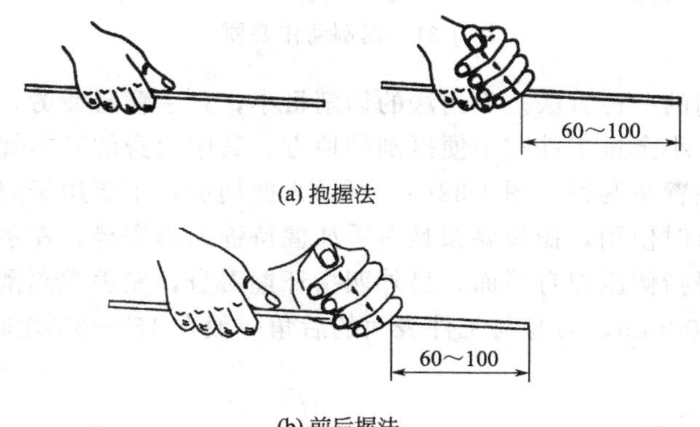

(a) 抱握法

(b) 前后握法

图 4-30 挺刮操作的刀身握法

图 4-30(b) 所示为前后握法。其操作要领是右手握法同上，左手在前，离右手大约一掌左右距离，手掌外侧压在刀身平面上，左手掌离刮刀顶端面 60～100mm。

图 4-31 所示为挺刮操作的动作要领。操作时，将刀柄抵住小腹右下侧肌肉处，双手握住刀身，左手在前，掌心向下，横握刀身，距刀刃约 80mm 左右；右手在后，掌心向上握住刀身。双腿叉开成弓步，身体自然前倾，使刮刀与刮削面成 25°～40°左右夹角。刮削时，双手使刮刀刀刃对准显点，左手下压刮刀，同时用腿部和臂发出的前挺力量使刮刀对准研点向前推挤，瞬间右手引导刮刀方向，左手快速将刮刀提起，方完成一次挺刮动作。

b. 手刮操作法。手刮操作是两手握持手刮刀，利用手臂力量

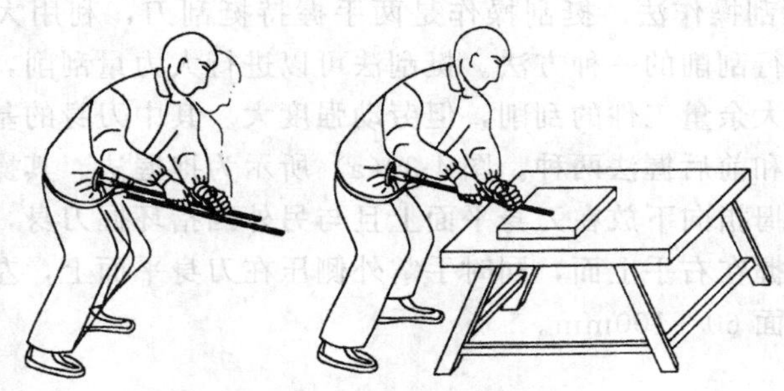

图 4-31 挺刮动作要领

进行刮削的一种方法。手刮法的切削量小，且手臂易疲劳，适用于小面积、小余量工件和不便挺刮的地方。其中刀身的基本握法有握柄法和绕臂法两种。图 4-32(a) 所示为握柄法，主要用于刀身较短的手刮刀时使用，操作要领是右手如握持锉刀柄姿势，左手掌心向下，大拇指侧压刀身平面，另外四指环握刀身，左手掌离刮刀顶端面 60～100mm，刀身与工件表面的后角一般在 15°～35°之间。

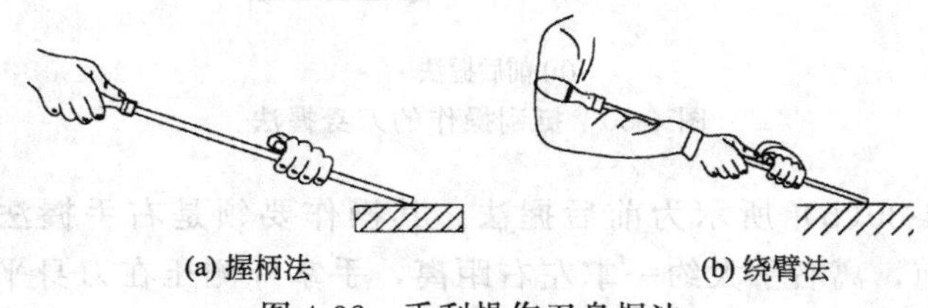

(a) 握柄法　　(b) 绕臂法

图 4-32 手刮操作刀身握法

图 4-32(b) 所示为绕臂法，主要用于刀身较长的手刮刀时使用，操作要领是刀身后部绕压在右手前臂上，右手大拇指侧压刀身平面，另外四指环握刀身，左手紧靠右手，掌心向下，大拇指侧压刀身平面，另外四指环握刀身，左手掌离刮刀顶端面 60～100mm，刀身与工件表面的后角一般在 15°～35°之间。

图 4-33 所示为手刮操作的动作要领。手刮时，刮刀和刮削平面约成 25°～30°夹角。使刀刃抵住刮削平面，同时，左脚前跨一步，上身随着往前倾斜一些，这样可以增加左手压力，也便于看清

刮刀前面的研点情况。刮削时，右臂利用上身摆动使刮刀向前推进，随着推进的同时，左手下压并引导刮刀前进方向；当推到所需的距离后，左手立即提起刮刀，完成一次手刮动作。

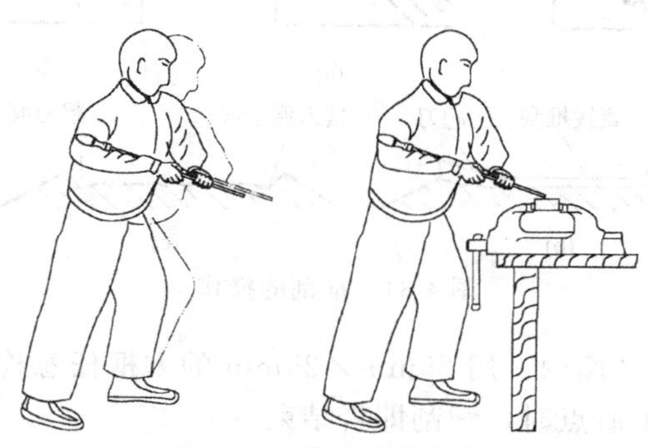

图 4-33 手刮动作要领

② 平面刮削各加工步骤的操作 平面刮削各加工步骤的操作主要有以下方面的要点。

a. 粗刮。用粗刮刀在工件刮削面上均匀地铲去一层较厚的金属，粗刮的目的是尽快去除机械加工刀痕和过多的余量。粗刮可采用连续推刮的方法，刀迹应连成片，刮一遍交换一下铲削方向，使铲削刀迹呈交叉状［图 4-34(a)］，通过研点和测量对刮削余量较多的部位要重刮、多刮几遍，尽快使粗刮平面均匀地达到 2～3 个研点（25mm×25mm），粗刮即告结束。

推刮的操作要领是：从落刀推刮到起刀时的刀迹要平缓，如图 4-34(b)所示，落刀时力量不要过重，起刀时不要停顿，要在直线推刮结束时顺势起刀；否则会留下较深的落刀痕和起刀痕，如图 4-34(c)所示。

b. 细刮。细刮是进一步改善工件表面的不平直现象和减少研点高低差别，把粗刮留下稀疏的大块研点进行分割，使接触点增多并分布均匀。细刮的刀迹应随刮削遍数的增加而缩窄、缩短。刮削时，对发亮的显点要刮重些，对暗点要刮轻些，并且刮削要准确无误。各遍刮削的刀迹要呈交错状，利于降低刮削平面的粗糙度。直

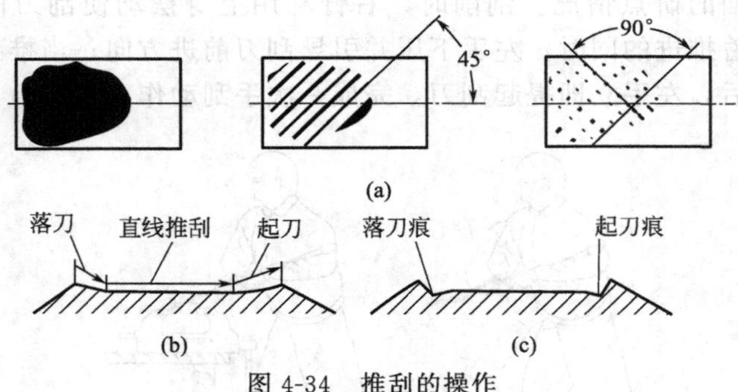

图 4-34 推刮的操作

到在全部刮削平面内，用 25mm×25mm 的方框任意检测都均匀地达到 10～14 个研点时，细刮即告结束。

c. 精刮。精刮是在细刮的基础上进一步修整，使研点变得更小、更多。精刮时，落刀要轻，起刀要迅速；每次研点只能刮一刀，不能重复；刀迹要比细刮时更窄、更短；对大而亮的显点应全部刮去，中等稍浅的显点只将中间较高处刮去，小而浅的显点不刮。刀迹呈 45°～60°交错状。最后使整个平面都均匀地达到在 25mm×25mm 方框内研点数 20～25 时，精刮可结束。

d. 刮花。在精刮后或精刨、精铣以及磨削后的工件表面刮削出各种花纹的操作称为刮花，又称为压花和挑花。刮花操作一般选用精刮刀或刮花专用刀。刮花的目的有三个：一是使刮削面美观；二是使移动副之间形成良好的润滑条件；三是可以通过花纹的消失来判断平面的磨损程度，常见的刮花花纹如图 4-35 所示。

刮花操作必须在熟练掌握了刮削操作的技巧后，才能进行。

(2) 曲面刮削的操作

曲面刮削操作主要分为内曲面刮削及外曲面刮削两种。其刮削过程也分为粗、细、精刮三个工序阶段，与平面刮削工序不同的是仅用同一把刮刀，通过改变刮刀与刮削面的相互位置就可以分别进行粗刮、细刮、精刮三个工序。

① 内曲面刮削　内曲面主要是指内圆柱面、内圆锥面和内球

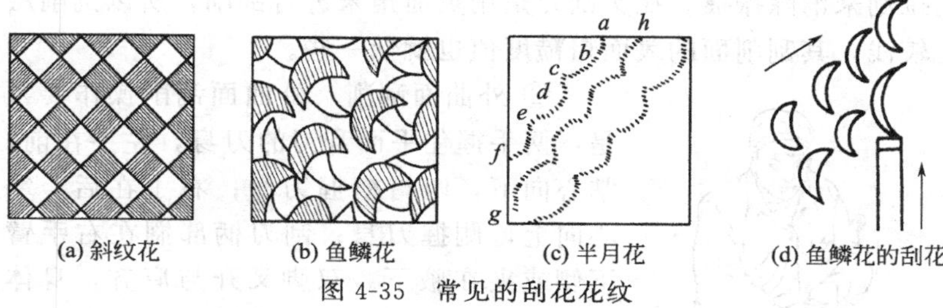

(a) 斜纹花 (b) 鱼鳞花 (c) 半月花 (d) 鱼鳞花的刮花

图 4-35 常见的刮花花纹

面。用曲面刮刀刮削内圆柱面和内圆锥面时，刀身中心线要与工件曲面轴线成15°～45°夹角［图 4-36(a)］，刮刀沿着内曲面作有一定倾斜的径向旋转刮削运动，一般是沿顺时针方向自前向后拉刮。三角刮刀是用正前角来进行刮削，在刮削时，其正前角和后角的角度是基本不变的，如图 4-36(b) 所示。蛇头刮刀是用负前角来进行刮削，与平面刮削相类似，如图 4-36(c) 所示。刮削时，前后遍的刮削刀迹要交叉，交叉刮削可避免刮削面产生波纹和条状研点。

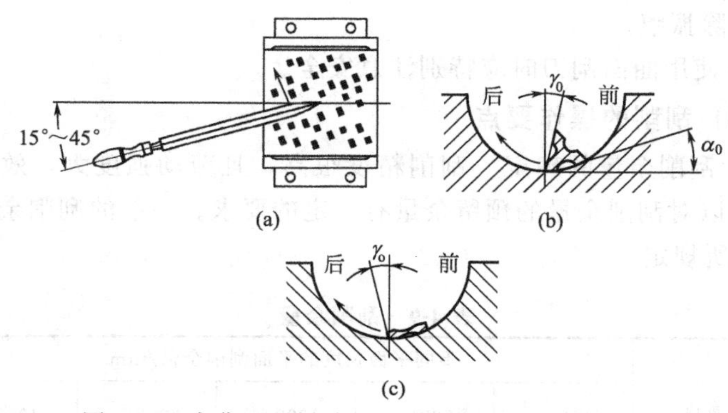

(a) (b) (c)

图 4-36 内曲面刮削时刮刀的切削角度和用力方向

三角刮刀可用正前角来进行刮削，所以刮削层比较深，因此在刮削时两切削刃要紧贴工件表面，刮削速度要慢，否则容易产生比较深的振痕。如果已产生了比较深的振痕，可采用钩头刮刀通过轴向拉刮来消除振痕。蛇头刮刀是用负前角来进行刮削，所以刮削层比较浅，其刮削面的表面粗糙度值也就低一些。

图 4-37 外曲面刮削动作要领

② 外曲面刮削 外曲面刮削操作要领是：两手握住平面刮刀的刀身，左手在前，掌心向下，四指横握刀身；右手在后，掌心向上，侧握刀身；刮刀柄部搁在右手臂下侧或夹在腋下。双脚叉开与肩齐，身体稍前倾。刮削时，右手掌握方向，左手下压提刀，完成刮削动作，如图 4-37 所示。

③ 曲面刮削注意事项

a. 开始刮削时，压力不宜过大，以防止出现抖动而产生较深的振痕。

b. 刮削时前后遍的刮削刀迹要交叉。

c. 采用正前角刮削时，由于刮削层比较深，因此刮削速度要适当慢一点，以防止产生较深的振痕。

d. 当刮削面出现较深的振痕时，可采用钩头刮刀通过轴向拉刮来消除振痕。

e. 使用曲面刮刀时应特别注意安全。

(3) 刮削的操作要点

① 刮削余量的确定 刮削精度很高，且劳动强度大，效率很低，所以对刮削余量的预留余量有一定的要求。一般的刮削余量按表 4-9 所规定。

表 4-9 刮削余量

平面宽度	不同平面长度的平面刮削余量/mm				
	100～500mm	500～1000mm	1000～2000mm	2000～4000mm	4000～6000mm
100 以下	0.10	0.15	0.20	0.25	0.30
100～500	0.15	0.20	0.25	0.30	0.40

续表

孔径	不同平面长度的孔刮削余量/mm		
	100mm以下	100～200mm	200～300mm
80以下	0.05	0.08	0.12
80～180	0.10	0.15	0.25
180～360	0.15	0.20	0.35

② 平面研点的方法　刮削过程中，对研显点及刮削操作具有同等重要的作用。对研显点是在工件表面或研具表面涂上显示剂，用双手对工件或研具进行推拉对磨以显示凸起部位即研点的操作，也称为配研显点或合研显点，一般简称研点。对于不同大小、形状的工件，其平面研点的方法也有所不同。

a. 一般对中、小型工件的研点操作可采用标准平板作为对研研具。根据需要在工件表面或平板表面涂上显示剂，用双手对工件进行推拉对磨研点。一般情况下，工件在一个方向的推拉距离为工件自身长度的1/2，在一个方向推拉几次后，就要将工件调转90°，在前、后、左、右等方向各做几次。若被刮面等于或稍大于平板面，在推拉时工件超出平板部分不得大于工件长度 L 的1/3，如图4-38所示。若被刮面小于平板面的工件，在推拉时最好不露出平板面，否则研点不能反映出真实的平面度。精刮研点操作时，工件的推拉距离不宜大于30mm。

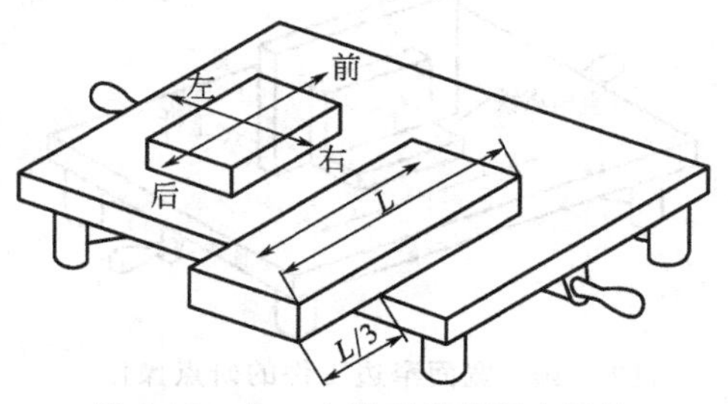

图4-38　中、小型工件的研点操作

b. 大型工件的研点。当工件的被刮面长度大于平板若干倍时，一般是以平板（标准平尺、角度平尺）在工件的被刮面上进行推拉对磨研点。采用水平仪与研点相结合来判断被刮面的平面度误差，通过水平仪所测出被刮面的高低情况，按照研点分析并指导刮削进行轻刮和重刮操作。

c. 重量不对称工件的研点。对于重量不对称工件（高低面和垂直面）的研点要特别注意，一般情况下，一只手要将腾空部分适当用力托住，另一只手将接触部分适当用力压住，双手要配合好进行推拉配磨，才能保证研点的准确，如图 4-39 所示。如果有两次研点出现矛盾时，应分析原因。

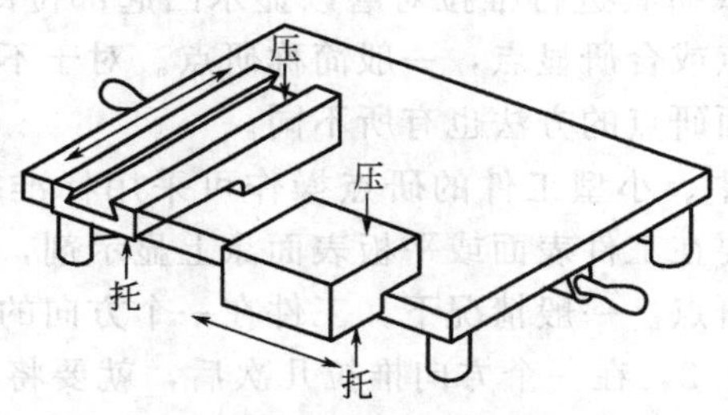

图 4-39 重量不对称工件的研点操作

d. 宽面窄边工件的研点。对于宽面窄边工件的研点，一般采用将工件的大面紧靠在直角靠铁的垂直面上，双手同时推拉两者进行配磨研点，如图 4-40 所示。

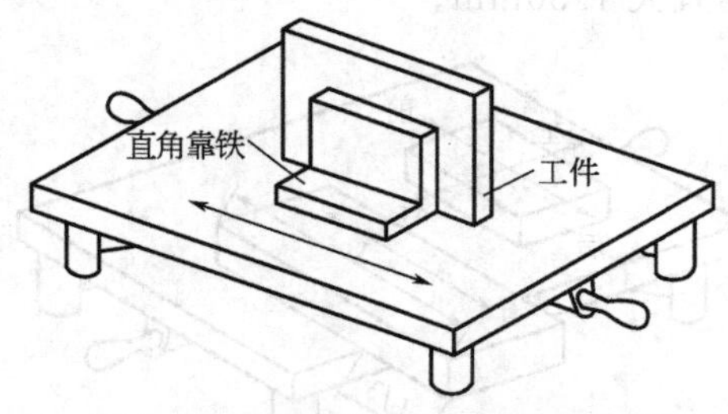

图 4-40 宽面窄边工件的研点操作

③ 平面研点的要求　平面刮削操作后，其刮削精度是否符合要求，可用接触精度进行检测。接触精度常用 25mm×25mm 正方

形检测方框罩在工件被刮削的表面上，根据在检测方框内的研点数目来表示，如图 4-41 所示。各种平面接触精度的研点数目如表 4-10所示。

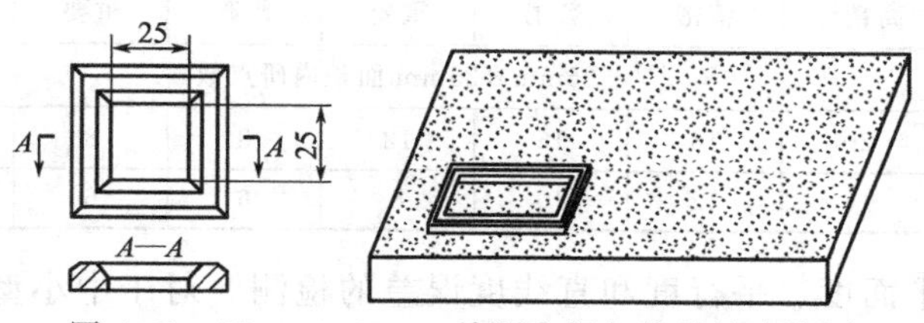

图 4-41　25mm×25mm 检测方框与接触精度检测

表 4-10　各种平面接触精度的研点数目

平面种类	25mm×25mm 面积内研点数	应用范围
一般平面	2～5	较粗糙机件的固定结合面
	5～8	一般结合面
	8～12	机器台面、一般基准面、密封结合面、机床导向面
	12～16	机床导轨面及导向面、工具基准面、量具接触面
精密平面	16～20	精密机床导轨面、平尺
	20～25	1 级平板、精密量具
超精密平面	>25	0 级平板、精密量具、高精度机床导轨面

注：当刮削面积较小时，用单位面积（即 25mm×25mm）内有多少接触点来计数，并采取各单位面积中最少点数计。当刮削面积较大时，应采取平均计数，即在计算面积（规定为 $100cm^2$）内做平均计算。

④ 内曲面研点的方法　内曲面研点常用标准轴（也称为工艺轴）或与其相配合的轴作为显点的校准工具。校准时将蓝油均匀地涂在轴的圆柱面上，或用红丹粉涂在轴承孔表面，轴在轴承孔中来回旋转显示研点。

⑤ 内曲面研点的要求　内曲面刮削操作后，其刮削精度是否符合要求，也是用 25mm×25mm 正方形检测方框内的研点数目来表示，滑动轴承接触精度研点数目如表 4-11 所示。

表 4-11 滑动轴承接触精度的研点数目

轴承直径/mm	机床或精密机械主轴轴承			锻压设备、通用机械的轴承		动力机械、冶金设备的轴承	
	高精度	精密	普通	重要	普通	重要	普通
	25mm×25mm 面积内研点数						
≤120	20	16	16	12	8	8	5
>120	16	12	10	8	6	6	2

⑥ 平面度、平行度和直线度误差的检测　对于中小型工件表面的平面度误差和平行度误差可以用百分表来进行检测［图 4-42 (a)、(b)］；对于较大工件表面的平面度误差以及机床导轨面的直线度误差可以采用框式水平仪来进行检测［图 4-42(c)、(d)］。

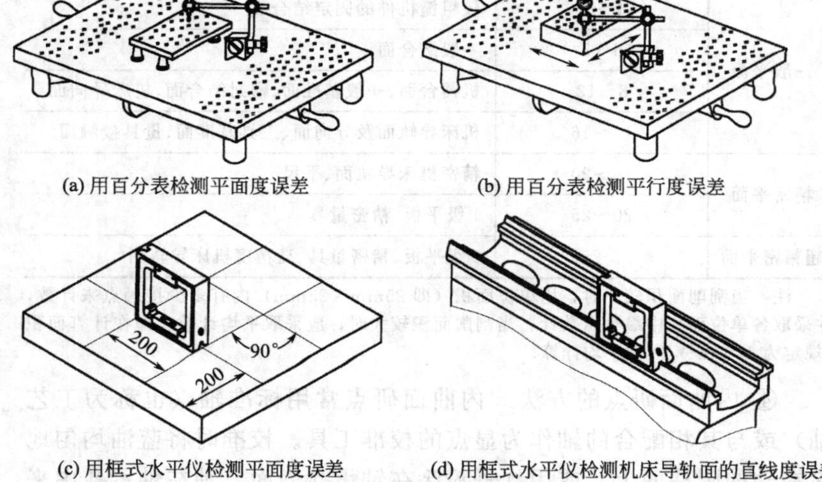

(a) 用百分表检测平面度误差　(b) 用百分表检测平行度误差
(c) 用框式水平仪检测平面度误差　(d) 用框式水平仪检测机床导轨面的直线度误差

图 4-42　平面度、平行度和直线度误差的检测

⑦ 垂直度误差检测　工件相邻两面垂直度误差的检测一般采用圆柱角尺或直角尺进行，如图 4-43 所示。可以用塞尺来测它们之间的间隙（即误差值），也可通过目测它们之间的光隙来判断其

误差值。

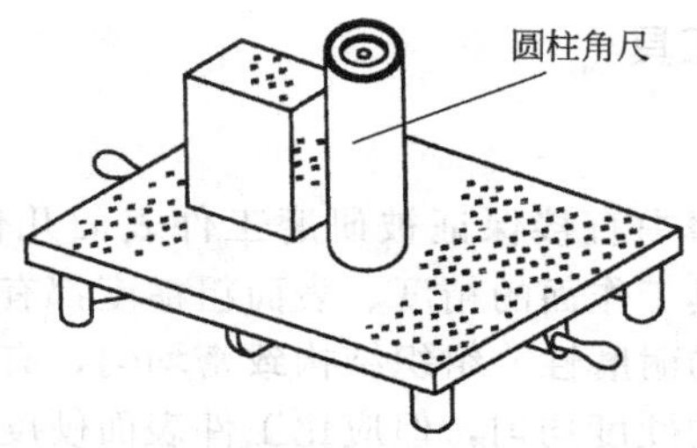

图 4-43 用圆柱角尺检测垂直度

⑧ 表面粗糙度的检测 表面粗糙度的检测方法一般采用比较法检测和感触法检测。比较法检测是指被测刮削表面与已知高度参数的表面粗糙度样块进行比较，用目测和手摸的感触来判断表面粗糙度的一种检测方法；感触法检测用于表面粗糙度要求比较高的刮削表面。检测是通过电动轮廓仪采用感触法进行，可检测其 Ra、Rz 的量值。

4.3 研磨

研磨是在其他金属切削加工方法未能满足工件精度和表面粗糙度要求时，所采用的一种精密加工方法。

研磨是将磨料（即研磨剂）放在工件和研具之间，磨料在压力作用下嵌入研具（一般研具材料的硬度较工件为低）表面，形成无数的小切削刃。随着研具和工件两表面的相对运动，使磨料对工件进行研磨所特有的微量切削，从而使工件逐渐得到准确的尺寸精度和较小的表面粗糙度数值。当采用氧化铬、硬脂酸或其他化学物质为研磨剂，对工件进行研磨时，可以在短时间内，使工件表面形成一层极薄而易于脱落的氧化膜，经过多次反复，使工件表面获得较高的精度和很小的表面粗糙度数值。这种微量切削，是以物理和化学的综合作用，除去工件表面微量金属的加工方法。

研磨后，可使工件公差达到最高的 01 级，表面粗糙度可达到

Ra0.8～0.05，最小可达到Ra0.012，磨出的表面光鉴如镜。

4.3.1 研磨工具

(1) 研具

研具是在研磨中直接保证被研磨工件表面几何精度的重要工具。因此，对研具工作面的精度、表面粗糙度都有较高的要求。研具材料要有良好的耐磨性，组织结构致密均匀，有很好的嵌存磨料的性能，工作面的硬度均匀，但应比工件表面硬度稍低。

常用的研具材料是铸铁。此外，也可用低碳钢、黄铜、紫铜和硬木等。研具的形状和结构按加工对象和要求来确定。最常用的有研磨平板和圆柱形研具、圆锥形研具及异形研具三类，如图 4-44 所示。

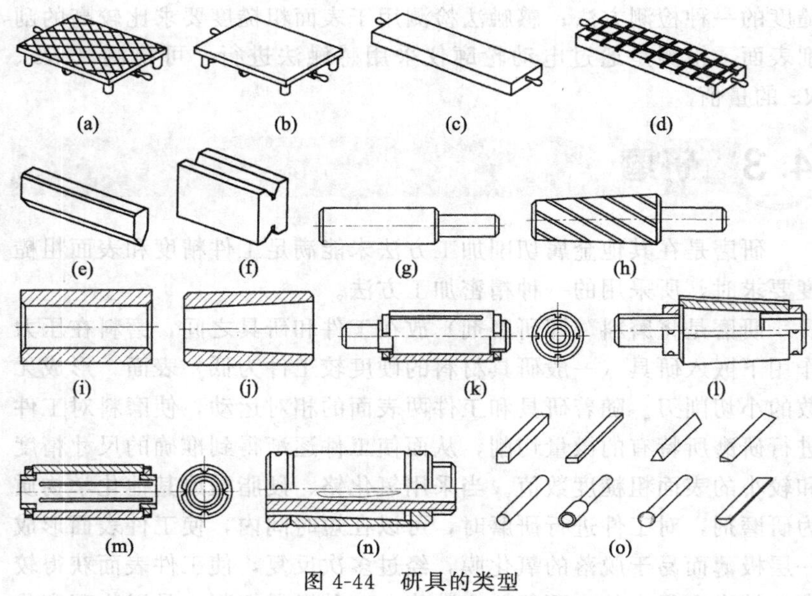

图 4-44 研具的类型

图 4-44(a)～(d) 分别为平板研具中的沟槽平板、光面平板以及条形平板研具中的光面条形平板、沟槽条形平板结构图，其尺寸

均已标准化，主要用来研磨保证平面的平直度和平行度，抛光外圆柱、圆锥表面。其中，研磨较大平面工件通常采用标准平板，粗研时采用沟槽平板，使用沟槽平板可避免过多的研磨剂浮在平板上，易使工件研平，精研时采用光面平板；而条形平板研具主要用来研磨平面几何形状较窄的工件平面。

图 4-44(e)、(f) 分别为 V 形平面研具中的凸 V 形平面研具和凹 V 形平面研具的结构图，分别用来研磨凸、凹 V 形平面的工件。

图 4-44(g)～(j) 分别为整体式圆柱形和圆锥形研具中的光面外圆柱、沟槽外圆柱、内圆柱及内圆锥形研具的结构图。图 4-44(k)～(n) 分别为可调式圆柱形和圆锥形研具中的外圆柱、外圆锥、内圆柱、内圆锥形研具的结构图，可用来研磨内圆柱、圆锥及外圆柱、圆锥。

图 4-44(o) 为各类异形研具的结构图，异形研具是根据工件被研磨面的几何形状而专门设计制造的一类特殊研具，为了降低加工成本，对于小型工件的被研磨面可采用各种形状的油石作为研具。

为保证工件的研磨质量，研具材料的组织应细密均匀，研磨剂中的微小磨粒应容易嵌入研具表面，而不嵌入工件表面，以保证工件的表面质量。因此，研具材料的硬度应适当低于被研工件的硬度，但也不能过软，否则磨粒全部嵌入研具表面，而失去研磨作用；研具材料还要有良好的耐磨性，以保证被研工件获得一定的尺寸、形位精度和表面粗糙度。

为此，必须合理选用研具材料。根据试验和实际加工经验，常用研具材料的种类、特性及用途如表 4-12 所示。

表 4-12 常用研具材料的种类、特性及用途

材料种类	特性	用途
灰铸铁	耐磨性较好，硬度适中，研磨剂易于涂布均匀	通用
球墨铸铁	耐磨性更好，易嵌入磨料，精度保持性能好	通用

续表

材料种类	特性	用途
低碳钢	韧性好,不易折断	小型研具,适宜于粗研
铜合金	质软,易嵌入磨料	适宜于粗研和低碳钢件研磨
皮革、毛毡	柔软,对研磨剂有较好的保持性能	抛光工件表面
玻璃	脆性大,厚度一般要求为 10mm 左右	精研或抛光

(2) 研磨剂

研磨剂是由磨料、研磨液和辅助材料调和而成的混合物。其形态可分为液态、固态和研磨膏三种。手工研磨最适合的是研磨膏。

磨料在研磨中起切削作用。磨料的种类及其用途见表 4-13。最常用的是碳化硅（多用于粗研）和氧化铝（多用于精研）。

表 4-13 磨料的种类及其用途

系列	磨料名称	代号	特性	适用范围
氧化铝系	棕刚玉	GZ	棕褐色。硬度高,韧性大,价格便宜	粗精研磨钢、铸铁、黄铜
	白刚玉	GB	白色。硬度比棕刚玉高,韧性比棕刚玉差	精研磨淬火钢、高速钢、高碳钢及薄钢及薄壁零件
	铬刚玉	GG	玫瑰红或紫红色。韧性比白刚玉高,磨削光洁度好	研磨量具、仪表零件及高光洁度表面
	单晶刚玉	GD	淡黄色或白色。硬度和韧性比白刚玉高	研磨不锈钢、高钒高速钢等强度高、韧性大的材料
碳化物系	黑碳化硅	TH	黑色有光泽。硬度比白刚玉高,性脆而锋利,导热性和导电性良好	研磨铸铁、黄铜、铝、耐火材料及非金属材料
	绿碳化硅	TL	绿色。硬度和脆性比黑碳化硅高,具有良好的导热性和导电性	研磨硬质合金、硬铬宝石、陶瓷、玻璃等材料
	碳化硼	TP	灰黑色。硬度仅次于金刚石,耐磨性好	精研磨和抛光硬质合金、人造宝石等硬质材料

续表

系列	磨料名称	代号	特性	适用范围
金刚石系	人造金刚石	JR	无色透明或淡黄色、黄绿色或黑色。硬度高，比天然金刚石略脆，表面粗糙	粗、精研磨硬质合金、人造宝石、半导体等高硬度脆性材料
	天然金刚石	JT	硬度最高，价格昂贵	
其他	氧化铁		红色至暗红色。比氧化铬软，最细的抛光剂	精研磨或抛光钢、铁、玻璃等材料
	氧化铬		深绿色，最细的抛光剂	

磨料粒度的粗细及其表示方法见表4-14。

表4-14 磨料的粒度号数及其对应的公称尺寸

粒度号数	公称尺寸/μm	粒度号数	公称尺寸/μm	粒度号	公称尺寸/μm
8	3150～2500	20	1000～800	60	315～250
10	2500～2000	24	800～630	70	250～200
12	2000～1600	30	630～500	80	200～160
14	1600～1250	36	500～400	100	160～250
16	1250～1000	46	400～315	120	125～100
150	100～80	W28	28～20	W5	5～3.5
180	80～63	W20	20～14	W3.5	3.5～2.5
240(W63)	63～50	W14	14～10	W2.5	2.5～1.5
280(W50)	50～40	W10	10～7	W1.5	1.5～1
W40	40～28	W7	7～5	W1	1.0～0.5
—	—	—	—	W0.5	<0.5

注：较粗的磨料用××表示（旧称××目），其中数字是这一级粒度可通过的筛子在1in（1in=2.54cm）长度内的筛孔数。细磨料用W××表示，其中数字是这一级粒度中磨料的最大尺寸（μm），W表示微粉。

其中100～28及W40～W20用于粗研时，研磨表面粗糙 Ra 可达0.125μm；W14～W7用于半精研时，Ra 可达0.064μm；W5及以下用于精研时，Ra 可达0.032μm。

研磨剂中常用的辅助材料有硬脂酸（$C_{17}H_{35}COOH$）、油酸（$C_{17}H_{33}COOH$）、脂肪酸（$C_{17}H_{31}COOH$）和工业甘油等。

研磨膏一般可用现成的商品研磨膏，磨料粒度有60～280多种。质量要求很高的可按表4-15配方进行配制。

表4-15　氧化铝研磨膏配方

研磨膏粒度号	成分(质量分数)/%					用途
	微粉	油酸	混合脂	凡士林	煤油	
W20	52	22	26	—	少许	粗研
W14	45	26	29	—	少许	半精研
W10	41	28	31	—	少许	半精研
W7	41	28	31	—	少许	研端面及精研
W5	41	28	31	—	少许	精研
W3.5	45	25	18	12	—	精细研
W1.5	20	30	35	15	—	配研

配制时，可将油酸、混合酸、凡士林加热到90～100℃后搅匀，冷至60～80℃时，渐渐加入磨料并不断搅拌，到凝固时，再加入少许煤油搅成膏状。

4.3.2　研磨的操作

(1) 研磨方法的选择

研磨操作，按操作动力源的不同，可分为手工研磨和机械研磨，按研磨上料方法的不同，主要有干研法、湿研法和半干研法三种。其中，干研法又称为压嵌法，其方法又分为两种。一是采用三块平板并在其上面加入研磨剂，用原始研磨法轮换嵌入研磨剂，使磨料均匀嵌入平板内；二是用淬硬压棒将研磨剂均匀压入平板，研磨时只需在研具表面涂以少量的硬脂酸混合脂等辅助材料。干研法常用于精研磨，所用微粉磨料粒度细于W7；湿研法又称为涂敷法，研磨前将液态研磨剂涂敷在工件或研具上，在研磨过程中，有的被压入研具内，有的呈浮动状态。由于磨料难以分布均匀，故加工精度不及干研法。湿研法一般用于粗研磨，所用微粉磨料粒度粗于W7；半干研法类似湿研法，所用研磨剂是糊状研磨膏。研磨既可用手工操作，也可在研磨机上进行。工件在研磨前必须先用其他加工方法获得较高的预加工精度，所留研磨余量一般为5～30μm。

对表面要求极为光洁的工件，应在研磨完成后再进行抛光。

(2) 研磨的操作要点

研磨操作的要点主要有以下方面内容。

① 研磨加工余量　研磨余量的大小应根据工件研磨面积的大小和精度要求而定。由于研磨加工的切削量极其微小，又是工件的最后一道超精加工工序，为了保证加工精度和加工速度，必须严格控制加工余量，通常研磨余量为 0.005～0.05mm，有时研磨余量控制在工件的尺寸公差以内。表 4-16 给出了平面研磨的余量。

表 4-16　平面研磨余量　　单位：mm

平面长度	不同平面宽度的平面研磨余量		
	≥25mm	26～75mm	76～150mm
25	0.005～0.007	0.007～0.010	0.010～0.014
26～75	0.007～0.010	0.010～0.014	0.014～0.020
76～150	0.010～0.014	0.014～0.020	0.020～0.024
151～260	0.014～0.018	0.020～0.024	0.024～0.030

圆柱面和圆锥面的研磨余量分为外圆研磨余量和内孔研磨余量两种情况，可分别参考表 4-17 和表 4-18 选取。

表 4-17　外圆研磨余量　　单位：mm

外径	余量	直径	余量
≤10	0.003～0.005	51～80	0.008～0.012
11～18	0.006～0.008	81～120	0.010～0.014
19～30	0.007～0.010	121～180	0.012～0.016
31～50	0.008～0.010	181～260	0.015～0.020

表 4-18　内孔研磨余量　　单位：mm

内径	余量	
	铸铁	钢
25～125	0.020～0.100	0.010～0.040
150～275	0.080～0.100	0.020～0.050
300～500	0.120～0.200	0.040～0.060

② 研磨速度与压力的选择　采用不同的研磨方法，其研磨速度及速度也应取不同的数值，表 4-19、表 4-20 分别给出了采用不同研磨方法时研磨速度、压力的选择。

表 4-19　研磨速度的选择　　单位：m/min

研磨方法	平面		外圆	内孔	其他
	单面	双面			
湿研法	20～120	20～60	50～75	50～100	10～70
干研法	10～30	10～15	10～25	10～20	2～8

注：1. 工件材质软或精度要求高时，速度取小值。
2. 内孔指孔径范围 6～10mm。

表 4-20　研磨压力的选择　　单位：MPa

研磨方法	平面	外圆	内孔	其他
湿研法	0.1～0.25	0.15～0.25	0.12～0.28	0.08～0.12
干研法	0.01～0.10	0.05～0.15	0.04～0.16	0.03～0.10

注：表中内孔孔径范围 5～20mm。

③ 手工研磨平面运动轨迹的选择　手工研磨平面的运动轨迹一般有直线研磨运动轨迹、摆动式直线研磨运动轨迹、螺旋形研磨运动轨迹、“8”字形或仿“8”字形研磨运动轨迹。

图 4-45(a) 所示为直线研磨运动轨迹示意图，由于直线研磨运动轨迹不能相互交叉，容易直线重叠，使被研工件表面的表面粗糙度较差一些，但可获得较高的几何精度。一般用于有台阶的狭长平面，如平面板、直尺的测量面等。

图 4-45(b) 所示为摆动式直线研磨运动轨迹示意图，其运动形式是在左右摆动的同时，作直线往复移动。对于主要保证平面度要求的研磨件，可采用摆动式直线研磨运动轨迹，如研磨双斜面直尺、样板角尺的圆弧测量面等。

图 4-45(c) 所示为螺旋形研磨运动轨迹示意图，对于圆片或圆柱形工件端面的研磨，一般采用螺旋形研磨运动轨迹，这样能够获得较高的平面度和较低的表面粗糙度。

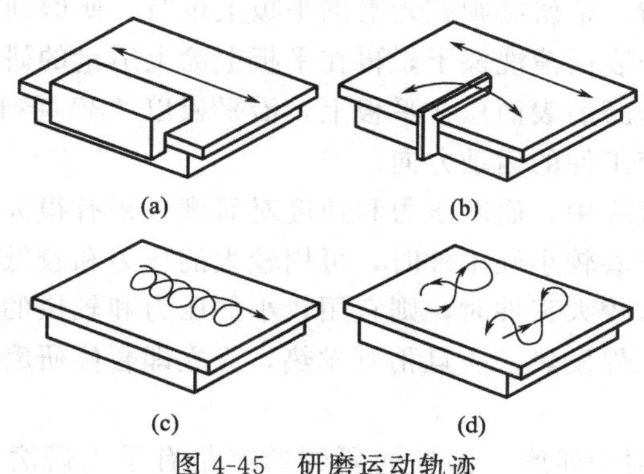

图 4-45 研磨运动轨迹

图 4-45(d) 所示为“8”字形或仿“8”字形研磨运动轨迹示意图，采用“8”字形或仿“8”字形研磨运动轨迹进行研磨，能够使被研工件表面与研具表面均匀接触，这样能够获得很高的平面度和很低的表面粗糙度，一般用于研磨小平面的工件。

④ 正确选用研磨圆盘　当采用研磨机进行机械研磨时，应正确地选择研磨圆盘，机研圆盘表面多开螺旋槽，其螺旋方向应考虑圆盘旋转时，研磨液能向内侧循环移动，以便与离心力作用相抵消，如用研磨膏研磨时，应选用阿基米德螺旋槽。常见的沟槽形式如表 4-21 所示。

表 4-21　研磨圆盘常见的沟槽形式

形式	直角交叉型	圆环射线型	偏心圆环型	螺旋射线型	径向射线型	阿基米德螺旋线型
图示						

(3) 各种表面的研磨方法

① 平面研磨　平面的研磨一般是把工件放在表面非常平整的平板（研具）上进行。平板分有槽的和光滑的两种。粗研磨在有槽

的平板上进行，精研磨则在光滑的平板上进行。研磨前，先用煤油把平板的工作表面清洗擦干，再在平板上涂上适量的研磨剂，然后把工件所需研磨的表面压在平板上，沿平板以“8”字形轨迹研磨，同时不断改变工件的运动方向。

在研磨过程中，研磨压力和速度对研磨效果有很大影响。一般粗研时，或研磨较小硬工件时，可用较大的压力和较低的速度；精研时，或研磨较大工件时，则宜用较小的压力和较快的速度。研磨中，应防止工件发热。一旦稍有发热，应立即暂停研磨。否则，会使工件变形。

② 圆柱面的研磨　圆柱面研磨的方法有手工研磨和机床配合手工研磨两种，通常以后者居多。

a. 外圆柱面研磨。研磨外圆柱面一般在车床上或钻床上进行。先把工件装夹在车床或钻床上，工件外圆柱表面涂一层薄而均匀的研磨剂，装上研套（即研具），调整好研磨间隙，开动机床，手握住研套，通过工件旋转运动和研套在工件上沿轴线方向作往复运动进行研磨，如图 4-46 所示。工件旋转的速度，一般为 50～100r/min，直径大，取低转速；直径小，取高转速。研套往复运动的速度，以在工件表面研磨出来的网纹成 45°为适当。

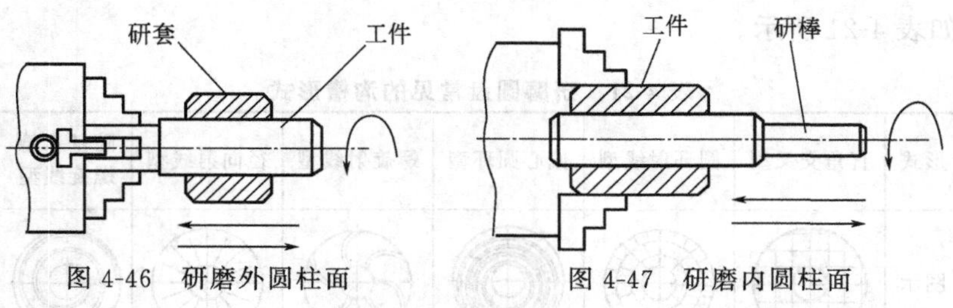

图 4-46　研磨外圆柱面　　图 4-47　研磨内圆柱面

b. 内圆柱面研磨。内圆柱面的研磨与外圆柱面相反，它是将研磨棒（研具）装夹在车上，并涂上一层薄而均匀的研磨剂，把工件套上，开动车床，手握工件在研磨棒全长上作往复移动，如图 4-47所示。研磨棒工作部分的长度，一般以工件研磨长度的

1.5～2倍为宜，研磨棒与工件内孔的配合，一般以用手推动时不十分费力为宜。研磨时如工件两端有过多的研磨剂挤出，应及时擦去，否则会使孔口扩大。

③ 圆锥面的研磨　它包括圆锥孔和外圆锥面的研磨。其方法与圆柱面的研磨相同，但其所用的研磨棒或研套必须与工件锥度相同。若一对工件是彼此直接接触配合的，可不必用研具，只需在工件上涂上研磨剂，直接进行研磨。如配阀时，阀芯与阀体的研磨，就是以彼此接触表面直接进行研磨的。

(4) 锉削常见缺陷及防止措施

表4-22给出了锉削常见的缺陷及防止措施。

表4-22　锉削常见的缺陷及防止措施

常见缺陷	产生原因	防止措施
零件表面夹伤或变形	(1)台虎钳口未装软钳口 (2)夹紧面积小,夹紧力大	(1)夹持零件时应装软钳口 (2)调整夹紧位置及夹紧力 (3)圆形零件夹紧时应加V形架
零件尺寸偏小超差	(1)划线不准确 (2)锉削时未及时测量尺寸 (3)锉削时忽视形位公差的影响	(1)划线要细心,划后应检查 (2)粗锉时应留余量,精锉时应检查尺寸 (3)锉削时应统一协调尺寸与形位公差
表面粗糙度超差	(1)锉刀齿纹选择不当 (2)锉削时未及时清理锉纹中的锉屑 (3)粗、精锉余量选用不当 (4)直角锉削时未选用光边锉刀	(1)应依据表面粗糙度合理选择齿纹 (2)锉削时应及时清理锉刀中的锉屑 (3)精锉的余量应适当 (4)锉直角时,应选用光边锉刀,以免锉伤直角面
零件表面中间凸、塌角或塌边	(1)锉削方法掌握不当 (2)锉削用力不平衡 (3)未及时用刀口尺检查平面度	(1)依据零件加工表面选择锉削方法 (2)用推锉法精锉表面 (3)锉削时应经常检查平面度,修锉表面 (4)应掌握各种锉削法的锉削平衡

4.4 抛光

用抛光工具和磨料对工件表面进行的减小表面粗糙度的操作称为抛光，与研磨加工不同的是，抛光仅能减小表面粗糙度，但不能提高工件形状精度和尺寸精度。通常普通抛光工件的表面粗糙度可达 $Ra0.4\mu m$。

(1) 抛光工具与磨料

抛光轮与磨料是抛光加工的主要工具，抛光轮材料的选用可参见表 4-23。

表 4-23 抛光轮材料的选用

抛光轮用途	选用材料		
	品名	柔软性	对抛光剂保持性
粗抛光	帆布、压毡、硬纸壳、软木、皮革、麻	差	一般
半精抛光	棉布、毛毡	较好	好
精抛光	细棉布、毛毡、法兰绒或其他毛织品	最好	最好
液中抛光	细毛毡(用于精抛)、脱脂木材(椴木)	好(木质松软)	浸含性好

表 4-24、表 4-25 分别给出了软磨料的种类和特性、固体抛光剂的种类与用途。

表 4-24 软磨料的种类和特性

磨料名称	成分	颜色	硬度	适用材料
氧化铁(红丹粉)	Fe_2O_3	红紫	比 Cr_2O_3 软	软金属、铁
氧化铬	Cr_2O_3	深绿	较硬，切削力强	钢、淬硬钢
氧化铯	Cs_2O_3	黄褐	抛光能力优于 Fe_2O_3	玻璃、水晶、硅、锗等
矾土	—	绿	—	

表 4-25 固体抛光剂的种类与用途

类别	品种(通称)	抛光用软磨料	用途	
			适用工序	工件材料
油脂性	赛扎尔抛光膏	熔融氧化铝(Al_2O_3)	粗抛光	碳素钢、不锈钢、非铁金属
	金刚砂膏	熔融氧化铝(Al_2O_3) 金刚砂(Al_2O_3、Fe_3O_4)	粗抛光 (半精抛光)	碳素钢、不锈钢等
	黄抛光膏	板状硅藻岩(SiO_2)	半精抛光	铁、黄铜、铝、锌压铸件、塑料等
	棒状氧化铁 (紫红铁粉)	氧化铁(粗制)(Fe_2O_3)	半精抛光 精抛光	铜、黄铜、铝、镀铜面等
	白抛光膏	焙烧白云石 (MgO、CaO)	精抛光	铜、黄铜、铝、镀铜面、镀镍面等
	绿抛光膏	氧化铬(Cr_2O_3)	精抛光	不锈钢、黄铜、镀铬面
	红抛光膏	氧化铁(精制)(Fe_2O_3)	精抛光	金、银、白金等
	塑料用抛光剂	微晶无水硅酸(SiO_2)	精抛光	塑料、硬橡胶、象牙
	润滑脂修整棒(润滑棒)	—	粗抛光	各种金属、塑料
非油脂性	消光抛光剂	碳化硅(SiC) 熔融氧化铝(Al_2O_3)	消光加工	各种金属及非金属材料，包括不锈钢、黄铜、锌(压铸件)、镀铜、镀镍、镀铬面及塑料等

(2) 抛光工艺参数

一般抛光的线速度为 2000m/min 左右。抛光压力随抛光轮的刚性不同而不同，最高不大于 1kPa，如果过大会引起抛光轮变形。一般在抛光 10s 后，可将前加工表面粗糙程度减少 1/10～1/3；减少程度随磨粒种类的不同而不同。

第5章 钻孔、扩孔、锪孔和铰孔

5.1 钻孔

孔加工的方法主要有两类：一类是在实体工件上加工出孔，即用麻花钻、中心钻等进行的钻孔操作；另一类是对已有孔进行再加工，即用扩孔钻、锪孔钻和铰刀进行的扩孔、锪孔和铰孔操作，不同的孔加工方法所获得孔的精度及表面粗糙度不相同。

5.1.1 钻孔的设备与工具

钻孔属孔的粗加工，其加工孔的精度一般为 1T11～1T13，表面粗糙度 Ra 约为 50～15.5μm，主要用于装配、修理及攻螺纹前的预制孔等加工精度要求不高孔的制作。钻孔加工必须利用钻头配合一些装夹工具在钻床才能完成，常用的钻孔设备与工具主要有以下几方面。

(1) 孔加工设备

常使用的孔加工设备有台式钻床、立式钻床、摇臂钻床和手电钻等，其构造如图 5-1 所示。

① 台式钻床　台式钻床简称台钻，是一种小型钻床，一般加工直径在 12mm 以下的孔。

② 立式钻床　立式钻床简称立钻。一般用来钻中型工件上的孔，其最大钻孔直径有 25mm、35mm、40mm、50mm 几种。

③ 摇臂钻床　摇臂钻床的主轴转速范围和进给量较大，加工

范围广泛，可用于钻孔、扩孔、铰孔等多种孔加工。

工作时，工件安装在机座 1 或其上的工作台 2 上［图 5-1(c)］，主轴箱 3 装在可绕垂直立柱 4 回移的摇臂 5 上，并可沿摇臂上水平导轨往复运动。由于主轴变速箱能在摇臂上做大范围的移动，而摇臂又能绕立柱回转 360°，因此，可将主轴 6 调整到机床加工范围内的任何位置上。在摇臂钻床上加工多孔工件时，工件不动，只要调整摇臂和主轴箱在摇臂上的位置即可。

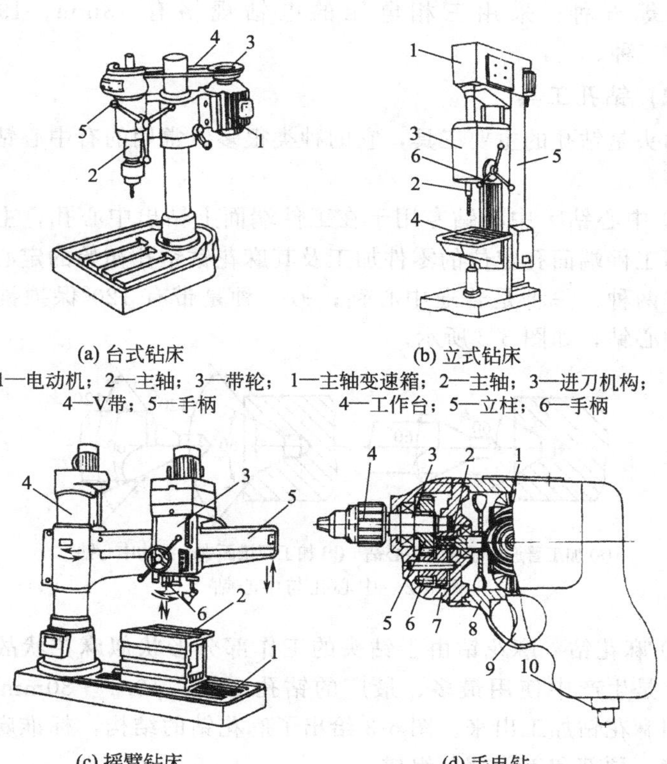

(a) 台式钻床
1—电动机；2—主轴；3—带轮；4—V带；5—手柄

(b) 立式钻床
1—主轴变速箱；2—主轴；3—进刀机构；4—工作台；5—立柱；6—手柄

(c) 摇臂钻床
1—机座；2—工作台；3—主轴箱；4—立柱；5—摇臂；6—主轴

(d) 手电钻
1—电动机；2—小齿轮；3—主轴；4—钻夹头；5—大齿轮；6—齿轮；7—前壳；8—后壳；9—开关；10—电线

图 5-1　钻孔设备结构图

主轴移到所需位置后，摇臂可用电动胀闸锁紧在立柱上，主轴箱可用偏心锁紧装置固定在摇臂上。

④ 手电钻　手电钻是一种手提式电动工具。在大型工件装配时，受工件形状或加工部位的限制不能使用钻床钻孔时，即可使用手电钻加工。

手电钻电压分别为单相（220V、36V）或三相（380V）两种。采用单相电压的电钻规格有 6mm、10mm、13mm、19mm、23mm 等五种；采用三相电压的电钻规格有 13mm、19mm、23mm 三种。

(2) 钻孔工具

钻头是钻孔的主要工具，它的种类很多，常用的有中心钻、麻花钻等。

① 中心钻　中心钻专用于在工件端面上钻出中心孔，主要用于利用工件端面孔定位的零件加工及其麻花钻钻孔初始的定心。其形状有两种：一种是普通中心钻；另一种是带有 120°保护锥的双锥面中心钻，如图 5-2 所示。

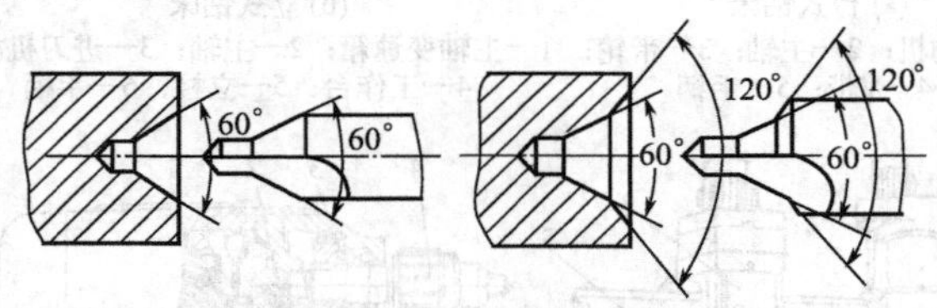

(a) 加工普通中心孔的中心钻　(b) 加工双锥面中心孔的中心钻

图 5-2　中心孔与中心钻

② 麻花钻　麻花钻由于钻头的工作部分形状似麻花状故而得名。它是生产中使用最多、最广的钻孔工具，ϕ0.1～80mm 的孔都可用麻花钻加工出来。图 5-3 给出了麻花钻的结构，标准麻花钻由柄部、颈部和工作部分组成。

a. 柄部。柄部是钻头的夹持部分，用来传递钻孔时所需的扭矩。它的形状有直柄和锥柄两种。直柄传递的扭矩较小，一般用于 ϕ13mm 以下的钻头，直柄钻头借助钻头夹紧在钻床主轴上，通过

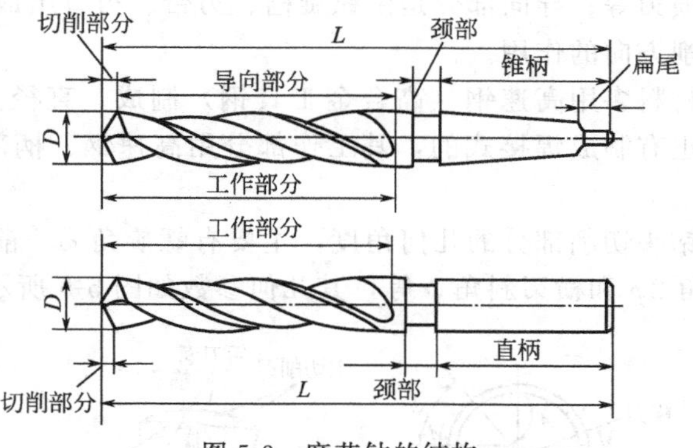

图 5-3 麻花钻的结构

钻头夹钥匙进行装拆，如图 5-4(a) 所示。锥柄可传递较大的扭矩，一般用于大于 ϕ13mm 的钻头。它采用莫氏 1～6 号锥度，可直接插入钻床主轴孔内。锥柄端部的扁尾可增加传递扭矩和方便拆卸钻头，锥柄钻头的装拆方法如图 5-4(b) 所示。

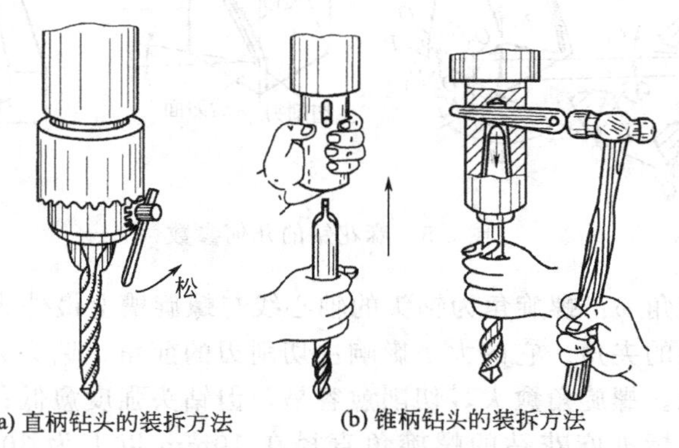

(a) 直柄钻头的装拆方法　(b) 锥柄钻头的装拆方法

图 5-4 钻头的装拆方法

b. 颈部。颈部位于工作部分与柄部之间，它是为磨削钻柄外圆时而设的砂轮越程槽，也用来刻印规格和商标。

c. 工作部分。工作部分是钻头的主体，它由切削部分和导向部分组成。切削部分担负主要的切削工作，包括两个主刀刃、两个副刀刃和横刃等；导向部分是由螺旋槽、刃带、刃背组成，起着引导钻头切削方向的作用。

钻头材料多用高速钢（高合金工具钢）制成。直径大于 8mm 的长钻头也有制成焊接式的，其工作部分用高速钢、柄部用 45 钢制成。

麻花钻头切削部分的几何角度，主要有螺旋角 ω、前角 γ、后角 α、顶角 2φ 和横刃斜角 ψ 等，其几何参数如图 5-5 所示。

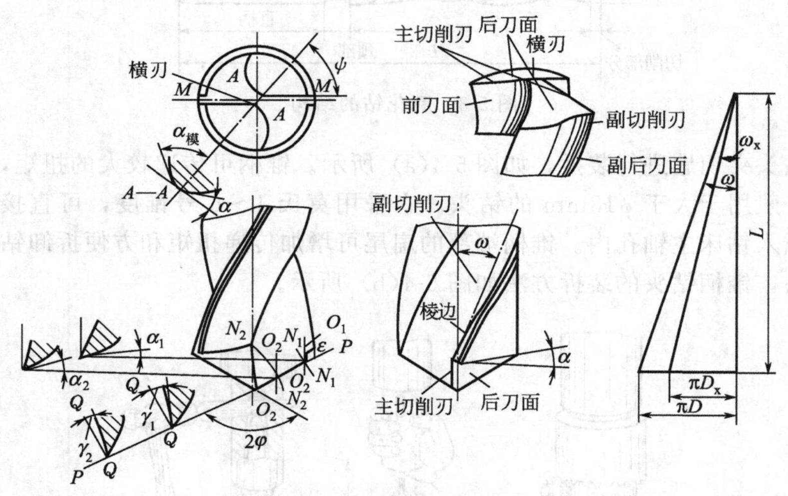

图 5-5　麻花钻的几何参数

螺旋角 ω：螺旋角为钻头的轴心线与螺旋槽上最外缘处螺旋线切线之间的夹角。它的大小影响主切削刃的前角、钻头刃瓣强度和排屑情况。螺旋角愈大，切削愈容易，但钻头强度愈低；螺旋角小则相反。标准麻花钻的螺旋角直径在 10mm 以上为 30°；直径在 10mm 以下为 18°～30°。

前角 γ：前角是前刀面与基面之间的夹角。主切削刃上任一点的前角是在主截面（$N_1—N_1$ 或 $N_2—N_2$）中测量的。由于麻花钻的前刀面是螺旋面，因此沿主切削刃上各点的前角是变化的；螺旋角愈大，前角也愈大，前角在外缘处最大，约为 30°；自外圆向中心逐渐减小（参见图 5-5 上 $\gamma_1 > \gamma_2$），在离中心 $D/3$（D 为钻头直径）处变为负值，靠近横刃处为 $\gamma = -30°$左右，在横刃上的前角达$-50° \sim -60°$。

后角 α：由于钻头的主切削刃是绕钻头中心轴旋转的，其上各点的运动方向是圆周的切线方向，所以主切削刃上，后角是在轴向剖面（$O_1—O_1$或$O_2—O_2$）中测量的。后角是过切削刃上选定点后刀面的切线与切削平面之间的夹角。钻头主切削刃上的后角，随刀刃上各点直径的不同而不同。刀刃最外缘处后角最小，约为8°～14°，在靠近横刃处后角最大，约为 20°～25°，一般把钻头中心处后角磨得较大，外缘处后角磨得较小，这样有利于使横刃得到较大的前、后角，既可增加横刃的锋利性，又可使钻头切削刃中心处的工作后角与外缘处的后角相差不多。

顶角 2φ：顶角又称锋角，是两条主切削刃之间的夹角。分为设计制造时的顶角（$2\varphi_0$）和使用刃磨时的顶角（2φ）。标准麻花钻 $2\varphi_0 = 118°$，使用时顶角（2φ）的大小，根据加工条件在刃磨时决定。

横刃斜角 ψ：横刃斜角是横刃与主切削刃之间的夹角，在刃磨后面时形成的。标准麻花钻的横刃斜角为 50°～55°。

(3) 装夹工具

钻孔的装夹工具主要由钻夹头、钻头套等工具组成。

① 钻夹头　钻夹头用于装夹直径 13mm 以下的直柄钻头，如图 5-6 所示。夹头体上端锥孔与夹头柄装配，夹头柄做成莫氏锥体装入钻床主轴锥孔内。钻夹头中的三个夹爪用来夹紧钻头的柄部，当带有小锥齿轮的钥匙带动夹头套上的大锥齿轮转动时，与夹头套紧配的内螺纹圈也同时旋转。因螺纹圈与三个夹爪上的外螺纹相配，三个夹爪能伸出或缩进，使钻柄被夹紧或放松。

② 钻头套　用来装夹锥柄钻头，如图 5-7 所示。当用较小直径的钻头钻孔时，用一个钻头套有时不能直接与钻床主轴锥孔相配，这时可用几个钻头套配接起来使用。

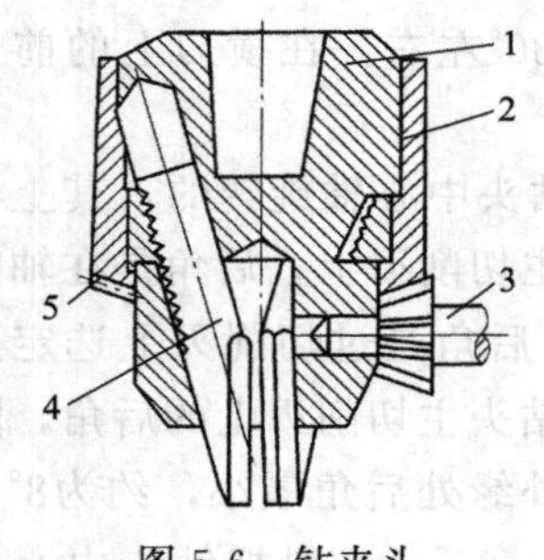

图 5-6 钻夹头

1—夹头体；2—夹头套；3—钥匙；
4—夹爪；5—内螺纹

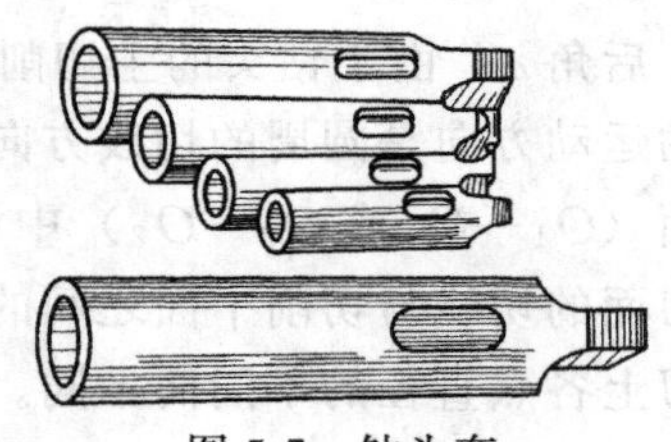
图 5-7 钻头套

钻套的内外表面都是锥形的，其外圆锥度比锥孔锥度大 1～2 个莫氏锥度号，其规格见表 5-1。

表 5-1 钻头套筒（钻套）规格

钻头套筒(钻套)	莫氏锥度号	
	内锥孔	外圆锥
1 号	1	2
2 号	2	3
3 号	3	4
4 号	4	5
5 号	5	6

钻头套的保养工作非常重要，尤其是钻头套外锥面，如果安放和使用不当，外锥表面会有敲伤印痕，将影响钻头的配合精度，使钻出的孔径比实际钻头的直径大很多。由于钻头套接触精度不好，钻削时会使钻头脱落造成事故，因此拆除钻头套时，都应从腰形槽中用斜铁拆除，如图 5-8 所示。

③ 快换钻夹头　在钻床上加工同一工件时，往往需要调换直径不同的钻头。使用快换钻夹头可以不停机器换装刀具，大大提高

了生产率，也减少了对钻床精度的影响。快换钻夹头的结构如图 5-9 所示。

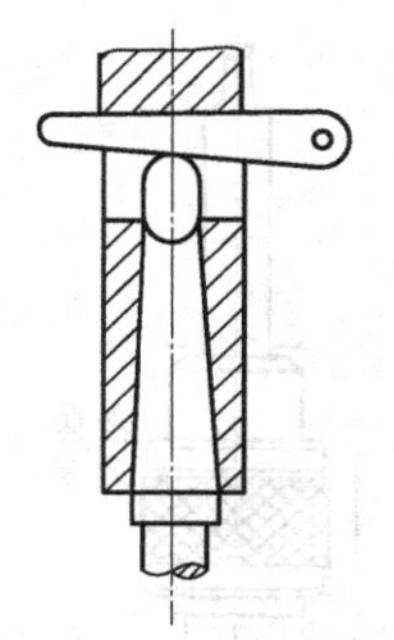

图 5-8 钻头套的拆卸

更换刀具时，只要将滑套向上提起，钢珠受离心力的作用而贴于滑套端部的大孔表面，使可换套筒不再受钢珠的卡阻。此时另一手就可将装有刀具的可换套筒取出，然后再把另一个装有刀具的可换套筒装上。放下滑套，两粒钢珠重新卡入可换套筒凹坑内，于是更换上的刀具便跟着插入主轴锥孔内的夹头体一起转动。弹簧环可限制滑套的上下位置。快换钻夹头钻头拆卸方法如图 5-10 所示。

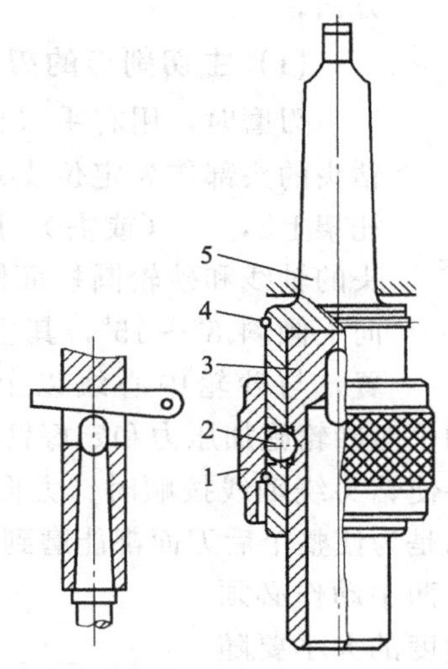

图 5-9 快换钻夹头

1—滑套；2—钢珠；3—可换套筒；4—弹簧环；5—夹头体

5.1.2 钻头的刃磨与修磨

钻头变钝后，或根据不同的钻削要求而需要改变钻头顶角或改

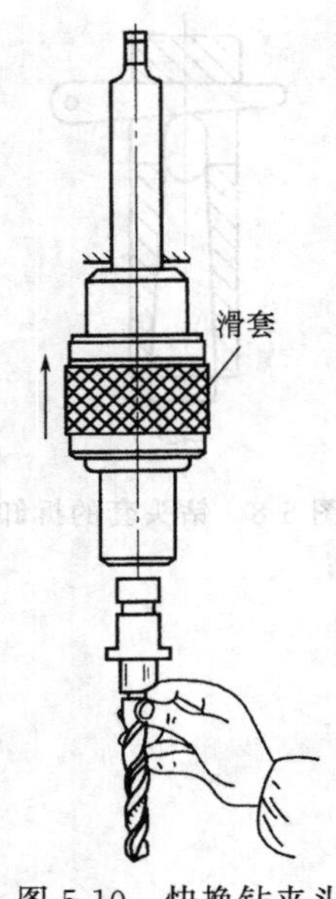

图 5-10 快换钻夹头钻头的拆卸方法

变切削部分的形状时，此时就需要对钻头进行刃磨或修磨。

钻头刃磨及修磨的正确与否，对钻孔质量、效率和钻头使用寿命等都有直接影响。手工刃磨钻头是在砂轮机上进行的。一般使用的砂轮粒度为 46～80，砂轮过细、过硬或过软都会影响刃磨效果。刃磨时，操作者要站在砂轮左侧，用右手握住钻头的工作部分，砂轮旋转时，必须严格控制跳动量，刃磨主要包括以下几个方面。

(1) 主切削刃的刃磨

刃磨时，用右手（也可用左手）握住钻头的头部作为定位支点（或靠在砂轮机托架上），左（或右）手握住钻柄，使钻头的轴线和砂轮圆柱面倾斜成 φ 角，同时向下倾斜 8°～15°，其主切削刃呈水平位置，与砂轮中心线以上的圆周面轻轻接触。用握钻头头部的手向砂轮施加压力和定好钻头绕自身轴线转动的位置，握钻柄的手使钻头绕轴线按顺时针方向转动并上下摆动。钻头绕自身轴线转动是为使整个后刃面都能磨到，而上下摆动是为了磨出一定的后角。两手动作必须协调配合好，摆动角度的大小要随后角的大小而变化，因为后角在钻头的不同半径处是不相等的。照此反复磨几次，一个主切削刃磨好后，转 180°刃磨另一个主切削刃。这样便可磨出顶角、后角和横刃斜角，如图 5-11 所示。

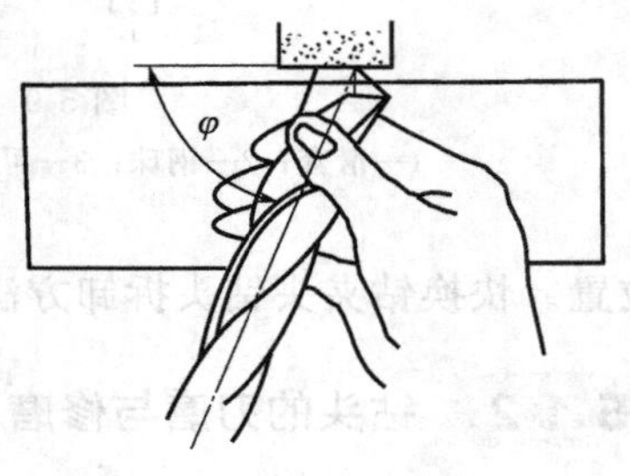

图 5-11 主切削刃的修磨

钻头顶角 2φ 的具体数值可根

据不同钻削材料按表 5-2 选择。

表 5-2 钻头顶角选择 单位：(°)

加工材料	顶角(2φ)	加工材料	顶角(2φ)
钢和生铁(中硬)	116～118	钢锻件	125
锰钢	136～150	黄铜和青铜	130～140
硬铝合金	90～100	塑料制品	80～90

主切削刃刃磨好后，应检查顶角 2φ 是否为钻头轴线平分，两主切削刃是否对称等长，且各为一条直线；检查主切削刃上外缘处的后角是否符合要求数值和横刃斜角是否准确。

(2) 修磨横刃

修磨横刃时，钻头与砂轮的相对位置如图 5-12 所示。修磨时，先使刃背与砂轮接触，然后转动钻头使磨削点逐渐向钻心移动，从而把横刃磨短。修磨横刃的砂轮边缘圆角要小，砂轮直径最好也小些。

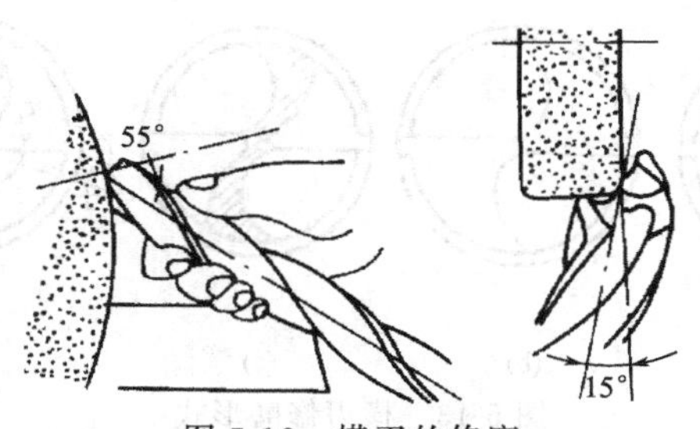

图 5-12 横刃的修磨

修磨横刃的方法主要有以下几种。

① 将整个横刃磨去［如图 5-13(a) 所示］ 用砂轮把原来的横刃全部磨去，以形成新的切削力，加大该处前角，使轴向力大大减小。这种修磨方法使钻头新形成的两钻尖强度减弱，定心不好，只适用于加工铸铁等强度较低的材料。

② 磨短横刃［如图 5-13(b) 所示］ 采用这种修磨方法可以减少因横刃造成的不利因素。

③ 加大横刃前角［如图 5-13(c) 所示］ 横刃长度不变，将其分为两半，分别磨出一定前角（可磨出正的前角），从而改善切削条件，但修磨后钻尖被削弱，不宜加工硬材料。

④ 磨短横刃并加大前角［如图 5-13(d) 所示］ 这种修磨方法是沿钻刃后面的背棱刃磨至钻心，将原来的横刃磨短（约为原来横刃长度的 1/3～1/5）并形成两条新的内直刃。内刃斜角 τ（内刃与主刃在端面投影的夹角）大约为 20°～30°，内刃前角 γ_τ＝0°～15°，如图 5-13（d）所示。这种修磨方法不仅有利于分屑，增大钻尖处排屑空间和前角，而且短横刃仍保持定心作用。

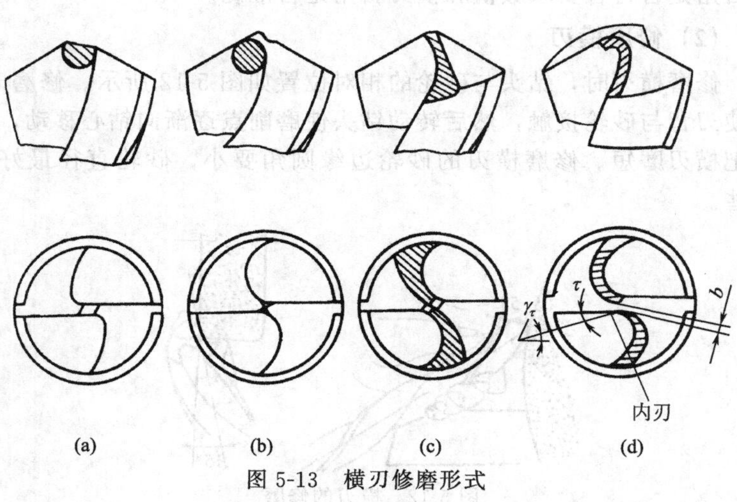

图 5-13　横刃修磨形式

(3) 修磨前刀面

由于主切削刃前角外大（30°）内小（－30°），故当加工较硬材料时，可将靠外缘处的前面磨去一部分［图 5-14(a)］，使外缘处前角减小，以提高该部分的强度和刀具寿命；当加工软材料（塑性大）时，可将靠近钻心处的前角磨大而外缘处磨小［图 5-14(b)］，这样可使切削轻快、顺利。当加工黄铜、青铜等材料时，前角太大会出现“扎刀”现象，为避免“扎刀”也可采用将钻头外缘处前角磨小的修磨方法，图 5-14(a)。

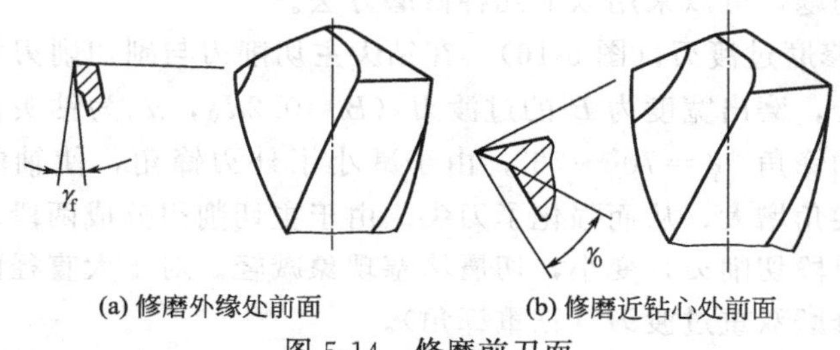

(a) 修磨外缘处前面　　(b) 修磨近钻心处前面

图 5-14　修磨前刀面

钻头前刀面的修磨可在砂轮左侧进行。参与修磨的砂轮要求其外圆柱表面平整、外圆棱角清晰。操作的具体方法如下。

首先接近砂轮左侧并摆好钻身角度，钻尾相对砂轮侧面下倾 35°左右［图 5-15(a)］，同时相对砂轮外圆柱面内倾 5°左右［图 5-15(b)］。然后手持钻头使前刀面中部和外缘接触砂轮左侧外圆柱面，由前刀面外缘向钻心移动，并逐渐磨至主切削刃，此时用力要由大逐渐减小（以防止钻心和主切削刃处退火）；每磨 1～2 次后就转过 180°刃磨另一边，直至符合要求。对于高速钢钻头，每磨 1～2 次后就要及时将钻头放入水中进行冷却，防止退火。注意，前角不要磨得过大，在修磨前角和前刀面的同时，也会对横刃产生一定的修磨。

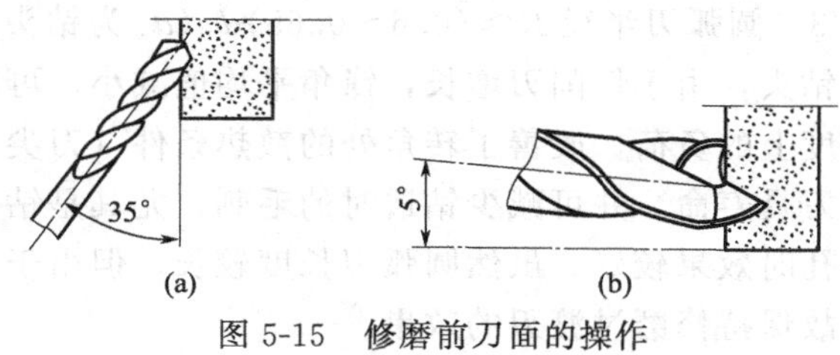

图 5-15　修磨前刀面的操作

(4) 修磨切削刃及断屑槽

由于主切削刃很长并全部参加切削，使切屑易堵塞。加之锋角较大，造成轴向力加大及刀尖角 ε 较小，刀尖薄弱。针对主切削刃的上述问题，可以采用以下几种修磨方法。

① 修磨过渡刃（图 5-16） 在钻尖主切削刃与副切削刃相连接的转角处，磨出宽度为 B 的过渡刃（$B=0.2d_0$，d_0为钻头直径）。过渡刃的锋角 $2\phi=70°\sim75°$，由于减小了外刃锋角，使轴向力减小，刀尖角增大，从而强化了刀尖。由于主切削刃分成两段，切屑宽度（单段切削刃）变小，切屑堵塞现象减轻。对于大直径的钻头有时还修磨双重过渡刃（三重锋角）。

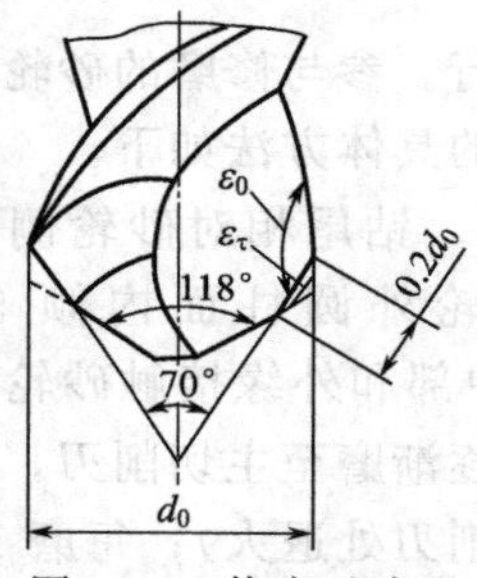

图 5-16 修磨过渡刃

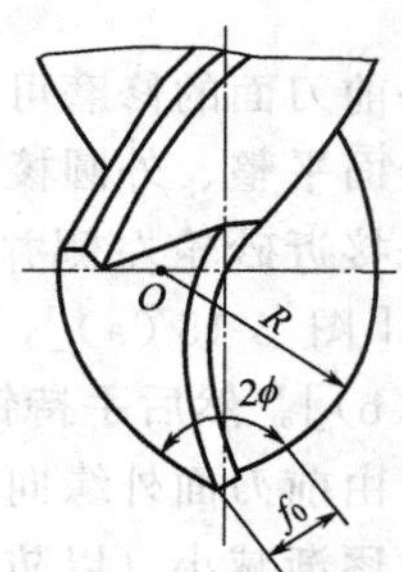

图 5-17 修磨圆弧刃

② 修磨圆弧刃（图 5-17） 将标准麻花钻的主切削刃外缘段修磨成圆弧，使这段切削刃各点的锋角不等，由里向外逐渐减小。靠钻心的一段切削仍保持原来的直线，直线刃长度 f_0 约为原主切削刃长度的 1/3。圆弧刃半径 $R\approx(0.6\sim0.65)d_0$（d_0为钻头直径）。

圆弧刃钻头，由于切削刃增长，锋角平均值减小，可减轻切削刃上单位长度上的负荷。改善了转角处的散热条件（刀尖角增大），从而提高了刀具寿命，并可减少钻透时的毛刺，尤其是钻比较薄的低碳钢板小孔时效果较好。虽然圆弧刃长度较长，但由于主切削刃仍分两段，故保持修磨过渡刃的效果。

③ 修磨分屑槽（图 5-18） 在钢件等韧性材料上钻较大、较深的孔时，因孔径大、切屑较宽，所以不易断屑和排屑。为了把宽的切屑分割成窄的切屑，使排屑方便，并为了使切削液易进入切削

区，从而改善切削条件，可在钻头切削刃上开分屑槽。分屑槽可开在钻头的后面上［图 5-18(a)］也可开在钻头前面上［图 5-15(b)］。前一种修磨法在每次重磨时都需修磨分屑槽，而后一种在制造钻头时就已加工出分屑槽，修磨时只需修磨切削刃就可以了。

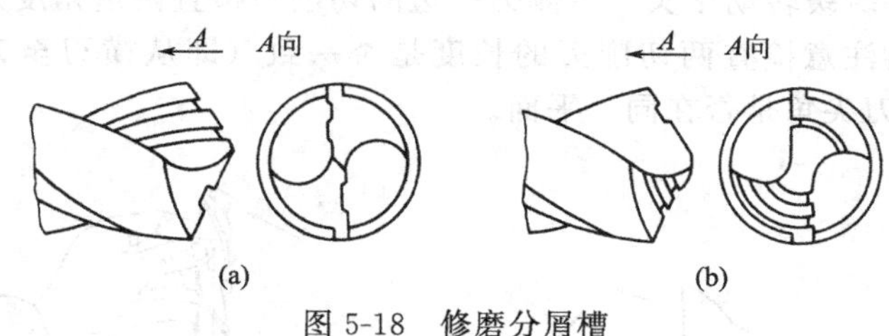

图 5-18 修磨分屑槽

分屑槽的修磨是在砂轮外圆棱角上进行，要求参与修磨砂轮的外圆棱角一定要清晰。

④ 磨断屑槽 钻削钢件等韧性较大的材料时，切屑连绵不断往往会缠绕钻头，使操作不安全，严重时会折断钻头。为此可在钻头前面上沿主切削刃磨出断屑槽(图 5-19)，能起到良好的断屑作用。

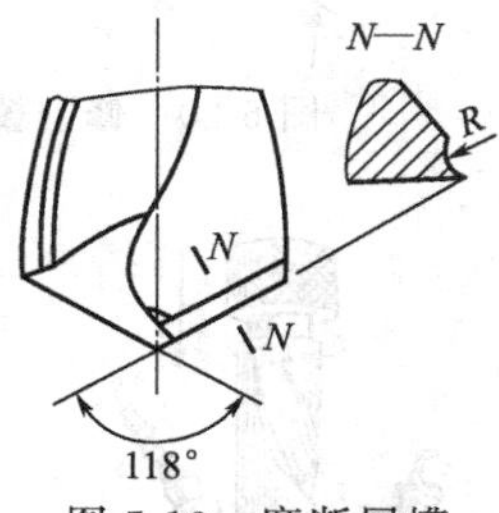

图 5-19 磨断屑槽

(5) 修磨棱边

直径大于 12mm 的钻头在加工无硬皮的工件时，为减少棱边与孔壁的摩擦，减少钻头磨损，可按图 5-20 所示修磨棱边。使原来的副后角由 0°磨成 6°～8°，并留一条宽为 0.1～0.2mm 的刃带。经修磨的钻头，其寿命可提高一倍左右。并可使表面质量提高，表面有硬皮的铸件不宜采用这种修磨方式，因为硬皮可能使窄的刃带损坏。

棱边的修磨也是在砂轮外圆棱角上进行的，因此对砂轮的要求：一是砂轮的外圆柱面要平整；二是外圆棱角一定要清晰。

(6) 钻头刃磨后的检查

刃磨钻头时，要经常检查钻头的刃磨角度。一般可采用以下的基础方法。

将钻头的切削部分向上竖起，与两眼保持平视，视线与钻头切削部位成一平面（最好有背景参照物），钻头不要上下左右晃动（钻柄端部最好有手指定位），如图 5-21 所示。检查时凝视切削刃的一边，缓缓转动钻头，目测另一边的切削刃检查两边角度是否对称，同时注意检查两切削刃的长度是否一致（即从横刃至刀尖角处）、两刀尖角是否在同一平面。

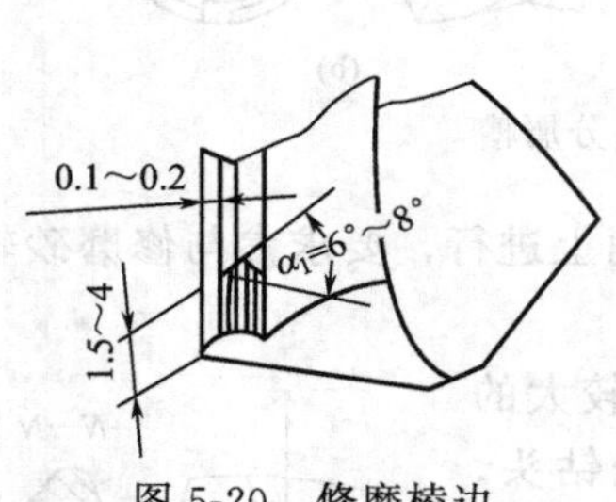

图 5-20 修磨棱边

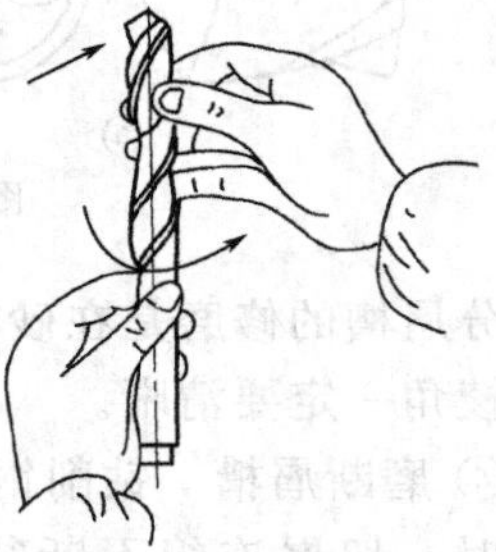

图 5-21 检查钻头刃磨角度的方法

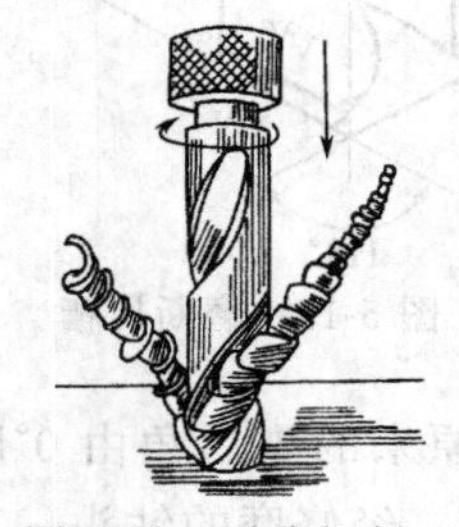

图 5-22 对称切削刃的切屑形状

切削刃长度与角度要保持对称，钻削时两切削刃同时工作，钻削钢料时切屑同时出现螺旋卷屑，如图 5-22 所示。否则，只有一个切削刃工作，只在一处出现卷屑，钻出的孔径要比钻头直径大很多。

5.1.3 钻孔的操作

钻孔是依靠钻孔设备及钻头完成的，钻孔时，工件固定，钻头装在钻床主轴上做旋转运动（称为主体运动），同时钻头沿轴线方向移动（称为进给运动），钻孔的操作一般可按以下操作步骤和方法进行。

(1) 钻孔的操作步骤

① 准备　钻孔前，应熟悉图样，选用合适的夹具、量具、钻

头、切削液，选择主轴转速、进给量。

② 划线　钻孔前，必须按孔的位置、尺寸要求，划出孔位的十字中心线，并打上中心样冲眼。要求冲眼要小，位置要准确；并且按孔的大小划出孔的圆周线；对直径较大的孔，要划出几个大小不等的检查圆或几个与孔中心线对称的方格，作为钻孔时的检查线，如图 5-23 所示；然后将中心样冲眼敲大，以便准备落钻、定心。

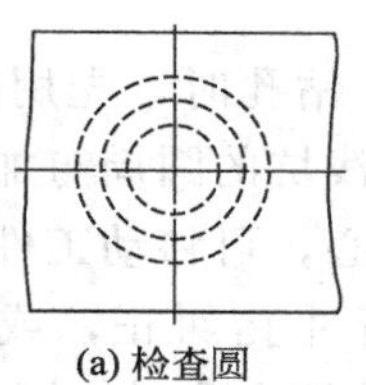

(a) 检查圆

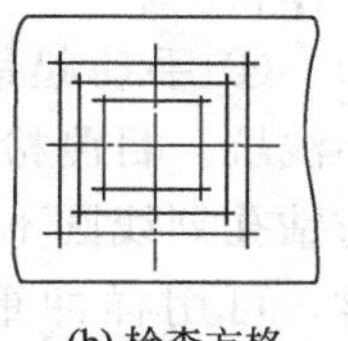

(b) 检查方格

图 5-23　孔位检查线

③ 装夹　钻孔时，牢固地固定工件是非常重要的。否则，工件会被钻头带着转动，有可能损坏工件和钻床，并威胁人身安全。根据工件大小不同，可用不同的装夹方法，如图 5-24 所示。

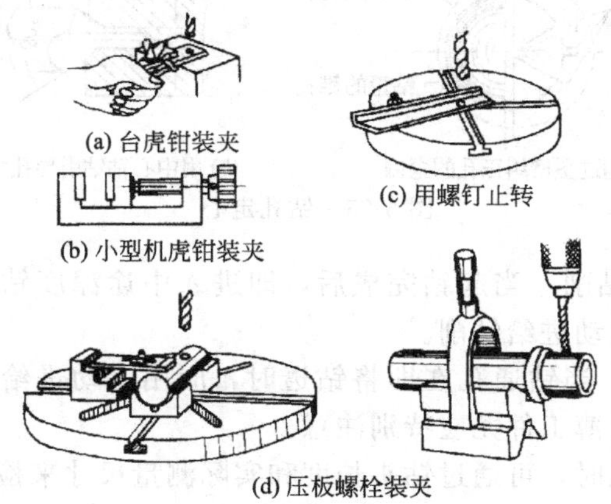

(a) 台虎钳装夹

(b) 小型机虎钳装夹

(c) 用螺钉止转

(d) 压板螺栓装夹

图 5-24　工件的装夹方法

对于直径 8mm 以下的孔，如果工件可以用手握住，可用手握住工件进行钻孔（工件锋利的边角必须倒钝），这样比较方便。

在台钻或立式钻床上钻孔，一般可用手虎钳、平口钳、台虎钳装夹。长工件钻孔时可用手把持，用螺钉靠住（止转）工件。对圆柱形件可垫在 V 形铁上装夹。较大工件可用压板螺栓直接装夹在工作台上。

④ 手动起钻　钻孔时，先用钻尖对准圆心处的冲眼钻出一个小浅坑。目测检查浅坑的圆周与加工线的同心程度，若钻出的锥坑与钻孔划线圆不同心，可移动工件或钻床主轴来纠偏。当偏离较多时，可用样冲重新冲孔纠正，或用錾子錾出几条槽来纠正，如图 5-25(a)所示。钻较大孔时，因大直径钻头的横刃较长，定心困难，最好用中心钻先钻出较大的锥坑，如图 5-25(b) 所示，或用小顶角 ($2\varphi=90°\sim100°$) 短麻花钻先钻出一个锥坑。经试钻达到同心要求后，必须将工件或钻床主轴重新紧固，才能重新进行钻孔。

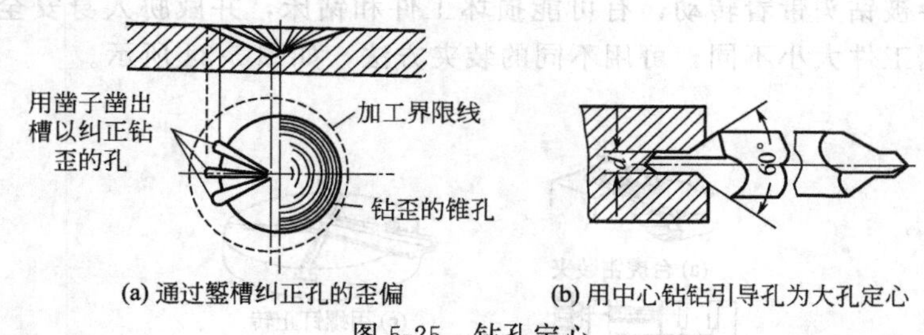

(a) 通过錾槽纠正孔的歪偏　　(b) 用中心钻钻引导孔为大孔定心

图 5-25　钻孔定心

⑤ 中途钻削　当起钻完成后，即进入中途深度钻削，可采用手动进给或机动进给钻削。

⑥ 收钻　当钻通孔在即将钻透时，应用手动进给，轻轻进刀直到钻透。对薄工件尤应特别注意。

钻不通孔时，可通过钻头长度和实际测量尺寸来检查所钻的深度是否准确。

在工件未加工表面，或材料较硬面上钻孔时，开始应手动进给。

钻孔径大于 30mm 的孔，要分两次钻成。先用 0.5～0.7 倍孔径的钻头钻孔，再用所需孔径钻头扩孔。

钻直径小于 4mm 的小孔时，只能用手动进给，开始时应注意防止钻头打滑，压力不能太大，以防钻头弯曲和折断，并要及时提起钻头进行排屑。

钻深孔（孔深与孔径之比大于3）时，进给量必须小，钻头要定时提起排屑，以防止排屑不畅引起切屑阻塞扭断钻头或损伤内孔表面。

⑦ 钻孔后清理　一处孔加工完成后，应及时清理工作台面，以便进行后续工件或另一处位置孔的加工，全部工件完成钻孔后，应及时清理钻床，并拆卸、保管好钻头。

(2) 典型孔的钻削操作

钻孔操作过程中，为保证钻孔的质量，在不同形状的构件上钻削不同大小直径孔时，应有针对性地采用不同的钻削操作方法，常见的钻孔操作方法主要有以下几方面。

① 圆柱形工件上孔的钻削　在轴类、套类工件上钻孔，是机械加工中经常遇到的，其主要是解决钻孔中心与工件中心线的对称精度是否能达到要求。可采用定心工具找正中心的方法解决，其操作方法如下。

a. 将定心工具夹在钻夹头上，用百分表找正，使其与钻床主轴同轴，径向全跳动误差在0.01～0.02mm。

b. 使定心工具锥部与V形块贴合，如图5-26所示。

c. 用压板把对好的V形块压紧。

d. 把工件放在V形块上，用90°角尺找正端面垂直线，如图5-27所示。

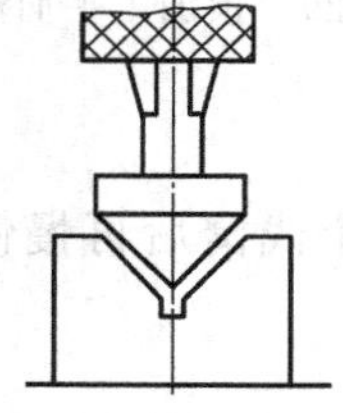

图5-26　用定心工具找正中心

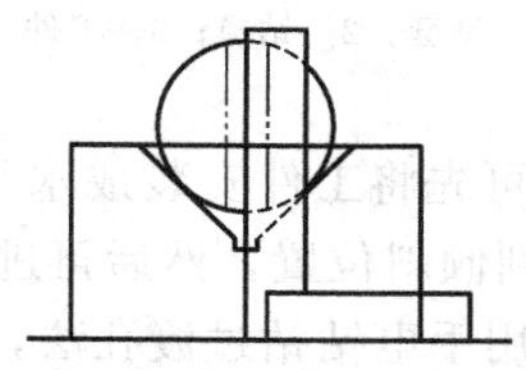

图5-27　用90°角尺找正端面垂直线

e. 压紧工件。

f. 换夹钻头，试钻，看中心是否正确。

② 钻削斜孔　斜孔的钻削有三种情况，即在斜面上钻孔、在平面上钻斜孔和曲面上钻孔。它们有一个共同的特点，即孔的中心与钻孔端面不垂直。钻头在开始接触工件时，先是单面受力，作用在钻头切削刃上的径向力会把钻头推向一边，因此，容易出现：钻头偏斜、滑移，钻不进工件；钻孔中心容易离开所要求的位置，钻出的孔很难达到要求；孔口易被刮烂，破坏孔端面的平整；钻头容易崩刃或折断。

为保证钻孔质量，钻削斜孔时，可有针对性地采取以下几种方法。

a. 用钻模钻孔法，如图 5-28 所示。

b. 用錾子在斜面上先錾一个小平面，然后用中心钻钻一个锥孔或用小钻头钻一个浅孔，再按一般工件孔的加工进行后续加工。

c. 在钻孔前先在工件上铣出或錾出一个与钻头相垂直的平面，如图 5-29 所示。

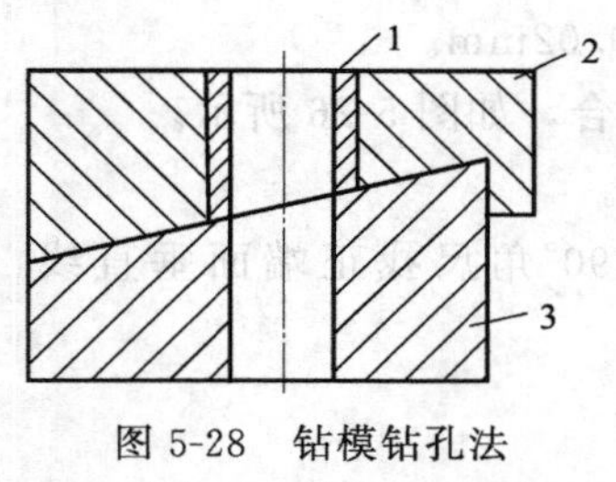

图 5-28　钻模钻孔法
1—钻套；2—钻模；3—工件

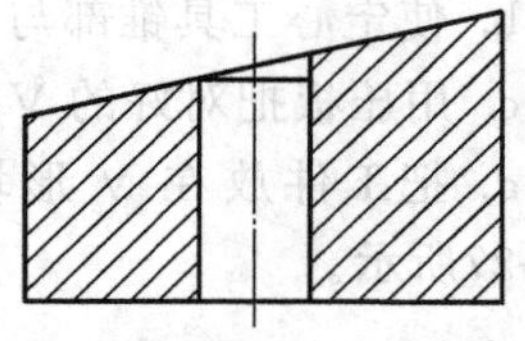
图 5-29　预加工平面法

d. 可先将工件安装成水平位置，钻出一个浅窝后再慢慢地把工件放到倾斜位置，然后再进行钻孔。

e. 用手电钻钻过渡孔法，如图 5-30 所示。

f. 用圆弧刃多能钻头直接钻出斜孔，如图 5-31 所示。

③ 钻半圆孔　钻半圆孔时，由于钻头的一边受径向力，被迫向另一边偏斜，会使钻头弯曲或折断，钻出的孔也不垂直。为防止出现上述情况，当半圆孔在工件边缘时，可把两个相同的工件合起来钻；外部为半圆孔时，可用相同的材料充实再钻孔，如图 5-32 所示。

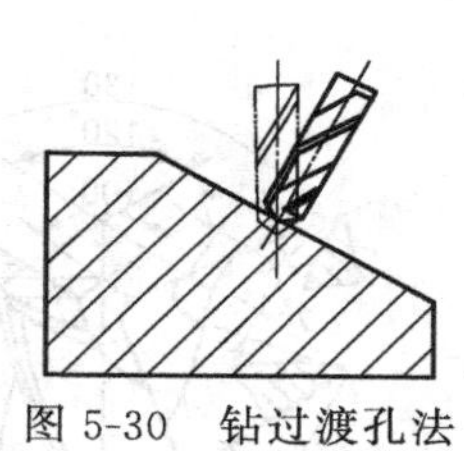

图 5-30　钻过渡孔法

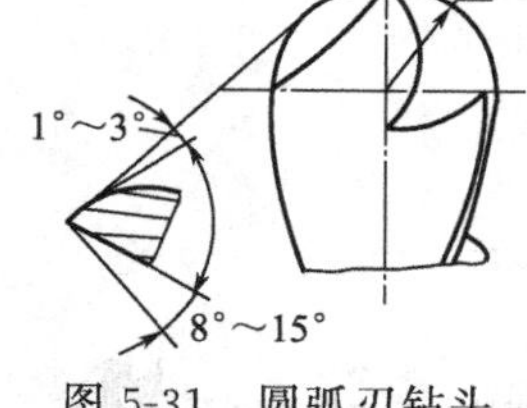

图 5-31　圆弧刃钻头

钻骑缝螺钉孔且缝两边的两种材料硬度不同时，应使用刚度大的钻头（尽量短），样冲眼要稍偏向较硬材料的一侧。待钻头钻入一定深度已向较软一侧接触面中间时，再将钻头对正接触面钻进。

采用图 5-33 所示半孔钻，钻半圆孔效果较好。半孔钻是把标准麻花钻的钻心修磨成凹、凸形，以凹为主，突出两个外刀尖，钻孔时切削表面形成凸形，限制了钻头的偏斜。半孔钻也可以进行单边切削。

④ 钻二联孔　常见的二联孔有如图 5-34 所示的三种情况。由于两孔比较深或距离比较远，钻孔时钻头伸出很长，容易产生摆动，且不易定心，也容易弯曲使钻出的孔倾斜，同心度达不到要求。此时可采用以下方法钻孔。

钻图 5-34(a) 所示的二联孔时，可先用较短的钻头钻小孔至大孔深度，再改用长的小钻头将小孔钻完，然后钻大孔，再锪平大孔底平面。

钻图 5-34(b) 所示的二联孔时，先钻出上面的孔，再用一个外径与上面孔配合较严密的大样冲，插进上面的孔中，冲出下面孔的冲眼，然后用钻头对正冲眼慢速钻出一个浅坑，确认正确，再高速钻孔。

钻图 5-34(c) 所示的二联孔时，对于成批生产，可制一根接长钻杆，其外径与上面孔为动配合。先钻完上面大孔后，再换上装有小钻头的接长钻杆，以上面孔为引导，钻出下面的小孔，也可采用钻图 5-34(b) 所示的二联孔的方法钻孔。

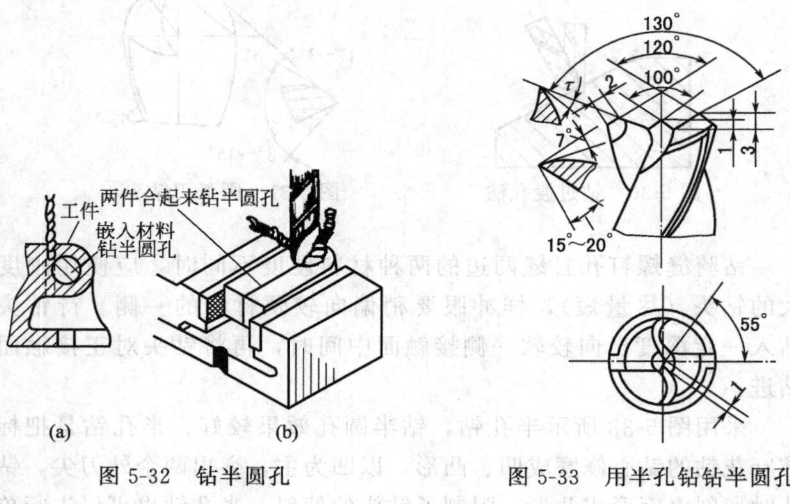

图 5-32　钻半圆孔　　图 5-33　用半孔钻钻半圆孔

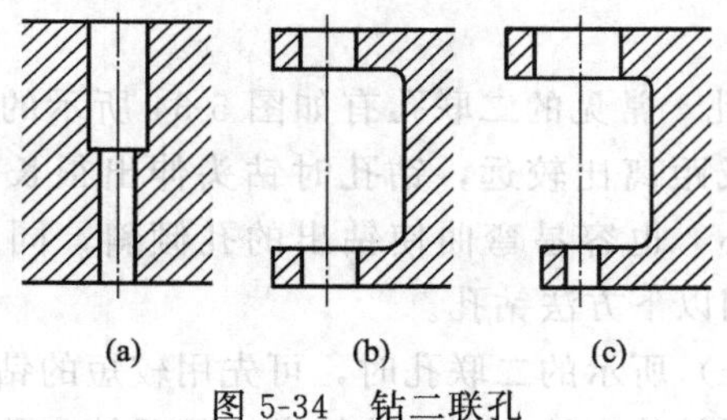

图 5-34　钻二联孔

⑤ 配钻　在有装配关系的两个零件中，一个孔已加工好，按此孔需要，在另一件上钻出相应孔的钻削过程称为配钻。常见的有图 5-35 所示的配钻情况。主要是要求两相应孔的同轴度。

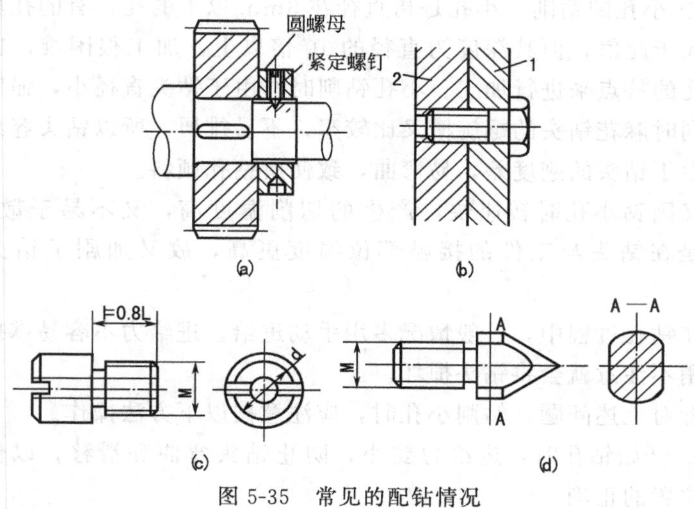

图 5-35 常见的配钻情况

配钻图 5-35(a) 所示的轴上紧定螺钉锥孔（或圆柱孔）时，先把圆螺母拧紧到所要求位置，用外径略小于紧定螺钉孔内径的样冲插入螺孔内在轴上冲出样冲眼，卸下螺母后钻出锥坑或圆柱孔。也可以把圆螺母拧紧后配钻底孔，卸下后再在螺母上攻螺纹。

配钻图 5-35(b) 所示工件 1 上的光孔时（工件 2 上的螺纹孔已加工好），可先做一个与工件螺纹孔相配合的专用钻套［图 5-35(c)］。从左面拧在工件 2 上，把 1、2 两个工件相互位置对正并夹紧在一起，用一个与钻套孔径 d 相配合的钻头通过钻套在工件 1 上钻一个小孔，再把两个工件分开，按小孔定心钻出光孔。若工件上的螺纹孔为盲孔时，则可加工一个与工件 1 螺纹孔相配合的专用样冲［如图 5-35(d)］，螺纹部分的长度约为直径的 1.5 倍，锥尖处硬度为 56～60HRC。使用时，将专用样冲拧进工件 2 的螺纹孔内，再把露在外的样冲顶尖的高度调整好，然后将工件 1、2 的相互位置对准并放在一起，用木锤击打工件 1 或 2，样冲便会在工件 1 上打出样冲眼；随后按样冲眼钻出光孔。

⑥ 小孔的钻削　小孔是指直径在3mm以下的孔，有的孔虽然直径大于此值，但其深度为直径的10倍以上，加工很困难，也应按小孔的特点来进行加工。小孔钻削时，由于钻头直径小，强度不够，同时麻花钻头的螺旋槽又比较窄，不易排屑，所以钻头容易折断；由于钻头的刚度差，易弯曲，致使所钻孔倾斜。

又因钻小孔时转速快，产生的切削温度高，又不易于散热，特别是在钻头与工件的接触部位温度更高，故又加剧了钻头的磨损。

在钻孔过程中，一般情况多用手动进给，进给力不容易掌握均匀，稍不注意就会将钻头损坏。

针对上述问题，钻削小孔时，应注意按以下方法操作。

a. 开始钻孔时，进给力要小，防止钻头弯曲和滑移，以保证钻孔位置的正确。

b. 进给时要注意手力和感觉，当钻头弹跳时，使它有一个缓冲的范围，以防止钻头折断。

c. 选用精度较高的钻床。

d. 切削过程中，要及时提起钻头进行排屑，并借此机会加入切削液。

e. 合理选择切削速度。

f. 合理选择钻小孔的转速。若钻床精度不高，转速太快时容易产生振动，对钻孔不利。通常钻头直径为2～3mm时，转速可达1500～2000r/min，钻头直径在1mm以下时，转速可达2000～3000r/min。如果钻床精度很高，则上述大小直径的钻头其转速可提高至3000～10000r/min。

⑦ 薄板上孔的钻削　在薄板上钻孔，如在0.1～1.5mm的薄钢板、马口铁皮、薄铝板、黄铜皮和纯铜皮上钻孔，是不能使用普通钻头的，否则钻出的孔会出现不圆，成多角形。孔口飞边、毛刺很大，甚至薄板扭曲变形，孔被撕破。

由于大的薄板件很难固定在机床上，若用手握住薄板钻孔，当普通麻花钻的钻心尖刚钻透时，钻头立即失去定心能力，工件发生抖动，切削刃突然多切，“梗”入薄板，手扶不住就要发生事故。

图 5-36(a) 所示即为常用薄板钻的结构形状。薄板钻又称三尖钻，用薄板钻钻削时钻心尖先切入工件，定住中心起到钳制作用，两个锋利的外尖转动包抄，迅速把中间的圆片切离，得到所需要的孔。钻心尖应高于外缘刀尖 1～1.5mm，两圆弧槽深应比板厚再深 1mm。

当钻较厚的板料时，应将外缘刀尖磨成短平刃［图 5-36(b)］；钻黄铜皮时，外缘刀尖的前倾面要修磨，以减小前角［图 5-36(c)］。

当薄板工件件数较多时，应该把工件叠起来，用 C 形夹头夹住或把它们一起压在机床工作台上再钻孔。这样生产率可以提高，这时就应根据不同的材料，选用其他钻头钻削。

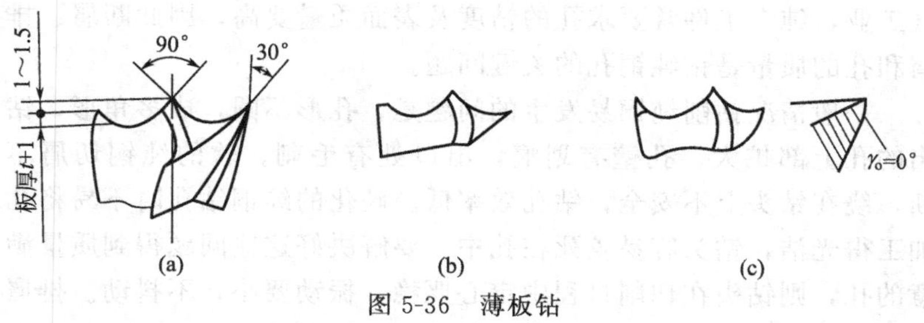

图 5-36 薄板钻

⑧ 在不锈钢上的钻孔操作 不锈钢材料的加工性能较一般碳钢差得多。不锈钢材料的黏附力高，尤其切削时产生高温，更易黏附刀具，造成黏结磨损，甚至因严重黏结使刀具表面剥落。不锈钢材料的导热性差，热量不易散发，钻头切削部位温度较高，从而加剧刀具磨损。不锈钢材料的延展性好、韧性高的特点也使钻削加工的难度增加。切屑呈带状排出，经常会形成切削成团状绕在钻头上，断屑和清除困难，甚至有伤人的危险。

由于不锈钢材料具有特殊性能，因而在修磨加工不锈钢用的群钻时，钻心高 h 稍高于一般群钻（$h\approx0.05d\sim0.07d$），使之有利于定心，改善切削条件，参见图 5-37，横刃宽度 b_ψ 也略大于标准钻型（$b_\psi\approx0.04d$ 标准群钻 $b_\psi\approx0.03d$），使横刃增加强度及耐磨性。锋角 $2\phi\approx135°\sim150°$，$2\phi_\tau\approx135°$，锋角大，钻尖强度大，不易折损，但钻削时轴向力大。月牙弧槽和外刃的断屑槽比一般群钻的要浅一些，使得在切削时，切屑时而相连时而分开，容易断屑。由于不锈钢材料的切削性能差，对钻头的磨损较大，在将横刃与锋角刃磨的相对较大时，由于轴向力的加大，切削条件就较差，使人在钻削时，感觉到不是在切削而是在刮削和挤压。因此在修磨时要适度掌握锋角及钻心的尺寸。锋角要保持刃边等长，横刃在钻头处没有负前角，开断屑槽和月牙弧槽要严格控制尺寸，切屑刃上不得有锯齿痕。

⑨ 在纯铜上的钻孔操作　纯铜的强度和硬度低，钻削时切削力小，产生热量少。纯铜的塑性好，切屑不容易断。纯铜多用于电气工业，纯铜工件常要求孔的精度及表面质量要高，因此断屑、排屑和孔的质量是钻纯铜孔的关键问题。

一般情况钻削纯铜易发生的问题是，孔形不圆，成多角形，钻出的孔上部扩大，孔壁有划痕，出口处有毛刺。软的纯铜切屑不断，绕在钻头上不安全，钻孔效率低。硬化的纯铜钻孔时不易将孔加工得光洁，钻头容易咬死在孔中。要解决好这些问题得到质量满意的孔，则钻头在切削过程中定心要稳，振动要小，不抖动。排屑要顺利，断屑要适当，不堵住，不挤死，切削液要充足。

为了定心好一些，钻心要尖一些，为了不振动各切削刃上后角要小，横刃倾角 $\psi\approx90°$，锋角 $2\phi\approx120°$，$2\phi_\tau\approx115°$，钻心高 $h\approx0.06d$，横刃宽度 $b_\psi\approx0.02d$，$\tau\approx30°\sim35°$，见图 5-38。刃带长 $l\approx(0.2\sim0.3)d$，直径大于 25mm 的钻头应开分屑槽，$l_2\approx l/3$，直径小于 25mm 的钻头不开分屑槽。为了提高工件表面质量，可在钻头主切削刃和棱刃之间磨出圆弧过渡刃，并在切削刃前倾面上磨出倒角，加工时采用较高的钻速。

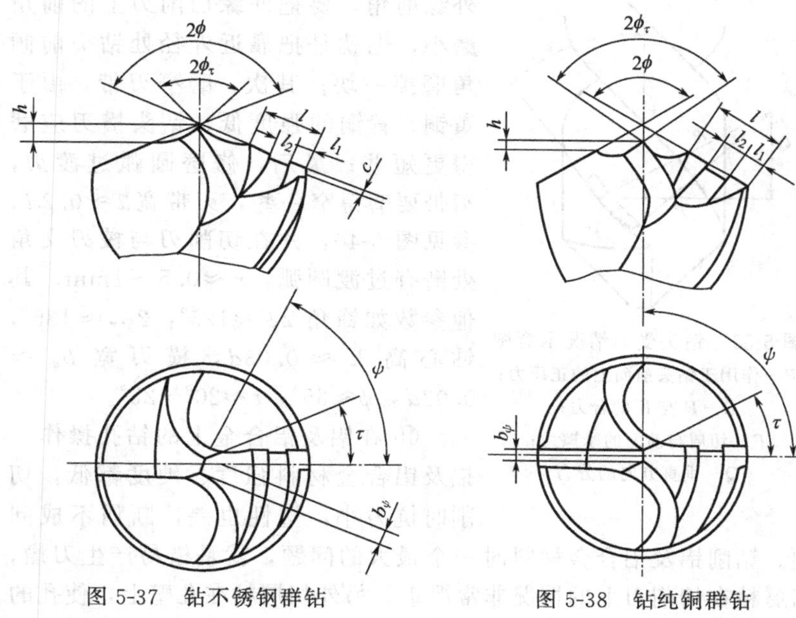

图 5-37 钻不锈钢群钻　　图 5-38 钻纯铜群钻

加工纯铜群钻有三大特点：第一，各刃前角、后角较小，横刃斜角 $\psi\approx90°$；第二，转角处磨圆弧过渡刃；第三，磨分屑槽。

⑩ 在黄铜或青铜上的钻孔操作　黄铜和青铜的强度低、硬度低，组织疏松，切削抗力很小。钻削这类材料最容易出的问题是“梗刀”。轻则使孔出口处划坏和有毛刺，或使钻头崩刃，重则钻头切削部分扭坏，钻头折断，工件飞出造成事故。“梗刀”就是在钻孔时钻头进给不由人控制，钻头自动切入。图 5-39 是钻削黄铜工件时钻头受力情况的示意图（因主后隙面上的切削抗力很小而略去不计）。黄铜或青铜都是脆性材料，切屑对刀具前倾面的摩擦力 F 很小，切屑呈粉碎状。当刀具锋利时（γ_0 很大），拉钻头向下的 Q 力就较大。而材料很软，质地疏松作用在钻头主后隙面上的切削抗力又较小，于是刀具就自动向下切入工件，发生“梗刀”。

要避免发生“梗刀”，主要从以下三方面修磨钻头。首先修磨

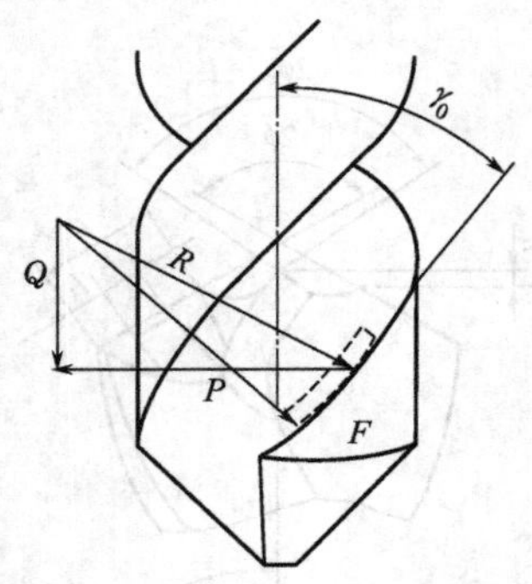

图 5-39 钻头受力情况示意图
P—作用于钻头前面上的正压力；
R—P 与 F 的合力；
F—切屑与前面的摩擦力；
Q—垂直方向的分力

外缘前角，要把外缘切削刃上的前角磨小，也就是把靠近外径处钻头前倾角磨掉一块；其次，磨窄刃带，由于黄铜、青铜的强度低，钻头横刃应磨得更短些；最后，修磨圆弧过渡刃，刃带要磨得窄一些，刃带宽 $l \approx 0.2d$，参见图 5-40，并在切削刃与棱刃交角处磨有过渡圆弧，$r \approx 0.5 \sim 1\text{mm}$。其他参数如锋角 $2\phi \approx 125°$，$2\phi_{\tau} \approx 135°$，钻心高 $h \approx 0.03d$，横刃宽 $b_{\psi} \approx 0.03d$，$\psi \approx 65°$，$\tau \approx 20° \sim 25°$。

⑪ 在铝及铝合金上的钻孔操作 铝及铝合金材料强度、硬度都低，切削时抗力小，塑性也差，断屑不成问题。钻削铝及铝合金材料时一个最大的问题，就是极易产生刀瘤，切屑粘在切削刃上的情况非常严重，另外切屑粘在孔壁上，使孔的表面质量降低。当所钻削的孔较深时，切屑很难排出，很容易使孔壁划伤、孔径扩大，甚至切屑挤满螺旋槽使钻头折断。

钻削铝材可采用标准群钻。考虑到铝较软，横刃可修磨得更窄（横刃宽 $b \approx 0.02D$），锋角 2ϕ 磨得大些，便于排屑（图 5-41）。为避免产生刀瘤，一般采用以下办法：将钻头前倾面（螺旋槽）和后隙面用油石磨光表面粗糙值为 $Ra0.25\mu m$，最好采用螺旋槽经过抛光的钻头；用煤油或煤油与机油的混合液作切削液；选用较高的切削速度。

(3) 冷却润滑液选择

钻头在钻孔过程中，由于钻头和工件的摩擦与切屑的变形会产生高热，容易引起钻头主切削刃退火，失去切削能力和很快使钻头磨钝。为了降低钻头工作时的温度、延长钻头的使用寿命，提高钻削的生产率、保证钻孔质量，在钻孔时，必须注入充足的冷却润滑液。

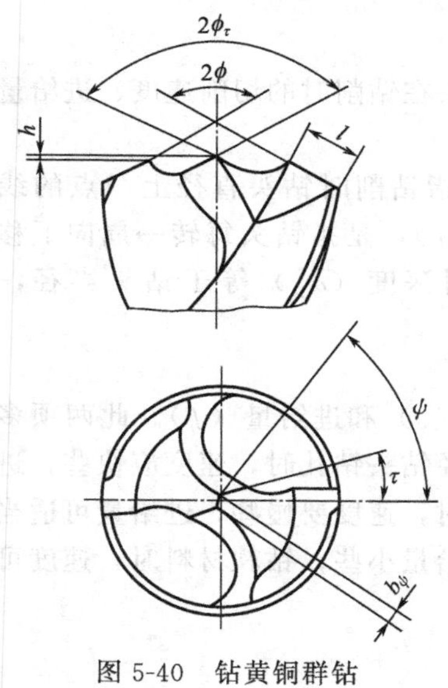

图 5-40 钻黄铜群钻

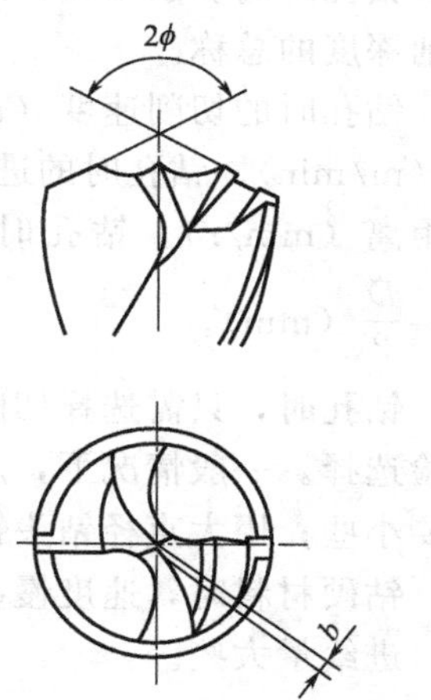

图 5-41 中型（15mm<D≤40mm）加工铝合金用群钻

钻孔一般属于粗加工工序，采用冷却润滑液的目的主要是以冷却为主。钻孔常用冷却润滑液见表 5-3。

表 5-3 钻孔常用冷却润滑液

工件材料	冷却润滑液
结构钢	乳化液、机油
工具钢	乳化液、机油
不锈钢、耐热钢	亚麻油水溶液、硫化切削油
纯铜	乳化液、菜油
铝合金	乳化液、煤油
冷硬铸铁	煤油
铸铁、黄铜、青铜、镁合金	不用
硬橡皮、胶水	不用
有机玻璃	乳化液、煤油

(4) 切削用量的选择

钻孔时的切削用量，是指钻头在钻削时的切削速度、进给量和切削深度的总称。

钻孔时的切削速度（v），是指钻削时钻头直径上一点的线速度（m/min）。钻孔时的进给量（f），是指钻头每转一周向下移动的距离（mm/r）。钻孔时的切削深度（a_p）等于钻头半径，即 $a_p=\frac{D}{2}$（mm）。

钻孔时，只需选择切削速度（v）和进给量（f）。此两项多凭经验选择。一般情况下，用小直径钻头钻孔时，速度应快些，进给量要小些；用大直径钻头钻大孔时，速度要慢些，进给量可适当大些；钻硬材料时，速度慢些，进给量小些；钻软材料时，速度可快些，进给量大些。

(5) 钻孔常见缺陷分析

采用麻花钻钻孔常见的缺陷及其产生的原因如表 5-4 所示。

表 5-4　麻花钻钻孔常见缺陷及其产生的原因

常见缺陷	产生原因
孔径钻大超差	(1)钻头两切削刃不对称，摆差大；钻头横刃长；钻头弯曲或钻头切削刃崩缺，有积屑瘤 (2)钻削时，进给量过大 (3)钻床主轴摆差大
孔壁表面粗糙	(1)钻头切削刃不锋利或后角太大 (2)进给量太大 (3)切削液选择不当或供量不足 (4)切屑堵塞螺旋槽，擦伤孔壁
孔位移、孔歪斜	(1)孔位线划得不准确，样冲眼打得不准 (2)钻头横刃太长，定心不稳 (3)零件未紧固，钻削时摆动 (4)零件表面不平整，有气孔、砂眼 (5)钻头与零件表面不垂直或零件安装时未清理切屑 (6)进给量太大，进给不均匀

续表

常见缺陷	产生原因
孔不圆、钻削时振动	(1)钻头的两切削刃不对称、摆差大;钻头后角太大 (2)零件未夹紧 (3)钻床的主轴轴承松动 (4)钻头的切削角度及刃磨形式不对
钻头折断或寿命低	(1)钻头崩刃或切削刃已钝,但仍继续使用 (2)切削用量选择过大 (3)钻削铸造件遇到缩孔 (4)钻孔终了时,由于进给阻力下降,使进给量突然增加

5.2 扩孔

用扩孔钻或麻花钻等刀具对工件已有孔进行扩大加工的操作称为扩孔。扩孔常作为孔的半精加工及铰孔前的预加工。它属于孔的半精加工，一般尺寸精度可达IT10，粗糙度可达$Ra5.3\mu m$。

5.2.1 扩孔刀具

扩孔主要由麻花钻、扩孔钻等刀具完成的。由于扩孔的背吃刀量比钻孔小，因此，其切削加工具有与钻孔不同的特点。

(1) 麻花钻扩孔

扩孔使用的麻花钻与钻孔所用麻花钻几何参数相同，但由于扩孔同时避免了麻花钻横刃的不良影响，因此，可适当提高切削用量，但与扩孔钻相比，其加工效率仍较低。

(2) 扩孔钻扩孔

扩孔钻是用来进行扩孔的专用刀具，其结构形式比较多，按装夹方式可分为带锥柄扩孔钻（图5-42）和套式扩孔钻两种；按刀体的构造可分为高速钢扩孔钻和硬质合金扩孔钻两种。

标准高速钢扩孔钻按直径精度分1号扩孔钻和2号扩孔钻两种。1号扩孔钻用于铰孔前的扩孔，2号扩孔钻用于精度为H11孔

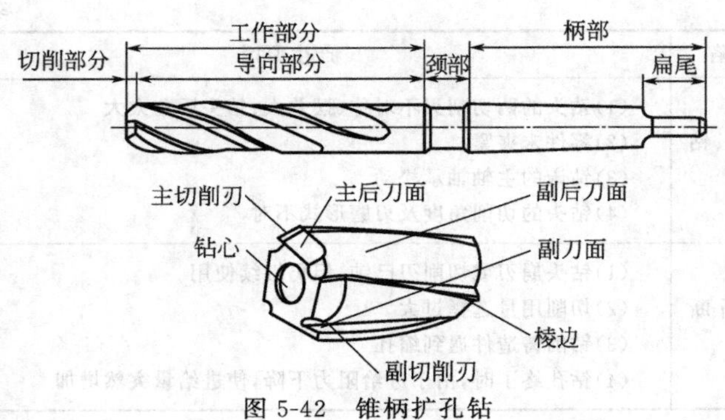

图 5-42 锥柄扩孔钻

的最后加工。硬质合金锥柄扩孔钻按直径精度分四种，1 号扩孔钻一般适用于铰孔前的扩孔，2 号扩孔钻用于精度为 H11 孔的最后加工，3 号扩孔钻用于精铰孔前的扩孔，4 号扩孔钻一般适用于精度为 D11 孔的最后加工。硬质合金套式扩孔钻分两种精度，1 号扩孔钻用于精铰孔前的扩孔，2 号扩孔钻用于一般精度孔的铰前扩孔。

5.2.2 扩孔的操作

(1) 扩孔的操作步骤

① 扩孔前准备。主要内容有：熟悉加工图样，选用合适的夹具、量具、刀具等。

② 根据所选用的刀具类型选择主轴转速。

③ 装夹。装夹并校正工件，为了保证扩孔时钻头轴线与底孔轴线相重合，可用钻底孔的钻头找正（图 5-26）。一般情况下，在钻完底孔后就直接更换钻头进行扩孔。

④ 扩孔。按扩孔要求进行扩孔操作，注意控制扩孔深度。

⑤ 卸下工件并清理钻床。

(2) 扩孔的操作要点

① 正确地选用及刃磨扩孔刀具 扩孔刀具的正确选用是保证

扩孔质量的关键因素之一。一般应根据所扩孔的孔径大小、位置、材料、精度等级及生产批量进行。

用高速钢扩孔钻加工硬钢和硬铸铁时，其前角 $\gamma_0=0°\sim5°$；加工中硬钢时 $\gamma_0=8°\sim12°$；加工软钢时，$\gamma_0=15°\sim20°$；加工铜、铝时 $\gamma_0=25°\sim30°$。

用硬质合金扩孔钻加工铸铁时，其前角 $\gamma_0=5°$；加工钢时 $\gamma_0=-5°\sim5°$；加工高硬度材料时，$\gamma_0=-10°$，后角 α_0 一般取 $8°\sim10°$。

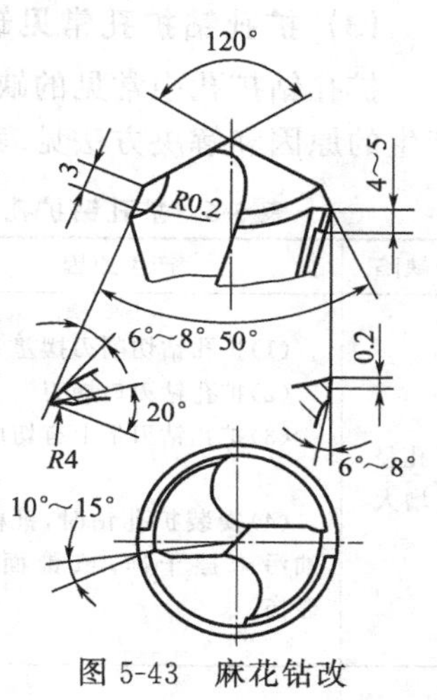

图 5-43 麻花钻改磨成的扩孔钻

在生产加工过程中，考虑到扩孔钻在制造方面比麻花钻复杂，用钝后人工刃磨困难。故常采用将麻花钻刃磨成扩孔钻使用，采用这种刃磨后的扩孔钻（图 5-43）加工中硬钢，其表面粗糙度可稳定地达到 $Ra3.2\sim1.6\mu m$。

② 正确选择扩孔的切削用量　对于直径较大的孔（直径 $D>30mm$），若用麻花钻加工，则应先用 0.5～0.7 倍孔径的较小钻头钻孔；若用扩孔钻扩孔，则扩孔前的钻孔直径应为孔径的 0.9 倍；不论选用何种刀具，进行最后加工的扩孔钻的直径都应等于孔的公称尺寸。对于铰孔前所用的扩孔钻直径，其扩孔钻直径应等于铰孔后的公称尺寸减去铰削余量。铰孔余量表如表 5-5 所示。

表 5-5　铰孔余量表　　单位：mm

扩孔钻直径 D	<10	10～18	18～30	30～50	50～100
铰孔余量 A	0.2	0.25	0.3	0.4	0.5

③ 注意事项　对扩钻精度较高的孔或扩孔工艺系统刚性较差时，应取较小的进给量；工件材料的硬度、强度较大时，应选择较

低的切削速度。

(3) 扩孔钻扩孔常见缺陷及解决方法

扩孔钻扩孔中常见的缺陷主要有孔径增大、孔表面粗糙等，其产生的原因和解决方法见表 5-6。

表 5-6　扩孔钻扩孔中常见缺陷的产生原因和解决方法

缺陷	产生原因	解决方法
孔径增大	(1)扩孔钻切削刃摆差大 (2)扩孔钻刃口崩刃 (3)扩孔钻刃带上有切屑瘤 (4)安装扩孔钻时,锥柄表面油污未擦干净,或锥面有磕、碰伤	(1)刃磨时保证摆差在允许范围内 (2)及时发现崩刃情况,更换刀具 (3)将刃带上的切屑瘤用油石修整到合格 (4)安装扩孔钻前必须将扩孔钻锥柄及机床主轴锥孔内部油污擦干净;锥面有磕、碰伤处用油石修光
孔表面粗糙	(1)切削用量过大 (2)切削液供给不足 (3)扩孔钻过度磨损	(1)适当降低切削用量 (2)切削液喷嘴对准加工孔口;加大切削液流量 (3)定期更换扩孔钻;刃磨时把磨损区全部磨去
孔位置精度超差	(1)导向套配合间隙大 (2)主轴与导向套同轴度误差大 (3)主轴轴承松动	(1)位置公差要求较高时,导向套与刀具配合要精密些 (2)校正机床与导向套位置 (3)调整主轴轴承间隙

5.3 锪孔

用锪钻或锪刀刮平孔的端面或切出沉孔的方法称为锪孔。锪孔加工主要分为锪圆柱形沉孔［图 5-44(a)］、锪锥形沉孔［图 5-44(b)］和锪凸台平面［图 5-44(c)］三类。

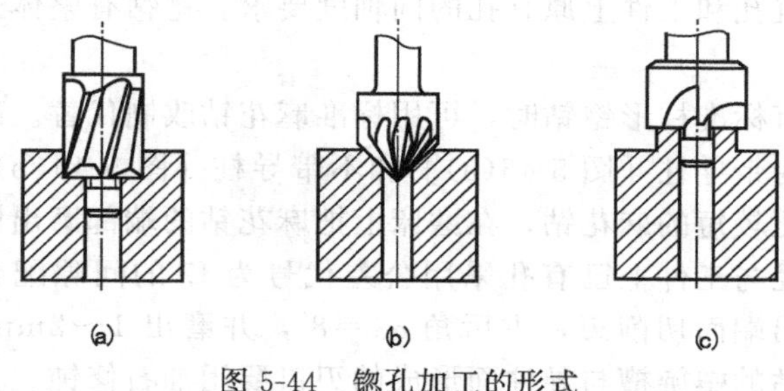

图 5-44 锪孔加工的形式

5.3.1 锪孔刀具

锪孔主要由锪钻来完成的，锪钻的种类较多，有柱形锪钻、锥形锪钻、端面锪钻等。根据锪孔加工的不同形式，其所选用的锪钻种类及加工特点也有所不同。

(1) 柱形锪钻

柱形锪钻如图 5-45 所示。这种锪钻用于加工六角螺栓、带垫圈的六角螺母、圆柱头螺钉、圆柱头内六角螺钉的沉头孔。

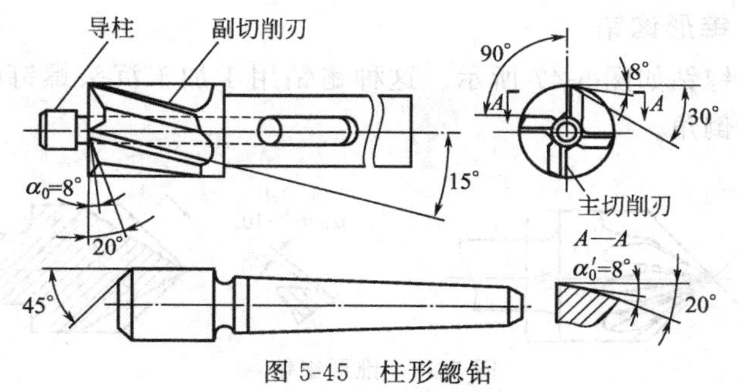

图 5-45 柱形锪钻

柱形锪钻的端面切削刃起主切削作用，螺旋槽斜角就是它的前角 $\gamma_0=\beta=15°$，主后角 $\alpha_0=8°$。副切削刃起修光孔壁的作用，副后角 $\alpha_0'=8°$。柱形锪钻前端有导柱，导柱直径与工件上已有孔采用公差代号为 f7 的间隙配合，以保证锪孔时有良好的定心和导向，同时保证沉孔和工件上原有孔的同轴度要求。锪钻有整体式和套装式两种。

当没有标准柱形锪钻时，可用标准麻花钻改制代替。改制的柱形锪钻分为带导柱［图 5-46(a)］和不带导柱［图 5-46(b)］两种。一般选用比较短的麻花钻，在磨床上把麻花钻的端部磨出圆柱形导柱，其直径与工件上已有孔采用公差代号为 f7 的间隙配合。用薄片砂轮磨出端面切削刃，主后角 $\alpha_0=8°$，并磨出 1～2mm 的消振棱。麻花钻的螺旋槽与导柱面形成的刃口要用油石修钝。

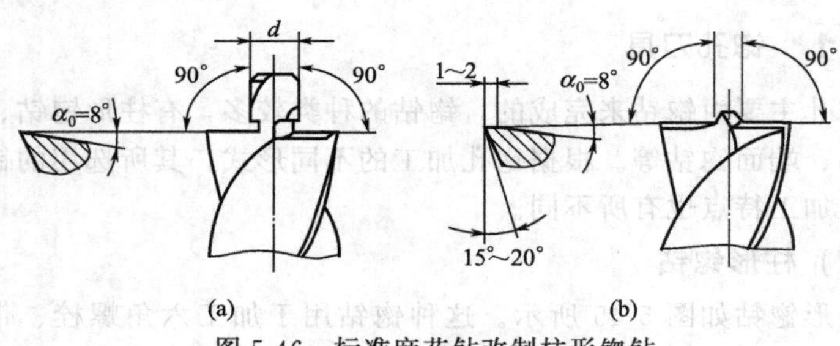

图 5-46 标准麻花钻改制柱形锪钻

(2) 锥形锪钻

锥形锪钻如图 5-47 所示。这种锪钻用于加工沉头螺钉的沉头孔和孔口倒角。

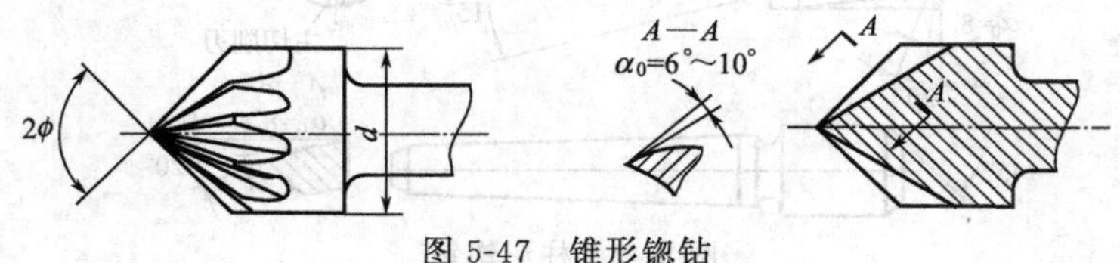

图 5-47 锥形锪钻

锥形锪钻的锥角 2ϕ 根据工件沉头孔的要求，有 60°、75°、90°、120°四种，其中 90°锥形锪钻使用最多。锥形锪钻的直径为 8～80mm，齿数为 4～12 个。锥形锪钻的前角 $\gamma_0=0°$，后角 $\alpha_0=6°\sim8°$。

当没有标准锥形锪钻时，也可用标准麻花钻改制代替，如图 5-48所示。其锥角 2ϕ 按沉头孔所需角度确定，后角磨得小些，一般取 $\alpha_0=6°\sim10°$，并修磨出 1～2mm 的消振棱，以避免产生振痕，使锥孔表面光滑一些。外缘处前角也要磨得小些，一般取 $\gamma_0=15°\sim20°$，两主切削刃要磨得对称。

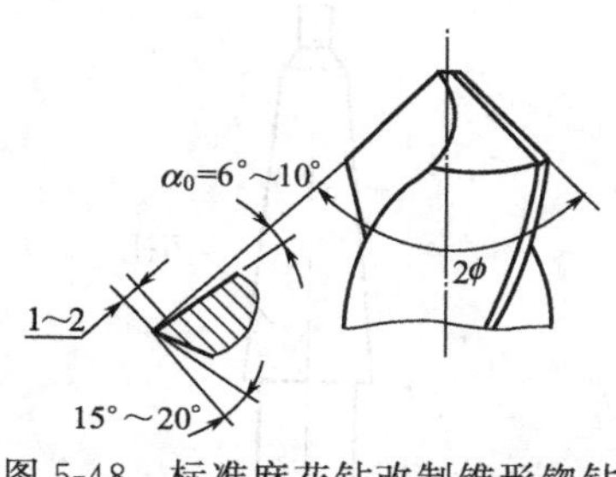

图 5-48 标准麻花钻改制锥形锪钻

(3) 端面锪钻

端面锪钻是用于锪削螺栓孔凸台、凸缘表面。专用端面锪钻主要为多齿端面锪钻，如图 5-49 所示。

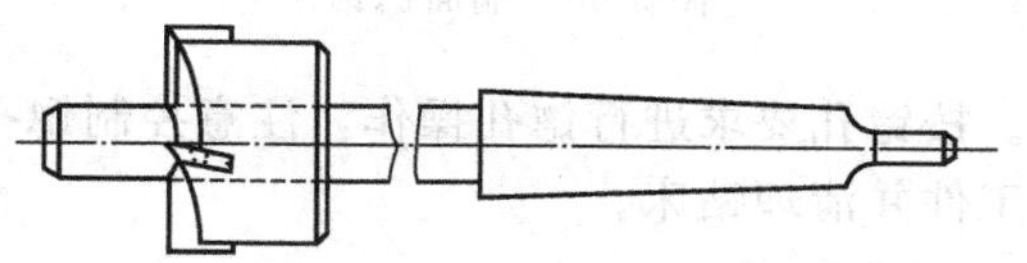
图 5-49 端面锪钻

此外，还有用镗刀杆和高速钢刀片组成的简单端面锪钻。简单端面锪钻如图 5-50 所示。

5.3.2 锪孔的操作

(1) 锪孔的操作步骤

① 锪孔前准备。主要内容有：熟悉加工图样，选用合适的夹具、量具、刀具等。

② 根据所选用的刀具类型选择主轴转速。

③ 装夹。装夹并校正工件，为了保证锪孔时钻头轴线与底孔轴线相重合，可用钻底孔的钻头找正，具体参见图 5-26。一般情况下，在钻完底孔后就直接更换钻头进行锪孔。

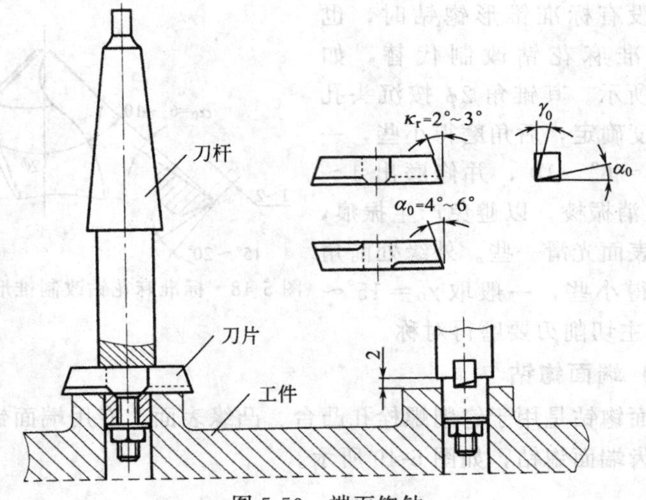

图 5-50 端面锪钻

④ 锪孔。按锪孔要求进行锪孔操作，注意控制锪孔深度。

⑤ 卸下工件并清理钻床。

(2) 锪孔的操作要点

锪孔方法与钻孔方法基本相同。锪削加工中容易产生的主要问题是由于刀具的振动，使锪削的端面或锥面上出现振痕。为了避免这种现象，要注意做到以下几点。

① 用麻花钻改制的锪钻要尽量短，以减小锪削加工中的振动。

② 锪钻的后角和外缘处的前角不能过大，以防止扎刀，主后面上要进行修磨。

③ 锪钻的各切削刃应对称，以保持切削平稳。

④ 锪孔时的切削速度要比钻孔时的切削速度低，一般为钻孔速度的 1/2～1/3，锪孔时的切削速度可参照表 5-7 选择。

表 5-7 锪孔时的切削速度的选择

工件材料	铸铁	钢件	有色金属
切削速度/(m/min)	8～12	8～14	25

此外，也可以利用钻床停机后主轴的惯性来锪削，这样可以最大限度地减小振动，以获得光滑的表面。

⑤ 正确选择切削用量，一般锪孔时的进给量为钻孔的 2～3 倍，表 5-8 给出了高速钢及硬质合金锪钻加工的切削用量。

表 5-8 高速钢及硬质合金锪钻加工的切削用量

加工材料	高速钢锪钻		硬质合金锪钻	
	进给量 f /(mm/r)	切削速度 v /(m/min)	进给量 f /(mm/r)	切削速度 v /(m/min)
铝	0.13～0.38	120～245	0.15～0.30	150～245
黄铜	0.13～0.25	45～90	0.15～0.30	120～210
硬度较低的铸铁	0.13～0.18	37～43	0.15～0.30	90～107
硬度较低的钢	0.08～0.13	23～26	0.10～0.20	75～90
合金钢及工具钢	0.08～0.13	12～24	0.10～0.20	55～60

⑥ 由于锪孔的切削面积小，如用标准锪钻锪孔时，因切削刃的数量多，切削平稳，所以进给量可取钻孔的 2～3 倍。自制双刃锪钻的进给量可参照同等直径的钻孔进给量，单刃锪钻的进给量则应小于同等直径的钻孔进给量。

⑦ 锪钻的刀杆和刀片都要装夹牢固，工件要压紧；锪削孔口下端平面时，锪刀杆在钻床主轴上装紧后，尚需用横销楔紧，以防止在进给时锪刀杆掉下来。

⑧ 锪削钢件时，要在导柱和切削表面加些机油进行润滑；当锪至要求深度时，停止进给后应让锪钻继续旋转几圈，然后再提起。

5.4 铰孔

铰孔是用铰刀对不淬火工件上已粗加工的孔进行精加工的一种加工方法。一般加工精度可达 IT9～IT7，表面粗糙度 $Ra3.2$～0.8μm。铰制后的孔主要用于圆柱销、圆锥销等的定位装配。

5.4.1 铰孔工具

铰孔是用铰刀对已经粗加工的孔进行精加工的一种孔加工方法，主要工具是铰刀。

铰刀的类型很多，按使用方式可分为手用和机用；按加工孔的形状，可分为圆柱形和圆锥形；按结构可分为整体式、套式和调式三种；按容屑槽形式，可分为直槽和螺旋槽；按材质可分为碳素工具钢、高速钢和镶硬质合金片三种。

(1) 整体式圆柱铰刀

一般常用的为整体式圆柱手用铰刀和机用铰刀两种。手用铰刀［图 5-51(a)］用于手工铰孔，其工作部分较长，导向作用较好，

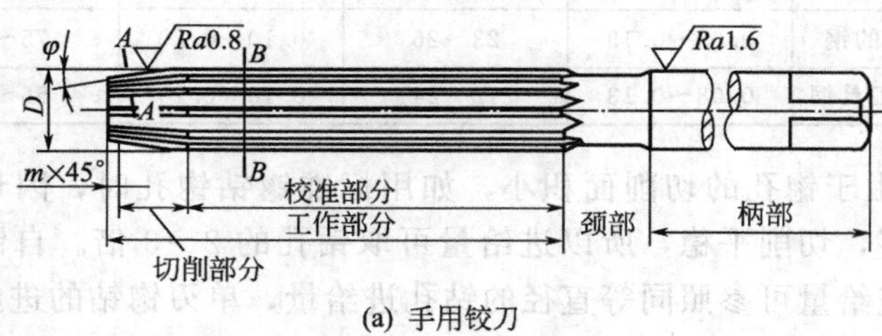

(a) 手用铰刀

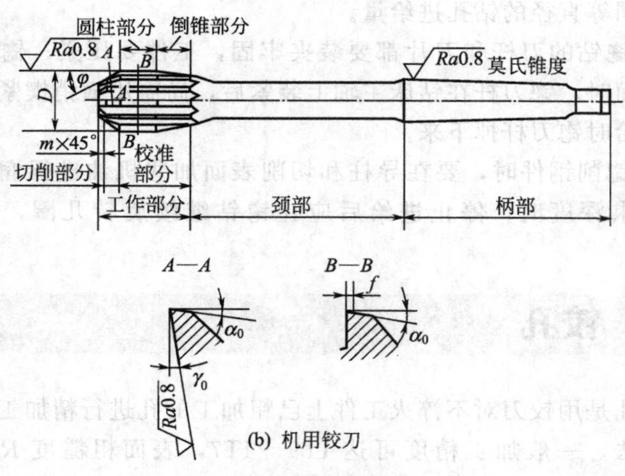

(b) 机用铰刀

图 5-51 整体式圆柱铰刀

可防止铰孔时产生歪斜。机用铰刀［图 5-51(b)］多为锥柄，它可安装在钻床或车床上进行铰孔。

铰刀的结构由工作部分、颈部和柄部三部分组成。工作部分又有切削部分与校准部分。主要结构参数为：直径（D）、切削锥角（2φ）、切削部分和校准部分的前角（γ_0）、后角（α_0）、校准部分刃带宽（f）、齿数（z）等。

机铰刀一般用高速钢制作，手铰刀用高速钢或高碳钢制作。

(2) 锥铰刀

锥铰刀用于铰削圆锥孔，如图 5-52 是用来铰削圆锥定位销孔的 1∶50 锥铰刀。

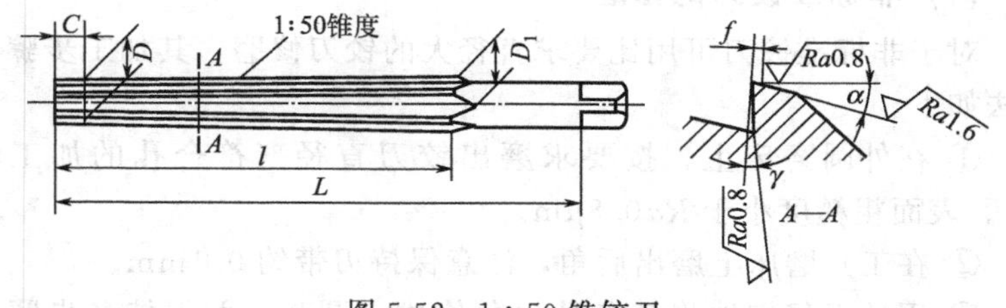

图 5-52 1∶50 锥铰刀

1∶10 锥铰刀是用来铰削联轴器上铰孔的铰刀；莫氏锥铰刀用来铰削 0～6 号莫氏锥孔的铰刀，其锥度近似于 1∶20；1∶30 锥铰刀用来铰削套式刀具上锥孔的铰刀。

(3) 硬质合金机用铰刀

为适应高速铰削和铰削硬材料，常采用硬质合金机用铰刀。其结构采用镶片式，如图 5-53 所示。

硬质合金铰刀片有 YG 类和 YT 类两种。YG 类适合铰铸铁类材料，YT 类适合铰钢类材料。

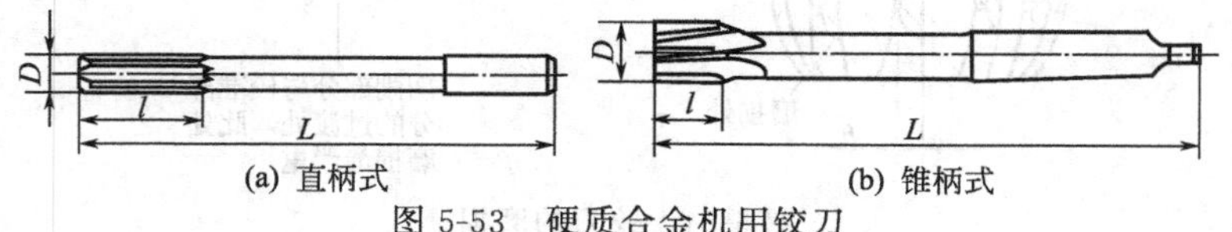

图 5-53 硬质合金机用铰刀

直柄硬质合金机用铰刀直径有 6mm、7mm、8mm、9mm 四种，按公差分一、二、三、四号，不经研磨可分别铰出 H7、H8、H9 和 H10 的孔。锥柄硬质合金铰刀直径范围为 10～28mm，分一、二、三号不经研磨可分别铰出 H9、H10 和 H11 级的孔。如需铰出更高精度的孔，可按要求研磨铰刀。

5.4.2 铰刀的修磨

铰刀在使用过程中，经常会出现磨钝现象，或者有些工件上的孔是非标准直径（与铰刀规格不一致），这时需要对现有铰刀进行修磨，常用的修磨操作主要有以下方面。

(1) 非标准铰刀的修磨

对于非标准铰刀可用比要求直径大的铰刀修磨，其加工步骤与方法如下。

① 在外圆磨床上，按要求磨出铰刀直径（符合孔的加工精度）。表面粗糙度小于 $Ra0.8\mu m$。

② 在工具磨床上磨出后角，注意保持刃带约 0.1mm。

③ 用油石仔细地将转角处尖角修成小圆弧，并保持各齿圆弧大小一致。

④ 用油石修光前角。

(2) 磨损铰刀的修磨

铰刀在使用中，磨损最严重的地方是切削部分与校准部分的过渡处，如图 5-54 所示。

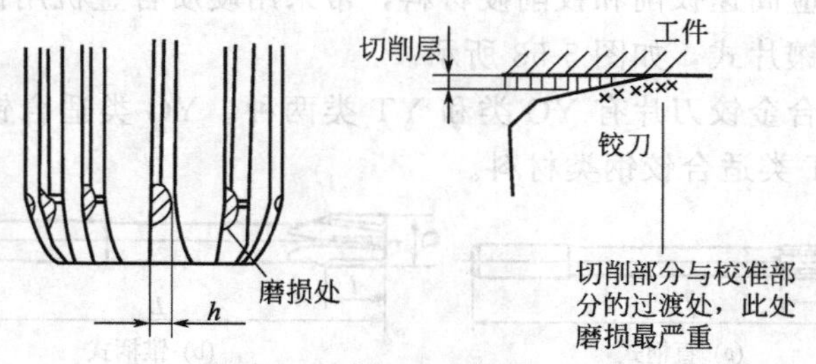

图 5-54 铰刀的磨损

一般规定后面的磨损高度 h，高速钢铰刀 h＝一0.6～0.8mm，硬质合金铰刀 h＝0.3～0.7mm，加工淬火工件的铰刀 h＝0.3～0.5mm，若磨损超过规定，就应在工具磨床上进行修磨，再用油石仔细地将转角处尖角修成小圆弧，并保持各齿圆弧大小一致；最后用油石修光前角。

(3) 铰刀刃口的修磨

铰刀在使用过程中，往往会出现刃口磨钝或黏结切屑瘤。这时应用油石沿切削刃轻轻研磨。一般研磨硬质合金铰刀时，可用碳化硅油石；研磨其他铰刀时，则可用中硬或硬的白色氧化铅油石；当切削刃后面磨损不严重时，可用油石沿切削刃的垂直方向轻轻推动，加以修光，如图 5-55 所示。

若想将刃带宽度磨窄时，也可用参照图 5-56 将刃带研出 1°左右的小斜面，并保持需要的刃带宽度。

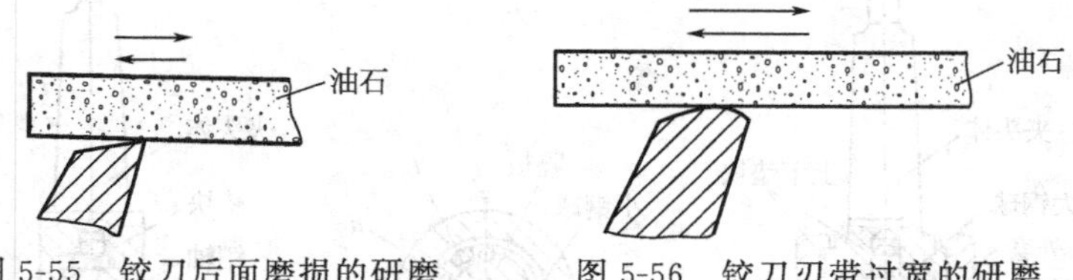

图 5-55　铰刀后面磨损的研磨　　图 5-56　铰刀刃带过宽的研磨

应该注意的是，修磨后的铰刀，必须进行试铰，铰削的孔合格后，铰刀方可正式加工产品。

5.4.3 铰孔的操作

铰孔属于孔的精加工，由于铰刀的刃齿数量多，所以导向性好，切削阻力小，尺寸精度高，一般加工精度可达 IT9～IT7，表面粗糙度 Ra3.2～0.8μm。

铰孔的精度主要由刀具的结构和精度来保证，因此，铰孔操作时，首先应正确地选用铰刀，然后选择合适的铰削余量、冷却润滑液，并进行合理的操作，主要有以下几方面的内容。

(1) 铰刀的选择

选择铰刀，应根据不同的加工对象来选用，可考虑以下方面。当铰孔的工件批量较大时，应选用机铰刀；若铰锥孔应根据孔的锥度要求和直径选择相应的锥铰刀；若铰带键槽的孔，应选择螺旋槽铰刀；若铰非标准孔，应选用可调节铰刀。

(2) 机动铰刀铰孔的装夹

机动铰孔时，其所用铰刀的装夹有固定式和浮动式两种，当钻床主轴的跳动不大于 0.03mm，且钻床主轴、铰刀及其他辅助工具、工件初孔三者的中心偏差不大时，可采用固定装夹方式。

当主轴跳动较大，且主轴、铰刀及工件初孔三者的中心偏差较大，满足不了铰孔的精度要求时，则必须采用浮动装夹方式，借以调整铰刀和工件孔的中心位置。浮动式铰刀夹头如图 5-57 所示。

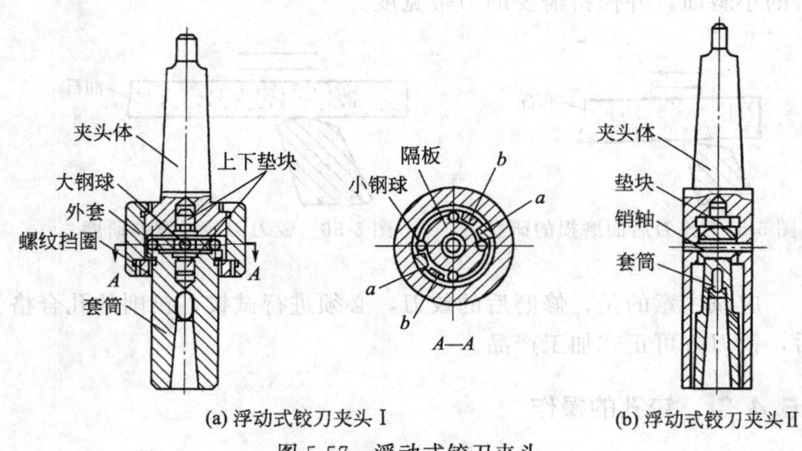

(a) 浮动式铰刀夹头Ⅰ　(b) 浮动式铰刀夹头Ⅱ

图 5-57　浮动式铰刀夹头

(3) 铰削用量的选用

铰削用量包括铰削余量 $2a_p$、切削速度 v 和进给量 f。

① 铰削余量 $2a_p$　铰削余量是指上道工序（钻孔或扩孔）完成后留下的直径方向的加工余量。铰削余量过大，会使刀齿切削负

荷增大，变形增大，切削热增加，被加工表面呈撕裂状态，使尺寸精度降低，表面粗糙度值增大，加剧铰刀磨损。铰削余量也不宜太小，否则，上道工序的残留变形难以纠正，原有刀痕不能去除，铰削质量无法保证。正确的铰削余量如表 5-9 所示。

表 5-9 铰削余量 单位：mm

铰孔直径	<5	5～20	21～32	33～50	51～70
铰削余量	0.1～0.2	0.2～0.3	0.3	0.5	0.8

② 切削速度 v 为了得到较小的表面粗糙度值，必须避免产生刀瘤，减少切削热及变形，因而应采取较小的切削速度。用高速钢铰刀铰工件时，$v=4\sim8$m/min；铰铸铁件时，$v=6\sim8$m/min；铰铜件时，$v=8\sim12$m/min。

③ 进给量 f 进给量要适当，过大铰刀易磨损，也影响加工质量；过小则很难切下金属材料，形成对材料挤压，使其产生塑性变形和表面硬化，最后形成刀刃撕去大片切屑，使表面粗糙度值增大，并增加铰刃磨损。

机铰钢及铸件时，$f=0.5\sim1$mm/r；机铰铜和铝件时，$f=1\sim1.2$mm/r。

(4) 冷却润滑液的选用

铰孔时，为冲掉切屑，减少摩擦，降低工件和铰刀温度，防止产生刀瘤，应正确地选用冷却润滑液，冷却润滑液可参照表 5-10 选用。

表 5-10 铰孔时的冷却润滑液

加工材料	冷却润滑液
钢	(1)10%～20%乳化液 (2)铰孔要求高时，采用 30%菜油加 70%肥皂水 (3)铰孔要求更高时，可采用菜油、柴油、猪油等
铸铁	(1)不用 (2)煤油，但要引起孔径缩小，最大收缩量 0.02～0.04mm (3)低浓度乳化液

续表

加工材料	冷却润滑液
铝	煤油
铜	乳化液

(5) 手工铰孔的方法

手工铰孔是利用手工铰刀配合手工铰孔工具利用人力进行的铰孔方法，合理的手工铰孔操作可使铰孔精度达到IT6级。

① 手工铰孔工具　常用的手工铰孔工具有铰手、活扳手等，如图5-58所示。

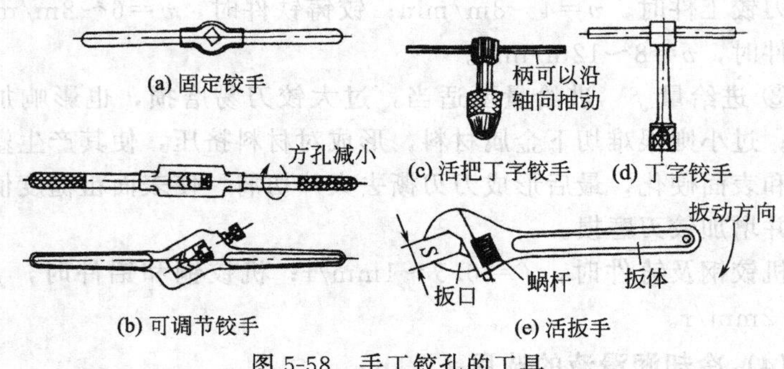

图5-58　手工铰孔的工具

a. 铰手。铰手俗称铰杠，它是装夹铰刀和丝锥并扳动铰刀和丝锥的专用工具。常用的有固定式、可调节式、固定丁字式、活把丁字式四种。其中可调节式铰手只要转动右边手柄或调节螺旋钉，即可调节方孔大小，在一定尺寸范围内，能装夹多种铰刀和丝锥。丁字铰手适用于工件周围没有足够空间，铰手无法整周转动时使用。

b. 活扳手。在一般铰手的转动受到阻碍而又没有活把丁字铰手时，才用活扳手。扳手的大小要与铰刀大小适应，大扳手不宜用于扳动小铰刀。否则，容易折断铰刀。

② 手工铰孔要点　如图5-59所示。

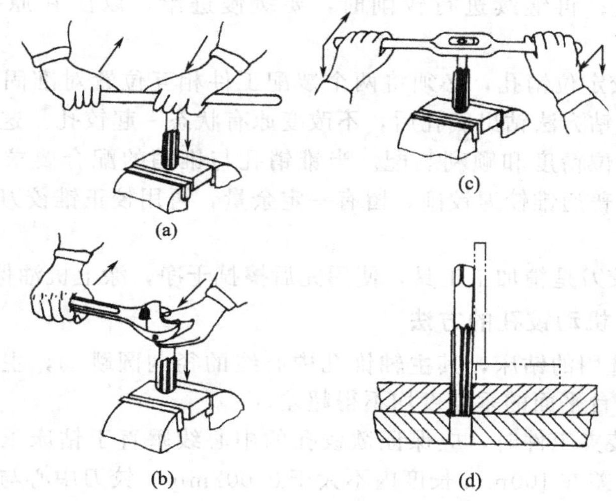

图 5-59 手工铰孔的要点

a. 工件要夹正，将铰刀放入底孔，从两个垂直方向用角尺校正，方向正确后用拇指向下把铰刀压紧在孔口上。对薄壁工件的夹紧力不得过大，以免将孔压扁。

b. 试铰时，套上铰手用左手向下压住铰刀并控制方向，右手平稳扳转铰手，切削刃在孔口切出一小段锥面后，检查铰刀方向是否正确，歪斜时应及时进行纠正。

c. 在铰削过程中，两手用力要平衡，转动铰手的速度要均匀，铰刀要保持垂直方向进给，不得左右摆动，以避免在孔口出现喇叭口或将孔径扩大。要在转动中轻轻加力，不能过猛，掌握用力均匀，并注意变换每次铰手的停歇位置，防止因铰刀常在同一处停歇而造成刀痕重叠，以保证表面光洁。

d. 铰刀不允许反转，退刀时也要顺转，避免切屑挤入刃带后擦伤孔壁，损坏铰刀。退刀时要边转边退。

e. 铰削锥孔时，要常用锥销检查铰入深度。

f. 铰刀被卡住时不要硬转，应将铰刀退出，清除切屑，检查孔和刀具；再继续进行铰削时，要缓慢进给，以防在原处再被卡住。

g. 铰定位销孔，必须将两个装配工件相互位置对准固定在一起，用合钻方法钻出底孔后，不改变原有状态一起铰孔。这样，才能保证定位精度和顺利装配。当锥销孔与锥销的配合要求比较高时，先用普通锥铰刀铰削，留有一定余量，再用校正锥铰刀进行精度调整。

h. 铰刀是精加工工具，使用完后擦拭干净，涂上机油保管。

(6) 机动铰孔的方法

① 选用的钻床，其主轴锥孔中心线的径向圆跳动，主轴中心线对工作台平面的垂直度均不得超差。

② 装夹工件时，应保证欲铰孔的中心线垂直于钻床工作台平面，其误差在100mm长度内不大于0.002mm。铰刀中心与工件预钻孔中心需重合，误差不大于0.02mm。

③ 开始铰削时，为了引导铰刀进给，可采用手动进给。当铰进2～3mm时，即使用机动进给，以获得均匀的进给量。

④ 采用浮动夹头夹持铰刀时，在未吃刀前，最好用手扶正铰刀慢慢引导铰刀接近孔边缘，以防止铰刀与工件发生撞击。

⑤ 在铰削过程中，特别是铰不通孔时，可分几次不停车退出铰刀，以清除铰刀上的粘屑和孔内切屑，防止切屑刮伤孔壁，同时也便于输入切削液。

⑥ 在铰削过程中，输入的切削液要充分，其成分根据工件的材料进行选择。

⑦ 铰刀在使用中，要保护两端的中心孔，以备刃磨时使用。

⑧ 铰孔完毕，应不停车退出铰刀，否则会在孔壁上留下刀痕。

⑨ 铰孔时铰刀不能反转。因为铰刀有后角，反转会使切屑塞在铰刀刀齿后面与孔壁之间，将孔壁划伤，破坏已加工表面。同时铰刀也容易磨损，严重的会使刀刃断裂。

(7) 圆锥孔的铰削方法

① 铰削尺寸比较小的圆锥孔。先按圆锥孔小端直径并留铰削

余量钻出圆柱孔，对孔口按圆锥孔大端直径锪45°的倒角，然后用圆锥铰刀铰削。铰削过程中要经常用相配的锥销来检查孔径尺寸。

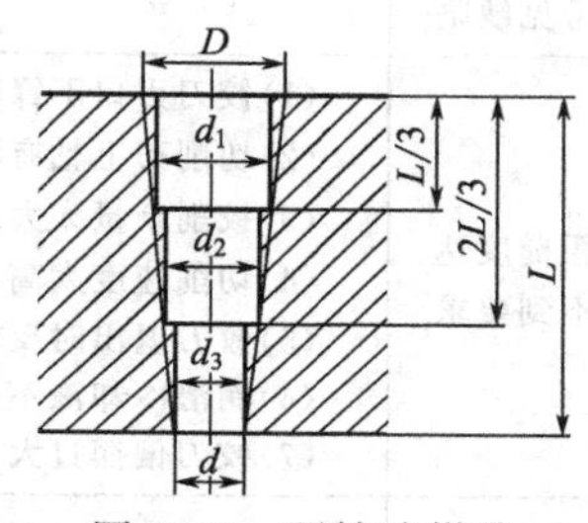

图 5-60 预钻阶梯孔

② 铰削尺寸比较大的圆锥孔。为了减小铰削余量，铰孔前需要先钻出阶梯孔（图 5-60）后，再用锥铰刀铰削。

对于1∶50圆锥孔可钻两节阶梯孔；对于1∶10圆锥孔、1∶30圆锥孔、莫氏锥孔则可钻三节阶梯孔。三节阶梯孔预钻孔直径的计算公式如表 5-11 所示。

表 5-11 三节阶梯孔预钻孔直径计算

圆锥孔大端直径 D	$d+LC$
距上端面 $L/3$ 的阶梯孔的直径 d_1	$d+\frac{2}{3}LC:\delta$
距上端面 $2L/3$ 的阶梯孔的直径 d_2	$d+\frac{1}{3}LC:\delta$
距上端面 L 的孔径 d_3	$d:\delta$

注：d—圆锥孔小端直径，mm；L—圆锥孔长度，mm；C—圆锥孔锥度；δ—铰削余量，mm。

③ 由于锥销的铰孔余量较大，每个刀齿都作为切削刃投入切削，负荷重。因此每进给2～3mm应将铰刀取出一次，以清除切屑，并按工件材料的不同，涂上切削液。

④ 锥孔铰削时，应测量大端的孔径，由于锥销孔与锥销的配合严密，在铰削最后阶段，要注意用锥销试配，以防将孔铰深。

(8) 常见铰孔缺陷原因分析

铰孔时，常见的加工缺陷产生的原因见表 5-12。

表 5-12 常见铰孔缺陷产生原因分析

常见缺陷	产生的原因
粗糙度达不到要求	(1)铰刀刃口不锋利或崩刃,切削部分和修整部分不光洁 (2)切削刃上粘有积屑瘤,容屑槽内切屑粘积过多 (3)铰削余量太大或太小 (4)切削速度太高,以致产生积屑瘤 (5)铰刀退出时反转,手铰时铰刀旋转不平稳 (6)润滑冷却液不充足或选择不当 (7)铰刀偏摆过大
孔径扩大	(1)铰刀与孔的中心不重合,铰刀偏摆过大 (2)进给量和铰削余量太大 (3)切削速度太高,使铰刀温度上升,直径增大 (4)操作粗心(未仔细检查铰刀直径和铰孔直径)
孔径缩小	(1)铰刀超过磨损标准,尺寸变小仍继续使用 (2)铰刀磨钝后继续使用,而引起过大的孔径收缩 (3)铰钢料时,加工余量太大,铰好后内孔弹性复原而孔径收缩 (4)铰铸铁时加了煤油
孔中心不直	(1)加工前的预加工孔不直,铰小孔时由于铰刀刚性差,而未能将原有的弯曲度得到纠正 (2)铰刀的切削锥角太大,导向不良,使铰削时方向发生偏斜 (3)手铰时,两手用力不均匀
孔呈多棱形	(1)铰削余量太大和铰刀刀刃不锋利,使铰削时发生“啃刀”现象,产生振动而出现多棱形 (2)钻孔不圆,使铰孔时铰刀发生弹跳现象 (3)钻床主轴振摆太大

第6章 攻螺纹与套螺纹

6.1 螺纹基本知识

在各种机械设备、日常用品和家用电器中，带有螺纹的零件应用十分广泛，如螺栓、螺母、螺钉和丝杠等。它们在实际生产应用中主要起着连接、紧固、测量、调节、传递、减速等作用。

6.1.1 螺纹的种类及应用

螺纹的种类繁多，通常主要按螺旋线形状、牙型特征、螺旋线的旋向和线数及螺纹的用途分类。按螺旋线形状可分为圆柱螺纹和圆锥螺纹，如图 6-1 所示。

按螺纹牙型特征可分为管螺纹、矩形螺纹、梯形螺纹、锯齿形螺纹及圆弧螺纹等。按螺纹的旋向可分为右旋螺纹和左旋螺纹，如图 6-2 所示。

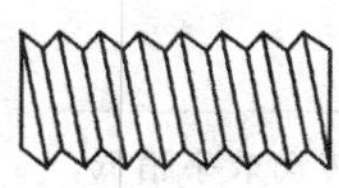

(a) 圆柱螺纹

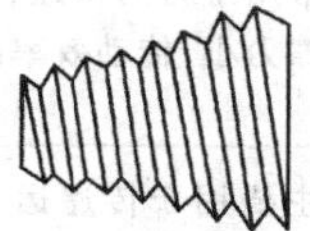

(b) 圆锥螺纹

图 6-1　圆柱螺纹和圆锥螺纹

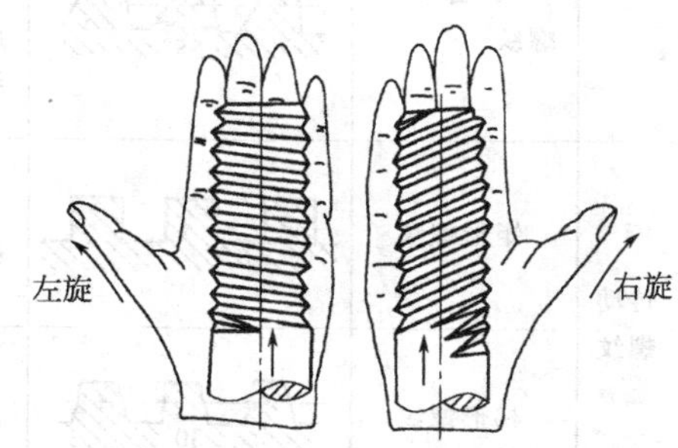

图 6-2　左旋螺纹与右旋螺纹

按螺旋线的线数可分为单线螺纹和多线螺纹，如图 6-3 所示。

(a) 单线螺纹

(b) 双线螺纹

图 6-3　单线螺纹与双线螺纹

按螺旋线的用途可分为连接螺纹和传递螺纹。常用螺纹的类型及用途如表 6-1 所示。

表 6-1　常见螺纹的类型及用途

种类	螺纹类型	牙型图	特点及用途
连接螺纹	普通螺纹	60°	牙根较厚，牙根强度较高。同一公称直径，按螺距的大小分为粗牙和细牙。粗牙螺纹用于一般连接，细牙螺纹常用于细小零件、薄壁件、受动载荷的连接及微调机构。其连接强度高，自锁性好
	55°非密封管螺纹	55°	牙型角 55°，牙顶有较大圆角，内外螺纹旋合后无顶隙，为英制细牙螺纹，公称直径近似为管子内径，紧密性好。用于压力在 1.5N/mm² 以下的管路连接
	55°密封管螺纹	55°	牙型角 55°，螺纹分布在 1∶16 的 55°密封管螺纹上。适用于管子、管接头、旋塞、阀门和其他螺纹连接的附件或螺纹密封的管螺纹
传动螺纹	矩形螺纹		常用于力的传递，自锁性差，强度低，摩擦力小，传动效率高
	梯形螺纹	30°	主要用于传递运动，传动效率稍低，但牙根强度高，应用广，螺纹磨损后轴向间隙可以补偿

续表

种类	螺纹类型	牙型图	特点及用途
传动螺纹	锯齿形螺纹	3° 30°	用于单向受力,其传动效率及强度均比其他螺纹高,常用于起重及螺旋压力机中
	圆弧螺纹	30°	牙型为圆弧形,牙型角为 30°,牙粗,圆角大,不易磨损。积聚在螺纹凹处的尘垢和铁锈易于清除。用于经常与污物接触和易生锈的场合,如水管闸门的螺旋导轴等

6.1.2 螺纹的组成要素

尽管螺纹的种类很多，且各类螺纹外形结构及应用差别很大，但其组成要素却具有共同的规律。

(1) 螺纹的主要参数

螺纹的各组成要素可通过主要参数来描述，螺纹的主要参数主要有大径、小径、中径、螺距、导程、线数、牙型角和螺旋升角等组成。

① 螺纹大径　螺纹大径是指与外螺纹牙顶或内螺纹牙底重合假想圆柱面的直径，内螺纹用 D 表示，外螺纹用 d 表示。螺纹的公称直径是指螺纹大径的基本尺寸。

② 螺纹小径　螺纹小径是指与外螺纹牙底或内螺纹牙顶重合的假想圆柱面的直径，内螺纹用 D_1 表示，外螺纹用 d_1 表示。

③ 螺纹中径　螺纹中径是一个假想圆柱的直径，该圆柱的素线通过牙型沟槽凸起宽度相等的地方，内螺纹用 D_2 表示，外螺纹用 d_2 表示。

④ 螺纹螺距　螺纹螺距是相邻两牙在中径线上对应两点间的轴向距离，用 P 表示。

⑤ 螺纹导程　螺纹导程是指同一条螺旋线上的相邻两牙在中

径线上对应两点间的轴向距离，用 P_h表示。单线螺纹 $P_h=P$，多线螺纹 $P_h=nP$。

⑥ 螺纹线数　螺纹线数是一个螺纹零件的旋转线数目，用 n 表示。

⑦ 螺纹旋合长度　螺纹旋合长度是指两个相互配合的螺纹，沿螺纹轴向方向互相旋合部分的长度。一般分为三组，即短旋合长度 S、中等旋合长度 N 和长旋合长度 L。

⑧ 精度　原标准精度粗牙螺纹有 1、2、3 三个精度等级；细牙螺纹有 1、2、2a、3 四个精度等级；梯形螺纹有 1、2、3、3S 四个精度等级；圆柱管螺纹有 2、3 两个精度等级。

新标准分为精密、中等、粗糙三个级别，标准螺纹孔时精密一般为 4H、5H，中等的为 6H，粗糙的为 7H。例如：M16-4H，相当于原 1 级精度螺纹；M12-6H，相当于原 2 级精度螺纹；M20-7H，相当于原 3 级精度螺纹。标准外螺纹一般精密的为 3h、4h、5h，中等的为 5g、6g、7g 或 5h、6h、7h，粗糙的为 8g 或 8h。例如 M24-6g，相当于原 2 级精度螺纹。新标准精度孔用大写的 G 或 H，外螺纹用小写的 g 或 h 标注。G 或 H 或小写的 g 与 h，代表各自的螺纹中径公差带。

常见螺纹的剖面形状及相关参数如图 6-4 所示。

(2) 螺纹的标注

各类螺纹的标注或标记国家标准均给出了具体的规定，主要有以下几方面的内容。

① 螺纹外径和螺距用数字表示，细牙普通螺纹和锯齿形螺纹必须加注螺距。

② 多头螺纹在外径后面要注：“导程和头数”。

③ 普通螺纹 3 级精度允许不标注。

④ 左旋螺纹必须注出“左”字，右旋不标。

⑤ 管螺纹的名义尺寸是指管子内径，不是指管螺纹的外径。

⑥ 非标准螺纹的螺纹各要素，一般都标注在工件图纸的牙型上。

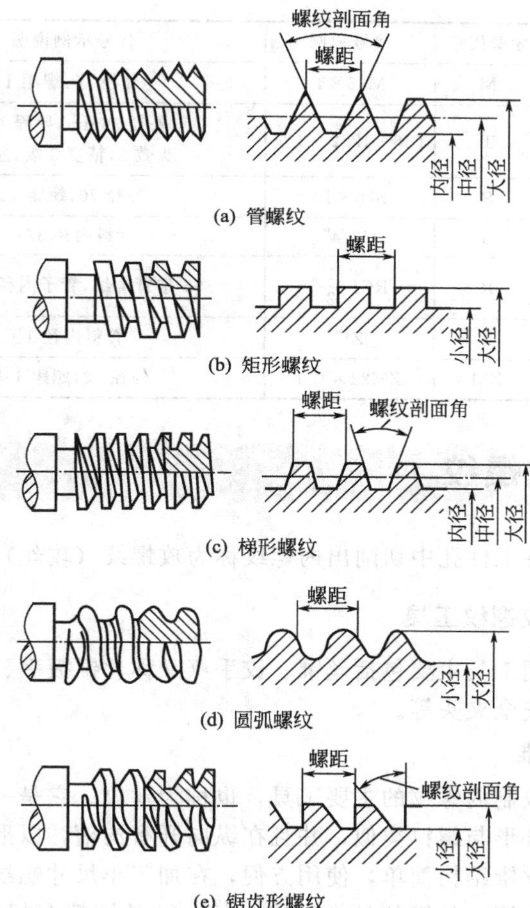

图 6-4 常见螺纹的剖面形状及相关参数

表 6-2 给出了螺纹的标注示例。

表 6-2 螺纹标注示例

螺纹类型	牙型代号	代号示例	代号示例说明
粗牙普通螺纹	M	M10	外径 10

续表

螺纹类型	牙型代号	代号示例	代号示例说明
细牙普通螺纹	M	M16×1	外径 16,螺距 1
梯形螺纹	T	T36×12/2－3 左	外径 36mm,导程 12,头数 2,精度 3 级,左旋
锯齿形螺纹	S	S70×10	外径 70,螺距 10
圆柱管螺纹	G	G3/4″	管料内径 3/4″
密封管螺纹	R	RC1 $\frac{1}{2}$″	55°锥管螺纹,管子内径 1 $\frac{1}{2}$″
60°锥管螺纹	Z	Z1″	管料内径 1″
米制锥螺纹	ZM	ZM22×1.5	外径 22,螺距 1.5

6.2 攻螺纹

用丝锥在工件孔中切削出内螺纹称为攻螺纹（攻丝）。

6.2.1 攻螺纹工具

攻螺纹用工具主要包括丝锥、铰手（又称丝锥扳手、铰杠）和机用攻螺纹安全夹头等。

(1) 丝锥

丝锥是攻制内螺纹的主要工具，也称为丝攻。它是一种成形多刃刀具，其外形与螺钉类似，并且在纵向开有沟槽，以形成切削刃和容屑槽。丝锥结构简单，使用方便，在加工小尺寸螺纹孔上有着极为广泛的应用。丝锥的种类很多，每一种丝锥都有相应的标志，包括：制造厂商标；螺纹代号；丝锥公差带代号；丝锥材料（高速钢标 HSS，碳素工具钢或合金工具钢制造的丝锥可不标）等。

按使用方法的不同可分为手用丝锥、机用丝锥；按所攻制螺纹的不同，可分为普通螺纹丝锥、管螺纹丝锥等。虽然丝锥的种类很多，但实质上它们的工作原理和结构特点相似。

丝锥是用碳素工具钢或高速钢制造，其构造如图 6-5 所示。

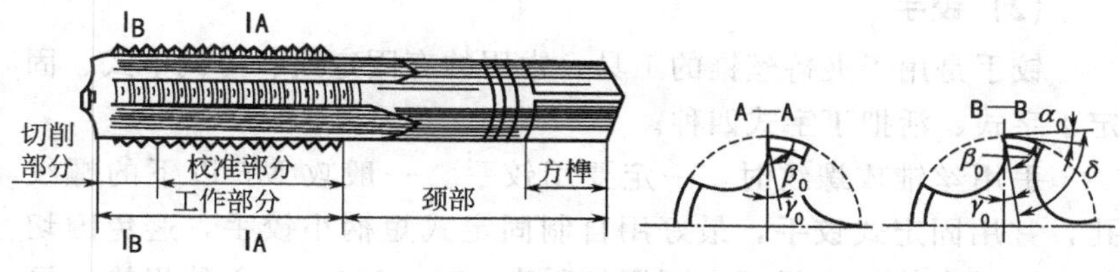

图 6-5　丝锥的构造

丝锥由工作部分和柄部组成。工作部分包括切削部分和校准部分，工作部分沿轴向开有 3～4 条容屑槽，以形成切削部分锋利的切削刃，起主切削作用。切削部分前角 $\gamma_0=8°\sim10°$，后角铲成 $\alpha_0=6°\sim8°$。前端磨出切削锥角，切削负荷分布在几个刀齿上，使切削省力，便于切入。丝锥校准部分有完整的牙型，用来修光和校准已切出的螺纹，并引导丝锥沿轴向前进，其后角 $\alpha_0=0°$；柄部端的方头装在机床上或铰手内，用于传递力矩。

① 手用和机用丝锥　通常由 2～3 支组成一套。手用丝锥中，M6～M24 的丝锥由两支组成一套，M6 以下 M24 以上的丝锥由三支组成一套，细牙丝锥不论大小均为两支一套。机用丝锥为两支一套。每套丝锥的大径、中径、小径都相等（故又称等径丝锥），只是切削部分的长短和锥角不同。切削部分从长到短，锥角（2φ）从小到大依次称为头锥（初锥）、二锥（中锥）、三锥（底锥）。头锥切削部分长为 5～7 个螺距，锥角 $\varphi=4°$；二锥切削部分长为 2.5～4 个螺距，锥角 $\varphi=10°$；三锥切削部分长为 1.5～2 个螺距，锥角 $\varphi=20°$。攻螺纹时，所切削的金属头锥占 60%，二锥占 30%，三锥起定径和修光作用，切削较少，约占 10%。

② 管螺纹丝锥　管螺纹丝锥分圆柱式和圆锥式两种。圆柱管螺纹丝锥与手用丝锥相似，但它的工作部分较短，一般以两支为一套，可攻各种圆柱管螺纹。圆锥管螺纹丝锥的直径从头到尾逐渐加大，而螺纹齿形仍然与丝锥中心线垂直，保持内外锥螺纹齿形有良好接触，但管螺纹丝锥工作时的切削量较大，故机用为多，也有手用的。

(2) 铰手

铰手是用于夹持丝锥的工具，常用的有固定式、可调节式、固定丁字式、活把丁字式四种。

手用丝锥攻螺纹时，一定要用铰手。一般攻 M5 以下的螺纹孔，宜用固定式铰手，最好用自制固定式短柄小铰手，避免因切削力矩过大使丝锥折断。可调铰手有 150～600mm 六种规格，可攻 M5～M24 的螺纹孔。当需要攻工件高台阶旁边的螺纹孔或箱体内部的螺纹孔时，需用丁字铰手。可调节铰手可参见表 6-3 选用。

表 6-3 可调节铰手的使用范围

铰手的规格	6″	9″	11″	15″	19″	24″
适用丝锥的范围	M5～M8	M8～M12	M12～M14	M14～M16	M16～M22	M24 以上

(3) 攻螺纹安全夹头

在机床上攻螺纹时，采用安全夹头来装夹丝锥，可以对丝锥起到安全保护、防止折断、更换方便的作用；同时在不改变机床转向的情况下，可以自动退出丝锥。常用的安全夹头有以下两种。

① 快换丝锥安全夹头　这种夹头是通过拧紧调节螺母，在夹头体、中心轴、摩擦片之间产生摩擦力来带动丝锥攻螺纹的。夹头下端有一套快换装置，可快换各种不同规格的丝锥。事先将丝锥与可换套组装好，拧动左旋螺纹锥套，即可进行更换。根据不同的螺纹直径，调整调节螺母的松紧，使其超过一定扭矩时打滑，便可起到安全保护作用，其结构如图 6-6 所示。

② 弹性摩擦攻螺纹安全夹头　这种安全夹头是通过旋转调整螺母来调节扭矩大小。在攻螺纹过程中，当切削力矩突然超过所调整的扭矩时，外套就不再随夹头体转动，从而起到安全作用。夹头体下端的顶尖直径顶住丝锥柄部中心孔，使两者之间有较好的同心度。当使用不同直径的丝锥时，只要更换相应的夹头和橡皮圈即可。

6.2.2 攻螺纹的操作

攻螺纹有手工攻螺纹与机动攻螺纹两种，在攻螺纹时，应正确地选用丝锥及切削液，并进行合理的操作。攻螺纹的操作与方法主要有以下方面的内容。

(1) 攻螺纹前底孔直径的确定

攻螺纹时，丝锥在切削金属的同时，还伴随较强的挤压作用。因此，金属产生塑性变形形成凸起并挤向牙尖，如图 6-7 所示，为防止丝锥卡住折断，要求攻螺纹前的底孔直径应大于螺纹标准中规定的螺纹小径。

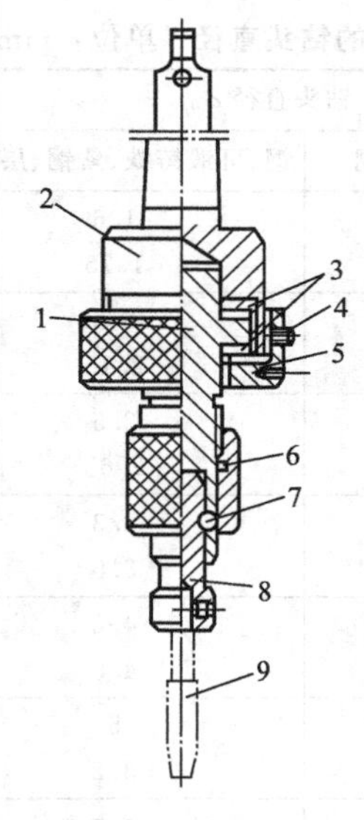

图 6-6 攻螺纹安全夹头的结构

1—中心轴；2—夹头体；3—摩擦片；4—铜螺钉；5—调节螺母；6—左旋螺纹锥座；7—钢球；8—可换套；9—丝锥

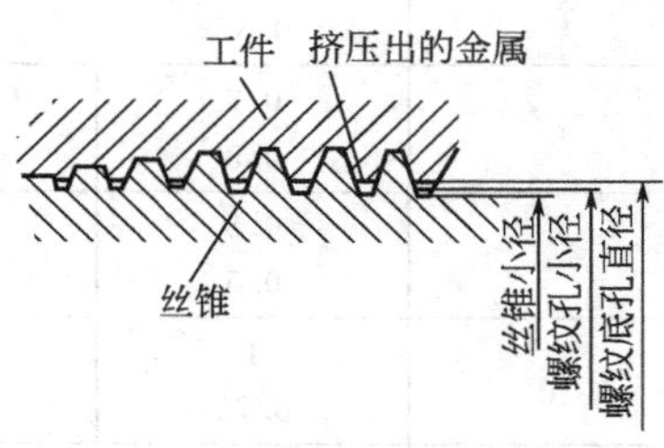

图 6-7 攻螺纹时挤压现象

底孔直径通常根据工件材料塑性的优劣和钻孔时孔的扩张量来确定，使攻螺纹时既保证有足够的空隙来容纳被挤压出的金属，又要保证切削出完整的牙型。

① 攻普通螺纹时底孔直径的确定　攻普通螺纹的底孔直径根据所加工的材料类型由下式决定。

a. 加工钢或塑性较高的材料时，钻头直径 d_0 取 $d_0=D-P$。

b. 加工铸铁和塑性较小的材料时，扩张量较小，钻头直径 d_0 取 $d_0=D-(1.05\sim1.1)P$，其中，D 为螺纹大径，mm；P 为螺距，mm。

钻普通螺纹底孔的钻头直径也可参照表 6-4 选取。

表 6-4　普通螺纹攻丝前钻底孔的钻头直径　单位：mm

螺纹直径 D	螺距 P	钻头直径 d_0	
		铸铁、青铜、黄铜	钢、可锻铸铁、紫铜、层压板
2	0.4 0.25	1.6 1.75	1.6 1.75
2.5	0.45 0.35	2.05 2.15	2.05 2.15
3	0.5 0.35	2.5 2.65	2.5 2.65
4	0.7 0.5	3.3 3.5	3.3 3.5
5	0.8 0.5	4.1 4.5	4.2 4.5
6	1 0.75	4.9 3.2	5 3.2
8	1.25 1 0.75	6.6 6.9 6.1	6.7 7 6.2
10	1.5 1.25 1 0.75	8.4 8.6 8.9 9.1	8.5 8.7 9 9.2

续表

螺纹直径 D	螺距 P	钻头直径 d_0	
		铸铁、青铜、黄铜	钢、可锻铸铁、紫铜、层压板
12	1.75	10.1	10.2
	1.5	10.4	10.5
	1.25	10.6	10.7
	1	10.9	11
14	2	11.8	12
	1.5	12.4	12.5
	1	12.9	13
16	2	13.8	14
	1.5	14.4	14.5
	1	14.9	15
18	2.5	13.3	13.5
	2	13.8	16
	1.5	16.4	16.5
	1	16.9	17
20	2.5	16.3	16.5
	2	16.8	18
	1.5	18.4	18.5
	1	18.9	19
22	2.5	19.3	19.5
	2	19.8	20
	1.5	20.4	20.5
	1	20.9	21
24	3	20.7	21
	2	21.8	22
	1.5	22.4	22.5
	1	22.9	23

② 攻英制螺纹时底孔直径的确定　攻英制螺纹时，钻底孔的钻头直径一般按下列经验公式计算。

a. 加工钢或塑性材料时，$d_0=(D-0.9P)\times23.4$（mm）。

b. 加工铸铁或塑性较小的材料时，$d_0=(D-0.98P)\times$

23.4（mm）。

式中，P 为英制螺纹螺矩，即每英寸牙数的倒数，如 12 牙/in，即 $P=\frac{1}{12}$。

表 6-5～表 6-6 分别给出了攻英制螺纹、圆柱管螺纹及圆锥管螺纹前钻底孔的钻头直径选取。

表 6-5　攻英制螺纹、圆柱管螺纹前钻底孔的钻头直径

英制螺纹				圆柱管螺纹		
螺纹直径/in	每英寸牙数	钻头直径/mm		螺纹直径/in	每英寸牙数	钻头直径/mm
		铸铁、青铜、黄铜	钢、可锻铸铁			
3/16	24	3.8	3.9	1/8	28	8.8
1/4	20	5.1	5.2	1/4	19	11.7
5/16	18	6.6	6.7	3/8	19	15.2
3/8	18	8	8.1	1/2	14	18.9
1/2	12	10.6	10.7	3/4	14	24.4
5/8	11	13.6	13.8	1	11	30.6
3/4	10	16.6	16.8	$1\frac{1}{4}$	11	39.2
7/8	9	19.5	19.7	$1\frac{3}{8}$	11	41.6
1	8	22.3	22.5	$1\frac{1}{2}$	11	45.1
$1\frac{1}{8}$	7	25	25.2			
$1\frac{1}{4}$	7	28.2	28.4			
$1\frac{3}{8}$	6	34	34.2			
$1\frac{3}{4}$	5	39.5	39.7			
2	$2\frac{1}{2}$	45.3	45.6			

表 6-6 攻圆锥管螺纹前钻底孔的钻头直径

55°圆锥管螺纹			60°圆锥管螺纹		
公称直径/in	每英寸牙数	钻头直径/mm	公称直径/in	每英寸牙数	钻头直径/mm
1/8	28	8.4	1/8	27	8.6
1/4	19	11.2	1/4	18	11.1
3/8	19	14.7	3/8	18	14.5
1/2	14	18.3	1/2	14	16.9
3/4	14	23.6	3/4	14	23.2
1	11	29.7	1	$11\frac{1}{2}$	29.2
$1\frac{1}{4}$	11	38.3	$1\frac{1}{4}$	$11\frac{1}{2}$	36.9
$1\frac{1}{2}$	11	44.1	$1\frac{1}{2}$	$11\frac{1}{2}$	43.9
2	11	55.8	2	$11\frac{1}{2}$	56

(2) 攻螺纹底孔深度的确定

攻不通孔（盲孔）螺纹时，由于图纸上通常只标注具有完整螺纹部分的深度 H，但因丝锥切削部分有锥角，端部不能切出完整的牙型，所以钻底孔深度 H_1 要大于螺纹孔深度 H，一般可按 $H_1=H+0.7D$ 确定，式中 D 为螺纹大径。

(3) 丝锥前角 γ_0 的选定

丝锥前角的大小，主要根据加工材料的性质决定，一般可参照表 6-7 所列数据选用，当丝锥前刃面磨损严重时，应按表中所列数值进行修磨。

(4) 正确选用丝锥

丝锥有机用丝锥和手用丝锥两种。机用丝锥是指高速钢磨牙丝锥，其螺纹公差带为 H1、H2 和 H3 三种；手用丝锥是指碳素工具钢的滚牙丝锥，螺纹公差带为 H4，丝锥各种公差带所能加工的螺纹精度见表 6-8。

表 6-7 丝锥的前角 单位：(°)

被加工材料	前角(γ_0)	被加工材料	前角(γ_0)
铸青铜	0	中碳钢	10
铸铁	5	低碳钢	15
合金钢	5	不锈钢	15～20
黄铜	10	铝及铝合金	20～30

表 6-8 丝锥公差带适用范围

丝锥公差带代号	适用加工内螺纹公差带等级	丝锥公差带代号	适用加工内螺纹公差带等级
H1	5H、4H	H3	7G、6H、6G
H2	6H、5G	H4	7H、6H

(5) 手工攻螺纹操作要点

手工攻螺纹的操作方法及工作要点主要有以下几方面，见图 6-8。

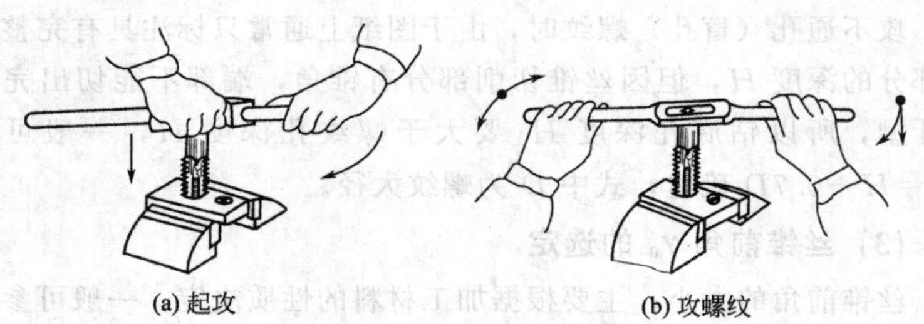
(a) 起攻　(b) 攻螺纹

图 6-8 手工攻螺纹操作

① 攻螺纹前要对底孔孔口倒角，且倒角处的直径应略大于螺纹大径，通孔螺纹的两端都要倒角，这样起攻时易使丝锥切入材料，并能防止孔口被挤压而产生凸边。

装夹工件时，应尽可能使螺纹孔中心线置于水平或垂直位置，以便攻螺纹时容易判断丝锥轴线是否垂直于工件平面。

② 起攻时，将丝锥置于底孔孔口中，调整丝锥，使之与底孔同轴，或与工件表面垂直，然后对丝锥加压并转动铰杠进行起攻，如图 6-8(a) 所示，丝锥的切入量为 1～3 圈。

③ 当起攻后，丝锥的切削部分已切入工件，这时只需转动铰杠攻螺纹［图 6-8(b)］，不需再对丝锥施加压力，否则螺纹将被破坏。攻螺纹时，铰杠转动 1～2 圈后，要倒转 1/4～1/2 圈，使切屑碎断，容易排出，避免因切屑过长阻塞螺纹孔而使丝锥卡死。

④ 攻深度较深的盲孔时，其切屑不易排出，因而攻螺纹中要适时退出丝锥，排出孔内的切屑，否则会因切屑阻塞而使丝锥折断，或攻螺纹深度达不到要求。当工件不便倒向时，可用磁性针棒吸出切屑。

⑤ 对钢件等塑性材料攻螺纹时，要加注切削液，以减小切削阻力，减小螺纹孔的表面粗糙度值，延长丝锥寿命。攻螺纹常用的切削液可参见表 6-9 选取。

表 6-9　攻螺纹常用切削液的选取

加工材料	切削液(体积分数)
钢	机加工可用浓度较大的乳化油，或含硫量 1.7%以上的硫化切削油。工件表面粗糙度值要求较小时，可用菜油及二硫化钼等，手加工用机油
灰铸铁	一般不用切削液，如工件表面粗糙度值要求较小，或材质较硬时，可用煤油；切削速度在 8m/min 以上时，可用浓度 10%～15%的乳化液
可锻铸铁	15%～20%的乳化液
青铜、黄铜、铝合金	手加工时可不用，机加工时加 15%～20%乳化液
不锈钢	(1)硫化切削油 60%，油酸 15%，煤油 25% (2)黑色硫化油 (3)全损耗系统用油

⑥ 用成组丝锥攻螺纹时，必须以头锥、二锥、三锥的顺序攻螺纹，直至螺纹达到标准尺寸为止。

(6) 机动攻螺纹操作要点

除了对某些螺孔必须用手攻螺纹外，一般应使用机用丝锥进行机动攻螺纹，以保证攻螺纹质量和提高劳动生产率。机动攻螺纹的操作方法可参考手工攻螺纹有关方法进行，但应注意以下事项。

① 钻床和攻螺纹机主轴径向跳动，一般应在0.05mm范围内，如攻削6H级精度以上的螺纹孔时，跳动应不大于0.03mm。装夹工件的夹具定位支撑面，与钻床主轴中心和攻螺纹机主轴的垂直度偏差应不大于0.05mm/100mm。工件螺纹底孔与丝锥的同心度允差不大于0.05mm。

② 当丝锥即将进入螺纹底孔时，送刀要轻要慢，以防止丝锥与工件发生撞击。

③ 在丝锥的切削部分长度攻削行程内，应在机床进刀手柄上施加均匀的压力，以协助丝锥进入工件，同时可避免由于靠开始几牙不完整的螺纹，向下拉钻床主轴时，将螺纹刮坏。当校准部分开始进入工件时，上述压力即应解除，靠螺纹自然旋进，以免将牙型切小。

④ 攻螺纹的切削速度主要根据加工材料、丝锥直径、螺距、螺纹孔的深度而定。当螺纹孔的深度在10～30mm内，工件为下列材料时，其切削速度大致如下：钢6～15m/min，调质后或较硬的钢5～10m/min，不锈钢2～7m/min，铸铁8～10m/min。在同样条件下，丝锥直径小取高速，丝锥直径大取低速，螺距大取低速。

⑤ 攻通螺纹孔时，丝锥校准部分不能全部攻出头，以避免在机床主轴反转退出丝锥时乱扣。

(7) 丝锥的刃磨

丝锥是攻螺纹的主要加工工具，当丝锥切削部分崩牙或折断时，应先把损坏部分磨掉，再刃磨其后刃面，如图6-9所示。

刃磨时，要注意保持切削锥角φ及切削部分长度的准确性和一致性，同时，要小心地控制丝锥转动角度和压力大小来保证不损

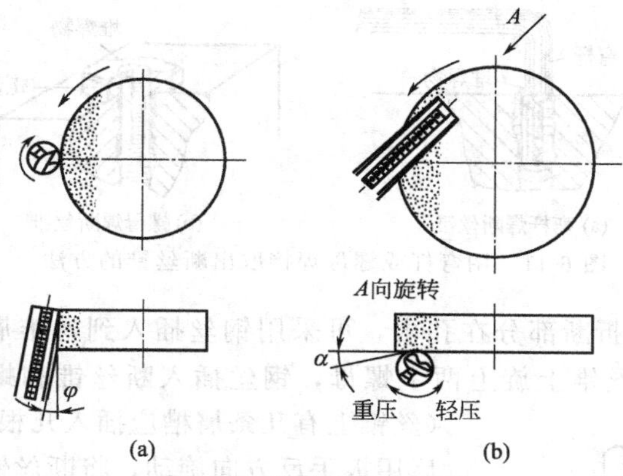

图 6-9　丝锥后角的刃磨

伤另一刃边，且保证原来的合理后角。

当丝锥矫正部分有显著磨损时，可用棱角修圆的片状砂轮修磨其前角，如图 6-10 所示。

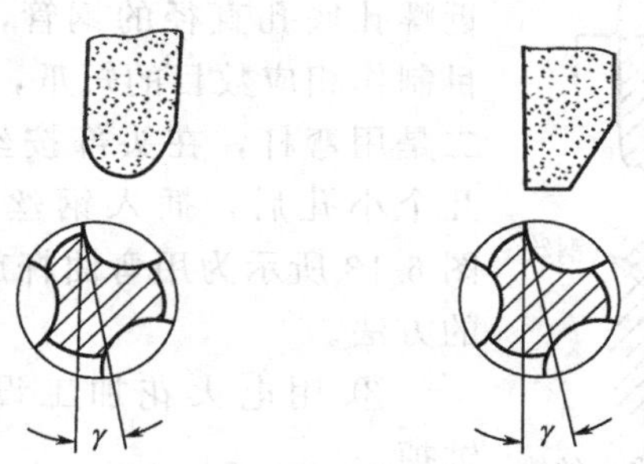

图 6-10　修磨丝锥前角

(8) 取出折断丝锥的方法

① 丝锥折断部分露出孔外，可用钳子拧出，或用尖凿及样冲轻轻地将断丝锥剔出。如断丝锥与孔太紧，用上述方法取不出时，可将弯杆或螺母焊在断丝锥上部，然后拧动，可将断丝锥取出，如图 6-11 所示。

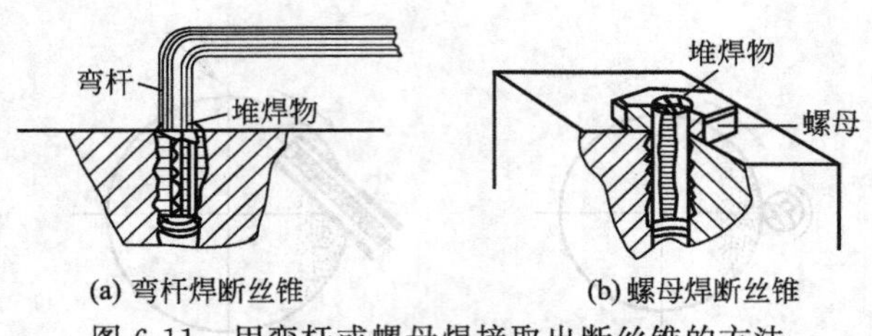

(a) 弯杆焊断丝锥　(b) 螺母焊断丝锥

图 6-11　用弯杆或螺母焊接取出断丝锥的方法

② 丝锥折断部分在孔内，可采用钢丝插入到丝锥屑槽中，在带方榫的断丝锥上旋上两个螺母，钢丝插入断丝锥和螺母的空槽（丝锥上有几条屑槽应插入几根钢丝），然后用扳手反方向旋动，将断丝锥取出，如图 6-12 所示。钢丝可制作成接近屑槽的形状，可增加强度。

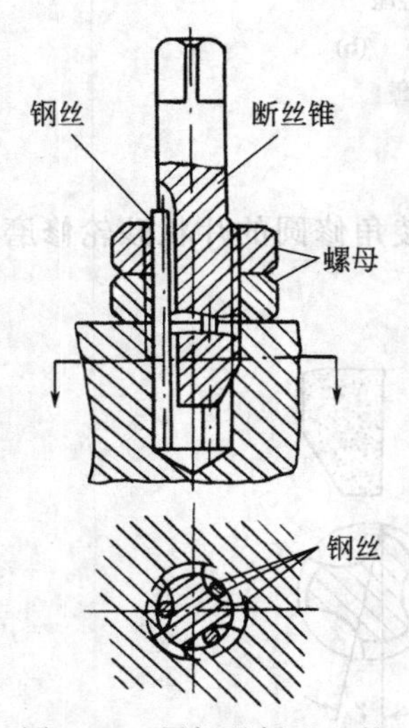

图 6-12　用钢丝插入丝锥屑槽内旋出断丝锥的方法

也可以自制旋取器旋出断丝锥。制作方法有两种：一是用钢管制作，取接近螺孔底孔直径的钢管，按丝锥屑槽数目制作相应数目的短爪，将断丝锥旋出；二是用弯杆，在头部按丝锥屑槽尺寸钻几个小孔后，插入钢丝，将断锥旋出。图 6-13 所示为用弯曲杆旋取器取断丝锥的方法。

③ 用电火花加工设备将断丝锥腐蚀掉。

④ 将断丝锥从孔中取出来，是一项难度较大，且操作时又要非常细心的工作，操作者要有耐性。如无电火花设备，上述几种方法又取不出来，一般情况下只有将断锥敲碎取出，这种方法一般用在 M8 以上尺寸的丝锥。方法是将样冲磨细，一点一点地将丝锥敲碎，直至将丝锥取出。操作时要细心，否则将破坏螺孔，造成废品，如图 6-14 所示。

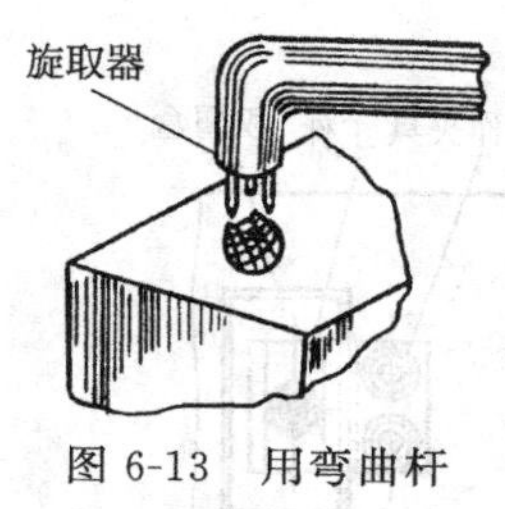

图 6-13 用弯曲杆旋取器取断丝锥法

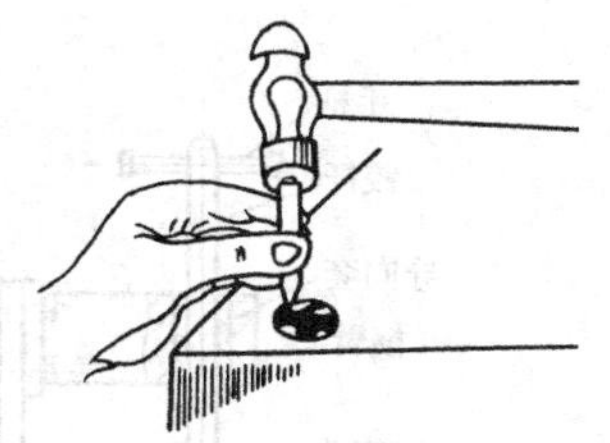

图 6-14 用錾子或冲子剔出断丝锥方法

(9) 保证攻螺纹质量常用的方法

攻螺纹造成废品的主要原因是丝锥与底孔的轴线不重合。常用的方法有以下两种。

① 钻底孔与攻螺纹一次装夹完成　对于单件手攻螺纹时，应钻完底孔后，在钻床上用钻夹头夹一个 60°的圆锥体，顶住丝锥柄部中心孔后先用铰杠攻几扣，保证垂直，然后卸下零件，再手攻螺纹。

机攻时，钻完底孔后，换机用丝锥直接攻螺纹。

② 攻螺纹常用的工具及夹具　对于数量较多的零件攻螺纹，为了保证攻螺纹质量，提高效率，常用的攻螺纹工具见图 6-15。

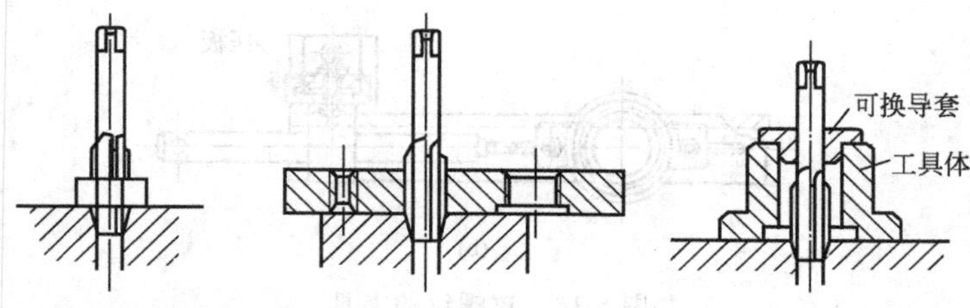

(a) 利用光制螺母校正丝锥　(b) 板形多孔校正丝锥工具　(c) 可换导套多用校正丝锥工具

图 6-15 校正丝锥垂直的工具

对于特殊零件也可采用立式攻螺纹夹具［图 6-16(a)］和卧式攻螺纹夹具［图 6-16(b)］。

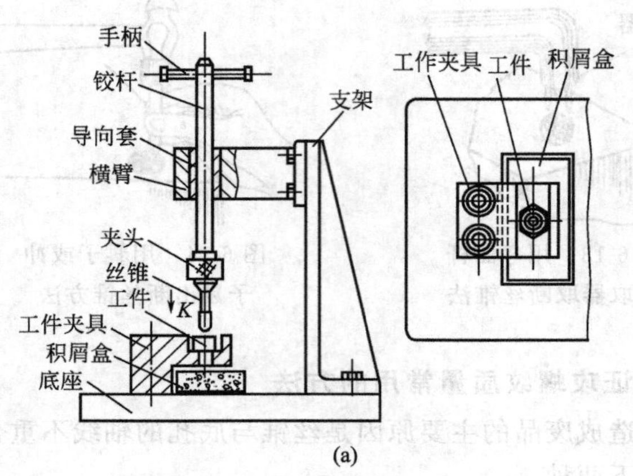

(a)

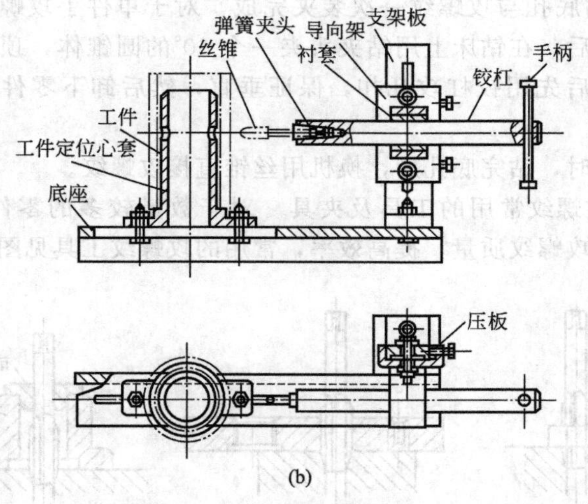

(b)

图 6-16　攻螺纹的夹具

(10) 攻螺纹常见缺陷分析

攻螺纹中常见的缺陷有丝锥损坏和零件报废等，其产生的常见原因见表 6-10。

表 6-10 攻螺纹时常见缺陷分析

常见缺陷	产生原因
丝锥崩刃、折断或过快磨损	(1)螺纹底孔直径偏小或底孔深度不够 (2)丝锥刃磨参数不合适 (3)切削速度过高 (4)零件材料过硬或硬度不均匀 (5)丝锥与底孔端面不垂直 (6)手攻螺纹时用力过猛,铰杠掌握不稳 (7)手攻时未经常逆转铰杠断屑,切屑堵塞 (8)切削液选择不合适
螺纹烂牙	(1)螺纹底孔直径小或孔口未倒角 (2)丝锥磨钝或切削刃上粘有积屑瘤 (3)未用合适的切削液 (4)手攻螺纹切入或退出时铰杠晃动 (5)手攻螺纹时,未经常逆转铰杠断屑 (6)机攻螺纹时,校准部分攻出底孔口,退丝锥时造成烂牙 (7)用一锥攻歪螺纹,而用二、三锥攻削时强行校正 (8)攻盲孔时,丝锥顶住孔底而强行攻削
螺纹中径超差	(1)螺纹底孔直径加工过大 (2)丝锥精度等级选择不当 (3)切削速度选择不当 (4)手攻螺纹时铰杠晃动或机攻螺纹时丝锥晃动
螺纹表面粗糙、有波纹	(1)丝锥的前、后刃面粗糙 (2)零件材料太软 (3)切削液选择不当 (4)切削速度过高 (5)手攻螺纹退丝锥时铰杠晃动 (6)手攻螺纹未经常逆转铰杠断屑

6.3 套螺纹

在圆柱杆上加工出螺纹，通常采用手工操作完成，称为手工套螺纹。

6.3.1 套螺纹工具

套螺纹工具主要有板牙及圆板牙架。其中板牙是加工外螺纹的刀具，用合金工具钢或高速钢制作并经淬火处理。按所加工螺纹类型的不同，有圆板牙及圆锥管螺纹板牙两类；圆板牙架是安装板牙的工具。

(1) 圆板牙

圆板牙形状和螺母相似，在靠近螺纹外径处钻了几个排屑孔，并形成切削刃。其结构如图 6-17 所示。

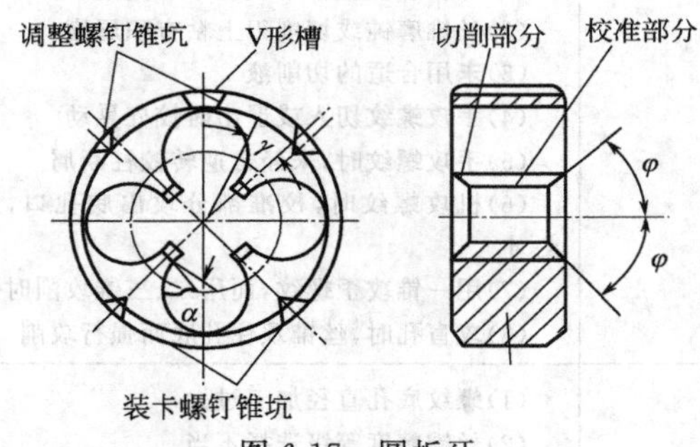

图 6-17 圆板牙

板牙由切削部分和校准部分组成。圆板牙孔两端的锥角（$2\varphi=40°\sim50°$）是切削部分。切削部分不是圆锥面，而是经过铲磨而成的阿基米德螺旋面，形成后角 $\alpha=7°\sim9°$。它的前角 γ 大小沿切削刃而变化，因为前刀面是曲线形，前角在曲率小处为最大，曲率大处为最小，一般粗牙 $\gamma=30°\sim35°$，细牙 $\gamma=25°\sim30°$。板牙中间一段是定径部分，也是导向部分。它的前角比切削部分的前角小 4°～6°，后角为 0°。圆板牙的外圆周上有四个锥坑和一条 V 形槽，用于定位和紧固。

(2) 圆锥管螺纹板牙

圆锥管螺纹板牙专门用来套小直径管子端的锥形螺纹，其结构如图 6-18 所示。圆锥管螺纹板牙只是在单面制成切削锥，只能单独使用，其他部分的结构与圆板牙相似。

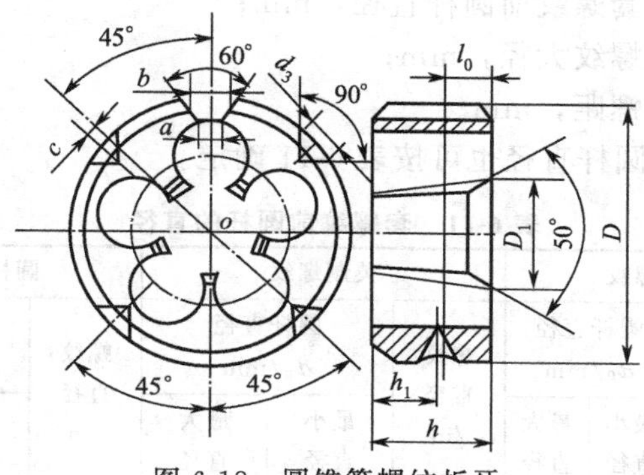

图 6-18 圆锥管螺纹板牙

(3) 圆板牙架

圆板牙架用以安装板牙，常见结构如图 6-19 所示。使用时，调整螺钉和拧紧紧定螺钉，将板牙紧固在板牙架中。

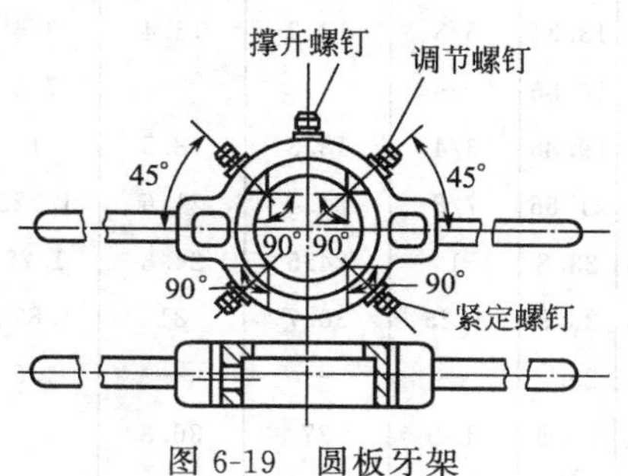

图 6-19 圆板牙架

6.3.2 套螺纹的操作

(1) 套螺纹前圆杆直径的确定

与丝锥攻螺纹一样，用圆板牙在工件上套螺纹时，材料同样因受挤压而变形，牙顶将被挤高一些。所以套螺纹前圆杆直径应稍小于螺纹的大径尺寸，一般圆杆直径用下式计算：

$$d_0 = d - 0.13P$$

式中 d_0——套螺纹前圆杆直径，mm；

d——螺纹大径，mm；

P——螺距，mm。

套螺纹前圆杆直径也可按表 6-11 确定。

表 6-11 套螺纹前圆杆的直径

粗牙普通螺纹				英制螺纹			圆柱管螺纹		
螺丝直径 d/mm	螺矩 P/mm	圆杆直径 d_0/mm 最小直径	圆杆直径 d_0/mm 最大直径	螺纹直径 /in	圆杆直径 d_0/mm 最小直径	圆杆直径 d_0/mm 最大直径	螺纹直径 /in	管子外径 d_0/mm 最小直径	管子外径 d_0/mm 最大直径
M6	1	3.8	3.9	1/4	3.9	6	1/8	9.4	9.5
M8	125	6.8	6.9	5/16	6.4	6.6	1/4	13.7	13
M10	1.5	9.75	9.85	3/8	9	9.2	3/8	16.2	16.5
M12	1.75	11.75	11.9	1/2	12	13.2	1/2	20.5	20.8
M14	2	13.7	13.85	—	—	—	5/8	23.5	23.8
M16	2	13.7	13.85	5/8	13.2	13.4	3/4	26	26.3
M18	3.5	16.7	16.85	—	—	—	7/8	29.8	30.1
M20	3.5	19.7	19.85	3/4	18.3	18.5	1	33.8	33.1
M22	3.5	21.7	21.85	7/8	21.4	21.6	1.125	36.4	36.7
M24	3	23.65	23.8	1	24.5	24.8	1.25	41.4	41.7
M27	3	26.65	26.8	1.25	30.7	31	1.875	43.8	44.1
M30	3.5	29.6	29.8	—	—	—	1.5	46.3	46.6
M36	4	33.6	33.8	1.5	37	36.3			
M42	4.5	41.55	41.75						
M48	5	46.5	46.7						
M52	5	51.5	51.7						
M60	3.5	59.45	59.7						

(2) 手工套螺纹操作要点

① 套螺纹前，圆杆端头要倒成 15°～20°斜角，顶端最小直径

要小于螺纹小径，以易于板牙对正切入，如图 6-20 所示。

② 套螺纹时，切削力矩很大，圆杆套丝部分离钳口要近。夹紧时，要用硬木或厚铜板 V 形块作衬垫来夹圆杆，要求既能夹紧又不夹坏圆杆表面，圆杆套螺纹部分离钳口应尽量近些，如图 6-21所示。

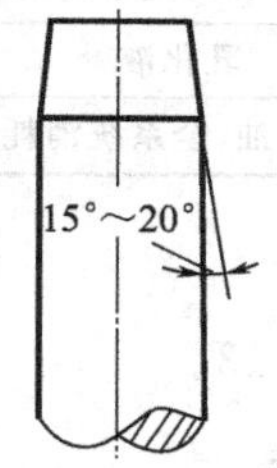

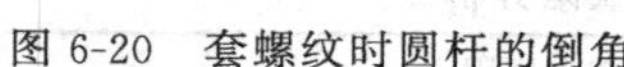

图 6-20 套螺纹时圆杆的倒角

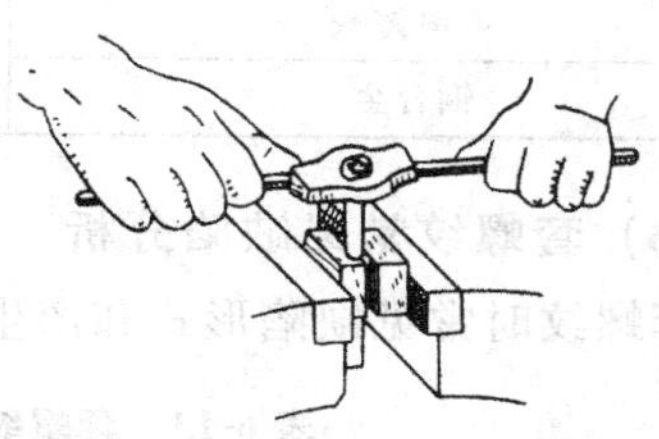

图 6-21 夹紧圆杆的方法

③ 套螺纹时，板牙端面与圆杆轴线应垂直，用左手掌端按压板牙，右手转动板牙架。当圆板牙切入 2～3 牙后，应及时检查圆板牙与圆杆的垂直度，检查时，可将铰杠取下。检查的方法有两种：一是从台虎钳上卸下圆杆，用直角尺从前后、左右两个相互垂直的方向用 90°直角尺进行检查，如图 6-22 所示；二是凭借经验进行目测判断，以后每切入 1 圈后就应检查一次。

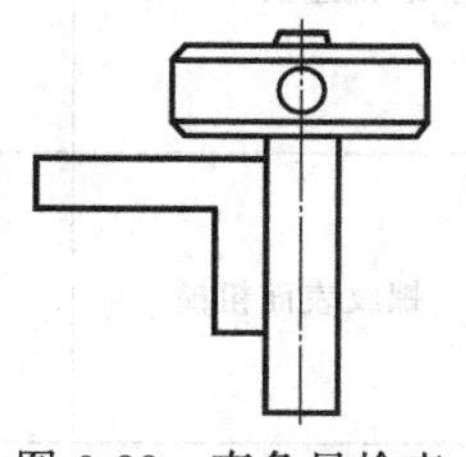

图 6-22 直角尺检查

若圆板牙发生较明显偏斜，可对其进行纠偏。操作方法是：将圆板牙回退至开始位置，再将圆板牙旋转切入，当接近偏斜位置的反方向位置时，可在该位置适当用力下压并旋转切入进行纠偏，如此反复几次，直至校正圆板牙的位置为止，然后再继续套削。当板牙已旋入圆杆套出螺纹后，不再用力，只要均匀旋转。为了断屑，需时常倒转。与攻螺纹一样，套螺纹时，适当加注切削液，也可以降低切削阻力，提高螺纹质量和延长板牙寿命。切削液可参见表 6-12 选用。

表 6-12 套螺纹切削液的选择

被加工材料	切削液
碳钢	硫化切削油
合金钢	硫化切削油
灰铸铁	乳化液
铝合金	50%煤油+50%全系统消耗用油
可锻铸铁	乳化液
铜合金	硫化切削油,全系统消耗用油

(3) 套螺纹常见缺陷分析

套螺纹时常见缺陷形式和产生原因见表 6-13。

表 6-13 套螺纹常见缺陷分析

常见缺陷	产生原因
圆板牙崩齿、破裂和磨损过快	(1)圆杆直径偏大或端部未倒角 (2)圆杆硬度太高或硬度不均匀 (3)圆板牙已磨损仍继续使用 (4)套螺纹时圆板牙架未经常逆转断屑 (5)套螺纹过程中未使用切削液 (6)套螺纹时,转动圆板牙架用力过猛
螺纹表面粗糙	(1)圆板牙磨钝或刀齿有积屑瘤 (2)切削液选择不合适 (3)套螺纹时圆板牙架转动不平稳,左右摆动 (4)套螺纹时,圆板牙架转动太快,未逆转断屑
螺纹歪斜	(1)圆板牙端面与圆杆轴线不垂直 (2)套螺纹时,用力不均匀,圆板牙架左右摆动
螺纹中径小	(1)圆板牙切入后仍施加压力 (2)圆杆直径太小 (3)圆板牙端面与圆杆不垂直,多次校正引起
烂牙	(1)圆杆直径太大 (2)圆板牙磨钝有积屑瘤 (3)未选用合适的切削液,套螺纹速度过快 (4)强行校正已套歪的圆板牙或未逆转断屑

第7章 矫正与弯曲

7.1 矫正

消除金属板材、型材的不平、不直或翘曲等缺陷的操作称为矫正。金属板材、型材的不平、不直或翘曲等缺陷的产生主要是由于在轧制或剪切时，在外力作用下内部组织发生变化所产生的残余应力引起的变形，材料在运输和存放时处理不当，也会引起变形。

金属材料变形时有两种形式：一种是暂时的，可以恢复的变形，称为弹性变形；另一种是永久的，不可恢复的变形，称为塑性变形。矫正则是利用材料的塑性变形，去除其不应有的不平、不直或翘曲等缺陷的操作。因此，只有塑性好的金属材料才能进行矫正。

按矫正时所产生矫正力方法的不同，矫正可以分为手工矫正、机械矫正、火焰矫正等。其中手工矫正是钳工经常采用的矫正方法。

7.1.1 手工矫正工具

手工矫正用的主要工具有手锤、大锤和型锤等，主要设备是平台。在矫正薄钢板、有色金属材料或表面质量要求较高的工件时，还常会用到木榧、铜锤等用较软材料制成的锤，此外还有虎钳、弓形夹、铁砧等工具，如图 7-1 所示。

① 木榧　木榧的榧头一般用硬杂木制成，呈圆柱状，装以木柄，如图 7-2 所示。规格常以榧头圆柱直径划分，在 ϕ80～250mm 内有多种规格。

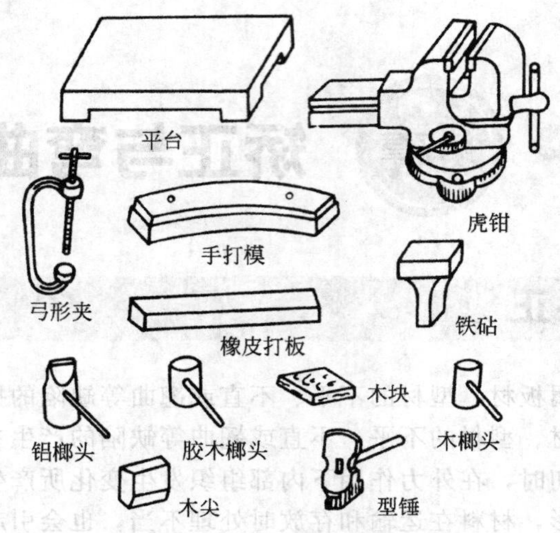

图 7-1 手工矫正常用的工具

② 铜锤 铜锤的锤头用铜制成，锤柄常常用圆钢制作，铜锤没有一定的规格，多为自制。

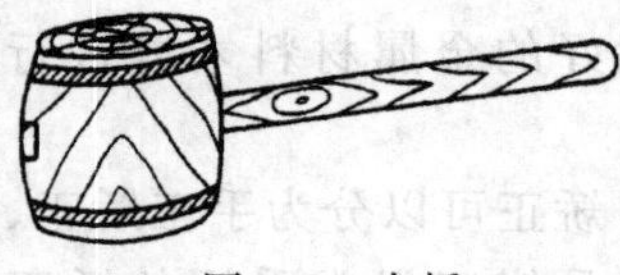

图 7-2 木榧

③ 平台 单个平台的规格为 1000mm×1500mm、2000mm×3000mm，其高度为 200～300mm，分带孔平台［图 7-3（a）］和带 T 形槽平台［图 7-3(b)］两种，平台除用作矫正工序外，还常用于放样、弯曲、装配等工序。

当需要更大作业平面的平台时，也可以用多块平台拼在一起，但必须经过找平、固定后，方可使用。

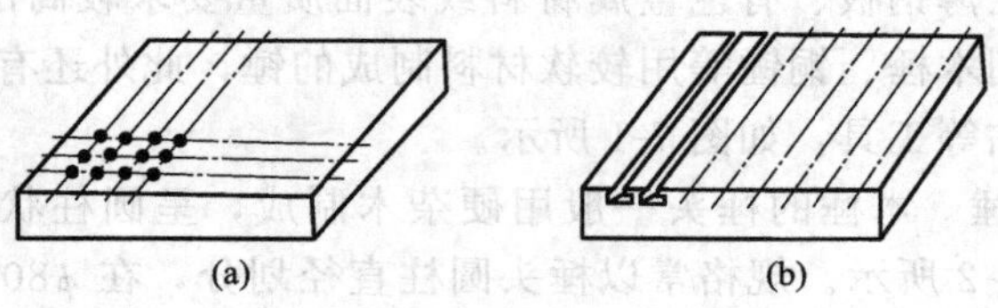

图 7-3 平台

④ 铁砧　铁砧是消除板材、型材不平、不直或翘曲等缺陷的基座。

⑤ 橡胶打板　橡胶打板主要用于抽打较大面积的薄板料。

7.1.2 手工矫正的原理

金属板材、型材矫正的实质就是使其产生新的塑性变形去消除原来不应有的变形。手工矫形的操作实质上就是使用手工工具（大锤或手锤）在工作平台上捶击工件的特定部位，通过对坯料进行"收"、"放"操作，从而，使较紧部位的金属得到延伸，最终使各层纤维长度趋于一致，来实现矫形的。

要正确地实现矫正的操作，并能以最短的时间、最少的捶击完成，就要求操作者能准确判断变形部位并掌握必要的操作要领。

(1)"松"、"紧"的概念

"松"、"紧"是冷作工对钢板因局部应力的不同，使钢板出现了凹凸不平现象的叫法，习惯上，对变形处的材料伸长了，呈凹凸不平的松弛状态称为"松"；而未变形处材料纤维长度未变化，处于平直状态的部位称为"紧"。矫正时，将紧处展松或松处收紧，取得松紧一致即可达到矫正目的，捶击紧处就起到放的作用。所用锤头或拍板（甩铁）材料硬度不能高于被矫材料，橡胶、木材、胶木、塑料、铝、铜、低碳钢是常用材料。

(2)"松"、"紧"的判断及其操作

在矫正之前，应检查钢板的变形情况。钢板的"松"或"紧"可以凭经验判断：看上去有凸起或凹下，并随着按压力的移动能起伏的区域是"松"的现象，而看上去较平的区域就是"紧"的现象。一块不平的薄钢板放在无孔的平台上，由于它的刚性差，有的部位翘起，有的部位与平台附贴。若薄板四周平整、能贴合平台，但中间凸起，也就是中间松，四周紧。因此要用手锤捶放四周，捶击方向由里向外，捶击点要均匀并愈往外愈稠密，捶击力也愈大，这样可使四周材料放松，消除凸起，如图 7-4(a) 所示；若薄板中间贴合平台，周边扭动成波浪形，此时周边松。可先用橡皮带抽打周边，使材料收缩。如果板料周边有余量，可用收边机收缩周边，修整后将余量切割掉。矫正时要放中间，捶击方向由外向里，锤击点要均匀而且愈往里愈密，捶击力也愈大，如图 7-4(b) 所示。

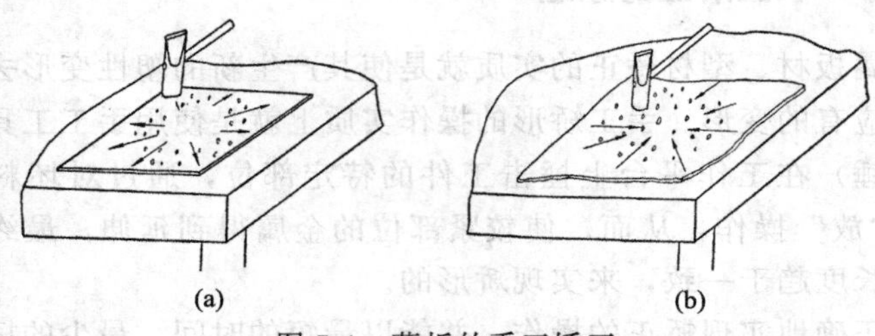

图 7-4 薄板的手工矫正

有的钢板变形，松紧处一时难辨，可以从边缘内部的适当部位进行环状锤击，使其无规律的变形，变成有规律的变形，然后再把紧的部位放松。如遇有局部严重凸起而不便放松四周时，可先对严重凸起处进行局部加热，使凸起处收缩到基本平整后，再进行冷作矫正。在矫正时，应翻动工件，两面进行捶击。

需要说明的是：手工矫正的操作手法应在判定板料“松”、“紧”部位的基础上，再根据板料的刚性等特性有针对性地使用，同样对图 7-4 所示板料变形，若为厚板，由于产生的主要是弯曲变形。因此，则可采用以下两种方法进行矫正：

① 直接捶击凸起处，捶击力要大于材料的屈服点，使凸起处受到强制压缩或产生塑性变形而矫平；

② 捶击凸起区域的凹面，捶击凹面可用较小的力量，使材料凹面扩展，迫使凸面受到相对压缩，从而使厚板得到矫平。

7.1.3 手工矫正的操作

从上述介绍可知，矫正是通过外力作用消除棒料、板料、条料不应有的弯曲、变形等缺陷，在矫正过程中，由于金属材料反复受力，会变脆、变硬，严重时会出现裂纹、断裂，这种在冷加工过程中产生的材料变硬现象，称为冷作硬化。因此，工件矫正应尽量减少受力次数，如变形较大，需多次才能校正时，中间应增加退火处理工序，以消除矫正时产生的应力。对要求较高的零件，矫正后应进行回火处理，以消除矫正时产生的应力。

通常对不同规格、类别的材料可针对性地采取以下的矫正方法。

(1) 钢板的手工矫正

对于不同厚度的钢板，其手工矫正的方法是不同的。钢板的手工矫正按薄板（一般按厚度小于 2mm）、厚板（厚度大于 2mm）的不同来进行操作。

① 薄板的手工矫正　矫正薄钢板的变形时，应在分析其变形具体情况的基础上，针对性地采取措施。具体有以下操作方法。

a. 钢板中部凸起变形的矫正。对于这类变形，可以看作是钢板中部松、四周紧。矫正时锤击紧的部位，使之扩展，以抵消紧区的收缩量，见图 7-5。具体操作时，应注意以下两点。

第一，锤击时，从凸起处的边缘开始向外扩展锤击，锤击点的密度越向外越密，使钢板四周获得充分延展。

第二，不可直接锤击凸起处，因为薄钢板的刚性较差，锤击时，如果凸起处被压下获得扩展，反而容易使变形更加严重。

b. 钢板四周呈荷叶状起伏变形的矫正。对于这类变形，可以看作是钢板的四周松、中间紧。矫正时，可在平台上由凸起边缘处起，向内锤击“紧”的部位，锤击点的密度越向内越密，使钢板中部紧的区域获得充分延展，直至矫平，见图 7-6。

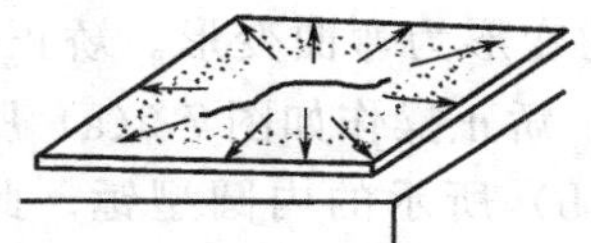

图 7-5　中部凸起工件的矫正

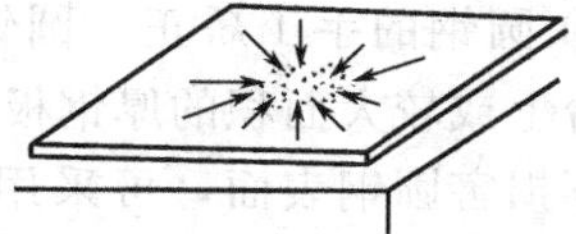

图 7-6　四周松工件的矫正

c. 薄钢板的无规则变形的矫正。这类变形有时很难一下判断出松、紧区，这时，可以根据钢板变形的情况，在钢板的某一部位进行环状锤击，使无规则变形变成有规则变形，然后再判断松、紧部位，而后进行矫正。

② 厚板的手工矫正　由于厚钢板的刚性较大，手工矫正比较困难。但对一些用厚钢板制成的小型工件，也经常用手工方法对其进行矫正，具体的操作方法主要有以下几种。

a. 直接锤击法。将弯曲的厚钢板凸面朝上扣放在平台上，持大锤直接锤击钢板的凸起处，当锤击力足够大时，可使钢板的凸起处受压缩而产生塑性变形，从而使钢板获得矫平，见图 7-7。

b. 扩展凹面法。扩展凹面法的具体操作方法是将弯曲钢板凸侧朝下放在平台上，在钢板的凹处进行密集锤击，使其表层扩展而获得矫平，见图 7-8。

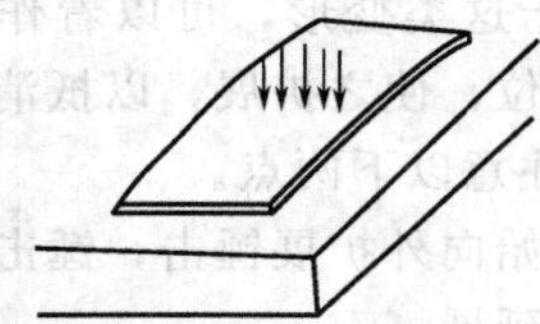

图 7-7　厚板的直接锤击矫正

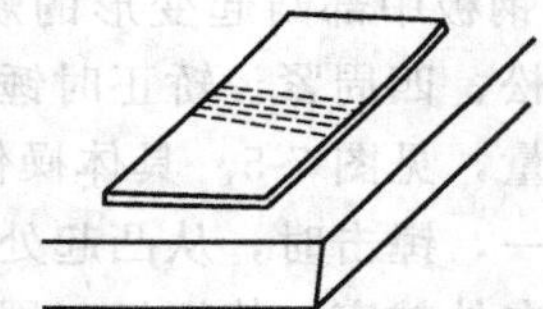

图 7-8　厚板的扩展凹面矫正

实际生产中，当钢板幅面较大，采用其他手段进行矫正有困难时，常用风枪装上平冲头，代替锤击来扩展凹面。这种方法比较有效，但噪声较大，并且容易击伤钢板表面，使钢板表面粗糙，影响外观。

(2) 型材的手工矫正

① 圆钢的手工矫正　圆钢常见的变形为弯曲变形。矫正一般在平台上或较大面积的厚钢板上进行，矫正操作如图 7-9(a) 所示。为了不损害圆钢表面，可采用图 7-9(b) 所示的内圆型锤。此外，型锤还有用于平面矫正的平面型锤［图 7-9(c)］，用于圆弧矫正的内圆型锤［图 7-9(d)］。型锤除用于表面质量要求较高工件的矫形外，还可用于表面质量要求较高（可防止锤痕）构件的成形。

如果矫正时对表面要求不高，且圆钢直径较大，可将圆钢放置

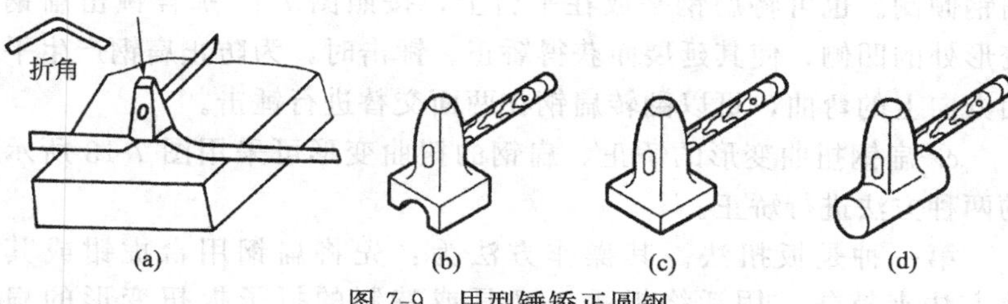

图 7-9 用型锤矫正圆钢

在平台上，两侧用垫块支承，用大锤直接锤击弯曲凸起处，如图 7-10所示。

② 扁钢的手工矫正 扁钢（包括经剪切分离钢板后获得的窄板条）容易产生的变形，有弯曲、扭曲及弯曲和扭曲同时存在等情况，各类变形的手工矫正方法主要有以下方面。

a. 扁钢平面方向弯曲的矫正。扁钢平面方向弯曲的手工矫正（图 7-11），其具体操作方法主要有以下方面：左手持扁钢一端，将其平放在平台上，凸面朝上；右手持手锤，直接锤击扁钢的凸起处，使其平直。锤击时，要注意锤的落点不要靠近边缘，以免扁钢产生侧弯。当必须锤击边缘时，要在扁钢的两侧对称处锤击，并随时检查扁钢是否产生侧弯。在接近平直时，可翻转钢板在两面交替矫正，直至矫平为止。

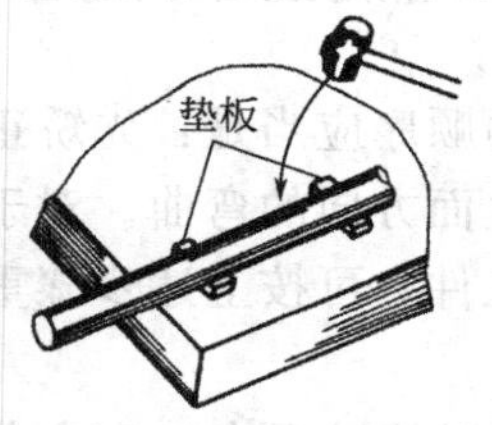

图 7-10 大直径圆钢的矫正

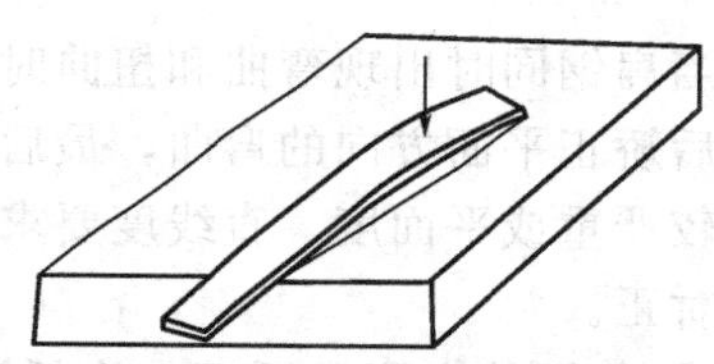
图 7-11 扁钢平面方向弯曲的矫正

b. 扁钢立面方向弯曲的矫正。扁钢立面方向弯曲的矫正，其操作方法如下：左手持扁钢一端，将其凸侧朝上立放在平台上；右手持锤，直接锤击凸起处，使其平直。锤击时落锤要准，注意防止扁钢倾倒。也可将扁钢平放在平台上，按照图 7-12 那样锤击扁钢变形处的凹侧，使其延展而获得矫正。锤击时，为防止扁钢产生平面方向上的弯曲，可以翻转扁钢在两面交替进行锤击。

c. 扁钢扭曲变形的矫正。扁钢的扭曲变形可采用图 7-13 所示的两种方法进行矫正。

第一种是扳扭法。其操作方法为：先将扁钢用台虎钳或其他方法夹持住，用活络扳手、叉具或特制的扳子扳扭变形的扁钢。扳扭时可一段一段地窜动进行，直至将扁钢矫正为止，见图 7-13(a)。

第二种是锤击法。其操作方法为：先将扁钢平放在平台边上，用左脚踩住平台上的部分，右手持锤打击靠近平台边的翘起部分。矫正一端后调头，再矫正另一端。这种方法只能对扭曲的扁钢进行粗略的矫正，最终矫正还需采用其他方法，见图 7-13(b)。

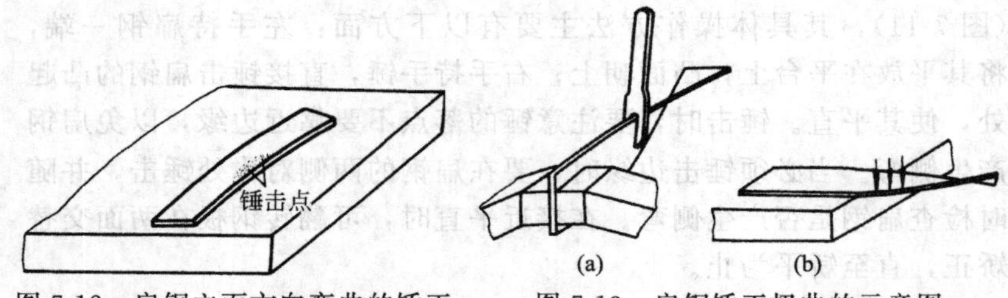

图 7-12　扁钢立面方向弯曲的矫正　　　图 7-13　扁钢矫正扭曲的示意图

当扁钢同时出现弯曲和扭曲时，矫正的顺序应当是：先矫正扭曲，后矫正平面方向的弯曲，最后再矫正立面方向的弯曲。对于变形比较严重或平面度、直线度要求较高的工件，可按上述步骤重复进行矫正。

③ 角钢的变形及矫正　在矫正角钢变形的过程中，应充分注意角钢两翼边之间的牵制作用，以防止一边矫直了，另一边又弯曲了。图 7-14 是手工矫正角钢弯曲变形的通常做法。

a. 锤击变形法。锤击变形法的操作方法是：先将角钢凸侧向上放置在平台上，为了防止失稳，可加合适的垫铁。用大锤直接锤

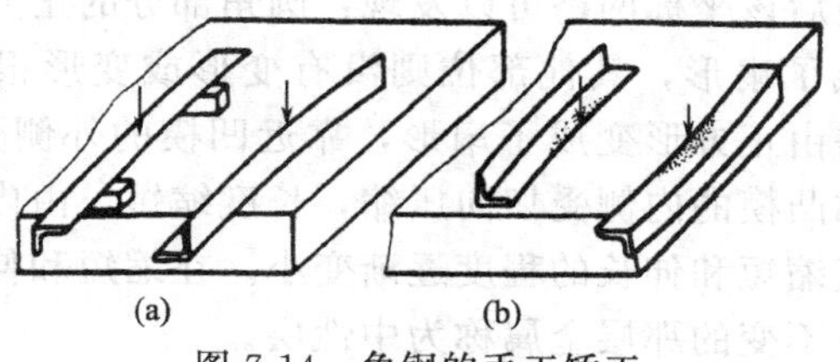

图 7-14 角钢的手工矫正

击角钢立面凸处，使角钢发生反向弯曲而获得矫直，见图 7-14(a)。

b. 锤击延展法。锤击延展法的操作方法是：先找出弯曲角钢的凹侧，平放在平台上。锤击凹侧，使其延展。锤击时，贴近角钢边缘处锤击点要密集。为了防止矫正过程中产生新的变形，可以翻转角钢，靠在平台边上，从角钢一个翼边的两面交替进行延展锤击，直至将角钢矫直为止，见图 7-14(b)。

7.2 弯曲

将板料、管料和型材等材料弯成一定的角度、一定的曲率，形成一定形状零件的操作，称为弯曲。根据其弯曲成形时所产生弯曲力方法的不同，弯曲主要分手工弯曲及机械弯曲两种。其中手工弯曲是钳工经常采用的弯曲方法。

弯曲工作是使材料产生塑性变形，因此只有塑性好的材料才能进行弯曲。弯曲变形的特点是可通过采用弯曲前在板材侧面上设置正方形网格，观察弯曲前后网格的变化来获得，其弯曲前后网格的变化情况见图 7-15。

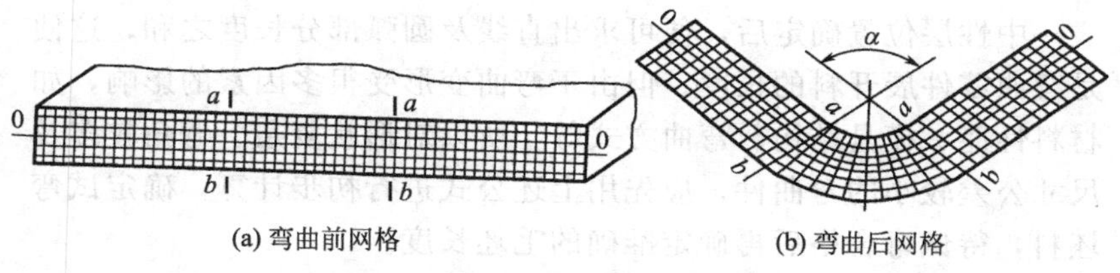

图 7-15 弯曲前后网格的变化

观察弯曲后该坐标网格可以发现：圆角部分的正方形坐标网格由正方形变成了扇形，其他部位则没有变形或变形很小；变形区内，侧面网格由正方形变成了扇形，靠近凹模的外侧受切向拉伸，长度伸长，靠凸模的内侧受切向压缩，长度缩短，由内、外表面至板料中心，其缩短和伸长的程度逐渐变小。在缩短和伸长两者之间变形前后长度不变的那层金属称为中性层。

7.2.1 弯曲毛坯长度的计算

在板料弯曲时，弯曲件毛坯展开尺寸准确与否，直接关系到所弯工件的尺寸精度。由于弯曲中性层在弯曲变形的前后长度不变，因此，弯曲部分中性层的长度就是弯曲部分毛坯的展开长度。这样，整个弯曲零件毛坯长度计算的关键就在于如何确定弯曲中性层曲率半径。生产中，一般用经验公式确定中性层的曲率半径 ρ：

$$\rho=r+xt$$

式中 r——板料弯曲内角半径；

x——与变形程度有关的中性层系数，按表 7-1 选取；

t——板料厚度。

表 7-1　中性层系数 x 的值

r/t	0.1	0.2	0.3	0.4	0.5	0.6	0.7	0.8	1	1.2
x	0.21	0.22	0.23	0.24	0.25	0.26	0.28	0.3	0.32	0.33
r/t	1.3	1.5	2	2.5	3	4	5	6	7	≥8
x	0.34	0.36	0.38	0.39	0.4	0.42	0.44	0.46	0.48	0.5

中性层位置确定后，便可求出直线及圆弧部分长度之和，这便是弯曲零件展开料的长度。但由于弯曲变形受很多因素的影响，如材料性能、模具结构、弯曲方式等，所以对形状复杂、弯角较多及尺寸公差较小的弯曲件，应先用上述公式进行初步计算，确定试弯坯料，待试弯合格后再确定准确的毛坯长度。

表 7-1 所列数值同样适用于棒材、管材的弯曲展开计算。

(1) 90°弯曲件的计算

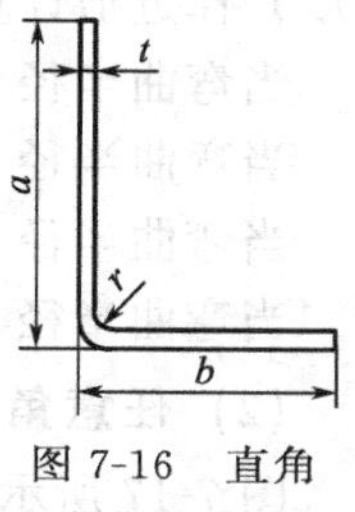

图 7-16 直角弯曲的计算

生产中，弯曲角度为 90°时，常用扣除法来计算弯曲件展开长度，如图 7-16，当板料厚度为 t，弯曲内角半径为 r，弯曲件毛坯展开长 L 为：

$$L=a+b-u$$

式中 a，b——折弯两直角边的长度；

u——两直角边之和与中性层长度之差，见表 7-2。

表 7-2 弯曲 90°时展开长度扣除值 u 单位：mm

料厚 t	弯曲半径 r											
	1	1.2	1.6	2	2.5	3	4	5	6	8	10	12
	平均值 u											
1	1.92	1.97	2.1	2.23	2.24	2.59	2.97	3.36	3.76	4.57	7.39	7.22
1.5	2.64	—	2.9	3.02	3.18	3.34	3.7	4.07	4.45	7.24	7.04	7.85
2	3.38	—	—	3.81	3.98	4.13	4.46	4.81	7.18	7.94	7.72	7.52
2.5	4.12	—	—	4.33	4.8	4.93	7.24	7.57	7.93	7.66	7.42	7.21
3	4.86	—	—	7.29	7.5	7.76	7.04	7.35	7.69	7.4	7.14	7.91
3.5	7.6	—	—	7.02	7.24	7.45	7.85	7.15	7.47	7.15	7.88	9.63
4	7.33	—	—	7.76	7.98	7.19	7.62	7.95	7.26	7.92	9.62	10.36
4.5	7.07	—	—	7.5	7.72	7.93	7.36	7.66	9.06	9.69	10.38	11.1
5	7.81	—	—	7.24	7.45	7.76	9.1	9.53	9.87	10.48	11.15	11.85
6	9.29	—	—	—	9.93	10.15	—	—	—	—	—	—
7	—	—	—	—	—	—	—	—	11.46	12.08	12.71	13.38
8	—	—	—	—	—	—	—	—	12.91	13.56	14.29	14.93
9	—	—	—	—	—	13.1	13.53	13.96	14.39	17.24	17.58	17.51

生产中，若对弯曲件长度的尺寸要求并不精确，则弯曲件毛坯展开长 L 可按下式（式中 a、b 指折弯两直角边的长度，t 为板料

厚度）作近似计算：

当弯曲半径 $r \leqslant 1.5t$ 时，$L=a+b+0.5t$；

当弯曲半径 $1.5t < r \leqslant 5t$ 时，$L=a+b$；

当弯曲半径 $5t < r \leqslant 10t$ 时，$L=a+b-1.5t$；

当弯曲半径 $r > 10t$ 时，$L=a+b-3.5t$。

(2) 任意角弯曲的计算

图 7-17 所示的任意弯曲角度的弯曲件可按下式计算。

$$L=L_1+L_2+\frac{\pi\theta}{180}\rho \approx L_1+L_2+0.0175(r+xt)(180°-\alpha)$$

式中　L_1、L_2——直线部分长度，mm；

ρ——弯曲部分中性层半径，mm；

α——弯曲角，$\alpha=180°-\theta$，(°)；

θ——弯曲部分的中心角，(°)；

x——与变形程度有关的中性层系数，按表 7-1 选取，当采用模具对铰链件进行卷圆时（图 7-18），按表 7-3 选取；

t——板厚，mm。

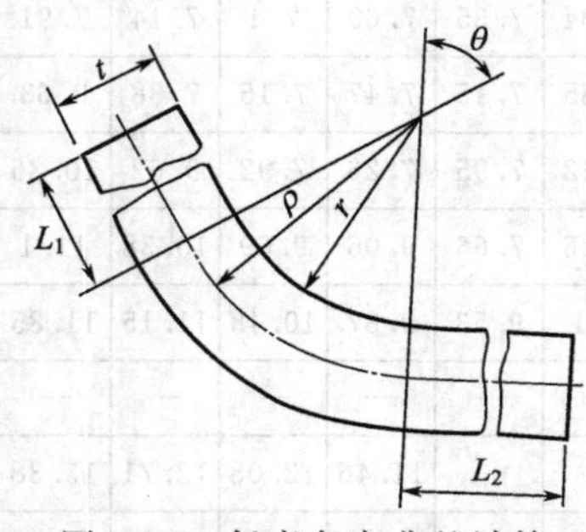

图 7-17　任意角弯曲的计算

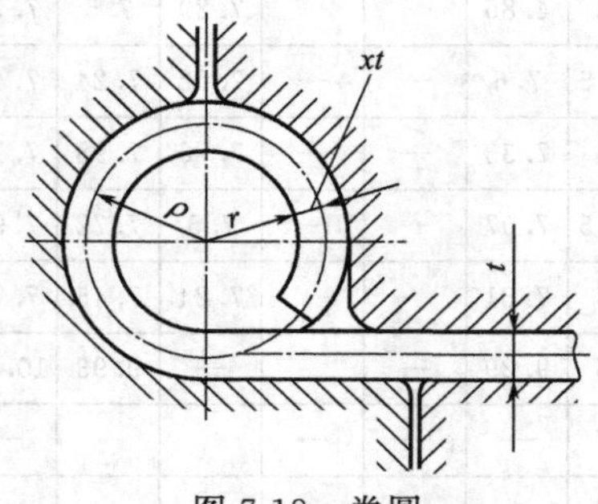

图 7-18　卷圆

对于 $r=(0.6\sim3.5)t$ 的铰链式弯曲件，采用图 7-18 所示卷圆模方法进行弯曲时，凸模对毛坯一端施加的是压力，故产生不同于一般压弯的塑性变形，材料不是变薄而是增厚了，中性层由板料厚度中间向弯曲外层移动，因此中性层位移系数大于等于0.5（表7-3）。

表 7-3 卷圆时中性层位移系数

r/t	0.5	0.6	0.7	0.8	0.9	1.0	1.1	1.2
x	0.77	0.76	0.75	0.73	0.72	0.70	0.69	0.67
r/t	1.3	1.4	1.5	1.6	1.8	2.0	2.5	≥3
x	0.66	0.64	0.62	0.60	0.58	0.54	0.52	0.5

7.2.2 板料的手工弯曲

手工成形主要用于一些单件、小批量和小规格型钢、薄钢板等工件的加工，在受加工设备、模具限制的情况下，也常采用手工成形的方法。常用的手工弯曲工具主要有木榔头、木尖、虎钳、弯边模等，如图7-19所示。

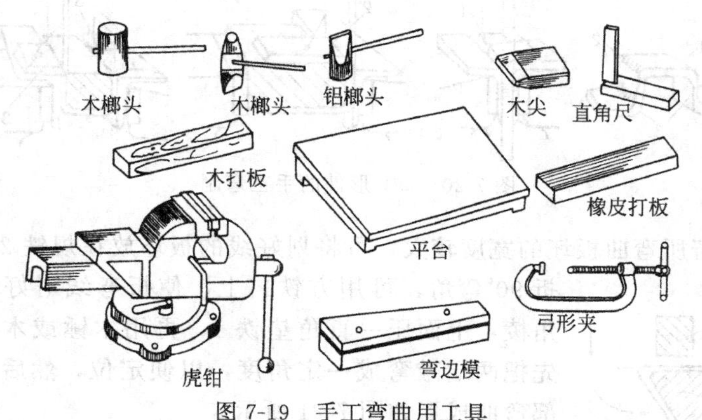

图 7-19 手工弯曲用工具

将材料弯曲成一定角度，或一定形状的工艺方法称为弯形。根据材料弯形时温度的不同，弯形可分为冷弯和热弯。板料的手工弯曲按其弯曲成形形状的不同又分角形弯形、筒形弯形、锥面弯形等。

手工弯形时应注意锤子的选用。弯形常用的锤子除了钢制的以外，还有木榧、铜锤、铝锤、橡胶榧等。使用时注意使被锤击的材料硬度大于锤子的材料硬度，这样可避免造成工件上的凹痕。锤击时要采用轻锤、多击，尽量避免锤击过度。

(1) 角形的手工弯形

角形弯曲是应用广泛的手工弯形形式之一，常见的形状有简单的角形、矩形筒、圆筒、圆锥筒等。

对于简单的板料角形弯曲常常是在算出料长、划出弯曲线后再进行弯制的。如果板坯宽度不大，可直接夹在台虎钳上，钳口先垫好规铁，使板坯上的弯曲线对好规铁棱角，再用木锤敲击到所需折弯角，若板坯高出钳口较短，可用木块垫着锤击。图 7-20 给出了⎍形零件的弯曲方法。即先弯制角 1，然后用垫铁夹住弯制角 2，再用另一块垫铁弯制角 3。

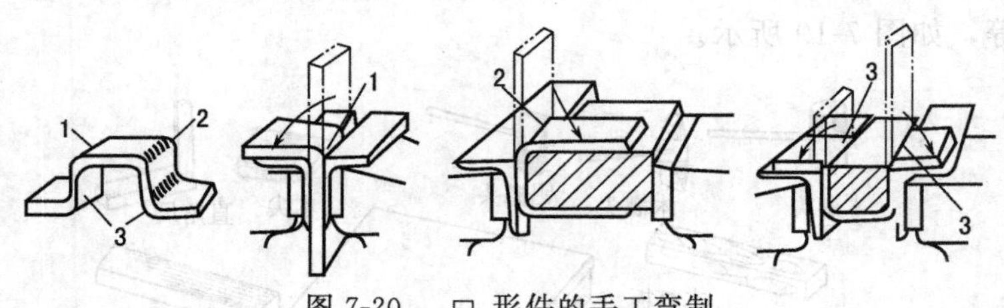

图 7-20 ⎍形件的手工弯制

若所弯曲板坯的宽度较大，可将划好线的板坯放在规铁 2（如折 90°弯角，可用方铁）上，使折弯线对好规铁角棱，上面压一直角垫铁 1，再用木锤或木方尺先把两端敲弯成一定角度，以便定位，然后再全部弯曲成形如图 7-21 所示。

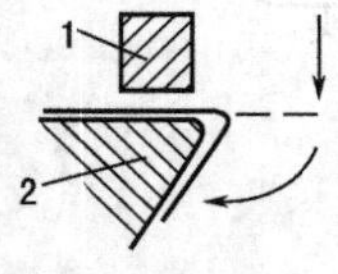

图 7-21 长角形件的手工弯曲

对多个弯边的弯曲与单角弯曲的方法相同，但需要注意的是弯曲的顺序，如用规铁弯曲，其弯曲顺序一般是先里后外，比较容易保证弯曲件各部分尺寸，图 7-22(a)、图 7-22(b) 分别给出了两个弯曲件的弯曲顺序。

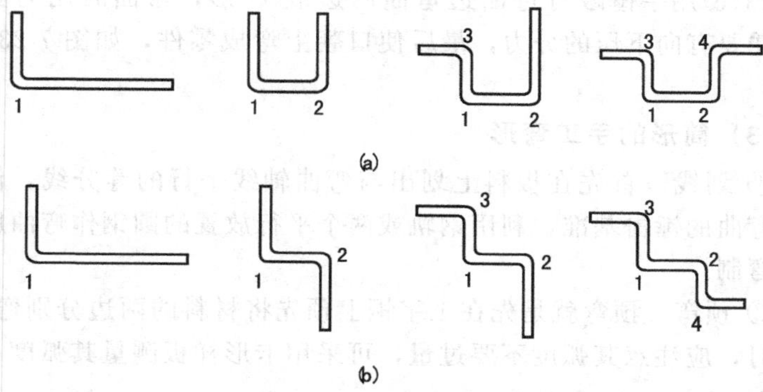

图 7-22 多个弯边的弯曲顺序

(2) 封闭或半封闭件的弯制

对单件小批量生产的封闭或半封闭弯曲件［图 7-23(a)］，用机床很难弯成，此时，多用手工弯曲。弯曲时首先在展开料上划好弯曲线，然后用规铁夹在虎钳上，装夹时，要使规铁高出垫板 2～3mm，弯曲线对准规铁的角，如图 7-23（b）所示，然后按

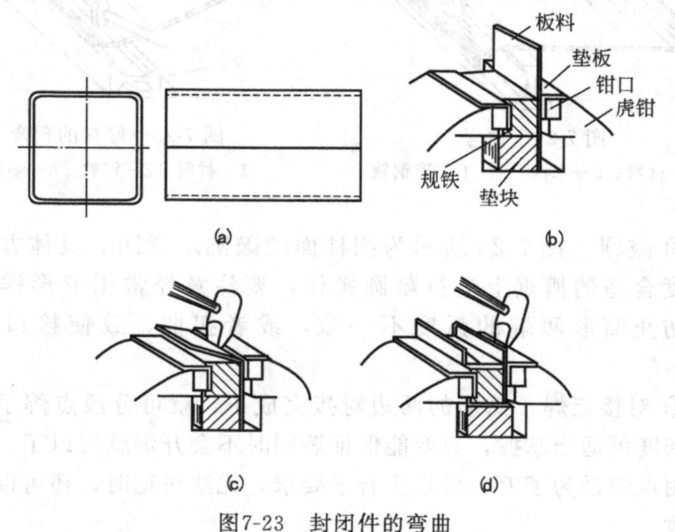

图7-23 封闭件的弯曲

图 7-23(c)用手锤敲打弯曲边弯曲两边成 U 形，弯曲时用力要均匀，并要有向下压的分力，最后使口朝上弯成零件，如图 7-23(d)所示。

(3) 筒形的手工弯形

① 划线　首先在板料上划出与弯曲轴线平行的等分线，作为筒形弯曲的锤击基准，利用钢轨或两个平行放置的圆钢作弯曲胎具进行弯制。

② 预弯　预弯就是先在工字钢上预先将材料的两边分别弯形。弯曲时，应注意其弧度不要过量，可采用卡形样板测量其弧度，见图 7-24。

图 7-25 为较厚材料预弯的示意图。图中垫铁 3 是为了将工字钢轨基本垫平，以便于预弯的操作。

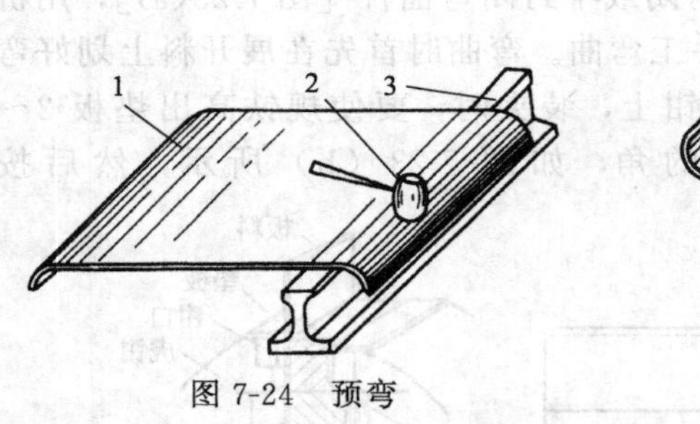

图 7-24　预弯

1—材料；2—木榔；3—工字形钢轨

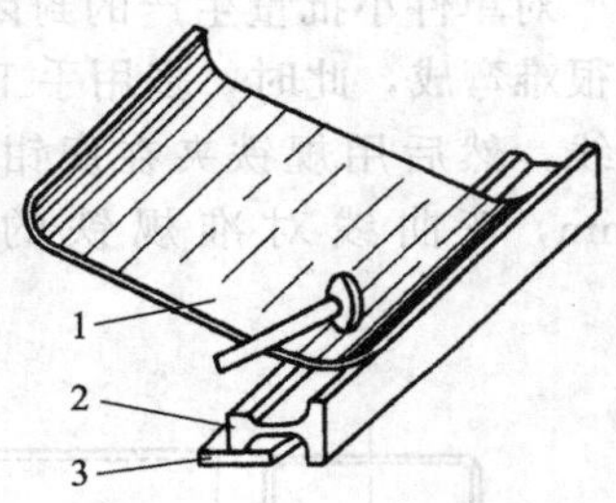

图 7-25　厚料的预弯

1—材料；2—钢轨；3—垫铁

③ 敲圆　图 7-26 所示为圆柱面的敲圆示意图。具体方法是在宽度合适的槽钢上进行敲圆操作，要注意经常用卡形样板测量，防止筒形两端的弧度不一致，或者扭曲，致使接口不对应等。

④ 对接点焊　筒形的两边对接完成了，就可分段点焊了。点焊的密度可适当掌握，只要能保证矫圆时不会开焊就可以了。之所以采用点焊是为了万一质量不合乎要求，无法矫正时，还可以再进行修改。

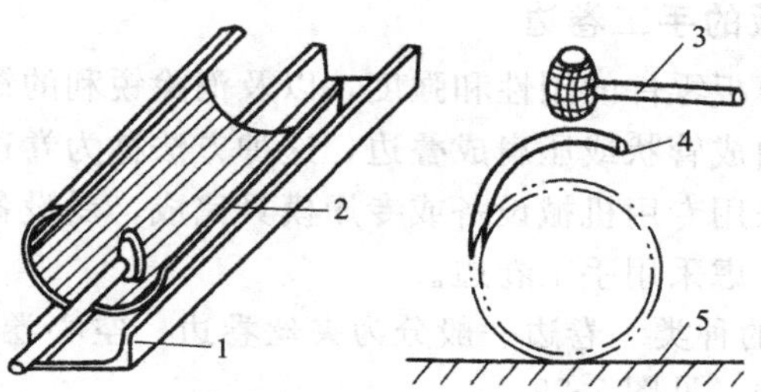

图 7-26 敲圆

1—槽钢；2,4—毛坯材料；3—木槌；5—平台

⑤ 矫圆　由于整个筒形已经成型，矫圆时要注意利用圆钢胎具的衬垫作用，锤击弧度小于卡形样板的区域，见图 7-27。

⑥ 焊接修整　整个筒形圆度符合要求后，就可以焊接完成了。焊接后对焊口进行最后修整。

(4) 圆锥面的手工弯形

进行圆锥面的弯制时，先在板料上画出锥面的等分素线作为锤击基准，并做好弯曲样板，由于锥面的弧度不一致，所以最少要用两个卡形样板在适当的位置检测。

弯曲操作时，利用槽钢或两个呈锥形放置的圆钢作胎具，用型锤沿板料素线从板料两边向中间逐步锤击，并不断用样板检测，直至成型。图 7-28 所示为手工弯曲圆锥面示意图。

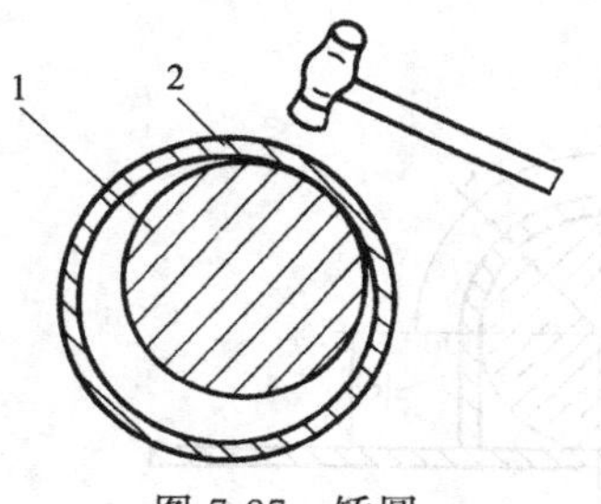

图 7-27 矫圆

1—圆钢胎具；2—筒形工件

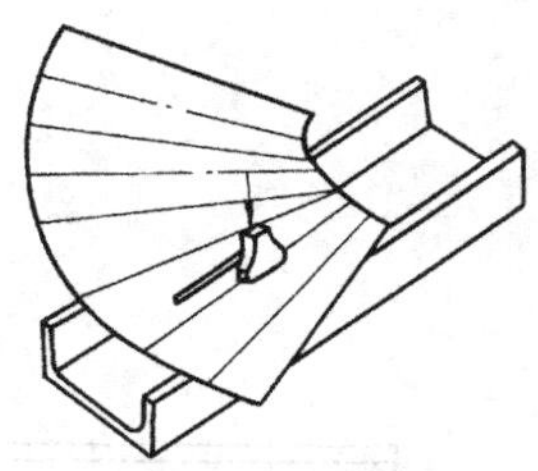

图 7-28 圆锥面的手工弯曲

(5) 薄板的手工卷边

为提高薄板零件的刚性和强度，以及消除锐利的锋口，常将零件的边缘卷曲成管状或压扁成叠边，这种方法称为卷边。大批量的卷边加工常采用专用机械设备或专用模具完成，受设备限制及小批量生产时才考虑采用手工卷边。

① 卷边的种类　卷边一般分为夹丝卷边、空心卷边、单叠边、双叠边等四种，见图 7-29。

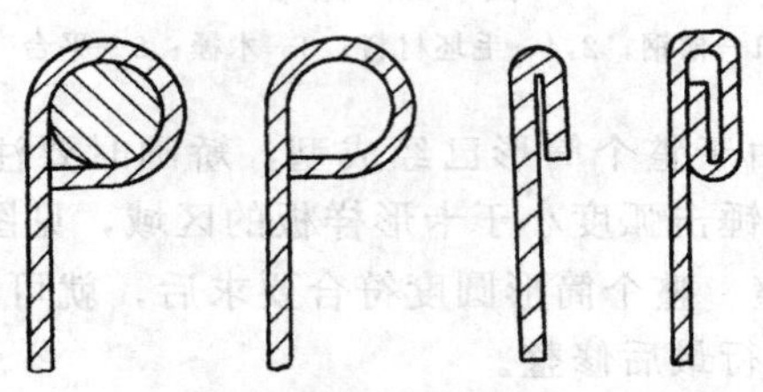

图 7-29　卷边的种类

夹丝卷边就是在卷边过程中，嵌入一根铁丝，以使边缘刚性更好。铁丝的粗细，应根据毛坯厚度和零件尺寸，以及受力的大小确定。铁丝的直径通常为 4～6 倍的板厚。

② 卷边的展开长度计算　与板料的其他手工弯曲加工一样，正确求出板料卷边的展开长度，是保证卷边件质量的前提。图 7-30为卷边长度计算原理图，其卷边长度 l 的计算公式为：

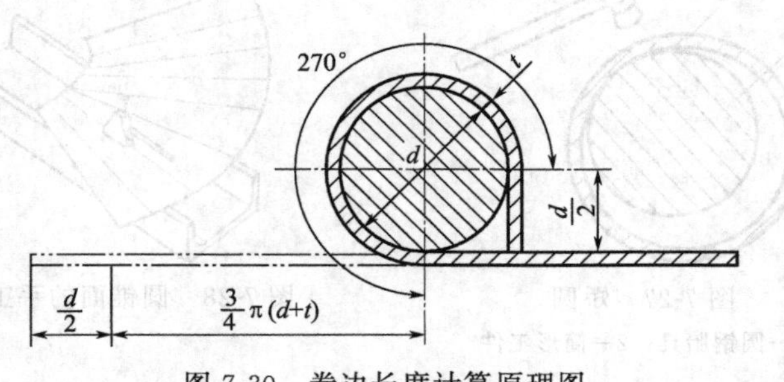

图 7-30　卷边长度计算原理图

$$l=\frac{d}{2}+\frac{3}{4}\pi(d+t)$$

式中 d——卷丝直径，mm；

t——板厚，mm。

③ 卷边的操作过程 不同结构的卷边件，其卷边操作时所用的工具有所不同，但其操作过程及方法却大致相同。图 7-31 给出了手工夹丝卷边的操作过程。

a. 在坯料上划出两条卷边线，参见图 7-31(a)，其中：

$$L_1=2.5d\ ;L_2=\left(\frac{1}{4}\sim\frac{1}{3}\right)L_1$$

式中 d——卷丝直径。

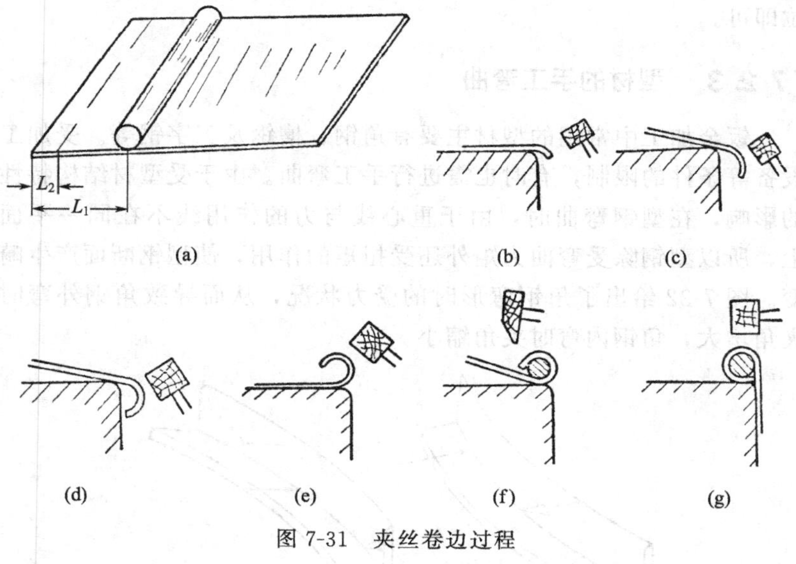

图 7-31 夹丝卷边过程

b. 将坯料放在平台（或方铁、轨道等）上，使其露出平台的尺寸等于 L_2，左手压住坯料，右手用锤敲打露出平台部分的边缘，使向下弯曲成 85°～90°，如图 7-31(b) 所示。

c. 再将坯料向外伸并弯曲，直至平台边缘对准第二条卷边线为止，也就是使露出平台部分等于 L_1 为止，并使第一次敲打的边缘靠上平台，如图 7-31(c)、图 7-31(d) 所示。

d. 将坯料翻转，使卷边朝上，轻而均匀地敲打卷边向里扣，使卷曲部分逐渐成圆弧形，如图 7-31(e) 所示。

e. 将铁丝放入卷边内，放时先从一端开始，以防铁丝弹出，先将一端扣好，然后放一段扣一段，全扣完后，轻轻敲打，使卷边紧靠铁丝，如图 7-31(f) 所示。

f. 翻转坯料，使接口靠住平台的缘角，轻轻地敲打，使接口咬紧，如图 7-31(g) 所示。

手工空心卷边的操作过程和夹丝的一样，就是最后把铁丝抽拉出来。抽拉时，只要把铁丝的一端夹住，将零件一边转，一边向外拉即可。

7.2.3 型材的手工弯曲

钣金加工中常用的型材主要有角钢、槽钢及工字钢等。受加工设备等条件的限制，有时也需进行手工弯曲。由于受型材结构特性的影响，在型钢弯曲时，由于重心线与力的作用线不在同一平面上，所以型钢除受弯曲力矩外还受扭矩的作用，使型钢断面产生畸变。图 7-32 给出了角钢弯形时的受力状况，从而导致角钢外弯时夹角增大，角钢内弯时夹角缩小。

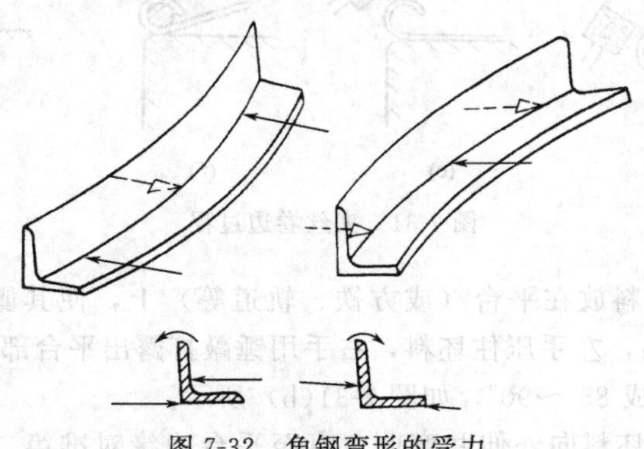

图 7-32 角钢弯形的受力

此外，由于型钢弯曲时，材料的外层受拉应力，内层受压应力，在压应力作用下极易出现皱褶变形，在拉应力作用下，容易出现翘曲变形。型钢弯曲时的变形情况如图 7-33 所示。

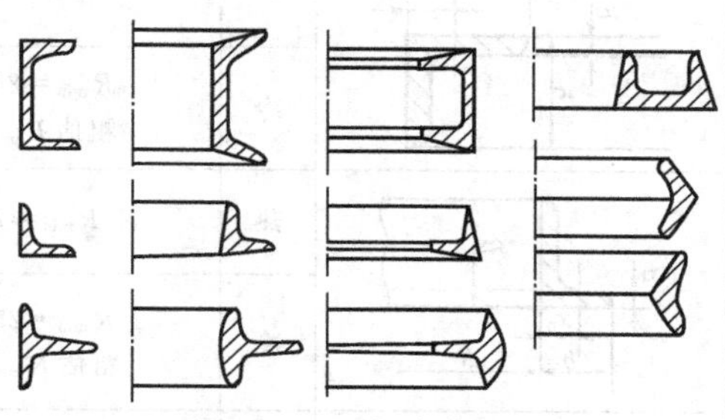

图 7-33 型钢弯曲变形

弯曲变形的程度取决于应力的大小，而应力的大小又取决于弯曲半径，弯曲半径越小，则畸变程度越大。型钢弯形所具有的这种特性，也决定了其操作与板料弯曲具有较大的不同。

(1) 型材的最小弯曲半径

与管料弯曲一样，型材弯曲时，其弯曲半径不应小于最小弯曲半径。

为控制应力与变形，保证型材弯曲质量，规定了最小弯曲半径。由于型钢热弯时能提高材料的塑性，所以最小弯曲半径可比冷弯小得多。最小弯曲半径是设计零件的重要依据，型钢结构的弯曲半径应大于最小弯曲半径。表 7-4 给出了不同型材不同的弯曲方式时的最小弯曲半径。

表 7-4 型材的最小弯曲半径计算 单位：mm

名称	简图	状态	最小弯曲半径
等边角钢外弯		热	$R_{min} \approx 7b - 8z_0$
		冷	$R_{min} = 25b - 26z_0$ 粗估 $R_{min} \approx 17b$

续表

名称	简图	状态	最小弯曲半径
等边角钢内弯		热	$R_{min} \approx 6(b-z_0)$
		冷	$R_{min}=24(b-z_0)$ 粗估 $R_{min} \approx 17.5b$
不等边角钢小边外弯		热	$R_{min} \approx 7b-8x_0$
		冷	$R_{min}=25b-26x_0$ 粗估 $R_{min} \approx 11.7B$
不等边角钢大边外弯		热	$R_{min} \approx 7b-8y_0$
		冷	$R_{min}=25b-26y_0$ 粗估 $R_{min} \approx 17.5B$
不等边角钢小边内弯		热	$R_{min} \approx 6(b-x_0)$
		冷	$R_{min}=24(b-x_0)$ 粗估 $R_{min} \approx 11.7B$
不等边角钢大边内弯		热	$R_{min} \approx 6(B-y_0)$
		冷	$R_{min}=24(B-y_0)$ 粗估 $R_{min} \approx 17.2B$
工字钢以 y_0-y_0 轴弯曲		热	$R_{min} \approx 3b$
		冷	$R_{min}=12b$
工字钢以 x_0-x_0 轴弯曲		热	$R_{min} \approx 3h$
		冷	$R_{min}=12h$

续表

名称	简图	状态	最小弯曲半径
槽钢以 x_0—x_0 轴弯曲（平弯）	x0 x0 h R	热	$R_{min}\approx 3h$
		冷	$R_{min}=12h$
槽钢以 y_0—y_0 轴外弯（立弯）	y0 h y0 z0 b R	热	$R_{min}\approx 7b-8z_0$
		冷	$R_{min}=25b-26z_0$ 粗估 $R_{min}\approx 7.6h$（中等尺寸）
槽钢以 y_0—y_0 轴内弯（立弯）	y0 h y0 z0 b R	热	$R_{min}\approx 6(b-z_0)$
		冷	$R_{min}=24(b-z_0)$ 粗估 $R_{min}\approx 7.2h$（中等尺寸）
扁钢弯曲	t a R	热	$R_{min}\approx 3a$
		冷	$R_{min}=12a$
方钢弯曲	a a R	热	$R_{min}\approx a$
		冷	$R_{min}=2.5a$

注：表中 a、b、x_0、y_0、z_0 等尺寸的确定参见附录，也可查阅相应型钢的国家标准。

(2) 型钢的手工弯形

与管料的手工弯制一样，各种型钢（如扁钢、角钢、槽钢、圆钢等）也可利用适当的手工弯曲装置进行手工弯曲，但由于型材具有的料较厚、刚性较大结构特性，所以除小型角钢可采用冷弯外，多数采用热弯。加热的温度随材料的成分而定，对碳钢加热温度应不超过 1050℃，必须避免温度过高而被烧坏。图 7-34 是角钢的手工弯曲方法。角钢加热后卡在模 1 上进行内弯，同时用大锤击打水平边，防止翘起［图 7-34(a)］；外弯［图 7-34(b)］加热图示阴影区，防止水平边凹陷，同时用大锤敲击立面（见 A—A 剖面），防止夹角变小和水平面上翘。对断面积较大的型材则即使采用热弯也难以手工弯曲成形，此时，则只能采用机械弯曲成形。以下通过两个实例讲述型材的手工弯曲。

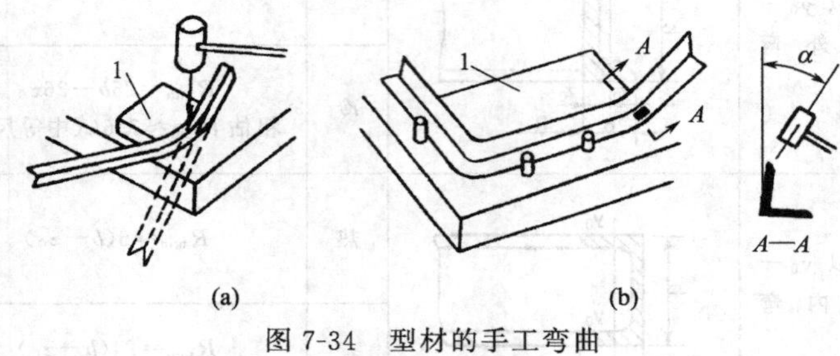

图 7-34　型材的手工弯曲

① 整圆扁钢圈的手工弯制　扁钢是常见的型材之一，由于其料较厚，其手工弯制需制作胎具配合进行弯制。设计的扁钢圈胎具如图 7-35 所示。

a. 胎具的设计原理和特点。为了使扁钢圈的形状符合设计要求，胎具中将胎底板 1 和胎板 2 设计成圆形，胎板 2 的直径考虑到冷却后的收缩，应加大一定的收缩量（根据该材质的收缩率，约加大直径的 0.1%～0.2%），其边缘及各孔要经机加工，以提高结构精度。胎板 2 的厚度应大于所弯制扁钢厚度 1～1.5mm，其目的是容纳红热了的扁钢。

此外，滚压辊 8 也要经机加工，以提高结构精度和扁钢圈质量，设计成上大下小的工字钢形式，主要是使结构有足够的强度，使扁钢圈靠胎。其凹槽高度应大于 1、2 板高度和的 1～1.5mm。上翼板内平面起防皱碾压作用，上下翼板共同起导向作用，腹板内平面起滚压成型作用。

固定压板 10、螺母 11、摇把 12 配合使用压紧扁钢，以防煨制

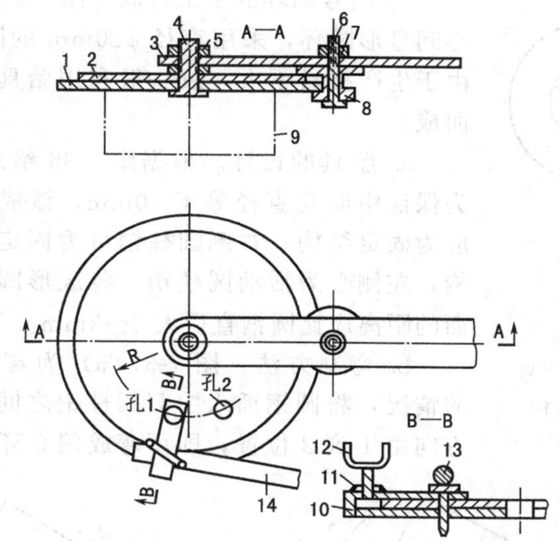

图 7-35 整圆扁钢圈胎具

1—胎底板；2—胎板；3—把手；4—螺栓；5—螺母；6,7—转压螺栓螺母；8—滚压辊；9—固定架；10—固定压板；11—螺母；12—摇把；13—活动插销；14—待弯扁钢

时扁钢抽动移位。

为了使扁钢圈消除直段而成为整圆，设计了孔 1 和孔 2。

b. 弯制方法。整圆扁钢圈的手工弯制步骤及方法如下。

首先，在炉中将下好的扁钢料加热至橘黄色，约 900～1000℃，并稍加闷火。

然后，将固定压板 10 固定在孔 1 位置，并与滚压辊 8 并拢，迅速穿入扁钢端头并压紧，便可转动把手 3 进行弯制，当转至接近固定压板 10 时，为了使两端头重合而消除直段，迅速将固定压板 10 移于孔 2 并固定，继续弯制，直至首尾重叠不能前进止。

最后，将固定压板 10 取下，拿出带坯料的扁钢圈，将重叠部分割掉，便得到净料整圆扁钢圈。

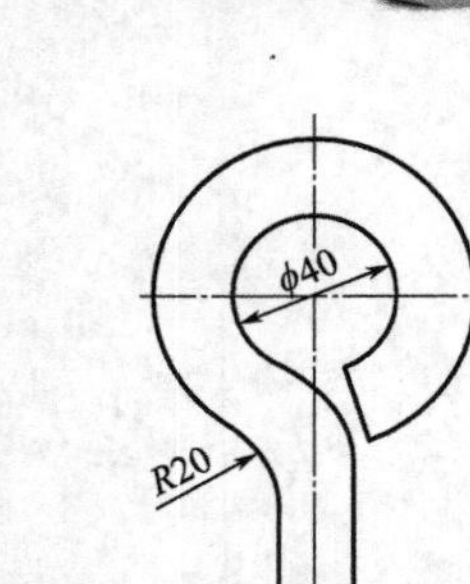

图 7-36 问号圆环的结构

② 问号圆环的手工弯制 图 7-36 所示的正心问号形圆环，采用直径 ϕ20mm 的圆钢制成，由于生产批量不大，故一般利用胎具手工弯制而成。

a. 胎具的设计。根据图 7-36 给定的尺寸，为保证中间孔直径等于 40mm，该成形圆柱销应为固定结构，右侧圆柱销可为固定或活动结构，左侧必为活动圆柱销，各成形圆柱销内表面的距离应比圆钢直径大 2～3mm。

b. 弯制方法。图 7-37（a）为弯制偏心环的情况，将圆钢插入中部圆柱销之间，按箭头方向由 1 到 2 位置，即可弯成偏心环；图 7-37

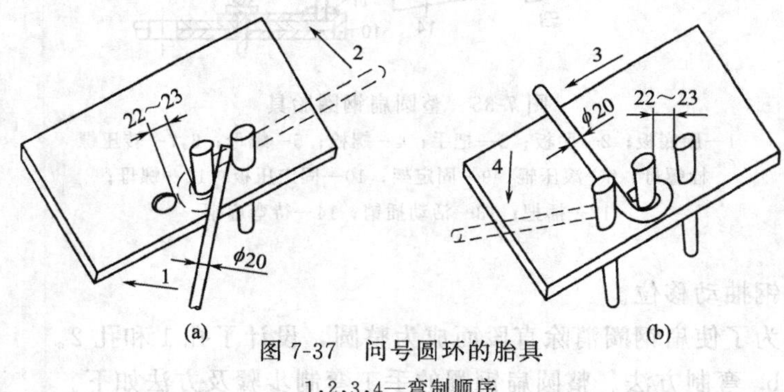

图 7-37 问号圆环的胎具
1,2,3,4—弯制顺序

(b) 为弯成设计要求的正心环，由箭头 2 回扳至 3 的位置，此时将圆柱销插入左侧孔，再将圆钢由 3 扳至 4 的位置，圆环即可弯成。

③ 任意角度型材的手工弯制 对于任意角度的扁钢、圆钢或小直径圆管等的冷或热态手工弯制，可用图 7-38 所示胎具弯成。

a. 胎具的设计。将圆柱销 3 焊于平台 1 上，再将预先钻好孔的焊有把手 6 的转动角钢胎 2 套于圆柱销 3 中，5 为固定圆柱销。

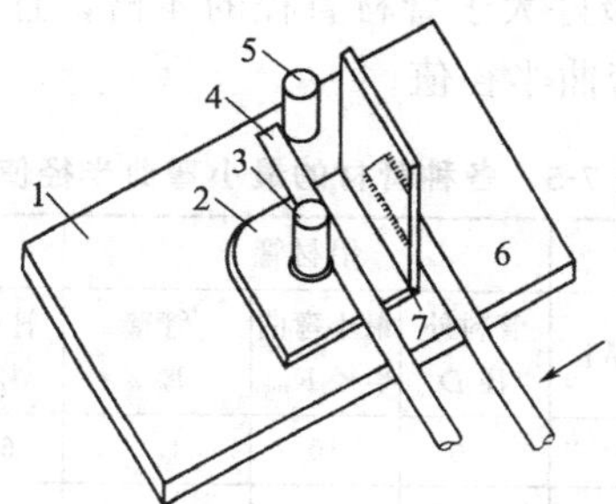

图 7-38 煨任意角度转胎

1—平台；2—转动角钢胎；3—圆柱销；4—工件；
5—固定圆柱销；6—把手；7—接触点

b. 弯制方法。将工件 4 置于圆柱销 3 和固定圆柱销 5 之间，用力扳动把手 6，转动角钢胎 2 便可沿箭头方向移动，当角钢的接触点 7 与工件 4 接触，便可跟随角钢胎 2 转动，继续施力可将工件弯曲至任意角度。

7.2.4 管料的手工弯曲

管料的手工弯曲是利用简单的弯管装置对管坯进行弯曲加工。根据弯管时加热与否，可分为冷弯和热弯。一般对小直径（管坯外径 $D\leqslant 25$mm）管坯，由于弯曲力矩较小，常采用冷弯；而较大直径的管坯，多采用热弯。

手工弯管分手工利用弯管器械弯管和手工填充物料弯管两种。手工弯管一般不需专用的弯管设备，所用的弯管装置较简单，制造成本低，调节使用方便，但缺点是劳动量大，生产率低。因此，它仅适用于没有弯管设备或管径大于弯管机加工能力的单件小批量生产场合时使用。

(1) 最小弯曲半径

与型材的弯曲一样，为保证弯曲的顺利进行及弯曲管料的质量，管料的弯曲半径不能过小，否则弯曲时容易拉裂。一般管料冷弯曲时，弯曲半径最好大于管材直径的 4 倍，且弯曲半径不能小于表 7-5 所列的最小弯曲半径值。

表 7-5 各种管材的最小弯曲半径值 单位：mm

纯铜与黄铜管			铝材管			无缝钢管		
管料外径 D	最小弯曲半径 R_{min}	管壁厚 t	管料外径 D	最小弯曲半径 R_{min}	管壁厚 t	管料外径 D	最小弯曲半径 R_{min}	管壁厚 t
7.0	10	1.0	6.0	10	1.0	6.0	15	1.0
6.0	10	1.0	7.0	15	1.0	7.0	15	1.0
7.0	15	1.0	10	15	1.0	10	20	1.5
7.0	15	1.0	12	20	1.0	12	25	1.5
10	15	1.0	14	20	1.0	14	30	1.5
12	20	1.0	16	30	1.5	16	30	1.5
14	20	1.0	20	30	1.5	18	40	1.5
不锈钢管			不锈无缝钢管			硬聚氯乙烯管		
管料外径 D	最小弯曲半径 R_{min}	管壁厚 t	管料外径 D	最小弯曲半径 R_{min}	管壁厚 t	管料外径 D	最小弯曲半径 R_{min}	管壁厚 t
14	18	2.0	6.0	15	1.0	12.5	30	2.25
18	28	2.0	7.0	15	1.0	15	45	2.25
22	50	2.0	10	20	1.5	25	60	2.0
25	50	2.0	12	25	1.5	25	80	3.0
32	60	2.5	14	30	1.5	32	110	3.0
38	70	2.5	16	30	1.5	40	150	3.5
45	90	2.5	18	40	1.5	51	180	4.0

(2) 管料的手工弯形

对于直径较小的铜管，可采用手工自由弯曲。弯曲时应先将铜管退火后，用手边弯曲边整形，最后修整弯曲产生的扁圆形状，使弯曲圆弧光滑圆整。操作时，切不可一下弯曲很大的曲度，易产生严重的弯曲变形死角，不利于后续的修整，如图

7-39(a) 所示。

对于直径较小的钢管，可利用手工弯管装置冷弯成形。图 7-39(b) 是使用转盘式弯管装置的弯形，转盘圆周和靠铁侧面均设有圆弧槽，其大小可根据所弯管径的大小设计。当转盘和靠铁的位置相对固定后即可使用。使用时将管料插入转盘和靠铁的圆弧槽中，用钩子钩住管坯，按所需要的弯曲位置扳动手柄，使管坯跟随手柄弯到所需角度。更换不同直径的转盘 3、靠铁 4，即可完成不同管件弯曲半径的弯制。

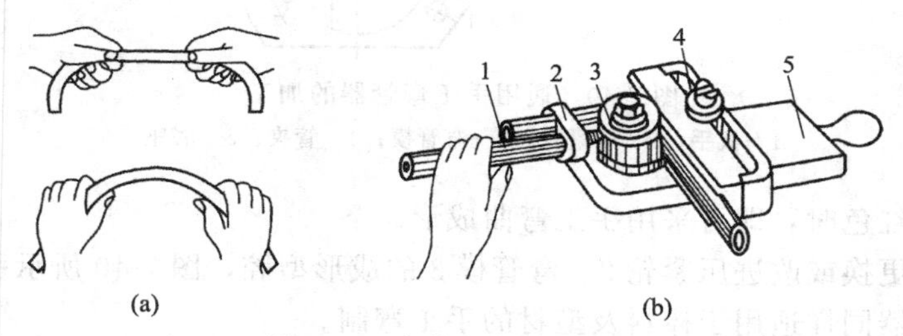

图 7-39　弯管的方法及装置

1—手柄；2—钩子；3—转盘；4—靠铁；5—底板

图 7-40 为生产中应用广泛的手工弯管器结构示意图。其结构主要由装在 U 形叉上的弯管模 3 和压紧轮 2，以及扳手 1、管夹 4、底座 5 构成，在压紧轮 2、弯管模 3 上加工有与管坯外径相适应的半圆形凹槽。这种弯管器操作灵活，可以对小规格的钢管作 0°～180°的弯曲。具体操作方法为：

① 将弯管器底座固定于平台上；

② 将弯管器的扳手置于起始位置；

③ 把划好弯曲位置线的钢管通过弯管模和压紧轮之间，套上管夹；

④ 扳动扳手，即可对管子进行所需角度的弯曲。

对于直径较大的管料，由于手工弯曲时所需力矩过大，可利用图 7-40 所示的弯管装置进行热弯，弯曲时，用喷灯或乙炔焰在管料弯曲处局部加热，加热温度随钢的性质而定，一般加热使钢管呈

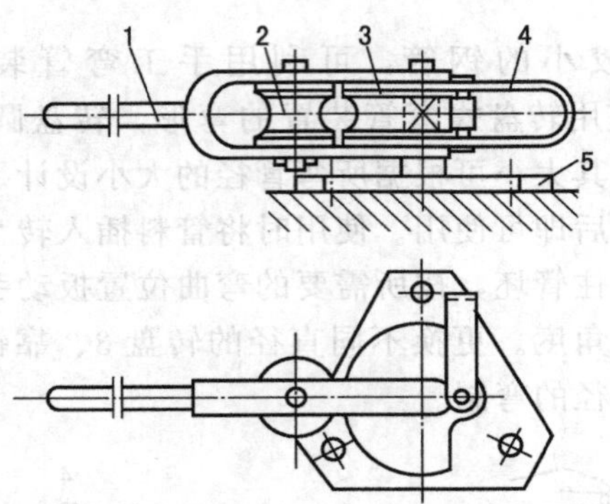

图 7-40 通用手工弯管器的加工

1—扳手；2—压紧轮；3—弯管模；4—管夹；5—底座

现樱红色时，即可采用手工弯曲成形。

更换或改进压紧轮 2、弯管模 3 的成形型腔，图 7-40 所示手工弯管器同样适用于棒料及型材的手工弯制。

(3) 管料的手工填充弯形

为防止管材受压变形，对于直径大于 10mm 或形状要求较高管料的弯曲，必须在管内填充物料，充装填料的目的是为了防止管料的横截面变形，进行管料的手工填充弯形应掌握并使用正确的弯曲操作方法，主要注意以下几方面。

① 填充物料的正确选用 填充物料的选用，应根据管料材料、相对厚度及弯曲半径大小等因素确定，参见表 7-6。其中钢管的填砂弯管是应用最广、最经济的填充弯形方法。

表 7-6 弯曲管料时管内填充材料的选择

管料材料	管内填充材料	弯形要求
钢管	普通黄砂	将黄砂充分烘炒干燥后，填入管内热弯或冷弯
一般纯铜管、黄铜管	铅或松香等低熔点化合物	将铜管退火后再填充冷弯。应注意铅在热熔时需严防滴水，以免溅出伤人

续表

管料材料	管内填充材料	弯形要求
薄壁纯铜管、黄铜管	水	将铜管退火后灌水冰冻冷弯
塑料管	细黄砂(也可不填充)	温热软化后迅速弯曲

② 管料填砂弯形的操作要点　当用手工弯管装置加热弯管时，其操作过程主要由灌砂、划线、加热和弯曲四个工序组成，操作要点如下。

a. 灌砂。手工弯管时，为防止管件断面畸变，通常需在管坯内装入填料。常用的填料有石英砂、松香和低熔点合金等。对于直径较大的管坯，一般使用砂子。灌砂前用锥形木塞将管坯的一端塞住，并在木塞上开有出气孔，以使管内空气受热膨胀时自由泄出，灌砂后管坯的另一端也用木塞塞住。装入管中的砂子应该清洁干燥，使用前必须经过水冲洗、干燥和过筛。因为砂子中含有杂质和水分，加热时杂质的分解物将沾污管壁，同时水分变成气体时体积膨胀，使压力增大，甚至将端头木塞顶出。砂子的颗粒度一般在2mm以下。若颗粒度过大，就不容易填充紧密，管坯弯曲时易使断面畸变；若颗粒度过小，填充过于紧密，弯曲时不易变形，甚至使管件破裂。

b. 划线。划线的目的，是确定管坯在炉中加热的长度及位置。管坯的加热长度可按以下方法确定：首先按图样尺寸定出弯曲部分中点位置，并由此向管坯两边量出弯曲的长度，然后再加上管坯的直径。

c. 加热。管坯经灌砂、划线后，便可进行加热。加热可用木炭、焦炭、煤气或重油作燃料。普通锅炉用的煤，不适宜用于加热管坯，因为煤中含有较多的硫，而硫在高温时会渗入钢的内部，使钢的质量变坏，若受条件限制，也可用氧-乙炔枪作局部加热。不论采用何种加热方式，加热应缓慢均匀，若加热不当，会影响弯管的质量。加热温度随钢的性质而定，普通碳素钢的加热温度一般在1050℃左右。当管坯加热到该温度后应保温一定的时间，以使管内的砂也达到相同的温度，这样可避免管坯冷却过快。管坯的弯曲应尽可能在加热后一次完成，若增加加热次数，不仅会使钢管质量变坏，而且增加了氧化层的厚度，导致管壁减薄。

d. 弯曲。管坯在炉中加热完毕即可取出弯曲。若管坯的加热部分过长，可将不必要的受热部分浇水冷却，然后把管坯置于弯管装置上进行弯曲。管坯弯曲后，如管件弯曲半径不合要求，可采用以下方法调整：若弯曲曲率稍小，可在弯曲内侧用水冷却，使内层金属收缩；若弯曲曲率稍大，也可在弯曲外侧用水冷却，使外层金属收缩。

(4) 管料弯曲操作注意事项

管料弯曲时，如果在同一管件上有几处需要弯曲，则应先弯曲最靠近管端的部位，然后再按顺序弯曲其他部位；如果管件是空间弯曲件（即几个弯曲部位的弯曲方向不在管件的同一平面内），则在平台上应先弯好一个弯，且后续管件的一端必须翘起定位，才能按顺序再弯其他部位。

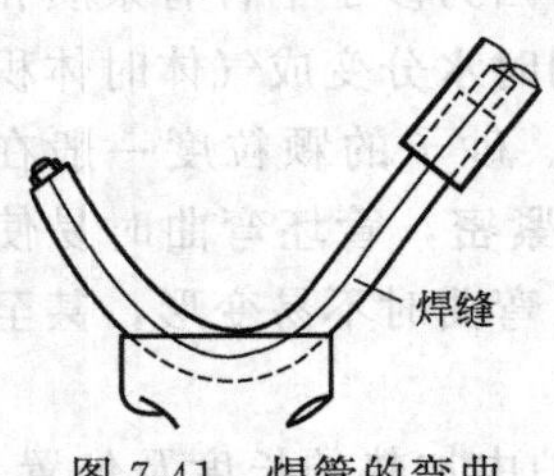

图 7-41 焊管的弯曲

有焊缝钢管弯曲时，应将管缝置于弯曲的中性层位置，以防在管缝处开裂，参见图 7-41。

管料外形结束后，除了按图样要求检查弯管的弯曲弧度、弯曲角度外，还要重点检查管料的横截面变形是否符合要求。产生横截面变形的原因除了可能是因弯曲半径过小外，大多都和实际操作有直接关系，如加热温度不够、加热不均匀等。因此，要求操作时认真、准确。另外，弯管时也可以参考弯制角钢的作法，一边弯制一边矫正。但锤击时，应使用与管料外圆相吻合的弧形锤垫击，以防止管料局部出现凹陷。

第8章 铆接与粘接

8.1 铆接

铆接是用铆钉把两个或更多零件连接成不可拆卸整体的操作方法。铆接过程如图 8-1 所示。铆接时，将铆钉插入待连接的两个工件的铆钉孔内，并使铆钉头紧贴工件表面，然后用压力将露出工件表面的铆钉镦粗而成为铆合头。这样，就把两个工件连接起来。

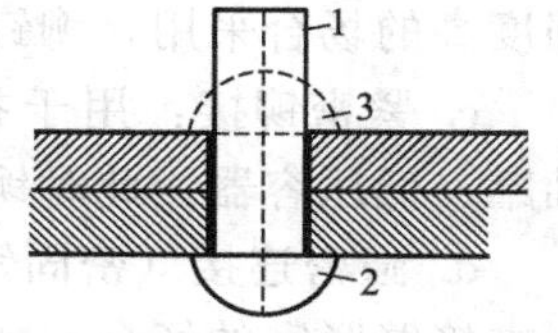

图 8-1 铆接过程
1—铆钉杆；2—铆钉原头；3—铆成的铆钉头（铆合头）

8.1.1 铆接的种类与形式

根据铆接的加工过程可知，铆接时，铆钉孔使连接件截面强度降低 15%～20%，且工人劳动强度大、铆接噪声大、生产率较低、经济性与紧密性均低于焊接和高强度螺栓连接，但铆接具有加工工艺简单、连接可靠、抗震耐冲击，韧性与塑性高于焊接的优点，因此，尽管随着焊接技术的不断进步，铆接结构在日益减少，但在异种金属的连接、某些重型和经常承受动载荷作用的钢结构中依然广泛应用。

(1) 铆接的种类

① 按铆接温度的不同，铆接可分为热铆和冷铆。

a. 热铆　铆接时，需将铆钉加热到一定温度后，再铆接。对钉杆直径＞ϕ10mm 的钢铆钉；加热到 1000～1100℃后，以 650～

800N 力锤合，其连接紧密性好，在进行热铆时，要把孔径放大 0.5～1mm，才能使铆钉在热态下容易插入，由于钉杆与钉孔有间隙，故不参与传力。

b. 冷铆　铆接时，不需将铆钉加热，直接镦出铆合头。铜、铝等塑性较好的有色金属、轻金属制成的铆钉通常用冷铆法。对钢铆钉冷铆的最大直径，一般手铆为 ϕ8mm，铆钉枪铆为 ϕ13mm，铆接机铆为 ϕ20mm。在铆合时，由于钉杆被镦粗而胀满钉孔，可以参与传力。

② 按使用要求的不同，铆接可分为以下几种。

a. 铰接铆接：铆钉只构成不可卸的销轴，被连接的部分可相互转动，如各种手用钳、剪刀、圆规等的铆接。

b. 强固铆接：飞机蒙皮与框架、起重建筑的桁架等要求连接强度高的场合采用，铆钉受力大。

c. 紧密铆接：用于接合缝要求紧密，防漏的场合，如水箱、油罐、低压容器，此时铆钉受力较小。

d. 强密连接（密固铆接）：既要求铆钉能承受大的作用力，又要求接缝紧密的场合，如压力容器。

(2) 铆接的形式

铆接有对接、搭接、角接等多种形式。按铆钉排列方式的不同，有单排、双排与多排错交三种形式，见图 8-2。

通常，角钢、槽钢和工字钢凡边宽≤120mm 时，可用 1 排铆

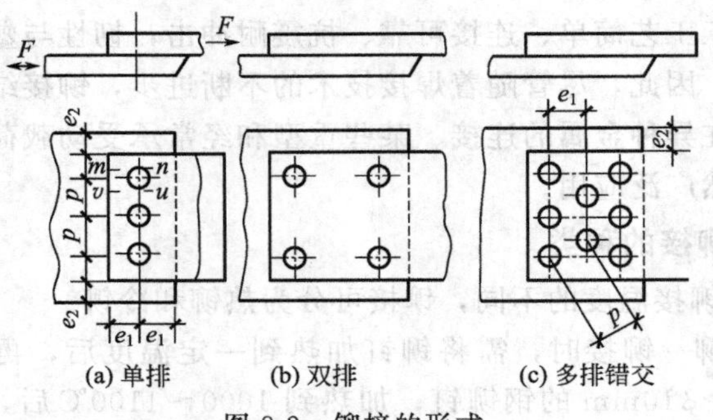

(a) 单排　(b) 双排　(c) 多排错交

图 8-2　铆接的形式

钉；边宽≥120～150mm 时可用 2 排铆钉；边宽≥150mm 时，可并列 2 排或 2 排以上铆钉，但排距不小于 3 个铆钉的直径。铆钉的间距按国标要求，一般应符合表 8-1 的规定。

表 8-1 铆钉间距和边距

名称	位置与方向		允许距离		
			最大(取两者之小值)	最小	
间距 p	外排		$8d_0$或$12t$	钉并列	$3d_0$
	中间排	构件受压	$12d_0$或$18t$	钉错列 $3.5d_0$	
		构件受拉	$16d_0$或$24t$		
边距	平行于载荷方向 e_1		$4d_0$或$8t$	$2d_0$	
	垂直于载荷方向 e_2	切割边		$1.5d_0$	
		轧制边		$1.2d_0$	

注：1. t 为较薄板板厚，d_0为钉孔直径，p 为间距，e_1、e_2为边距。

2. 钢板边缘与刚性构件（如角钢、槽钢等）连接时，铆钉最大间距可按中间排确定。

3. 有色金属和异种材料铆接时的铆钉间距和边距推荐值为 $t=(0.5\sim3)d_0$，$e_1\geq 2d_0$，$e_2=(1.8\sim2)d_0$。

8.1.2 铆钉的种类与用途

铆钉是铆接结构中最基本的连接件，它由圆柱铆杆、铆钉头和镦头所组成。根据结构的形式、要求及其用途不同，铆钉的种类很多。在钢结构连接中，常见的铆钉形式有半圆头铆钉、平锥头铆钉、沉头铆钉、半沉头铆钉、平头铆钉、扁圆头铆钉和扁平头铆钉等。其中，半圆头铆钉、平锥头铆钉和平头铆钉用于强固铆接；扁圆沉头铆钉用于铆接处表面有微小凸起，防止滑跌的地方或非金属材料的连接；沉头铆钉用于工件表面要求平滑的铆接。

选用铆钉时，铆钉材质应与铆件相同，且应具有较好塑性。常用钢铆钉材质有 Q195、Q235、10、15 等；铜铆钉有 T3、H62 等；铝铆钉有 L3、LY1、LY10、LF10 等。常见铆钉的种类及用途见表 8-2。

表 8-2 常见铆钉的种类与用途

名称	简图	标准	钉杆		一般用途
			d/mm	L/mm	
半圆头铆钉		GB 863.1—1986(粗制)	12～36	20～200	锅炉、房架、桥梁、车辆等承受较大横向载荷的铆缝
		GB 867—1986	0.6～16	1～100	
平锥头铆钉		GB 864—1986(粗制)	12～36	20～200	钉头肥大、耐蚀，用于船舶、锅炉
		GB 864—1986	2～16	3～110	
沉头铆钉		GB 865—1986(粗制)	12～36	20～200	承受较大作用力的结构，并要求铆钉不凸出或不全部凸出工件表面的铆缝
		GB 869—1986	1～16	2～100	
半沉头铆钉		GB 866—1986(粗制)	12～36	20～200	
		GB 870—1986	11～6	2～100	
平头铆钉		GB 872—1986	2～10	1.5～50	薄板和有色金属的连接，并适于冷铆
扁圆头铆钉		GB 871—1986	1.2～10	1.5～50	

除此之外，在小型结构中，常用图 8-3 所示的空心或开口铆钉。

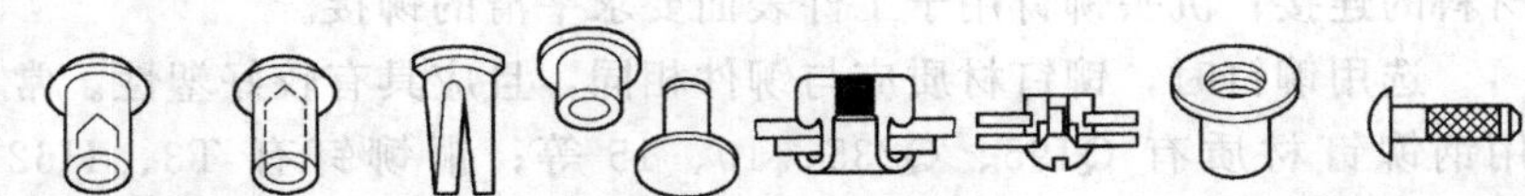

图 8-3 空心或开口铆钉

半空心式铆钉在技术条件和装配合适时，这种铆钉本质上变成了实心元件，因为孔深刚够形成铆钉头，主要用于铆合头压力不很大的连接。空心铆钉用于纤维、塑料板和其他软材料的铆接。

8.1.3 铆接工具

铆接方法主要有手工铆接和机械铆接两种，不同的需要使用不同的铆接工具。

(1) 手工铆接工具

手工铆接常用的工具包括手锤、压紧冲头（漏冲）、顶模（窝子）。手锤大多采用圆头锤，其规格按铆钉直径选定，最合适的是0.2kg或0.4kg的小手锤，见表8-3。

表8-3 铆钉直径与手锤

铆钉直径 d/mm	锤重/kg
2.5～3.6	0.3～0.4
4～6	0.4～0.5

压紧冲头又称漏冲，如图8-4(a) 所示。当铆钉插入连接孔内后，铆钉杆漏入冲头内孔，将被铆接的板料压紧并使之贴合。漏冲的基本尺寸见表8-4。

表8-4 铆钉直径与漏冲　　单位：mm

铆钉直径 d	D	L	d_1	d_2	d_3	h	l_1	l_2
2.5～3.6	ϕ16	110	10	5.5	13	14	22	10
4～6	ϕ18	130	12	7.5	16	18	28	10

顶模又称窝子，如图8-4(b) 所示为半圆头铆钉的顶模。顶模和压紧冲头，一般用中碳钢或碳素工具钢（T8）、头部经淬火抛光制成。顶模头部的半圆形凹球面，应与半圆头铆钉的标准尺寸相同，顶模的其他基本尺寸见表8-5。

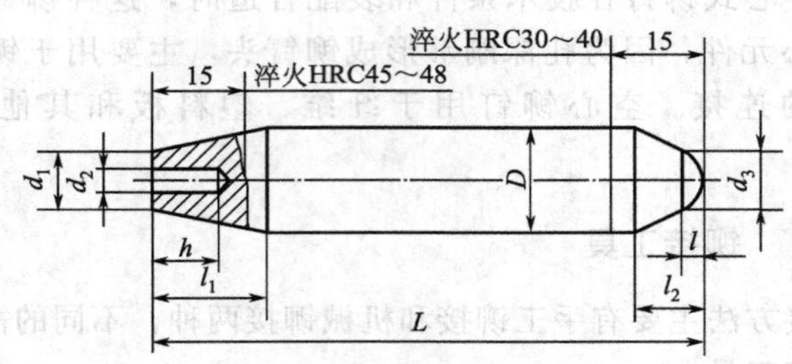

(a) 漏冲

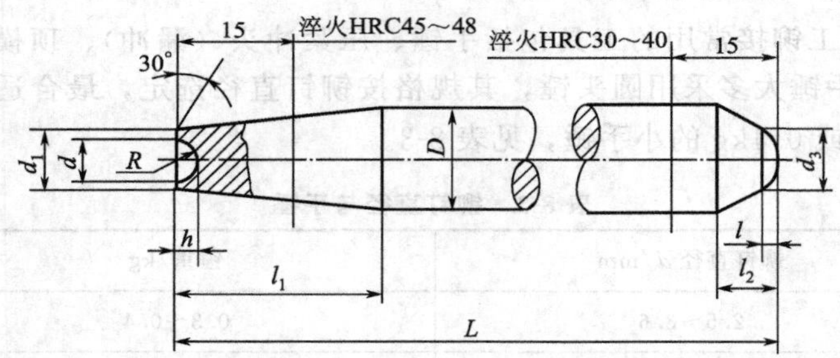

(b) 顶模

图 8-4　铆接工具

表 8-5　铆钉直径与顶模　　单位：mm

铆钉直径 d	D	L	d_1	d_2	d_3	h	R	l_1	l_2
2.5	10	90	6	4.1	10	1.3～0.04	2.3	15	—
3	12	100	7.5	5.5	10	1.5～0.05	3.0	20	8
3.6	14	110	8.5	6.5	12	1.75～0.05	3.7	20	10
4	17	120	10	7.5	14	2.2～0.05	4.5	25	10
5	18	130	12.5	8.2	16	2.5～0.05	5.8	28	10
6	20	130	15	11.2	18	2.9～0.06	7.3	30	10

(2) 机械铆接工具

常用的机械铆接设备主要有铆钉枪和铆接机。

① 铆钉枪　铆钉枪又称风枪，主要由罩模、枪体、扳机、管接头和冲头等组成，如图 8-5 所示。枪体顶端孔内可安装各种罩模或冲头等，以便进行铆接或冲钉操作；管接头连接胶管，通入压缩空气（一般压力为 0.4～0.6MPa）作为铆钉枪的工作动力。铆接时，按动铆钉枪扳机，压缩空气通过配气活门，推动风枪内的活塞以极快的速度往返运动而产生冲击力，锤击罩模进行铆接。

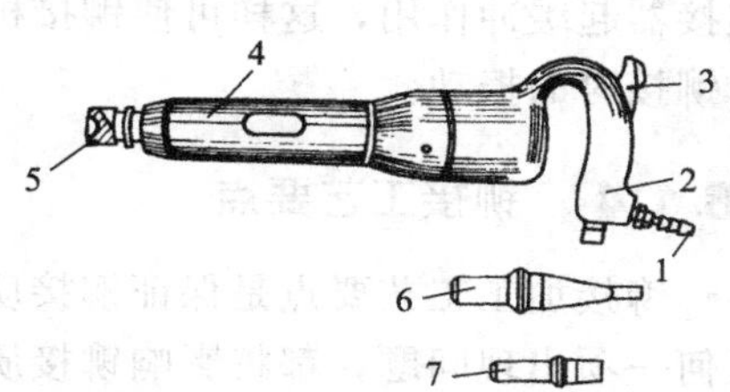

图 8-5　铆钉枪

1—风管接头；2—平把；3—扳机；4—枪体；5—罩模；6—冲钉头；7—铆平头

铆钉枪操作容易，轻便灵活，安全性好，因而应用较广泛。使用前应在进气管接头处滴入少量机油，以保证工作时不至于因干摩擦而损坏；接管时，应先用压缩空气把胶管内的脏物吹尽，以免进入铆钉枪体内影响其工作和使用寿命。铆钉枪改换其工作头部，也可做铲剔、锤击等工作。

② 铆接机　铆接机是利用液压或气压产生的压力使钉杆变形并形成铆钉头的铆接设备。铆接机有固定式和移动式两种。固定式铆接机的生产效率很高，但由于设备投资费用较高，故只适用于专业生产中；移动式铆接机工作灵活性好，因而应用广泛。

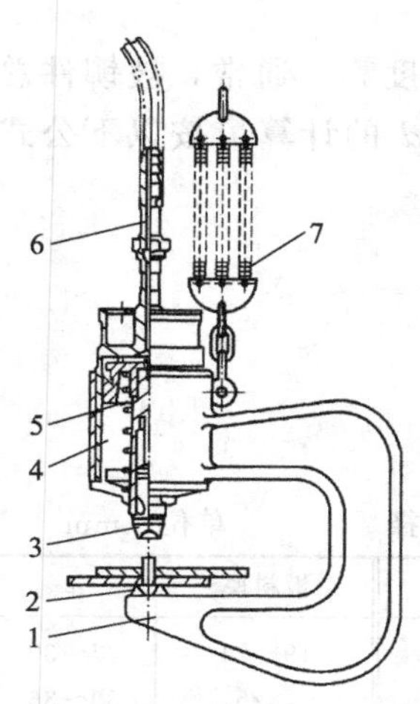

图 8-6　移动式液压铆接机

1—机架；2—顶模；3—罩模；4—油缸；5—活塞；6—管接头；7—弹簧连接器

图 8-6 所示为液压铆接机，由机架、油缸、活塞、罩模和顶模等组成。工作时高压油进入油缸，推动活塞，带动罩

模向下运动，与顶模配合完成铆接工作。

移动式液压铆接机通过弹簧连接器与可移动的吊车连接。弹簧连接器起缓冲作用，这样可使铆接机移动方便，灵活性大，并可减少铆接时的振动。

8.1.4 铆接工艺要点

铆接加工工艺要点是保证铆接质量的前提条件，以下各项中的任何一项出现问题，都将影响铆接质量。

(1) 铆钉直径 d 的确定

铆接时，若铆钉直径过大，则铆钉头成形困难，容易使板料变形；若铆钉直径过小，则铆钉确定不足，造成铆钉数目增多，给施工带来不便。铆钉直径 d 的选择主要是根据铆接件的厚度 t 确定，而铆接件的厚度 t 依照以下三条处理原则确定：

① 板搭接时，如厚度相近，按较厚板计算；

② 厚度相差大时，按薄的算；

③ 板料与型材铆接时，按两者平均厚度算。通常，被铆件总厚度不应超过铆钉直径的 4 倍。铆钉直径 d 的计算可按以下公式计算，但在大批生产时，事先应试铆修正。

$$d=\sqrt{50t}-4$$

式中 t——铆接件的厚度，mm；

d——铆钉直径，mm。

此外，铆钉直径也可查表 8-6 确定。

表 8-6 铆钉直径 d 的选择 单位：mm

板料厚	d	板料厚	d	板料厚	d
5～6	10～12	8.5～12.5	20～22	19～24	27～30
7～9	14～18	13～18	24～27	≥25	30～36

(2) 铆钉长度 L 的确定

铆接时，若铆钉杆过长，铆成的钉头就过大或过高，而且在铆接过程中容易使铆钉杆弯曲；若铆钉杆过短，则铆钉头不足，而影响铆钉强度。铆钉所需的长度 L 应根据铆接件的总厚度 $\sum t$ 和应留作铆合头的部分来确定，铆钉长度 L 可按以下公式计算确定。

$$L=1.1\sum t+1.4d（半圆头）$$

$$L=1.1\sum t+1.1d（半沉头）$$

$$L=1.1\sum t+0.8d（沉头）$$

式中 $\sum t$——铆接件的总厚度，mm；

d——铆钉直径，mm。

(3) 铆钉孔直径 d_0 的确定

铆钉孔直径 d_0 与铆钉孔直径 d 的配合必须适当，如孔径过大，铆接时铆钉杆容易弯曲，影响铆接质量；如孔径与铆钉直径相等或过小，铆接时就难以插入孔内或引起板料凸起或凹起，造成表面不平整，甚至由于铆钉膨胀挤坏板料。

一般来说，冷铆时，铆钉孔直径 d_0 与铆钉孔直径 d 接近，而角钢与板料铆接时，孔径应加大2%；热铆 d_0 稍大于 d；多层板铆接时，孔应先钻后铰（留铰孔量0.5～1mm）。铆钉孔直径可参考表 8-7选择。

表 8-7 铆钉孔直径 d_0 单位：mm

铆钉直径 d		2	2.5	3	3.5	4	5	6	8	10	12
d_0	精装	2.1	2.6	3.1	3.6	4.1	5.2	8.2	8.2	10.3	12.4
	粗装	2.2	2.7	3.4	3.9	4.5	5.6	8.5	8.6	11	13
铆钉直径 d		14	16	18	20	22	24	27	30	36	
d_0	精装	14.5	18.5								
	粗装	15	17	19	21.5	23.5	25.5	28.5	32	38	

8.1.5 铆接的操作

铆接的方法主要有手工铆接和机械铆接两种。一般对铜、铝等塑性较好的有色金属、轻金属制成的铆钉通常用冷铆法。对钢铆钉冷铆的最大直径，一般手铆的最大直径为 $\phi 8$mm，铆钉枪铆的最大

直径为 ϕ13mm，铆接机铆的最大直径为 ϕ20mm；在铆接 16Mn 类 Q345 高强度低合金结构钢和直径较大的铆钉时，需采用热铆，即将铆钉加热到一定温度后，再铆接。热铆铆钉的加热温度为1000～1300℃，终止温度不得低于 500～600℃，以免铆钉温度降到材料蓝脆温度范围，致使铆钉产生裂纹。

（1）手工铆接的操作

手工铆接通常用于冷铆小铆钉，但在设备条件差的情况下也可以代替其他铆接方法。手工铆的关键在于铆钉插入钉孔后，应将钉顶顶紧，然后再用手锤（铆钉锤）捶打伸出孔外的钉杆，将其打成粗帽状或打平。如果是热铆就应用与铆钉头形状基本一样的罩模盖上，用大锤打罩模，并随时转动罩模，直到将铆钉铆好为止。

① 半圆头铆钉的铆接　图 8-7 为半圆头铆钉的铆接过程。

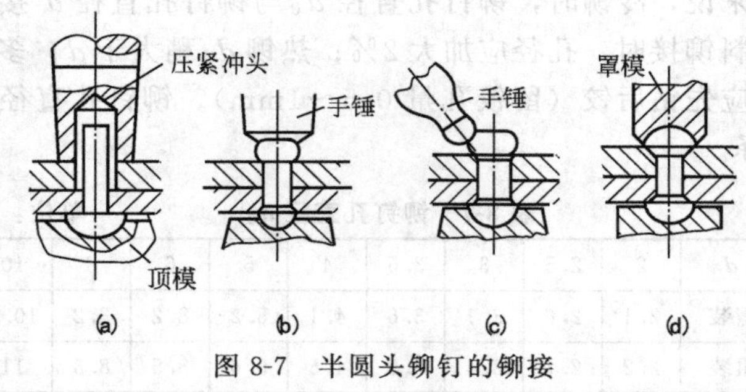

图 8-7　半圆头铆钉的铆接

铆接前，应先清理工件，即被铆接件必须平整光滑，接触面边缘毛刺、接触表面上的锈迹、油污等应清除干净；铆接时，将需铆接的工件贴紧钻孔后，把铆钉从工件下方穿入孔内，用顶模的球面坑支承钉头压紧工件，锤击压紧冲头将连接件压实［图 8-7(a)］；再用手锤重击镦粗铆钉伸出部分，将钉孔充满并使杆头变粗［图 8-7(b)］；用锤顶斜向适当位置打击镦粗部分的周边［图 8-7(c)］；最后用罩模修整成形铆合［图 8-7(d)］。

② 沉头铆钉的铆接　与半圆头铆钉的铆接一样，沉头铆钉铆

接前也应先清理工件，再进行铆接，半圆头铆钉铆接用的铆钉有两种：一种是现成的沉头铆钉；另一种是用圆钢按所需长度截断作为铆钉。铆接时，将截断的圆钢插入孔内。压紧连接件，将铆钉两头伸出部分镦粗先铆第二个面，再铆第一个面，最后修平高出部分。这种方法不易将连接件压实，很少采用。

③ 空心铆钉的铆接　空心铆钉的铆接过程如图 8-8 所示。同样将工件清理干净后，将铆钉插入工件孔，下面压实钉头。先用锥形冲子冲压一下，使铆钉孔口张开与工件孔贴紧［图 8-8(a)］，再用边缘为平面的特制冲头边转边打，使铆钉孔口贴平工件孔口［图 8-8(b)］。

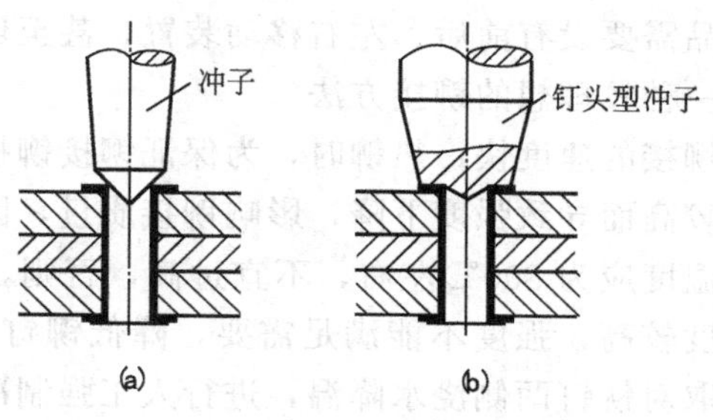

图 8-8　空心铆钉的铆接

④ 紧密和密固铆接　尽管铆钉也能装以密封膏，但接头对水和气体都不密封。对有紧密和密固要求的构件铆接，除按上述要求进行铆接操作外，还应对铆钉或铆件端面接缝处进行加强密固作用，常用的操作方法为捻钉与捻缝。

a. 捻钉：图 8-9 铆合的铆钉头上如有帽，则应先用切边凿切去(切帽沟痕深＜0.5mm)，然后用捻凿对钉头捻打，环绕一周使它和板面紧密贴合。

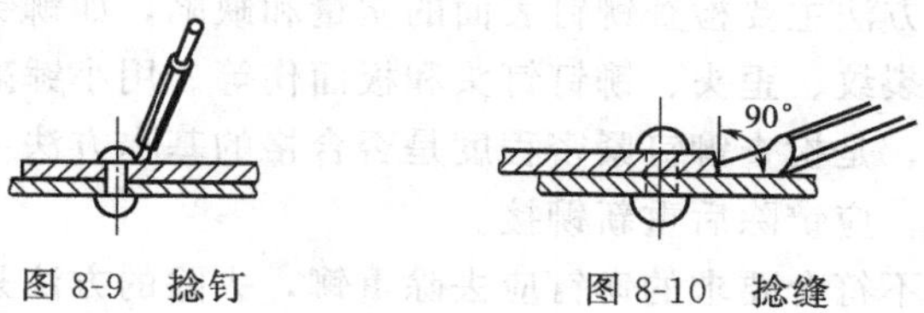

图 8-9　捻钉　　图 8-10　捻缝

b. 捻缝：用捻凿对铆件端面接缝处捻打出 75°的坡口，使两铆件接缝严实，见图 8-10。

(2) 机械铆接的操作

机械铆接主要有气动铆和液压铆等几种。气动铆是利用压缩空气为动力，推动气缸内的活塞板块的往复运动，冲打安装在活塞杆上的冲头，在急剧地捶击下完成铆接工作的；液压铆则是利用液压原理进行铆接的方法，分为固定式和移动式两种。固定式液压铆接机一般只用于铆接专门产品，配有自动进出料装置，因此生产效率高，劳动强度低，主要适用于批量大的定型产品铆接，移动式液压铆接机根据产品需要设有前后、左右移动装置，甚至还有上下升降装置，是目前一种较理想的铆接方法。

由于机械铆接的速度快，热铆时，为保证铆接铆接结束后的铆钉温度不至于较高而导致强度下降，影响铆接质量，因此，进行机械铆接的加热温度应为 800℃左右，不宜过高，否则，因铆接终结时，铆钉的温度较高，强度不能满足需要，降低铆钉的铆接质量。必要时，可采取对铆钉两侧浇水降温，进行人工强制冷却，使其尽快提高强度，缩短冷却时间，并减少铆钉头因受热而产生退火的机会。

(3) 铆接操作注意事项

铆接为永久性连接，如果在维修时必须拆卸，铆钉就应被钻掉并更换，若需要保证连接工件的尺寸偏差小于±0.03mm 时，就不能采用铆接加工。

铆接质量的检验可分别用目测、锤测、样板、粉线等几种方法分别或共同使用。

用目测方法主要检查铆钉表面的质量和缺陷，如铆钉钉头的过大、过小，裂纹、歪头、铆钉钉头和板面伤等。用小锤敲击铆钉钉头发出声音，是检查铆钉紧密程度是否合格的基本方法。经检查不合格的铆钉，应铲除后重新铆接。

若发现不符合要求的铆钉应去除重铆，去除的方法是用手提式气钻从铆钉头端钻除，不应影响铆钉孔尺寸。若两次重铆均不符合要求，则该铆钉孔就不能按原孔径铆接，须加大一号孔径重新选用铆钉补铆，否则，不能保证铆接质量。

此外，铆接操作时，一定要遵守安全、文明生产要求，操作过程中应注意以下内容。

① 保持工作环境的整洁，有足够的操作空间。工件、工具的摆放都要有指定的地点，并摆放整齐，工作时，应将个人防护用品穿戴齐全。

② 热铆时，加热炉应有良好的防火、除尘、排烟设施。每次使用完后，要熄灭余火并清理干净；加热后的铆钉需扔、接时，操作工具要齐全，操作者要配合协调，掌握正确的扔、接技术。

③ 使用铆钉枪铆接时，严禁枪口平端对人。停止使用时，一定要将插在枪筒内的罩模取下，随用随上，养成良好的操作习惯。

④ 手工铆接时，要掌握锤子的操作方法，垫着罩模进行修形时，要注意防止击偏，使罩模弹起伤人。

(4) 铆接常见缺陷及预防措施

铆钉头偏移、钉杆歪斜等是铆接常见的缺陷，表 8-8 给出了常见铆接操作缺陷的产生原因及预防措施。

表 8-8 铆接缺陷的产生原因及预防措施

缺陷名称	断面图	产生原因	预防方法	消除措施
铆钉头偏移	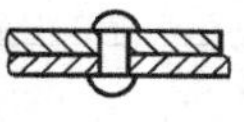	铆钉枪与板面不垂直	起铆时，铆钉与钉杆应在同一轴线上	偏心≥0.1d 更换铆钉
钉杆歪斜	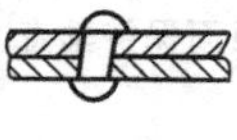	钉孔歪斜	钻孔时应与板面垂直	更换铆钉
板件结合面有间隙	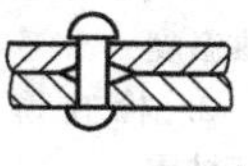	1. 装配螺栓未紧固 2. 板面不平	1. 拧紧螺栓 2. 装配前板面应平整	更换铆钉

续表

缺陷名称	断面图	产生原因	预防方法	消除措施
铆钉突头克伤板料		1. 铆钉枪位置偏斜 2. 钉杆长度不足	1. 铆钉枪应与板面垂直 2. 正确计算钉杆长度	更换铆钉
铆钉杆弯曲		钉杆与孔的间隙过大	选用适当直径的铆钉与钉孔	更换铆钉
铆钉头成形不足		1. 钉杆较短 2. 孔径过大	1. 加长钉杆 2. 选用适当直径的孔径	更换铆钉
铆钉头有过大的帽缘	a b	1. 钉杆太长 2. 罩模直径太小	1. 正确选用钉杆长度 2. 更换罩模	更换铆钉
铆钉头有伤痕		罩模击在铆钉头上	铆接时，紧握铆钉枪，防止铆钉枪跳动过高	更换铆钉
钉头局部未与板面贴合		罩模偏斜	铆钉枪应与板面保持垂直	更换铆钉
钉头有裂纹		1. 加热温度不适当 2. 铆钉材料塑性差	1. 控制加热温度 2. 检查铆钉材质	更换铆钉

8.2 粘接

粘接是利用黏结剂将一个构件和另一个构件用表面黏合连接起来的方法。粘接技术工艺简单，操作方便，所粘接的零件不需要经过高精度的机械加工，也不需要特殊的设备和贵重的原材料。由于粘接处应力分布均匀，不存在由于铆焊而引起的应力集中现象，所以，更适合于不易铆焊的金属材料和非金属材料应用。对硬质合金、陶瓷等使用粘接技术，可以防止产生裂纹、变形等缺陷，具有密封、绝缘、耐水、耐油等优点，此外，粘接不但可用于构件间的连接，还可用于构件间的防漏及裂纹的修补等，因此，粘接技术应用广泛。

8.2.1 黏结剂的类型及性能

黏结剂按基体成分的不同，可分为有机黏结剂和无机黏结剂两大类，各类黏结剂的组成见图 8-11。

一般无机黏结剂具有耐高温，但强度低的特点；而有机黏结剂具有强度高，但不耐高温的特点。其性能差别参见表 8-9。目前，有机黏结剂中的合成黏结剂是工业使用最多的一种。

表 8-9 无机黏结剂和有机黏结剂的主要性能比较

项目	无机黏结剂	有机黏结剂
抗拉强度	低	比无机黏结剂高
抗剪强度	较高	一般
脆性	大	比无机黏结剂小
粘接强度	套接、槽接时黏结强度较高	平面粘接时粘接强度比无机黏结剂高
可黏结材料	适用于黑色金属	可粘接各种材料
粘接工艺	较简单	要求较严格
固化条件	常温、不需要加压	多数要加温、加压

续表

项目	无机黏结剂	有机黏结剂
耐热性能	200℃以上强度稍有下降，600℃以上强度急剧下降	多数在100℃左右强度即显著下降
耐腐蚀性	耐水和油，不耐酸、碱	原料不同，但都耐水、油
成本	较低	比无机黏结剂高

注：表中抗拉强度、抗剪强度、脆性指黏结剂本身的强度、脆性。

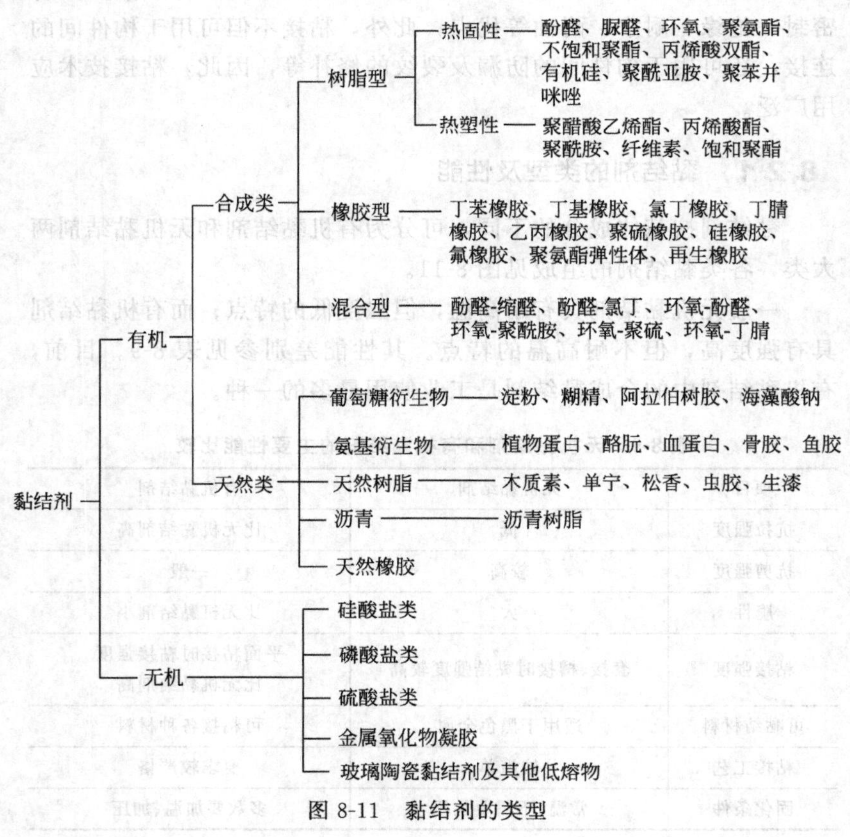

图 8-11　黏结剂的类型

8.2.2 粘接的接头

两个零件的粘接，首先考虑的是粘接强度，一般粘接表面受到的作用力主要有剪切力、均匀扯离力、剥离力、不均匀扯离力四种基本类型，见图 8-12。

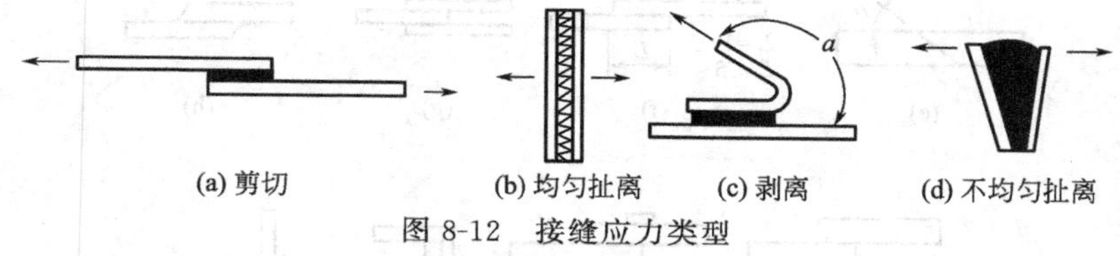

图 8-12 接缝应力类型

同一种黏结剂，由于粘接处的结构形式不同，所能承受的力也不同。一般黏结剂所能承受的拉力或剪切力，远大于所能承受的剥离或不均匀扯离力。因此，在考虑粘接结构形式时，应尽量避免受剥离或不均匀扯离力。而粘接部位的受力主要与粘接接头的形式有关，图 8-13 给出了生产中，常见的粘接接头形式。

图 8-14 给出了各类接头形式的比较。

8.2.3 无机粘接的操作

目前，在一般机械行业中，使用的无机黏结剂主要由氧化铜（CuO）和磷酸（H_3PO_4）配制而成，其操作主要包括黏结剂的配制及操作工艺要点两方面的内容。

(1) 无机黏结剂的配制

氧化铜（CuO）和磷酸（H_3PO_4）的配制比例，应根据所使用时的室温决定，一般冬季配制比例为 4∶1，夏季为 3∶1，配合比例越大，凝固速度越快，黏结强度越高，但配比不能大于 5，否则黏结剂产生高温放热反应，急速固化，使黏结剂来不及发挥作用。氧化铜-磷酸粘接剂的配制主要应注意以下方面的内容。

① 氧化铜（CuO）及其处理　黏结剂中所用的氧化铜，需具备两个条件，一是要有一定的纯度，特别是所含酸性和碱性物质

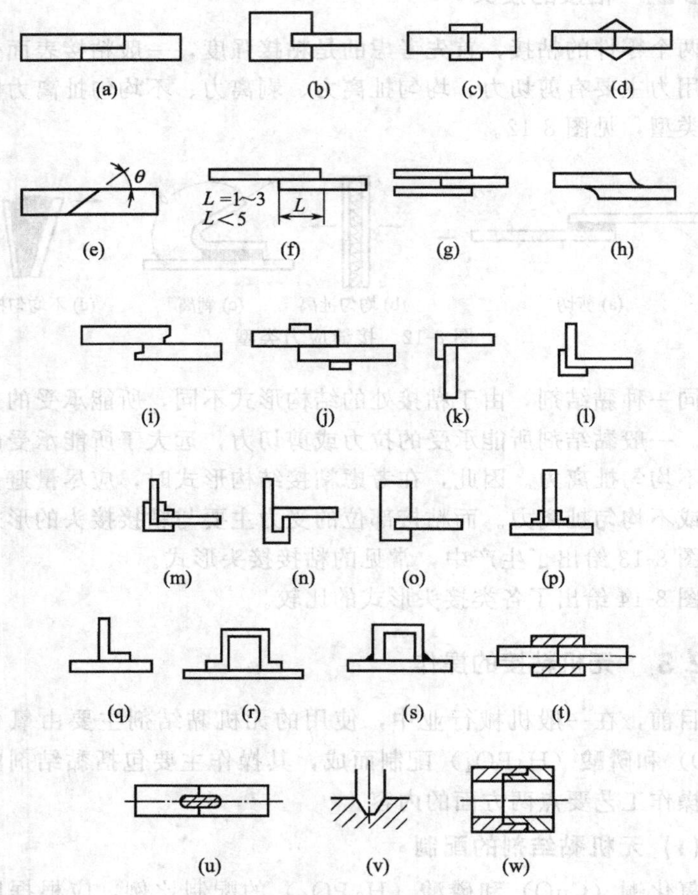

图 8-13 接头形式举例

(a)～(e) 对接；(f)～(j) 搭接；(k)～(o) 角接；(p)，(q) T 形接；(r)，(s) 门接；(t)～(w) 套接

(质量分数) 不得超过 0.01%，密度应为 6.32～6.42g/cm³。二是氧化铜必须是经过高温处理的，这样才能有较高的粘接强度。

其处理方法是将一般化学试剂的二级、三级品氧化铜粉送入烧

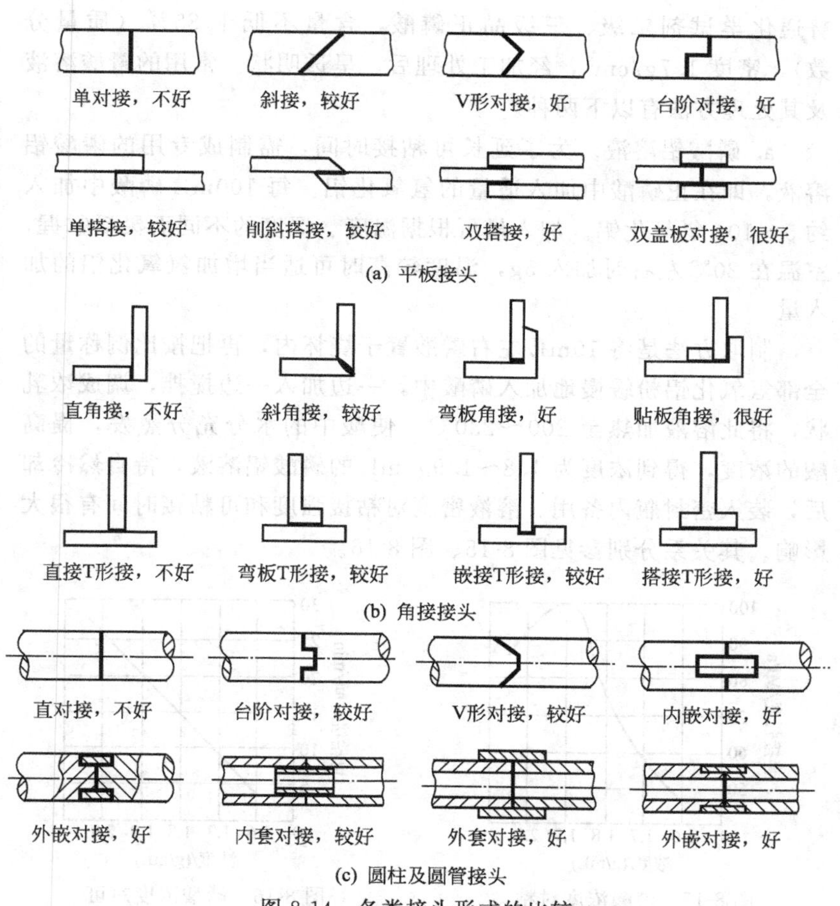

图 8-14 各类接头形式的比较

结炉中，以 900～930℃保温 3h，在烧结过程中需多次搅拌，使上下各层铜粉烧结效果一致。烧结后的氧化铜呈黑色略带银灰光泽，冷却后打碎成小块，送入陶瓷球磨机粉碎，而后用孔径为 0.053mm（280 目）左右筛网过筛、烘干、装入密封瓶备用。这种氧化铜粉目前在化工商店有售。

② 磷酸（H_3PO_4）及其处理 黏结剂中所用的磷酸溶液，是

普通化学试剂二级、三级品正磷酸，含量不低于85%（质量分数），密度1.7g/cm³，经加工处理后，呈透明状。常用的磷酸溶液及其处理方法有以下两种。

a. 磷酸铝溶液。为了延长可粘接时间，需制成专用的磷酸铝溶液，即在正磷酸中加入适量的氢氧化铝。每100mL磷酸中加入约5～10g氢氧化铝。加入量可根据温度、湿度的不同而灵活掌握，室温在20℃左右时加入5g，温度较高时可适当增加氢氧化铝的加入量。

制取方法是将10mL左右磷酸置于烧杯内，再把按比例称量的全部氢氧化铝粉缓慢地加入磷酸中，一边加入一边搅拌，调成浓乳状，将此溶液加热至200～230℃，使酸中的水分充分蒸发，提高酸的浓度，得到浓度为1.8～1.9g/mL的磷酸铝溶液，待自然冷却后，装入密封瓶内备用。溶液密度对粘接强度和可粘接时间有很大影响。其关系分别参见图8-15、图8-16。

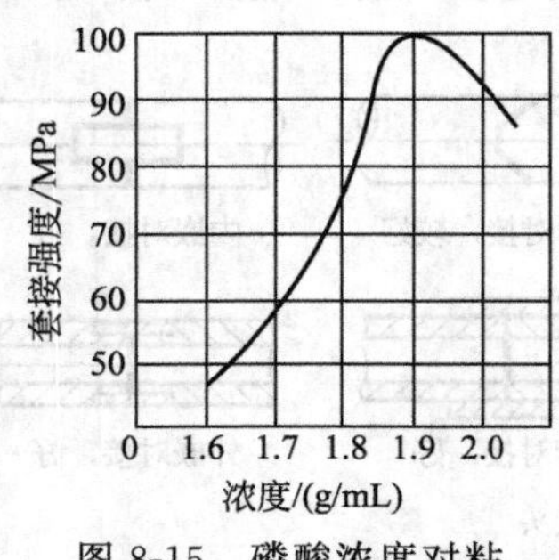

图8-15　磷酸浓度对粘接强度的影响

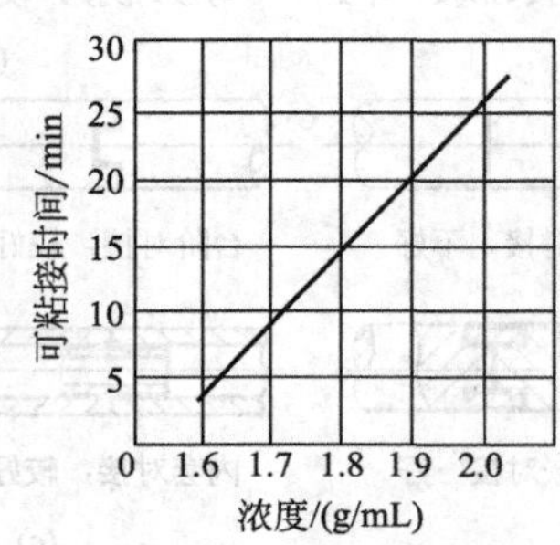

图8-16　磷酸浓度对可粘接时间的影响

b. 磷酸-钨酸钠溶液。其配制方法是用100mL磷酸加入4～10g钨酸钠。加入量的掌握原则与“磷酸中加入氢氧化铝”时大体相同。配制时，将钨酸钠粉缓慢倒入磷酸中，边倒边搅拌成糊乳状，加热升温至300℃左右，保温30min呈天蓝色，待自然冷却后装入密封瓶备用。

用氢氧化铝配制的磷酸溶液，在低温下放置过久，可能会有结晶析出，甚至凝固。处理方法是将瓶盖打开，置于热水中，使其溶解成均匀液相，即可使用。如不易溶化，可加入温水约20mL，即可溶化，但溶化后必须加热至230℃，待其自然冷却后方能使用。而用钨酸钠配制的磷酸溶液，则可久置而不结晶。

③ 辅助填料　在黏结剂中，可加入某种辅助填料，以得到所需要的各种性能。

a. 加入还原铁粉，可改善黏结剂的导电性能。

b. 加入碳化硼和水泥，可增加黏结剂的硬度。

c. 加入硬质合金粉末，可适当增加粘接强度。

此外，还可以根据需要适当加入石棉粉、硼粉、玻璃粉等。

(2) 无机粘接的操作工艺要点

① 黏结剂及粘接用具的准备　准备所需粘接剂氧化铜粉和磷酸溶液各一瓶，光滑铜板一块（厚约4mm），调胶用扁竹签一根，清洗剂一瓶（一般用香蕉水或丙酮等），干净细棉纱一团，小天平一台，医用注射器一支（不要针头）。

② 粘接件的准备　要求被粘接件尽可能选用套接和槽接结构，其配合间隙视工件大小，可控制在0.1～0.3mm，个别间隙可大至1mm以上（间隙过大将降低粘接部位的抗冲击性能）。

通常被粘接面的粗糙度应为Ra25～100μm。有时达不到这样的粗糙度时，应辅以人为的加工，如滚花、铣浅槽以及车成齿深为0.3mm、螺距为1mm的螺纹等。如属盲孔套接，则应留排气孔或排气槽。

被粘接面必须经过除锈、脱脂和清洗处理。脱脂、清洗一般用香蕉水、丙酮，也可用四氯化碳。不能用清水或汽油。清洗时宜用刷子，不要用棉纱。

③ 调胶　按每4～4.5g氧化铜粉加入1mL磷酸溶液的比例，先将所需氧化铜粉置于铜板上，中部留一凹坑，然后用注射器抽取磷酸溶液，按需要毫升数将磷酸溶液缓慢注入凹坑中，一边注入一边用竹签反复调和约1～2min，使胶体成稀糊状即可应用。

调和时，氧化铜粉与磷酸溶液反应会产生热量，一定的热量又促使反应加剧，放出更多的热量，导致胶体迅速凝固，影响操作，并使粘接强度降低。这种现象在夏季温度较高时比较明显。用铜板调胶，在于散去调和时产生的热量，延缓胶体凝固时间，便于操作。必要时，可以在铜板下面放置冰块，以加速降温。在冬季气温较低的情况下，也可在玻璃板上调胶，但操作时，最好将磷酸溶液和被粘接件预热一下，以防冻凝。

当第一次调的胶用完以后，应将铜板（或玻璃板）用清水洗净，并用棉纱擦干后再调第二次。一次调胶量不宜过多。有些大件粘接用胶量较大，可采取多人同时调和、同时操作的方法。由于胶体吸水性强，最好随调随用，用完再调。如一次调的较多，一时用不完，就会吸水变稀，导致粘接强度下降。

④ 粘接　将调好的胶分别迅速、均匀地涂在被粘接面上，然后进行适当的挤压。套接件则应缓慢地反复旋入。排出的多余胶体，可刮下继续使用。为保持被粘接件的美观，被粘接件表面黏附的残余胶体，可用微湿的棉纱擦拭干净。

手上粘的黏结剂，可用清水洗净，洗手时不能用肥皂，否则皂液与黏结剂反应，反而不易洗净。

⑤ 烘烤　粘接后宜迅速放在干燥温暖的地方，最好能放入电烘箱内，先用50℃烘1～2h，再升温至80～100℃烘2h。烘烤时间长短应视被粘接件的大小而定，粘后用日光晒亦可。有些较大的部件，如粘接修补机床设备，不便于搬动的，也可用普通电炉、炭炉、红外线灯泡烘烤粘接部位，使胶层在较短的时间内完全凝固硬化。要注意的是，干燥温度过高、干燥速度太快，易使黏结剂急剧收缩，产生裂纹，影响粘接强度。

8.2.4 有机粘接的操作

有机黏结剂，一般由几种材料组成，常以富有黏性的合成树脂或弹性体作为它的基体材料，根据不同需要添加一定的固化剂、增塑剂等配制而成。有机黏结剂有多种形态，而以液体使用最多，一般都要严格按配方配制。有机粘接的操作主要包括黏结剂的选用及操作工艺要点等方面的内容。

(1) 有机黏结剂各组分及其作用

① 粘料 粘料是黏结剂中产生粘接力的基本材料，如热塑性树脂、热固性树脂、合成橡胶等。

② 增塑剂 加入增塑料的主要作用是增加树脂的柔韧性、耐寒性和冲击强度，但对树脂的拉伸强度、刚性、软化点等则会有所降低，故其加入量应控制在20%（质量分数）以内。如邻苯二甲酸二丁酯、邻苯二甲酸二辛酯、磷酸二苯酯等，都与粘料有良好的相容性。

③ 增韧剂 有些增韧剂（如聚硫橡胶650、聚酰胺、酚醛树脂、聚乙烯醇缩丁醛等）能与粘料起化学反应，并使之成为固化体系组成部分的官能团的化合物，对改进黏结剂的脆性、开裂等效果较好，能提高黏结剂的冲击强度和伸长率。有些增韧剂能降低黏结剂固化时的放热作用和降低固化收缩率。有的还能降低其内应力，改善黏结剂的抗剪强度、剥离强度、低温能和柔韧性。

④ 稀释剂 稀释剂主要用于降低黏结剂的黏度，使黏结剂有良好的浸透力，改善工艺性能，便于操作，有些还能降低黏结剂的活性，从而延长黏结剂的使用期。稀释剂可分非活性稀释剂和活性稀释剂两种。

非活性稀释剂的分子中不含有活性基团，在稀释过程中不参加反应，它只是共混于树脂之中并起到降低黏度的作用，对力学性能、热变形温度、耐介质及老化破坏等都有影响，多用于橡胶型黏结剂、酚醛型黏结剂、聚酯型黏结剂和环氧型黏结剂。

活性稀释剂是稀释剂的分子中含有活性基团，它对稀释黏结剂的过程中要参加反应，同时还能起到增韧作用（如在环氧型黏结剂中加入甘油环氧树脂或环氧丙烷丁基醚等就能起增韧作用）。活性稀释剂多用于环氧型黏结剂中，其他类型的黏结剂很少使用。常用的稀释剂有二甲苯、丙酮、甲苯、甘油环氧树脂等。

⑤ 固化剂 固化剂是黏结剂中最主要的配合材料。它直接或

通过催化剂与主体粘料进行反应，固化结果是把固化剂分子引进树脂中，使分子间距离、形态、热稳定性、化学稳定性等都发生显著变化，使原来是热塑性的线型主体粘料变成坚韧和坚硬的体形网状结构。

当树脂中加入固化剂后，随着所加固化剂性质、秤量的不同，黏结剂的可使用期、黏度、固化温度、固化时间以及放热等也就不同，所以必须根据产品的使用目的、使用条件以及工艺要求等，对固化剂进行合理的选择。

⑥ 促进剂　加入促进剂是为了加速黏结剂中黏料与固化剂反应，缩短固化时间，降低固化温度，调节黏结剂的固化速度。如间苯二酚、四甲基二氨基甲烷等。促进剂可分为酸性和碱性两类。酸性类有三氟化硼络合物、氯化亚锡、异辛酸亚锡、辛酸亚锡等。碱性类包括大多数的有机叔胺类、咪唑化合物等。

⑦ 填料　使用填料是为了降低固化过程的收缩率，或赋予黏结剂某些特殊性能，以满足使用要求。有些填料还会降低固化过程中的放热量，提高胶层的冲击韧度及机械强度等。

⑧ 其他助剂　为了满足某些特殊要求，在黏结剂中还需要加入其他一些组分，如增黏剂和防老剂。增黏剂是一种比较新的配合组分，它的主要作用在于使原来不黏或难黏的材料之间的黏结强度提高，润湿性和柔顺性等得到改善。增黏剂大多是低分子树脂物质，有天然和人工合成产品，以硅烷和松香树脂及其衍生物为主，烷基酚醛树脂也常用。黏结剂中的高分子材料在加工或应用过程中，由于环境的影响而损伤或降低其使用性能的现象，称为聚合物的环境老化。导致黏结剂性能变化的环境因素如受力、光、热、潮、雷、化学试剂侵蚀等综合因素的影响。如果在黏结剂中加入抗氧剂、光稳定剂等，则可延缓热氧老化、光氧老化，提高黏结剂的热氧和光氧稳定性。

(2) 有机黏结剂的正确选用

有机黏结剂的种类较多，常用的主要有环氧树脂类、酚醛树脂类、丙烯酸酯类等胶黏剂，目前，许多品种已有专门厂家生产，因此，合理的选用是正确操作的前提。

① 环氧树脂类胶黏剂　这类胶黏剂的主要优点是黏附力强，固化收缩小，能耐化学溶剂和油类侵蚀，电绝缘性好，使用方便。只需加接触力，在室温或不太高的温度下就能固化。其主要缺点是耐热性及韧性差。常用的环氧树脂类成品胶黏剂见表8-10。

表 8-10　环氧树脂类成品胶黏剂

序号	牌号	组分	主要成分	固化条件	剪切强度/MPa	主要用途
1	911	双	环氧、三氟化硼等	室温，5～20min	铜-铜 24；铝-铝 16～21	金属、非金属小面积黏结
2	913	双	环氧、聚醚、三氟化硼	10℃，4h	铝-铝 13～15	野外应急修补
3	914	双	环氧、聚硫等	25℃，3h	铝-铝 22；铜-铜 15	快速小面积黏结
4	ET	三	环氧、丁腈、咪唑等	压力0.05～0.1MPa；170℃，2h	铝-铝 20	磁钢与不锈钢等
5	JW-1	三	环氧、KH-550等	接触压，60℃，2h	钢-钢 265	金属、玻璃钢、胶木等
6	SW-2	双	环氧、聚醚酚醛胺等	接触压；25℃，4h	铝-铝 15	室温快速黏结用
7	J-13	双	二苯砜环氧、聚酰胺等	接触压；25℃，24h	钢-钢 23	尼龙与镍、碱性蓄电池密封等
8	KH-520	双	环氧、聚硫等	20℃，24h	钢-钢 22	金属、陶瓷、硬塑料等
9	J-19	单	环氧、聚砜、二氯甲烷等	压力0.05MPa；180℃，3h	钢-钢 50～60；铜-铜 20	黏结力强、韧性材料好、耐热性好，各种材料
10	HXJ-3万能胶	双	环氧、聚酰胺等	20℃，24h	钢-钢 25	各种材料

续表

序号	牌号	组分	主要成分	固化条件	剪切强度/MPa	主要用途
11	KH-802	单	环氧、丁腈、双氰胺	接触压；15℃,3h	钢-钢 45	各种材料，韧性好，耐温 120℃
12	CH31	双	环氧、聚酰胺等	20℃,24h	钢-钢 25	各种材料

② 酚醛树脂类　这类胶黏剂的主要优点是成本低，有良好的耐热、耐水、耐油、耐化学介质等性质。其缺点是性较脆，需加温加压固化。酚醛树脂类胶黏剂，均以成品供应，常用牌号见表 8-11。

表 8-11　酚醛树脂类胶黏剂主要牌号

序号	牌号	组分	固化条件	剪切强度/MPa	主要用途
1	201 (FSC-1)	单	压力 0.1MPa；160℃,3h	铝-铝 22.4	铝、铜、钢、玻璃、陶瓷、电木，150℃以内使用
2	203 (FSC-3)		压力 0.15～0.25MPa；160℃,2h	铝-铝 32.2；紫铜 7.8	
3	204 (JF-1)	单	压力 0.1～0.2MPa；180℃,2h	铝-铝 17.3；钢-钢 22.8	钢、铝、镁、玻璃钢、泡沫塑料等，已用于摩擦片黏结
4	E-4	双	压力 0.1MPa；130℃，3～4h	铝-铝 24；钢-钢 18.5	铝、钢、玻璃钢、砂轮等，耐温 200℃
5	705 (JX-5)	单	压力 0.2MPa；160℃,4h	铝-铝 20；钢-钢 23.3	铝、铜、不锈钢、玻璃钢等
6	JX-9		压力 0.25MPa；160℃,3h	铝-铝 36.1；镁-镁 24	铝、镁等

③ 丙烯酸酯类胶黏剂　这类胶黏剂一般为单组分，可在室温下固化，其中氰基丙烯酯类胶黏剂，可在室温下快干，故又称为快

干胶。丙烯酸酯类胶黏剂主要优点是具有较好的黏结性能，不需加温加压固化。操作简单，但胶层较脆，耐水耐溶液性差，耐热温度不高于 100℃，常用种类见表 8-12。

表 8-12　丙烯酸酯类胶黏剂

<table>
<tr><th>牌号</th><th>生产单位</th><th>成分或配方</th><th>主要用途和固化条件</th></tr>
<tr><td>BS-3
(新光 301)</td><td>上海新光化工厂</td><td>用甲基丙烯酸甲酯、氯丁橡胶和苯乙烯，偶氮二异丁腈引发制成共聚溶液，然后和 307＃不饱和聚酯、固化剂、促进剂配合制成：
共聚树脂　110 份
307＃不饱和聚酯（50%丙酮溶液）　11 份
过氧化甲乙酮　3 份
环烷酸钴　1 份</td><td>在±60℃下使用，适用于粘接铝、铁、钢、铜等金属材料，也能适用于粘接硬聚氯乙烯板，有机玻璃等非金属材料固化条件：压力 0.05MPa，室温 24h 以上，60℃，2h</td></tr>
<tr><td>新 KH501 胶</td><td>营口盖州化工厂</td><td>α-氰基丙烯酸甲酯单体加少量对苯二酚并溶有微量二氧化硫为阻聚剂</td><td rowspan="2">用于－50～70℃长期工作又须快速固化的粘接部件，可粘接金属、橡胶、塑料、玻璃，木材、皮革，能耐普通有机溶剂，但不宜于酸碱及水中长期使用，亦不宜于在高度潮湿和强烈受振设备上使用。胶液在二胶合面均匀涂布后，要在空气中暴露几秒至几分钟才将粘接件合上，加压 0.1～0.5MPa，半分钟至几分钟即可粘牢</td></tr>
<tr><td>502 快速胶</td><td>上海珊瑚化工厂
北京化工厂</td><td>α-氰基丙烯酸乙酯 100g，磷酸三甲苯酚酯 15g，聚甲基丙烯酸甲酯粉 7.5g，溶有微量二氧化硫</td></tr>
</table>

④ 聚氨酯胶黏剂　聚氨酯胶黏剂具有良好的黏附性、柔软性、绝缘性、耐水性和耐磨性，还有耐弱酸、耐油和冷固化的特点，但耐热性差。这类胶黏剂主要由基体材料聚酯树脂和异氰酸酯固化剂按一定比例配制而成。为室温固化胶黏剂。异氰酸酯含量愈多，固化愈快，黏膜也愈硬，耐温愈高。常用的聚氨酯胶黏剂见表 8-13。

表 8-13 常用聚氨酯胶黏剂

序号	牌号	组分	固化条件	剪切强度/MPa	主要用途
1	熊猫牌 202	双	室温 24h	耐温－20～170℃	皮革、橡胶、织物、软泡沫塑料、金属
2	熊猫牌 404	双	室温 24h	韧性好、耐水、耐热、耐寒、耐老化	
3	熊猫牌 405	双	室温 24h	铁 4.6 橡胶剥离强度 0.2	金属、玻璃、陶瓷、木材、塑料
4	熊猫牌 717	单	室温 2～3 天	铁 4.9 皮革与橡胶剥离 0.5	金属、非金属、尼龙、织物、塑料
5	101	双	20℃，4 天	抗拉强度 12	金属、橡胶、玻璃、陶瓷、塑料

⑤ 厌氧性胶黏剂　厌氧性胶黏剂是丙烯酸双酯类型的室温固化剂。其特点是在空气中不固化，当被粘物粘接后，在没有空气存在时，经催化剂作用而交联，几分钟后，胶液即自行固化，24h后，胶层可达最大强度。该胶黏剂的最大优点是韧性好，耐振动，有一定粘接强度，密封性和渗透性较好。它主要用于机械产品装配和设备安装等方面。如紧固螺栓的安装，轴承固定，管螺纹连接和法兰盘连接的耐压密封效果较好，为装配、拆卸检修工作带来方便。常用的厌氧胶黏剂主要牌号见表 8-14。

表 8-14 常用厌氧胶黏剂主要牌号

序号	牌号	填隙能力/mm	使用温度/℃	定位/min	完全固化/h	剪切强度/MPa
1	铁锚 300	0.1	－30～60	10～20	8	
2	铁锚 350	0.2	－30～120	10～20	24	
3	Y-150	0.3	－30～150	5～10	2	钢 15.6
4	XQ-1				48	钢 17.6
5	XQ-2				48	钢 20.2 铝合金 18.7
6	YN-601			2～7	48	

续表

序号	牌号	填隙能力/mm	使用温度/℃	定位/min	完全固化/h	剪切强度/MPa
7	KE-1	0.3		1	24	
8	KYY-1	0.3	−30～150		72	
9	KYY-2		−30～150		72	

⑥ 密封胶　近年来试制出的一些高分子密封材料——液态密封胶，可以代替各类固体密封垫圈。使用这类胶的密封面，不需要特别精密加工。它耐水、耐压、耐油、耐振、耐冲击，又可保护金属表面，具有绝缘性，防止漏气、漏水、漏油效果显著。常用密封胶的主要牌号及性能见表 8-15。

表 8-15　常用密封胶的主要牌号及性能

<table>
<tr><th>牌号</th><th>主要成分</th><th>溶剂</th><th>可耐介质</th><th>使用温度/℃</th><th>使用压力/MPa</th><th>对金属的粘接力</th><th>主要特性</th></tr>
<tr><td>601</td><td>聚酯型聚氨酯</td><td>丙酮、乙酸乙酯</td><td>汽油、煤油、润滑油、氟利昂、机油、水</td><td>−40～150</td><td>>0.7</td><td>弱</td><td rowspan="2">不干型密封胶，永不成膜，易拆卸，用于经常拆卸的部位</td></tr>
<tr><td>602</td><td>聚酯型聚氨酯</td><td>丙酮、二氯乙烷</td><td>汽油、煤油、水、4104润滑油</td><td>−40～200</td><td>>0.7</td><td>弱</td></tr>
<tr><td>609</td><td>丁腈橡胶-酚醛</td><td>丙酮、二氯乙烷</td><td>各种油类、水</td><td>−40～250</td><td>>1</td><td>稍强</td><td>干型密封胶，易成膜，弹性较好，对金属粘接力较大，用于不经常拆卸的部位</td></tr>
</table>

续表

牌号	主要成分	溶剂	可耐介质	使用温度/℃	使用压力/MPa	对金属的粘接力	主要特性
HXJ-1	聚酯型聚氨酯	丙酮、二氯乙烷	空气、水、汽油、煤油、润滑油、稀酸、稀碱	−50～250	>3	弱	永不固化，易拆卸装配，用于小间隙（0.1～0.15mm）的密封
Y-150厌氧胶	改性环氧树脂	丙酮	汽油、机油、丙酮、水、空气、稀酸、稀碱	−30～150	>5	较强	用于不经常拆卸的螺钉接头，防松防漏，固化后剪切强度可达10MPa，固化速度快，耐老化，弹性好，脆性较小

(3) 有机粘接的操作

使用有机黏结剂进行粘接操作时，应严格按以下操作步骤及操作要点进行。

① 初清洗　将被粘接工件的被粘接表面的油污、积灰、漆皮、铁锈等附着物除去，以便正确检查被粘接表面的情况和选择粘接方法。初清洗通常用汽油、清洗剂等。对于要求高的零件则用有机溶剂。

② 确定粘接方案　在检查工件的材料性质、损坏程度，分析所承受的工况（载荷、温度、介质）等情况的基础上，选择并确定最佳的粘接（或修复）方案，其中包括选用黏结剂、确定粘接接头形式和粘接方法、表面处理方法等。

③ 粘接接头机械加工　根据已确定的粘接接头形式，进行必要的机械加工，包括对粘接表面粗糙度的加工，待粘接面本身的加工及加固件的制作，对于待修复的裂纹部位开坡口、钻孔止

裂等。

④ 粘接表面处理　被粘接工件、材料的表面处理，是整个粘接工艺流程的重要工序，也是粘接成败的关键，这是因为黏结剂对被粘接物表面的润湿性和界面的分子间作用力（即黏附力）是取得牢固粘接的重要因素，而表面的性质则与表面处理有很直接的关系。通常由于粘接件（或修复件）在加工、运输、保管过程中，表面会受到不同程度的污染，从而直接影响粘接强度。常用的表面处理方法有三种。第一种为溶剂清洗。可根据粘接件表面情况，采用不同的溶剂进行蒸发脱脂，或用脱脂棉、干净布块浸透溶剂擦洗，直到被粘接表面无污物为止。除溶剂清洗外，还可以用加热除油和化学除油的方法。在用溶剂清洗某些塑料、橡胶件时，要注意不能使被粘接件被溶解和腐蚀。因溶剂往往易燃和有毒，使用时还要注意防火和通风。第二种为机械处理。目前常用的机械处理被粘接物表面的方法，有喷砂处理、机械加工处理或手工打毛，包括用金刚砂打毛、砂布打毛或砂轮打毛等。至于用何种方法处理，要因地制宜，喷砂操作方便，效果好，容易实现机械化；而手工打毛简易可行，不需要什么特殊条件，对薄型和小型粘接件较为适用。不管用什么机械处理，其表面的坑凹不能太甚，以表面粗糙度 $Ra150\mu m$ 左右为宜。第三种为化学处理。对于要求很高的工件，目前已普遍采用化学处理被粘接表面的方法。所谓化学处理方法，就是以铬酸盐和硫酸的溶液或其他酸液、碱液及某些无机盐溶液，在一定温度下，将被粘接表面的疏松氧化层和其他污物除去，以获得牢固的粘接层。其他如阳极化、火焰法、等离子处理法等，也可以说是化学处理这一类的方法。常用材料的表面化学处理参见表 8-16。

⑤ 调胶或配胶　如果是市售的胶种，可按产品说明书进行调胶，要求混合均匀，无颗粒或胶团。对于自行配制的胶种，可按典型配方和以下顺序调配：先将粘料与增塑剂、增韧剂伴均匀，再加填料伴均匀，然后加入固化剂伴均匀，最后可进行后续的粘接涂胶。

表 8-16　常用材料的表面化学处理

被粘接材料	脱脂溶剂	处理方法	备注
铝及铝合金	三氯乙烯、丙酮、乙酸乙酯、高级汽油等均可	脱脂后在下述溶液中,于 60～65℃下处理 15～25min,水洗,干燥 重铬酸钾　15g 浓硫酸　54g 蒸馏水　54g	处理后表面呈灰白色,能提高粘接强度
		脱脂后在下述溶液中,于 90～100℃下处理 20min,水洗,干燥 蒸馏水　1000g 碳酸钠　50g 重铬酸钠　15g 氢氧化钠　2g	
		脱脂后在下述溶液中,于 66～68℃下处理 10min,水洗,干燥 浓硫酸　10g 重铬酸钠　1g 蒸馏水　30g	
		脱脂后在下述溶液中阳极化处理 浓硫酸　200g 蒸馏水　1000g 直流电 1～1.5A/dm^2,10～15min;再在饱和重铬酸钾溶液中,95～100℃,5～20min,水洗,干燥	适用于酚醛黏结剂效果良好
		在 20℃下,用下述溶液处理 3～5s,水洗,干燥 硝酸(67%)　30g 氢氟酸(42%)　10g	适用于铸铝件

续表

被粘接材料	脱脂溶剂	处理方法	备注
铜与铜合金、黄铜、青铜	三氯乙烯、丙酮、甲乙酮、乙酸乙酯等均可	在下述溶液中，于20～25℃下处理1～2min，水洗，干燥 浓硝酸 30g 三氯化铁 15g 蒸馏水 20g	表面呈淡灰色
		在下述溶液中，于20～25℃下浸泡处理5～10min，水洗，干燥 浓硫酸 10g 重铬酸钠 5g 蒸馏水 85g	表面呈亮黄色
		在下述溶液中，于25～30℃下浸泡1min，水洗，50～60℃干燥 浓硫酸 8g 浓硝酸 25g 蒸馏水 17g	有较好的粘接强度
		在下述溶液中，于60～70℃下浸蚀10min，水洗，60～70℃干燥 浓硫酸 19g 硫酸亚铁 12g 蒸馏水 100g	有较好的粘接强度
		在下述溶液中，于25～30℃下处理5min，水洗，干燥 三氧化铬 40g 浓硫酸 4g 蒸馏水 1000g	表面呈淡灰色，有较好的粘接强度
不锈钢	三氯乙烯、丙酮、甲乙酮、苯及乙酸乙酯等均可	在下述溶液中，于50℃下浸泡10min，水洗，干燥 重铬酸钠 7g 浓硫酸 7g 蒸馏水 400g	处理后表面呈灰白色

续表

被粘接材料	脱脂溶剂	处理方法	备注
不锈钢	三氯乙烯、丙酮、甲乙酮、苯及乙酸乙酯等均可	在下述溶液中，于65℃下处理10min，水洗，干燥 浓硫酸 100g 甲醛(37%) 20g 过氧化氢(30%) 4g 蒸馏水 90g	处理后表面呈灰白色
		在下述溶液中，于63℃下处理10min，水洗，干燥 甲醛(37%) 30g 过氧化氧(30%) 20g 蒸馏水 50g	
		在下述溶液中，在室温下处理10min，水洗，70℃干燥 浓硝酸 20g 氢氟酸(40%) 5g 蒸馏水 75g	
软钢、铁及铁基合金	三氯乙烯、苯、丙酮、汽油、乙酸乙酯、无水乙醇等均可	在下述溶液中，于20℃下浸泡5～10min，水洗，干燥 盐酸(37%) 100g 蒸馏水 100g	
		在下述溶液中，于71～77℃下浸泡10min，水洗，干燥 重铬酸钠 4g 浓硫酸 10g 蒸馏水 30g	
		在下述溶液中，于60℃下浸泡10min，水洗，干燥 磷酸(88%) 20g 酒精 20g	
		在等量的浓磷酸与甲醇混合液中，于60℃下处理10min，水洗，干燥	

续表

被粘接材料	脱脂溶剂	处理方法	备注
锌及锌合金	三氯乙烯、丙酮、乙酸乙酯、汽油及无水乙醇等均可	在下述溶液中，于室温下处理5～10min，水洗，干燥 浓硫酸 5g 蒸馏水 95g	
		在下述溶液中，于室温下处理3～5min，水洗，干燥 盐酸(37%) 20g 蒸馏水 80g	
		在下述溶液中，于38℃下浸泡4～6min，水洗，40℃干燥 浓硫酸 20g 重铬酸钠 10g 蒸馏水 80g	
		在下述溶液中，于20℃下浸泡10～15min，水洗，干燥 浓硫酸 10g 硝酸(相对密度1.41) 20g 蒸馏水 450g	
镁及镁合金	三氯乙烯、丙酮、乙酸乙酯、甲乙酮均可	在下述溶液中，于80℃下处理10min，水洗，干燥 三氧化铬 10g 蒸馏水 40g	
		在下述溶液中，于70℃下处理20min，水洗，干燥 氢氧化钠 30g 蒸馏水 450g	
钛	三氯乙烯、苯、丙酮、汽油、无水乙醇等	在下述溶液中，于50℃处理20min，水洗，干燥 浓硝酸 9g 氢氟酸(50%) 1g 蒸馏水 30g	

续表

被粘接材料	脱脂溶剂	处理方法	备注
铬	三氯乙烯、丙酮、汽油、乙酸乙酯等均可	在下述溶液中，于 90～95℃下浸泡 1～5min，水洗，干燥 盐酸(37%)　20g 蒸馏水　20g	
氟塑料	丙酮、苯、丁酮、甲乙酮均可	将精萘 128g 溶解于 1L 四氢呋喃中，在搅拌下 2h 内加入金属钠 23g，温度不超过 5℃，继续搅拌至使溶液呈蓝黑色为止。在氮气保护下，将氟塑料放入溶液中处理 5min，水洗，干燥	处理后粘接强度较高
聚乙烯、聚丙烯	丙酮、丁酮均可	在下述溶液中，于 20℃下处理 90min，水洗，干燥 重铬酸钠　5g 浓硫酸　100g 蒸馏水　8g	
		在热溶剂或蒸汽中暴露 15～30s，如甲苯、三氯乙烯等	
聚苯乙烯	丙酮、无水乙醇	在 60℃的铬酸溶液中浸泡 20min，水洗，干燥	
ABS	丙酮、无水乙醇	在下述溶液中，于室温下处理 20min，水洗，干燥 浓硫酸　26g 重铬酸钾　3g 蒸馏水　13g	
尼龙	无水乙醇、丙酮、乙酸乙酯均可	在表面涂一层 10%的尼龙苯酚溶液，于 60～70℃下保持 10～15min，然后擦净溶剂	立即粘接
氯化聚醚	丙酮、丁酮均可	在下述溶液中，于 65～70℃下浸泡 5min，水洗，干燥 重铬酸钠　5g 硫酸　100g 蒸馏水　8g	

续表

被粘接材料	脱脂溶剂	处理方法	备注
聚酯薄膜、涤纶薄膜	无水乙醇、丙酮均可	在80℃的氢氧化钠溶液中浸5min，再在二氯化锡溶液中浸5min，水洗，干燥	
橡胶	甲醇、无水乙醇、丙酮均可	在浓硫酸中，于室温下处理2～8min，水洗，干燥	粘接强度提高
		涂南大-42偶联剂	
玻璃、陶瓷	丙酮、丁酮	在下述溶液中，于室温下浸泡5～15min，水洗，烘干 三氧化铬 1g 蒸馏水 4g	
		在下述溶液中，于室温下处理10～15min，水洗，烘干 重铬酸钠 7g 浓硫酸 400g 蒸馏水 7g	
玻璃纤维	三氯乙烯、丙醇等均可	可用各种表面处理剂进行处理，如KH-560、南大-42等	

⑥ 涂胶与粘接　涂胶工艺视胶的状态以及被粘接面的大小，可以采用涂抹、刷涂或喷涂等方法。要求涂抹均匀，不得有缺胶或气泡，并使胶完全润湿被粘接面。对于涂盖修复的胶层（如涂盖修复裂纹或表面堵漏），表面应平滑，胶与基体过渡处胶层宜薄些，过渡要平缓，以免受外力时引起剥离。

胶层厚薄要适中，一般情况下薄一些为好。胶层太厚往往导致强度下降，这是因为一般胶种的黏附力较内聚力大。通常胶层厚度应为0.05～0.15mm，涂胶的范围应小于表面处理的面积。某些胶种对涂胶温度有一定的要求（如J-17胶），则应按要求去做。

涂胶后是否应马上进行黏结，要看所用的黏结剂内是否含有溶剂，无溶剂胶涂后可立即进行粘接，对于快固化胶种尤其应迅速操作，使之在初凝前粘接好；对于含有溶剂的胶种，则要依据情况将涂胶的表面晾置一定时间，使溶剂挥发后再进行粘接，否则会影响强度。进行粘接操作中，特别要防止两被粘接面间产生并留有气泡。

⑦ 装配与固化　装配与固化是粘接工艺中最重要的环节。有的粘接件只要求粘牢，对位置偏差没有特别要求，这类粘接只要将涂胶件粘接在一起，给以适当压力和固化就行了。而对尺寸、位置要求精确的粘接件，则应采用相应的组装夹具，细致地进行定位和装配，以免在固化时产生位移。对大型部件的粘接，有时还可借助点焊，或加几滴“502”瞬干胶，使粘接件迅速定位。装配后的粘接件即可进行固化。

对热固型黏结剂，它的固化过程就是使其中的聚合物由线型分子交联成网状体型结构，得到相应的最大内聚强度的过程。在此过程中使黏结剂完成对被粘接物的充分润湿和黏附，并形成具有粘接强度的物质，把被粘接物紧密地粘接在一起。

固化过程中的压力、温度，以及在一定压力、温度下保持的时间，是三个重要参数。每一个参数的变化，都会对固化过程及粘接性能产生最直接的影响。

固化时加压可促进黏结剂对被粘接表面的润湿，使两粘接面紧密接触；有助于排出黏结剂中的挥发性组分或固化过程中产生的低分子物（如水、氨等），防止产生气泡；均匀加压可以保证黏结剂胶层厚薄均匀致密；可保证粘接件正确的形状或位置。

加压是必要的，但要适度，太大或太小会使胶层的厚度太薄或太厚。环氧树脂黏结剂不含有溶剂，在固化过程中又不放出低分子物，所以只需较小的接触压力，以保证胶层厚度均匀就行了；而对于酚醛类黏结剂，因固化过程中有低分子物（水）产生，因此固化压力必须高于这些气体的分压，以使它排出胶层之外。

对热固性黏结剂来说，没有一定的温度，就难以完成交联（或很缓慢），因此也不能固化。不同黏结剂的固化温度不同，而固化温度的差异将直接影响粘接接头的性能。

在固化时，某种粘接接头已升到一定温度后，还需保持一定时间，固化才能比较彻底。而时间的长短，又取决于温度的高低。一般来说，提高温度以缩短时间或延长时间以降低温度，可达到同样的结果。大型部件的粘接不便加热，就可以用延长时间来使固化完全。相对来说，温度比时间对固化更重要，因为有的黏结剂在低于某一温度时，很难或根本就不能固化；而温度过高，又会导致固化反应激烈，使粘接强度下降。

因此，在确定固化工艺时，一定要确定固化压力、固化温度和固化时间。

⑧ 粘接质量的检验　为达到粘接的尺寸规格、强度及美观要求，固化后要对粘接接头胶层的质量进行检查，如胶层表面是否光滑、有无气孔及剥离现象、固化是否完全等。对于密封性的粘接部件，还要进行密封性检查或试验。

⑨ 修理加工　经检验合格的粘接接头，有时还要根据形状、尺寸的要求进行修理加工，为达到美观要求，还可以进行修饰或涂防护涂层，以提高抗介质和抗老化等性能。

第9章 装配与调整

9.1 装配技术基础

按照规定的技术要求，将若干个零件组装成组件、部件或将若干个零件和部件组装成产品的过程，称作装配。机器的装配是机器制造过程中的最后一个环节，主要包括装配、调整、检验和试验等工作。

装配操作是一项重要而又细致的工作，其工作质量直接影响到所装配产品的质量，好的装配操作能弥补零部件加工的某些不足，如果装配不当，即使所有的零件加工质量合格，也不一定能够生产出合格、优质的产品。具体说来，装配工作具有以下重要性。

① 只有通过装配才能使若干个零件组合成一台完整的产品。

② 产品质量和使用性能与装配质量有着密切的关系，即装配工作的好坏，对整个产品的质量起着决定性的作用。

③ 有些零件精度并不很高，但经过仔细修配和精心调整后，仍能装出性能良好的产品。

9.1.1 装配工作内容

机械设备装配是设备检修的最后阶段，装配过程中不是将合格零件简单地连接起来，而是要通过一系列工艺措施，才能最终达到产品质量要求。常见的装配工作有以下几项。

(1) 清洗

目的是去除零件表面或部件中的油污及机械杂质。

(2) 连接

连接的方式一般有两种，可拆连接和不可拆连接。可拆连接在装配后可以很容易地拆卸而不致损坏任何零件，且拆卸后仍重新装配在一起，例如螺纹连接、键连接等。不可拆连接，装配后一般不再拆卸，如果拆卸就会损坏其中的某些零件，例如焊接、铆接等。

(3) 调整

调整包括校正、配作、平衡等。

① 校正　是指产品中相关零、部件间相互位置找正，并通过各种调整方法，保证达到装配精度要求等。

② 配作　是指两个零件装配后确定其相互位置的加工，如配钻、配铰，或为改善两个零件表面结合精度的加工，如配刮及配磨等。配作是与校正调整工作结合进行的。

③ 平衡　为防止使用中出现振动，装配时，应对其旋转零、部件进行平衡。包括静平衡和动平衡两种方法。

(4) 检验和试验

机械产品装配完后，应根据有关技术标准和规定，对产品进行较全面的检验和试验工作，合格后才准出厂。

除上述装配工作外，油漆、包装等也属于装配工作。

9.1.2 装配的基本概念

一台机械产品往往是由上千至上万个零件组成，为了便于组织装配工作，必须将产品分解为若干个可以独立进行装配的装配单元，以便按照单元次序进行装配并有利于缩短装配周期。

(1) 装配单元的组成

装配单元通常可划分为5个等级。

① 零件　零件是组成机械和参加装配的最基本单元。大部分零件都是预先装成合件、组件和部件再进入总装。

② 合件　合件是比零件大一级的装配单元。下列情况皆属合件。

a. 两个以上零件，是由不可拆卸的连接方法（如铆、焊、热压装配等）连接在一起。

b. 少数零件组合后还需要合并加工，如齿轮减速箱体与箱盖、柴油机连杆与连杆盖，都是组合后镗孔的，零件之间对号入座，不能互换。

c. 以一个基准零件和少数零件组合在一起。

③ 组件　组件是一个或几个合件与若干个零件的组合。

④ 部件　部件由一个基准件和若干个组件、合件和零件组成，如主轴箱、进给箱等。

⑤ 机械产品　机械产品是由上述全部装配单元组成的整体。

(2) 装配的工作步骤

装配的操作过程分为组件装配、部件装配和总装配。

① 组件装配　组件装配就是将若干个零件装配在一个基础零件上面构成组件的过程。组件可作为基本单元进入装配。例如，齿轮减速箱中的大轴组件就是由大轴及其轴上的各个零件构成的一个组件，其装配顺序如图 9-1 所示。装配操作过程如下。

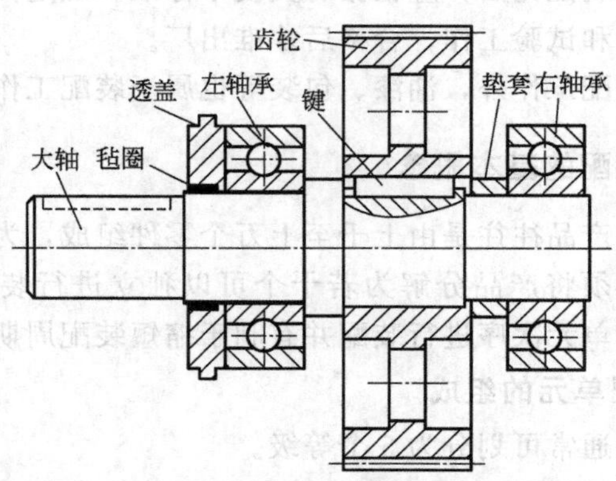

图 9-1　大轴组件装配图

a. 将各零件修毛刺、洗净、上油。

b. 将键配好，压入大轴键槽。

c. 压装齿轮。

d. 装上垫套，压装右端轴承。

e. 压装左端轴承。

f. 在透盖内孔油毡槽内放入毡圈，然后套进轴上。

② 部件装配　部件装配就是将若干个零件、组件装配在另一个基础零件上而构成部件的过程。部件是装配中比较独立的部分，例如齿轮减速箱。

③ 总装配　总装配就是将若干个零件、组件、部件装配在产品的基础零件上而构成产品的过程，例如一台机器。

如图 9-2 所示为一台中等复杂程度的圆柱齿轮减速箱。可以把轴、齿轮、键、左右轴承、垫套、透盖、毡圈的组合视为大轴组装，如图 9-1 所示。而整台减速箱则可视为若干其他零件、组件装配在箱体这个基础零件上的部装。减速箱经过调试合格后，再和其他部件、组件和零件组合后装配在一起，就组成了一台完整机器，这就是总装配。

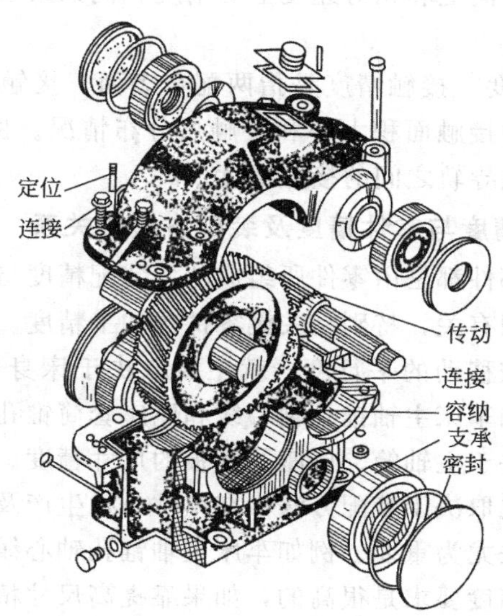

图 9-2　圆柱齿轮减速箱

④ 装配工作的一般步骤　根据装配的特点及其内容，装配工作的一般步骤是：研究和熟悉产品装配图及技术要求，了解产品结构、工作原理、零件的作用及相互连接关系→准备所用工具→确定装配方法、顺序→对装配的零件进行清洗，去掉油污、毛刺→组件装配→部件装配→总装配→调整、检验、试车→油漆、涂油、装箱。

(3) 装配精度

装配精度是指产品装配后几何参数实际达到的精度。它包括如下几部分。

① 尺寸精度　尺寸精度是指零部件的距离精度和配合精度。例如卧式车床前、后两顶尖对床身导轨的等高度。

② 位置精度　位置精度是指相关零件的平行度、垂直度和同轴度等方面的要求。例如台式钻床主轴对工作台台面的垂直度。

③ 相对运动精度　相对运动精度是指产品中有相对运动的零、部件间在运动方向上和相对速度上的精度。例如滚齿机滚刀与工作台的传动精度。

④ 接触精度　接触精度是指两配合表面、接触表面和连接表面间达到规定的接触面积大小和接触点分布情况。例如齿轮啮合、锥体、配合以及导轨之间的接触精度。

(4) 装配精度与零件精度及装配方法的关系

机械及其部件都是由零件所组成的，装配精度与相关零、部件制造误差的累积有关，特别是关键零件的加工精度。例如卧式车床尾座移动对床鞍移动的平行度，就主要取决于床身导轨面 A 与 B 的平行度。又如车床主轴锥孔轴心线和尾座套筒锥孔轴心线的等高度，即主要取决于主轴箱、尾座及座板的尺寸精度。

装配精度也取决于装配方法，在单件小批生产及装配精度要求较高时装配方法尤为重要。例如车床主轴锥孔轴心线和尾座套筒锥孔轴心线的等高度要求是很高的，如果靠提高尺寸精度来保证是不经济的，甚至在技术上也是很困难的。比较合理的办法是在装配中通过检测，对某个零部件进行适当的修配来保证装配精度。

总之，机械的装配精度不但取决于零件的精度，而且取决于装配方法。

(5) 装配的组织形式

装配作业组织得好坏，对装配效率和周期都有较大的影响。企业根据生产类型的不同，采用不同的装配组织形式。生产类型一般可分为三类：单件生产、成批生产和大量生产。各类生产类型及其装配组织形式具有以下特点。

① 单件生产　单件生产指生产件数很少，甚至完全不重复生产的，单个制造的一种生产方式。单件生产装配组织形式具有以下特点。

a. 地点固定。

b. 用人少（从开始到结束只需一个或一组工人即可），从开始到结束把产品的装配工作进行到底。

c. 装配时间长、占地面积大。

d. 需大量的工具和装备，要求修配和调整的工作较多，互换性较少。

e. 要求工人具有较全面的技能。

② 成批生产　成批生产是指每隔一定时期后，成批地制造相同产品的生产方式。成批生产装配组织形式具有以下特点。

a. 一般可分先部装后总装，每个部件由一个或一组工人来完成，然后进行总装。

b. 装配工作常采用移动式。

c. 对零件可预先经过选择分组，达到部分零件互换的装配。

d. 可进入流水线生产，装配效率较高。

③ 大量生产　大量生产是指产品的制造数量很庞大，各工作地点经常重复地完成某一工序，并有严格的节奏性的一种生产方式。大量生产装配组织形式具有以下特点。

a. 每个工人只需完成一道工序，这样对质量有可靠的保证。

b. 占地面积小，生产周期短。

c. 工人并不需要有较全面的技能，但对产品零件的互换性要求高。

d. 可采用流水线，自动线生产，生产效率高。

表 9-1 列出了三种生产类型装配工艺的特点。

表 9-1 三种生产类型装配工艺的特点

项目	单件生产	成批生产	大量生产
基本特征	产品经常变换，不定期重复生产，生产周期较长	产品在系列化范围内变动，分批交替投产，或多品种同时投产，生产活动在一定时期内重复	产品固定，生产活动长期重复
组织形式	多采用固定装配，也可采用固定流水线装配	笨重而批量不大的产品，多采用固定流水线装配，多品种可变节拍流水装配	多采用流水装配线；有间歇、变节拍等移动方式，还可采用自动装配线
工艺方法	以修配法及调整法为主，互换件比例较小	主要采用互换法，同时也灵活采用调整法、修配法、合并法等节约装配费用	完全互换法装配，允许有少量简单调整
工艺过程	一般不制订详细工艺文件，工序与工艺可灵活调度与掌握	工艺过程划分须适合批量大小，尽量使生产均衡	工艺过程划分较细，力求达到高度均衡性
工艺装备	采用通用设备及通用工装，夹具多采用组合夹具	通用设备较多，但也采用一定数量的专用工装，目前多采用组合夹具和通用可调夹具	专业化程度高，宜采用专用高效工装，易于机械化、自动化
手工操作要求	手工操作比重大，要求工人有较高的技术水平和多方面的工艺知识	手工操作占一定比重，技术水平要求较高	手工操作比重小，熟练程度易于提高，便于培训新人
应用实例	重型机床和重型机器，大型内燃机，汽轮机、大型锅炉，水泵，模夹具，新产品试制	机床、机车车辆，中小型锅炉，飞机，矿山采掘机械，中小型水泵等	汽车，拖拉机，滚动轴承，自行车，手表

9.1.3 装配工艺规程

钳工在装配操作过程中，必须按照装配工艺规程的要求进行。装配工艺规程是规定产品或零部件装配工艺过程和操作方法等的一种工艺文件。按装配工艺规程进行生产与操作具有以下几方面的作用：

① 执行工艺规程能使生产有条理地进行；

② 执行工艺规程能合理使用劳动力和工艺设备、降低成本；

③ 执行工艺规程能提高产品质量和劳动生产率。

(1) 装配工艺规程的内容

① 规定所有的零件和部件的装配顺序。

② 确定装配的组织形式。

③ 划分工序，确定装配工序内容，装配要点及注意事项。

④ 选择完整的装配工作所必需的工夹具及装配用的设备。

⑤ 确定验收方法和装配技术条件。

(2) 制定装配工艺规程的原则

① 保证产品装配质量。

② 合理安排装配工序，减少装配工作量，减轻劳动强度，提高装配效率，缩短装配周期。

③ 尽可能减少生产占地面积。

(3) 编制装配工艺规程所需的原始资料

装配工艺规程的编制，必须依照产品的特点和要求，以及生产规模来制订。编制的装配规程，在保证装配质量的前提下，必须是生产效率最高而又最经济的。所以它必须根据具体条件来选择装配方案和制订装配工艺，尽量采用最先进的技术。编制装配工艺规程时，通常需要下列原始资料。

① 产品的总装配图和部件装配图以及主要零件的工作图　产品的结构，在很大程度上决定了产品的装配程序和方法。分析总装配图、部件装配图及零件工作图，可以深入了解产品的结构和工作性能，同时了解产品中各零件的工作条件以及它们相互之间的配合

要求。分析装配图还可以发现产品装配工艺性是否合理，从而给设计者提出改进意见。

② 零件明细表　零件的明细表中列有零件名称、件数、材料等，可以帮助分析产品结构，同时也是制订工艺文件的重要原始资料。

③ 产品验收技术条件　产品的验收技术条件是产品的质量标准和验收依据，是编制装配工艺规程的主要依据。为了达到验收条件的技术要求，还必须对较小的装配单元提出一定的技术要求，才能达到整个产品的技术要求。

④ 产品的生产规模　生产规模基本上决定了装配的组织形式，在很大程度上决定了所需的装配工具和合理的装配方法。

(4) 编制装配工艺规程的步骤

掌握了充足的原始资料以后，就可以着手编制装配工艺规程。简单地说，装配工艺规程是按工序和工步的顺序来编制的。在一个工作地对同一个或同时对几个工件所连续完成的那部分操作称为工序，而在加工表面（或装配时的连接表面）和加工（或装配）工具不变的情况下，所连续完成的那一部分工序称为工步。编制装配工艺规程就是根据产品的结构特点及装配要求，确定合理的装配操作顺序，编制的步骤及要点主要有以下几方面。

① 分析装配图　了解产品的结构特点，确定装配方法（有关尺寸链和选择解尺寸链的方法）。

② 决定装配的组织形式　根据工厂的生产规模和产品结构特点，决定装配的组织形式。

③ 确定装配顺序　装配顺序基本上是由产品的结构和装配组织形式决定。产品的装配总是从基准件开始，从零件到部件，从部件到产品；从内到外、从下到上，以不影响下道工序的进行为原则，有次序地进行。

④ 划分工序　在划分工序时，首先要考虑安排预处理和预装配工序，其次，先行工序应不妨碍后续工序的进行：要遵循“先里后外”、“先下后上”、“先易后难”的装配顺序。通常装配基准件应

是产品的基体、箱体或主干零部件（如主轴等），它们的体积和质量较大，有足够的支承面。开始装配时，基准件上有较开阔的安装、调整、检测空间，有利于装配作业的需要，并可满足重心始终处于最稳定的状态，再次，后续工序不应损坏先行工序的装配质量，如具有冲击性、有较大压力、需要变温的装配作业以及补充加工工序等，应尽量安排在前面进行；处于与基准同一方向的装配工序尽可能集中连续安排，使装配过程中部件翻、转位的次数尽量少些。

在安排加工工序时，对使用同一装配工装设备，以及对装配环境有相同特殊要求的工序尽可能集中安排，以减少待装件在车间的迂回和重复设置设备。

在工序的安排上应及时安排检验工序，特别是在产品质量和性能影响较大的装配工序之后，以及各部件在总装之前和装成产品之后，均必须安排严格检验以至作必要的试验。对易燃、易爆、易碎、有毒物质或零部件的装配，尽可能集中在专门的装配工作地进行，并安排在最后装配，以减少污染、减少安全防护设备和工作量。

在采用流水线装配时，整个装配工艺过程划分为多少道工序，必须取决于装配节奏的长短。

部件的重要部分，在装配工序完成后必须加以检查，以保证所需质量。在重要而又复杂的装配工序中，不易用文字明确表达时，还必须画出部件局部的指导性装配图。

⑤ 选择工艺装备 工艺装备应根据产品的结构特点和生产规模来选择，要尽可能选用最先进的工具和设备。如对于过盈连接，要考虑选用压配法还是热装或冷装法；校正时采用何种找准方法，如何调整等。

⑥ 确定检查方法 检查方法应根据产品的结构特点和生产规模来选择，要尽可能选用先进的检查方法。

(5) 装配操作实例

图 9-3 为一蜗轮减速器装配图。减速器是用来降低输出转速并

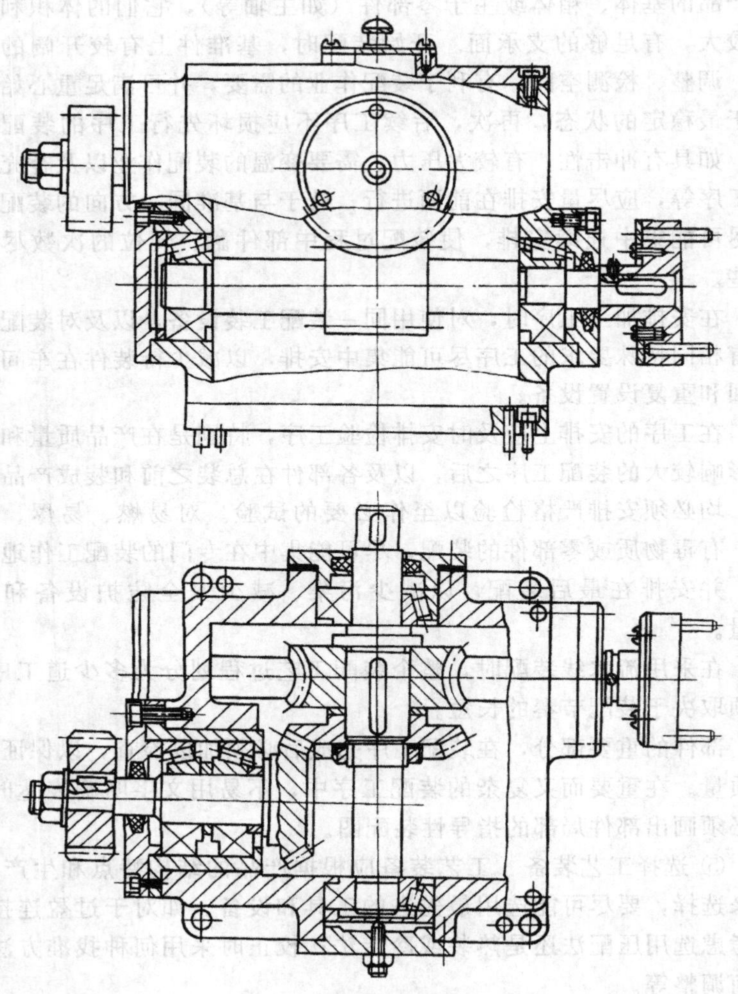

图 9-3 蜗轮减速器装配图

相应地改变其输出转矩的机械设备。减速器的运动通过联轴器输入，经蜗杆轴传至蜗轮，蜗轮的运动通过其轴上的平键传给圆锥齿轮副，最后由安装在锥齿轮轴上的齿轮输出。各传动轴采用圆锥滚子轴承支承，各轴承的游隙分别采用调整垫片和螺钉进行调整。蜗轮的轴向装配位置，可通过修整轴承端盖台肩的厚度尺寸来控制。箱盖上设有观察孔，可检视齿轮的啮合情况及箱体内注入润滑油的情况。

① 装配技术要求

a. 零件和组件必须正确安装在规定位置，不得装入图样中未规定的垫圈、衬套之类的零件。

b. 固定连接件必须保证连接件的牢固性。

c. 旋转件转动灵活，轴承间隙合适，润滑良好，各密封处不得有漏油现象。

d. 各轴线之间应有正确的位置，如平行度、垂直度等。

e. 圆锥齿轮副、蜗轮与蜗杆的啮合侧隙和接触斑痕必须达到规定的技术要求。

f. 运转平稳，噪声小于规定值。

② 装配的操作步骤　减速器装配的主要工作是零件的清洗、整形和补充加工，零件的预装、组装和调整等。具体操作步骤如下。

a. 零件的清洗、整形和补充加工。为了保证部件的装配质量，在装配前必须对所要装配的零件进行清洗、整形和补充加工。

零件的清洗主要是清除零件表面的防锈油、灰尘、切屑等污物。

零件的整形主要是修锉箱盖、轴承盖等铸件的不加工表面，使其与箱体结合后外形一致，同时修锉零件上的锐角、毛刺、因碰撞而产生的印痕等。

装配时的补充加工主要是配钻、配攻螺纹、配铰，如箱盖与箱体、轴承与箱体、轴与轴上相对固定的零件等。

b. 零件的预装。零件预装又称试装。为了保证装配工作的顺利，有些相配合的零件或相啮合的零件应先进行试装，待配合达到要求后再拆下。在试装过程中，有时需进行修锉、刮削、调整等工作。

c. 组件的装配。从图 9-3 可看出减速器由蜗杆轴组、蜗轮轴组和锥齿轮轴组3部分组成。虽然它们是3个独立的部分，但从装配角度分析，除锥齿轮轴组外，其余两根轴及其轴上所有零件，均不能单独进行装配。

d. 锥齿轮轴组件的装配。根据锥齿轮轴组件的装配顺序可制订出表9-2所示的装配工艺卡。

表 9-2　锥齿轮轴组件装配工艺卡

(锥齿轮轴组件装配图,参见图 9-4)

工序号及其内容	工步号及其内容	设备	工艺装备
1. 锥齿轮与衬垫的装配	以锥齿轮轴为基准,将衬套套装在轴上		
2. 轴承盖与毛毡的装配	将已剪好的毛毡塞入轴承盖槽内	锥度心轴	
3. 轴承套与轴承外圈的装配	(1)用专用量具分别检查轴承套孔及轴承外圆尺寸		塞规卡板
	(2)在配合面上涂上全损耗系统用油		
	(3)以轴承套为基准,将轴承外圆压入孔内至底面	压力机	塞规卡板
4. 轴承套组件装配	(1)以锥齿轮组件为基准,将轴承套分组件套装在轴上		
	(2)在配合面上加油,将轴承内圈压装在轴上,并紧贴衬垫		
	(3)套上隔圈,将另一轴承内圈压装在轴上,直至与隔圈接触		
	(4)将另一轴承外圈涂上油,轻压至轴承套内		
	(5)装入轴承盖分组件,调整端面的高度使轴承间隙符合要求后,拧紧3个螺钉		
	(6)安装平键,套装齿轮、垫圈,拧紧螺母,注意配合面加油		
	(7)检查锥齿轮转动的灵活性及轴向窜动		

续表

（锥齿轮轴组件装配图，参见图 9-4）			
工序号及其内容	工步号及其内容	设备	工艺装备
5. 装配后检验	(1)组装时，各装入零件应符合图样要求		
	(2)组装后圆锥齿轮应转动灵活，无轴向窜动		

根据上述锥齿轮轴组件装配工艺卡的装配要求，可先进行分组件装配，即先将衬垫装在锥齿轮轴上；再将轴承外圈按要求装在轴承套内；最后将剪好的毛毡嵌入轴承盖槽内。

完成上述操作后，可按表 9-2 工艺卡的要求，将轴组零件一一装上。其中螺钉若能在装好直齿轮后放入轴承盖螺钉孔内，则螺钉可在最后与箱体结合时再安装。图 9-4 给出了锥齿轮组件装配的

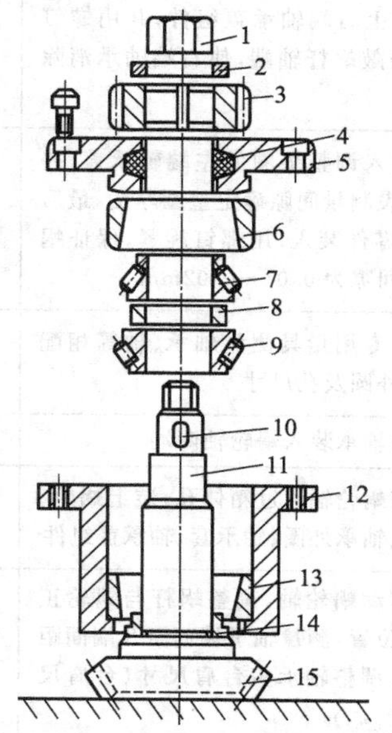

图 9-4 锥齿轮轴组件装配顺序示意图

1—螺母；2—垫圈；3—齿轮；4—毛毡；5—轴承盖；6,13—轴承外圈；7,9—轴承内圈；8—隔圈；10—键；11,15—锥齿轮；12—轴承盖；14—衬垫

顺序。

e. 减速器的总装与调试。在完成减速器各组件的装配后，即可进行总装工作。减速器的总装是从基准零件——箱体开始的。根据减速器的结构特点，采用先装蜗杆，后装蜗轮的装配顺序，表9-3给出了减速器的总装配工艺卡。

表 9-3　减速器总装配工艺卡

（减速器总装图见图 9-3）

<table>
<tr><th>工序号及其内容</th><th>工步号及其内容</th><th>设备</th><th>工艺装备</th></tr>
<tr><td rowspan="5">1. 装配蜗杆轴</td><td>(1)将蜗杆组件装入箱体</td><td></td><td rowspan="5">卡规、塞尺、百分表表架</td></tr>
<tr><td>(2)用专用量具分别检查箱体孔和轴承外圈尺寸</td><td></td></tr>
<tr><td>(3)从箱体孔两端装入轴承外圈</td><td>压力机</td></tr>
<tr><td>(4)装上右端轴承盖组件,并用螺钉旋紧,轻敲蜗杆轴端,使右端轴承消除间隙</td><td></td></tr>
<tr><td>(5)装入调整垫圈的左端轴承盖,并用百分表测量间隙确定垫圈厚度,最后将上述零件装入,用螺钉旋紧,保证蜗杆轴向间隙为 0.01～0.02mm</td><td></td></tr>
<tr><td rowspan="5">2. 预装</td><td>(1)用专用量具测量轴承、轴等相配零件的外圆及孔尺寸</td><td></td><td rowspan="5">卡规、塞尺、深度游标卡尺、内径千分尺</td></tr>
<tr><td>(2)将轴承装入蜗轮轴两端</td><td>压力机</td></tr>
<tr><td>(3)将蜗轮轴通过箱体孔,装上蜗轮、锥齿轮、轴承外圈、轴承套、轴承盖组件</td><td></td></tr>
<tr><td>(4)移动蜗轮轴,调整蜗杆与蜗轮正确啮合位置,测量轴承端面至孔端面距离 H' 并调整轴承盖台肩尺寸(台肩尺寸 $=H_{-0.02}^{\ 0}$)</td><td></td></tr>
<tr><td>(5)装入轴承套组件,调整两锥齿轮正确的啮合位置(使齿背齐平)</td><td></td></tr>
</table>

续表

(减速器总装图见图 9-3)			
工序号及其内容	工步号及其内容	设备	工艺装备
2. 预装	(6)分别测量轴承套肩面与孔端面的距离 H_1,以及锥齿轮端面与蜗轮端面距离 H_2,并配磨好垫圈尺寸,然后卸下各零件		卡规、塞尺、深度游标卡尺、内径千分尺
3. 最后装配	(1)从大轴孔方向装入蜗轮轴,同时依次将键、蜗轮、垫圈、锥齿轮、带翅垫圈和圆螺母装在轴上,然后箱体轴承孔两端分别装入滚动轴承及轴承盖,用螺钉旋紧并调好间隙,装好后,用手转动蜗杆时,应灵活无阻滞现象	压力机	
	(2)将轴承套组件与调整垫圈一起装入箱体,并用螺钉紧固		
	(3)安装联轴器及箱盖零件		
4. 装配后检验	(1)零、组件必须正确安装,不得装入图样未规定的垫圈		
	(2)固定连接件必须保证将零、组件紧固在一起		
	(3)旋转机构必须转动灵活,轴承间隙合适		
	(4)啮合零件的啮合必须符合图样的要求		
	(5)各轴线之间应有正确的相对位置		
5. 运转试验	清理内腔,注入润滑油,连上电动机。接上电源,进行空转试车。运转 30min 左右,要求齿轮无明显噪声,轴承温度不超过规定要求以及符合装配后各项技术要求		

③ 装配要点

a. 装配蜗杆轴。先将蜗杆轴组件(蜗杆与两端轴承内圈的组合）装入箱体，然后从箱体孔两端装入轴承外圈，再装上蜗杆伸出端的轴承盖组件，并用螺钉拧紧。这时轻敲蜗杆轴另一端，使伸出端的轴承消除间隙并与轴承盖贴紧。然后在另一端装入调整垫圈和轴承盖，并测量间隙 Δ，以确定垫圈的厚度，最后将上述零件装入，用螺钉拧紧，如图 9-5 所示。

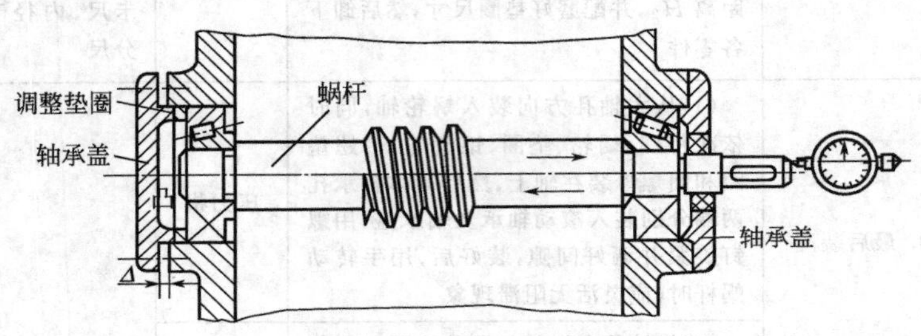

图 9-5 调整蜗杆轴轴承的轴向间隙

为了使蜗杆装配后保持 0.01～0.02mm 的轴向间隙，可用百分表在轴的伸出端进行检查，符合要求后，蜗杆轴可不必拆下。

b. 蜗轮轴组件及锥齿轮组件的装配。装配蜗轮和锥齿轮是减速器装配的关键，装配后应满足两个基本要求：为了保证蜗杆副和锥齿轮副的正确啮合，蜗轮齿轮的对称平面应与蜗杆轴心线重合，两锥齿轮的轴向位置必须正确。从装配图可知，蜗轮轴向位置由轴承盖的预留调整量来控制；锥齿轮的轴向位置由调整垫圈的尺寸来控制。装配工作分以下两步进行。

第一步为预装。先将圆锥滚子轴承的内圈压入轴的大端，通过箱体孔，装上已试配好的蜗轮及轴承外圈，再在另一端装上代替圆锥滚子轴承的轴承套 3（为便于拆卸）。移动蜗轮轴，在蜗轮与蜗杆正确啮合的位置（可用涂色法来检查）测量尺寸 H'，并以此来调整轴承盖的台肩尺寸（台肩尺寸为 $H_{-0.02}^{\ 0}$ mm），此处即为蜗轮轴在减速器中的正确啮合位置，如图 9-6 所示。

其次，将蜗轮轴上各有关零部件装入（后装锥齿轮轴组件），调整两锥齿轮轴向位置使其正确啮合。然后分别测量 H_1 和 H_2 的相关间隙

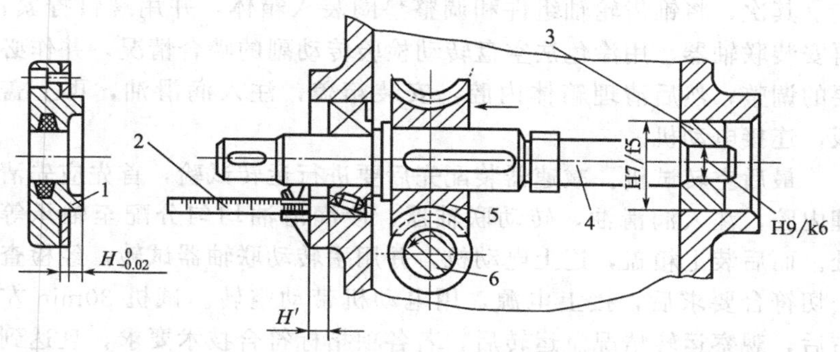

图 9-6 调整蜗轮轴的安装位置

1—轴承盖；2—深度游标卡尺；3—轴承套（代替轴承）；4—轴；5—蜗轮；6—蜗杆

值，然后卸下各零件，按 H_1 和 H_2 的尺寸分别配磨垫圈（图 9-7）。

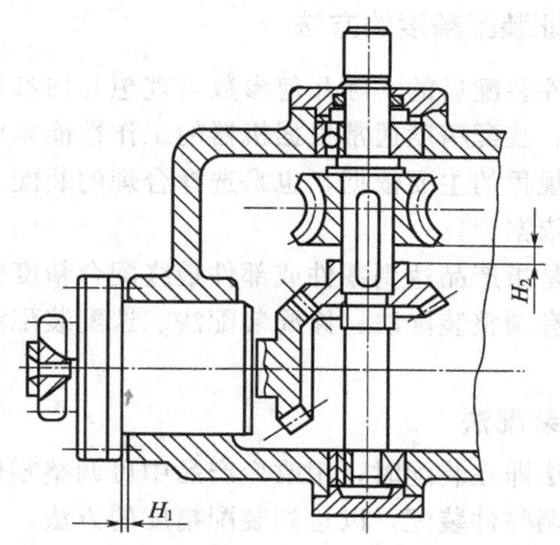

图 9-7 调整两圆锥齿轮的安装位置

第二步为最后装配。首先从大轴承孔方向将蜗轮轴装入，同时依次将键、蜗轮、调整垫圈、锥齿轮、止退垫圈、圆螺母装在轴上。从箱体两端轴承孔分别装入滚动轴承和轴承盖，用螺钉拧紧并调好间隙。装好后用手转动蜗杆轴，应灵活无阻滞现象。

其次，将锥齿轮轴组件和调整垫圈装入箱体，并用螺钉拧紧；再安装联轴器，用涂色法空盘转动检验传动副的啮合情况，并作必要的调整；然后清理箱体内腔，安装箱盖，注入润滑油，再上盖板，连接电动机。

最后空转试机。减速器装配完后要进行运转试验，首先应先清理内腔，注入润滑油，转动联轴器，使润滑油均匀分配至轴承等处。而后装上箱盖，连上电动机，并用手转动联轴器试转，经检查一切符合要求后，接上电源，用电动机带动空转。试机 30min 左右后，观察运转情况。运转后，若各项指标符合技术要求，且达到热平衡时，轴承的温度及温升值不超过规定要求，齿轮和轴承无明显噪声并符合其他各项装配技术要求，则总装工作就算符合技术要求。

9.1.4 保证装配精度的方法

机器或部件装配后的实际几何参数与理想几何参数的符合程度称为装配精度。装配精度通常根据机器的工作性能来确定，它既是制订装配工艺规程的主要依据，也是选择合理的装配方法和确定零件加工精度的依据。

装配方法是指产品达到零件或部件最终配合精度的方法。生产中常用的主要有调整装配法、修配装配法、选配装配法和完全互换装配法 4 种。

(1) 调整装配法

调整装配法即在装配时，用改变产品中可调整零件的相对位置或选用合适的调整件装配，以达到装配精度的方法。

在成批大量生产中，对于装配精度要求较高而组成环数目较多的尺寸链，可以采用调整法进行装配。调整法与修配法在补偿原则上相似，只是它们的具体做法不同。调整装配法也是按经济加工精度确定零件公差的。由于每一个组成环公差扩大，结果使一部分装配件超差。故在装配时用改变产品中调整零件的位置或选用合适的调整件以达到装配精度。

调整装配法与修配法的区别是，调整装配法不是靠去除金属，而是靠改变补偿件的位置或更换补偿件的方法来保证装配精度。

根据补偿件的调整特征，调整法可分为可动调整、固定调整和误差抵消调整三种装配方法。

① 可动调整法　用改变调整件的位置来达到装配精度的方法，称为可动调整装配法。调整过程中不需要拆卸零件，比较方便。

采用可动调整装配法可以调整由于磨损、热变形、弹性变形等所引起的误差。所以它适用于高精度和组成环在工作中易于变化的尺寸链。

机械制造中采用可动调整装配法的例子较多。如图 9-8(a) 是依靠转动螺钉调整轴承外环的位置，以得到合适的间隙；图 9-8(b) 是用调整螺钉通过垫板来保证车床溜板和床身导轨之间的间隙；图 9-8(c) 是通过转动调整螺钉，使斜楔块上、下移动来保证螺母和丝杠之间的合理间隙。

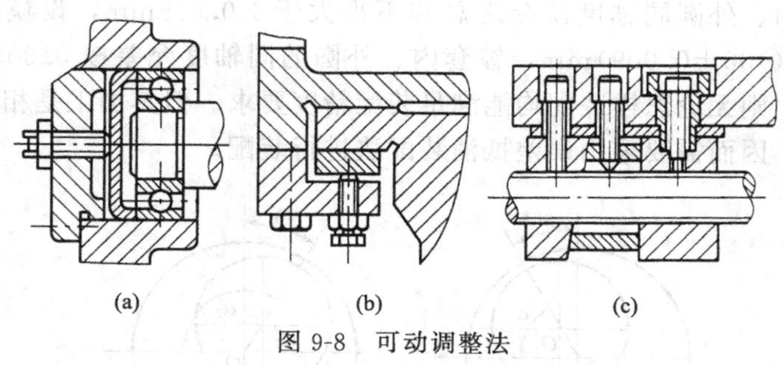

图 9-8　可动调整法

② 固定调整法　固定调整装配法是尺寸链中选择一个零件（或加入一个零件）作为调整环，根据装配精度来确定调整件的尺寸，以达到装配精度的方法。常用的调整件有轴套、垫片、垫圈和圆环等。

图 9-9 为固定调整装配法实例。当齿轮的轴向窜动量有严格要求时，在结构上专门加入一个固定调整件，即尺寸等于 A_3 的垫圈。装配时根据间隙的要求，选择不同厚度的垫圈。调整件预先按一定

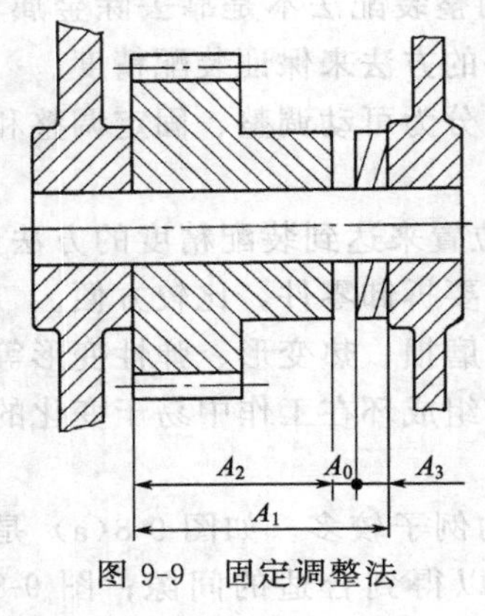

图 9-9 固定调整法

间隙尺寸制作好，比如分成 5.1mm、5.2mm、5.3mm…8.0mm 等，以供选用。

在固定调整装配法中，调整件的分级及各级尺寸的计算是很重要的问题，可应用极值法进行计算。

③ 误差抵消调整法 误差抵消调整法是通过调整某些相关零件误差的方向，使其互相抵消。这样各相关零件的公差可以扩大，同时又保证了装配精度。

图 9-10 为用误差抵消调整法装配的镗模实例。图中要求装配后二镗套孔的中心距为（100±0.015)mm，如用完全互换装配法制造则要求模板的孔距误差和二镗套内、外圆同轴度误差之总和不得大于±0.015mm，设模板孔距按（100±0.009)mm，镗套内、外圆的同轴度允差按 0.003mm 制造，则无论怎样装配均能满足装配精度要求。但其加工是相当困难的，因而需要采用误差抵消装配法进行装配。

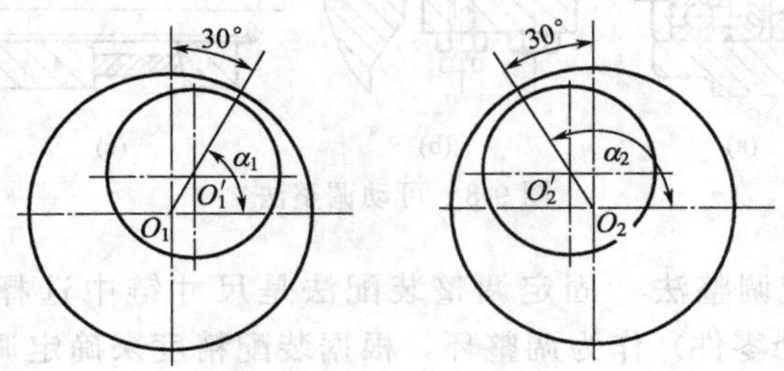

图 9-10 误差抵消调整法

图 9-10 中 O_1、O_2 为镗模板孔中心，O_1'、O_2' 为镗套内孔中心。装配前先测量零件的尺寸误差及位置误差，并记上误差的方向，在装配时有意识地将镗套按误差方向转过 α_1、α_2 角，则装配后二镗

套孔的孔距为 $O_1'O_2'=O_1O_2-O_1O_1'\cos\alpha_1+O_2O_2'\cos\alpha_2$。

设 $O_1O_2=100.015\text{mm}$，二镗套孔内、外圆同轴度为 0.015mm，装配时令 $\alpha_1=60°$、$\alpha_2=120°$，则 $O_1'O_2'=100.015-0.015\cos60°+0.015\cos120°=100(\text{mm})$。

本例实质上是利用镗套同轴度误差来抵消模板的孔距误差，其优点是零件制造精度可以放宽，经济性好，采用误差抵消装配法装配还能得到很高的装配精度。

采用误差抵消调整法，每台产品装配时均需测出整体优势误差的大小和方向，并计算出数值，这些都会增加辅助时间，影响生产效率，并对工人技术水平要求高。因此，除单件小批生产的工艺装备和精密机床采用此种方法外，一般很少采用。

(2) 修配装配法

修配装配法是在单件生产和成批生产中，对那些要求很高的多环尺寸链，各组成环先按经济精度加工，在装配时修去指定零件上预留修配量达到装配精度的方法。修配法的特点是各组成环零、部件的公差可以扩大，按经济精度加工，从而使制造容易，成本低。装配时可利用修配件的有限修配量达到较高的装配精度要求，但装配中零件不能互换，装配劳动量大（有时需拆装几次），生产率低，难以组织流水生产，装配精度依赖于工人的技术水平。修配法适用于单件和成批生产中精度要求较高的装配。

由于修配法的尺寸链中各组成环的尺寸均按经济精度加工，装配时封闭环的误差会超过规定的允许范围。为补偿超差部分的误差，必须修配加工尺寸链中某一组成环。被修配的零件尺寸称为修配环或补偿环。一般应选形状比较简单，修配面小，便于修配加工，便于装卸，并对其他尺寸链没有影响的零件尺寸作修配环。修配环在零件加工时应留有一定的修配量。

生产中通过修配达到装配精度的方法很多，常见的有以下几种。

① 单件修配法　该方法是将零件按经济精度加工后，装配时将预定的修配环用修配加工来改变其尺寸，以保证装配精度。

② 合并修配法　该方法是将两个或多个零件合并在一起进行加工修配。合并加工所得的尺寸可看作一个组成环，这样减少了组成环的环数，就相应减少了修配的劳动量。

③ 自身加工修配法　在机床制造中，有一些装配精度要求，是在总装时利用机床本身的加工能力，“自己加工自己”，可以很简捷地解决，这即是自身加工修配法。

如图 9-11 所示，在转塔车床上 6 个装配刀架的大孔中心线必须保证和机床主轴回转中心线重合，而 6 个平面又必须和主轴中心线垂直。若将转塔作为单独零件加工出这些表面，在装配中达到上述两项要求，是非常困难的。当采用自身加工修配法时，这些表面在装配前不进行加工，而是在转塔装配到机床上后，在主轴上装镗杆，使镗刀旋转，转塔作纵向进给运动，依次精镗出转塔上的 6 个孔；再在主轴上装个能径向进给的小刀架，刀具边旋转边径向进给，依次精加工出转塔的 6 个平面。这样可方便地保证上述两项精度要求。

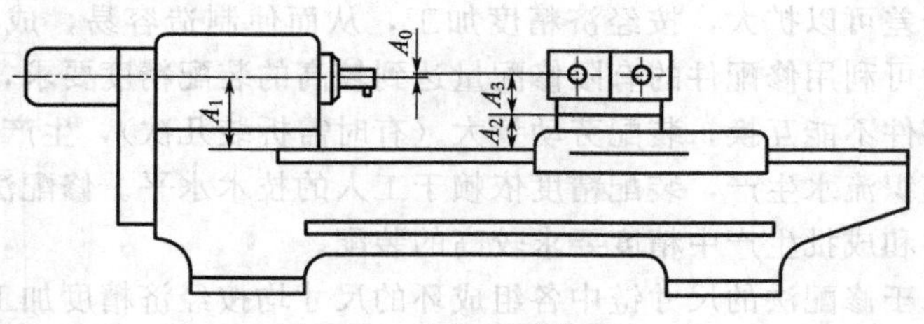

图 9-11　自身加工修配法

(3) 选配装配法

在成批或大量生产的条件下，对于组成环不多而装配精度要求却很高的尺寸链，若采用完全互换法，则零件的公差将过严，甚至超过了加工工艺的现实可能性。在这种情况下可采用选择装配法。该方法是将组成环的公差放大到经济可行的程度，然后选择合适的零件进行装配，以保证规定的精度要求。

选配装配法有三种：直接选配法、分组选配法和复合选配法。

① 直接选配法　直接选配法是由装配工人从许多待装的零件中，凭经验挑选合适的零件通过试凑进行装配的方法。这种方法的优点是简单，零件不必先分组，但装配中挑选零件的时间长，装配质量取决于工人的技术水平，不宜于节拍要求较严的大批量生产。

② 分组选配法　分组选配法是在成批大量生产中，将产品各配合副的零件按实测尺寸分组，装配时按组进行互换装配以达到装配精度的方法。

分组装配在机床装配中用得很少，但在内燃机、轴承等大批大量生产中有一定应用。如图 9-12(a) 所示为活塞与活塞销的连接情况。根据装配技术要求，活塞销孔与活塞销外径在冷态装配时应有 0.0025～0.0075mm 的过盈量。与此相应的配合公差仅 0.005mm。若活塞与活塞销采用完全互换法装配，且销孔与活塞直径公差按“等公差”分配时，则它们的公差只有 0.0025mm。生产中采用的办法是先将上述公差值都增大 4 倍（$d=\phi 28_{-0.010}^{\ 0}$ mm，$D=\phi 28_{-0.015}^{-0.005}$ mm），这样即可采用高效率的无心磨和金刚镗去分别加工活塞外圆和活塞销孔，然后用精度量仪进行测量，并按尺寸大小分成四组，涂上不同的颜色，

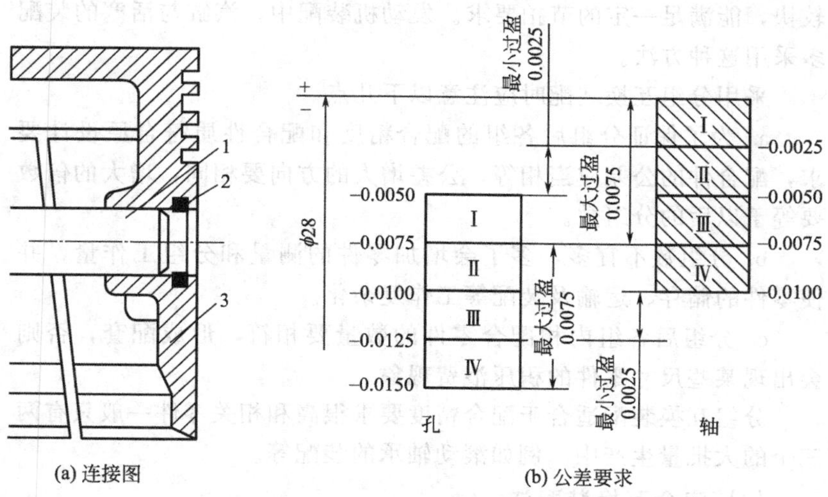

(a) 连接图　　(b) 公差要求

图 9-12　活塞与活塞销连接

1—活塞销；2—挡圈；3—活塞

以便进行分组装配。具体分组情况见表 9-4。从该表可以看出，各组的公差和配合性质与原来要求相同。

表 9-4　活塞销与活塞销孔直径分组情况　　单位：mm

组别	标志颜色	活塞销直径 d	活塞销孔直径 D	配合情况	
		$\phi 28_{-0.010}^{0}$	$\phi 28_{-0.015}^{-0.005}$	最小过盈	最大过盈
Ⅰ	红	$\phi 28_{-0.0025}^{0}$	$\phi 28_{-0.0075}^{-0.0050}$	0.0025	0.0075
Ⅱ	白	$\phi 28_{-0.0050}^{-0.0025}$	$\phi 28_{-0.0100}^{-0.0075}$		
Ⅲ	黄	$\phi 28_{-0.0075}^{-0.0050}$	$\phi 28_{-0.0125}^{-0.0100}$		
Ⅳ	绿	$\phi 28_{-0.0100}^{-0.0075}$	$\phi 28_{-0.0150}^{-0.0125}$		

③ 复合选配法　复合选配法是直接选配与分组选配的综合装配法，即预先测量分组，装配时再在各对应组内凭工人经验直接选配。这一方法的特点是配合件公差可以不等，装配质量高，且速度较快，能满足一定的节拍要求。发动机装配中，汽缸与活塞的装配多采用这种方法。

采用分组互换装配时应注意以下几点。

a. 为了保证分组后各组的配合精度和配合性质符合原设计要求，配合件的公差应当相等，公差增大的方向要相同，增大的倍数要等于以后的分组数。

b. 分组数不宜多，多了会增加零件的测量和分组工作量，并使零件的储存、运输及装配等工作复杂化。

c. 分组后各组内相配合零件的数量要相符，形成配套，否则会出现某些尺寸零件的积压浪费现象。

分组互换装配适合于配合精度要求很高和相关零件一般只有两三个的大批量生产中。例如滚动轴承的装配等。

(4) 完全互换装配法

在装配时各配合零件不经修理、选择或调整即可达到装配精度的方法称为完全互换装配法。

互换装配法具有装配工作简单、生产率高、便于协作生产和维修、配件供应方便等优点，但应用有局限性，仅适用于参与装配的零件较少、生产批量大、零件可以用经济加工精度制造的场合。如汽车、中小型柴油机的部分零部件等。

9.2 旋转零部件的平衡

常用机械设备中包含大量做旋转运动的零部件，如带轮、飞轮、叶轮、砂轮以及各种转子和主轴部件等，由于材料密度不匀、本身形状对旋转中心不对称，加工或装配产生误差等原因，在其径向各截面上产生不平衡（通常称原始不平衡），即重心与旋转中心发生偏移。当旋转件旋转时，此不平衡量会产生一个离心力，该离心力随着旋转而不断周期性改变方向，使旋转中心的位置无法固定，于是就引起了机械振动。这样使设备工作精度降低，轴承等有关零件的使用寿命缩短，同时会使噪声增大，严重时还会发生事故。

为了确保设备的运转质量，一般对旋转精度要求较高的零件或部件，如带轮、齿轮、飞轮、曲轴、叶轮、电机转子、砂轮等都要进行平衡试验，此外对转速较高或直径较大的旋转件，即使几何形状完全对称，也常要求在装配前进行平衡，以抵消或减小不平衡的离心力，保证达到一定的平衡精度。

旋转件通常都存在不平衡量，根据偏心重量分布情况的不同，可以将旋转件的不平衡分为静不平衡和动不平衡两种。

9.2.1 静平衡的调整方法

旋转件在径向各截面上有不平衡量，而这些不平衡量产生的离心力通过旋转件的重心，因此不会引起旋转件的轴线倾斜的力矩，这样的不平衡状态，在旋转件静止时即可显现出来，这种不平衡称静不平衡，如图 9-13 所示。

(1) 静平衡方法的选用

对旋转零件消除不平衡量的工作称为平衡。调整产品或零部件使其达到静态平衡的过程叫静平衡。通常对于旋转线速度小于6m/s的零件或长度l与直径d之比小于3的零件，可以只作静平衡试验，如图9-14所示。此外，当旋转件转速低于900r/min时，除非有特别要求，一般情况下不需作静平衡。

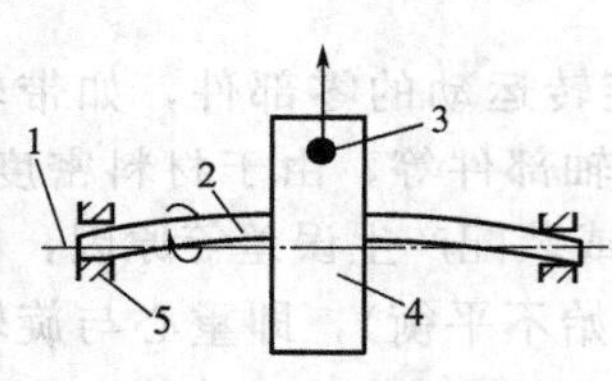

图9-13 静不平衡情况

1—旋转中心；2—轴；3—偏重；4—工件；5—轴承

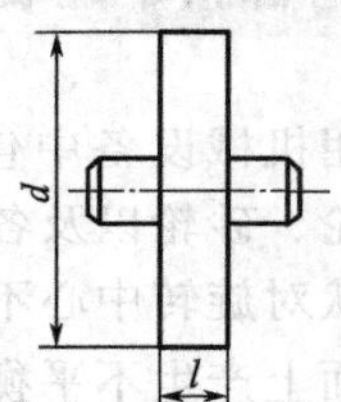

图9-14 需作静平衡试验的零件

(2) 静平衡试验的方法

静平衡试验的方法有装平衡杆和平衡块两种。

① 平衡杆静平衡试验 安装平衡杆作静平衡试验的步骤主要有以下方面。

a. 将试件的转轴放在水平的静平衡装置上［图9-15(a)］。

b. 将试件缓慢转动，若试件的重心不在回转轴线上，待静止后不平衡的位置（重心）定会处于最低位置，在试件的最下方作一记号“S”。

c. 装上平衡杆［图9-15(b)］。

d. 移动平衡重块P_1，使试件达到在任意方向上都不滚动为止。

e. 量取中心至平衡重块的距离l_1。

f. 在试件的偏重一边量取$l_2=l_1$找到对应点并做好标记P_2。

g. 取下平衡块。

h. 在试件偏重一边的 P_2 点上钻去等于平衡块重量的金属或在平衡重处加上等于平衡块的重量，就可消除静不平衡。

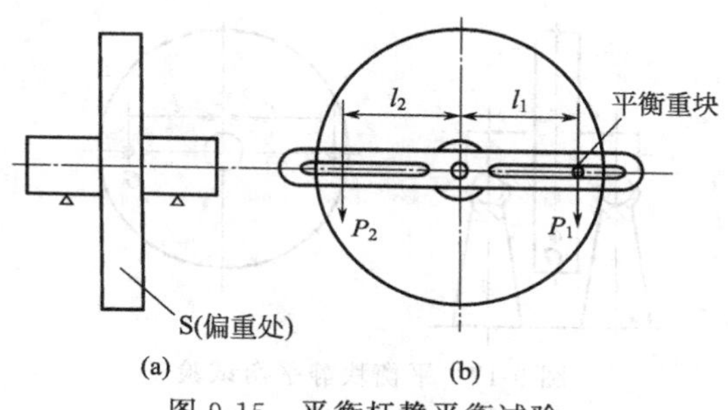

图 9-15 平衡杆静平衡试验

② 平衡块静平衡试验 安装平衡块作静平衡试验的步骤主要有以下方面。

a. 将待平衡的旋转件装上心轴后，放在平衡支架上。平衡支架支承应采用圆柱形或窄棱形，如图 9-16 所示。支承面应坚硬光滑，并有较高的直线度、平行度和水平度，使旋转件在上面滚动时有较高的灵敏度。

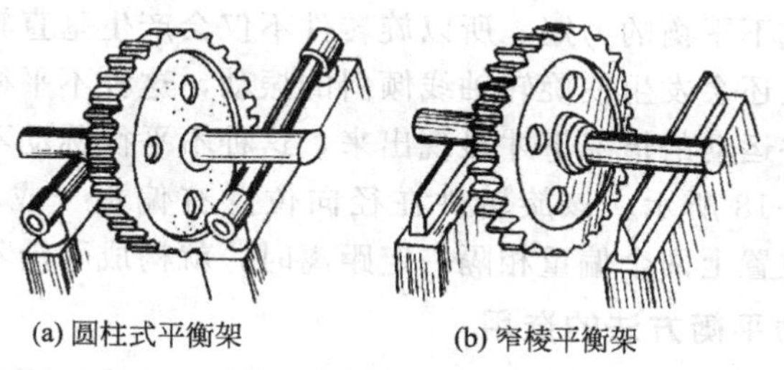
(a) 圆柱式平衡架 (b) 窄棱平衡架

图 9-16 静平衡支架

b. 用手轻推旋转体使其缓慢转动，待其自动静止后，在旋转件的下方作记号，重复转动若干次，若所作的记号位置确实不变，则为不平衡方向。

c. 在与记号相对的部位粘贴一质量为 m 的橡皮泥，使 m 对旋转中心产生的力矩恰好等于不平衡量 G 对旋转中心产生的力矩，即 $mr=Gl$，如图 9-17 所示。此时旋转件获得静平衡。

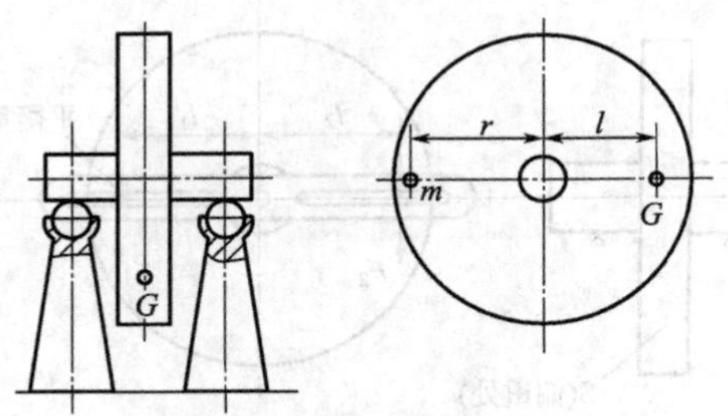

图 9-17　平衡块静平衡试验

d. 去掉橡皮泥，在其所在部位加上相当于 m 的重块，或在不平衡量所在部位去除一定质量（因不平衡量 G 的实际径向位置不知道，需按平衡原理算出）。旋转件的静平衡工作即已完成，此时旋转件应在任何角度都能在平衡支架上停留下来。

9.2.2 动平衡的调整方法

旋转件在径向各截面上有不平衡量，且这些不平衡量产生的离心力将形成不平衡的力矩。所以旋转件不仅会产生垂直轴线方向的振动，而且还会发生使旋转轴线倾斜的振动，这种不平衡状态，只有在旋转件运动的情况下才显现出来，这种不平衡称动不平衡。

如图 9-18 所示，该旋转件在径向位置有偏重（或相互抵消）而在轴向位置上两个偏重相隔一定距离时，就构成了动不平衡。

(1) 动平衡方法的选用

对旋转的零部件，在动平衡试验机上进行试验和调整，使其达到动态平衡的过程，称为动平衡。对于长径比较大或者转速较高的旋转体，动平衡问题比较突出，所以要进行动平衡调整。由于偏重引起的离心力是与转速的平方成正比，转速越高，其离心力就越大，显然引起的振动也大，故有些高速旋转的盘状零件也要作动平衡调整，经过动平衡调整后，可以获得较高的平衡精度。

通常对于旋转线速度大于 6m/s 的零件或长度 l 与直径 d 大于 3 的零件，除需作静平衡试验外，还必须进行动平衡试验，如图 9-19所示。

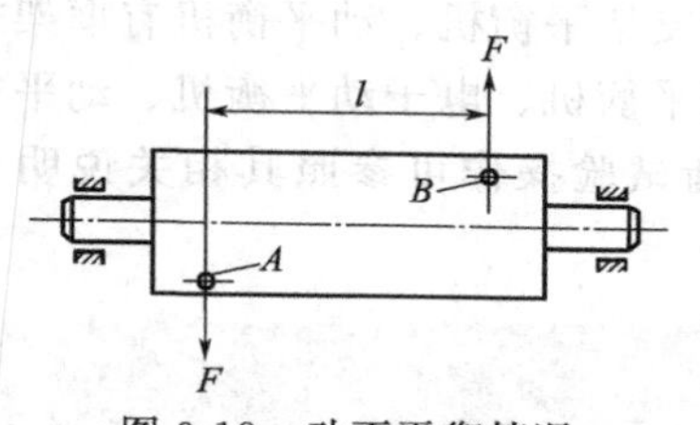

图 9-18 动不平衡情况

图 9-19 需作动平衡试验的零件

(2) 动平衡试验的方法

由于旋转件在作动平衡调整时，不但要平衡偏重所产生的离心力，还要平衡离心力所组成的力偶，以防止不平衡量过大而产生剧烈振动。因此，动平衡调整应包括静平衡调整，零部件在作动平衡之前，要先作好静平衡调整，在高速动平衡前，要先作低速动平衡调整。

动平衡调整一般要在专门的动平衡机上进行。图 9-20 给出了动平衡机示意图。在进行动平衡调整时，理论上要求试验转速与工件的工作转速相同，但由于动平衡机的功率限制，往往试验转速只

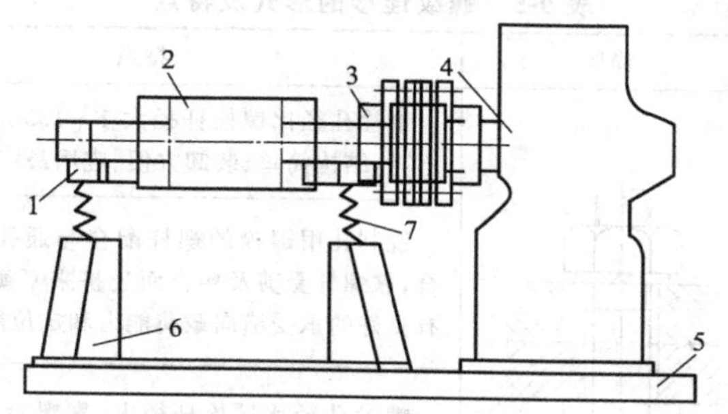

图 9-20 动平衡机示意图

1—弹性轴承；2—平衡转子；3—联轴器；4—驱动电机；5—底座；6—平衡机支承；7—弹簧

有工作转速的 1/10 左右。这时通常采用提高精度等级的办法，来达到实际旋转体的平衡精度，有些通用机械也可以直接在旋转体运行时进行动平衡调整。

用于动平衡试验的动平衡机有支架平衡机、动平衡机有框架式平衡机、弹性支梁平衡机、摆动式平衡机、电子动平衡机、动平衡仪等多种。各类动平衡机的动平衡试验操作可参照其相关说明书进行。

9.3 连接件的装配

9.3.1 螺纹连接的装配

螺纹连接是通过螺纹零件完成的，所用的螺纹零件主要有各种螺栓、螺钉和螺母、垫圈等，该类零件统称螺纹紧固件，螺纹紧固件的种类、规格繁多，但它们的形式、结构、尺寸都已标准化，可以从相应的标准中查出。常用的主要有六角螺栓、双头螺柱、螺钉、垫圈、螺母等。

常用的螺纹连接主要有螺栓连接、双头螺柱连接和螺钉连接三种形式。表 9-5 给出了螺纹连接的形式及特点。

表 9-5 螺纹连接的形式及特点

连接形式		简图	特点
螺栓连接	普通		螺栓孔径比螺栓杆径大 1～1.5mm，制孔要求不高，结构简单、装卸方便、应用最广
	配合		铰制孔用螺栓的螺杆配合与通孔采用过渡配合，靠螺杆受剪及接合面受挤来平衡外载荷。具有良好的承受横向载荷能力和定位能力
	高强度		螺栓孔径比螺栓杆径大，靠螺栓拧紧受拉，接合面受压，而产生摩擦来平衡外载荷。钢结构连接中常用于代替铆接

续表

连接形式	简图	特点
双头螺栓连接		双头螺柱两端有螺纹，螺柱上螺纹较短一端旋紧在厚的被连接件的螺孔内，另一端则穿入薄的被连接件的通孔内，拧紧螺母将连接件连接起来 适用于经常装拆、被连接的一个件太厚而不便制通孔或因结构限制不能采用螺栓连接的场合
螺钉连接		直接把螺钉穿过一被连接件的通孔，旋入另一被连接件的螺孔中拧紧，将连接件连接起来 适用于不宜多拆卸、被连接件之一较厚而不便制通孔或因结构限制不能采用螺栓连接的场合

为保证螺纹连接的可靠、紧固，螺纹连接的操作必须按必要的操作方法进行，通常螺纹连接的装配方法及要点主要有以下几方面内容。

（1）螺纹连接装拆工具

由于螺栓、螺柱和螺钉的种类繁多，因此，螺纹连接装拆的工具也很多。常用的装拆工具有活动扳手、各种固定扳手、内六角扳手、套筒扳手、棘轮扳手、各种锁紧扳手等，如图 9-21 所示。

螺纹连接装拆工具的合理选用应根据螺母、螺钉、螺栓的头部形状及大小，装配空间、技术要求，生产批量等因素综合进行。

（2）螺纹连接的装配要点

① 双头螺柱连接主要用于连接件较厚、不宜用螺栓连接的场合。双头螺柱的装配应保证双头螺柱与机体螺纹的配合有足够的紧固性，保证在装拆螺母的过程中，无任何松动现象。通常螺柱紧固端应采用具有足够过盈量的配合，也可用阶台形式固定在机体上，如图 9-22 所示；有时也采用把最后几圈螺纹做得浅一些以达到紧固的目的。当双头螺柱旋入软材料螺孔时，其过盈量要适当大些，

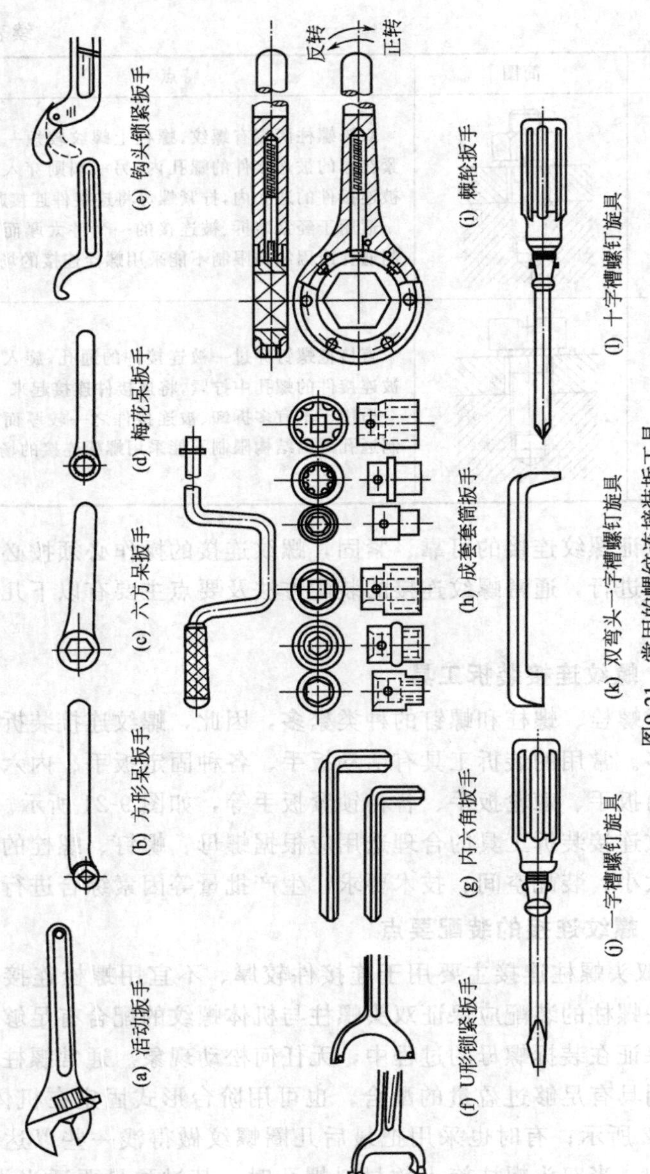

图9-21 常用的螺纹连接装拆工具

还可以把双头螺柱直接拧入无螺纹的光孔中（称光孔上丝）。

连接时，把双头螺柱的旋入端拧入不通的螺孔中，另一端穿上被连接件的通孔后套上垫圈，然后拧紧螺母。拆卸时，只要拧开螺母，就可以使被连接件分离开。

双头螺柱的轴线必须与机体表面垂直，装配时，可用 90°角尺进行检验，如图 9-23 所示。如发现较小的偏斜时，可用丝锥校正螺孔后再装配，或将装入的双头螺柱校正至垂直。偏斜较大时，不得强行校正以免影响连接的可靠性。

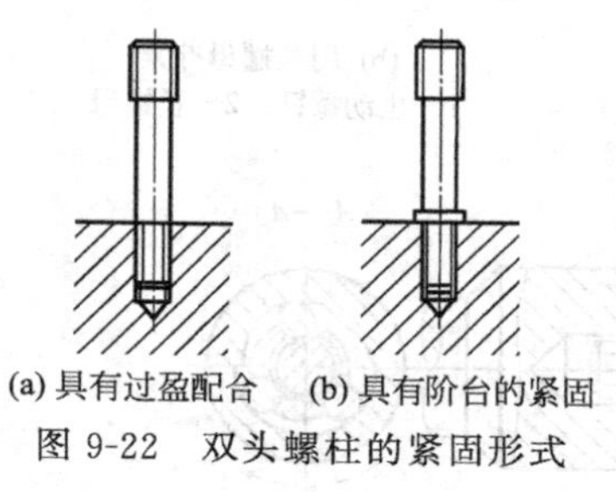

(a) 具有过盈配合　(b) 具有阶台的紧固

图 9-22　双头螺柱的紧固形式

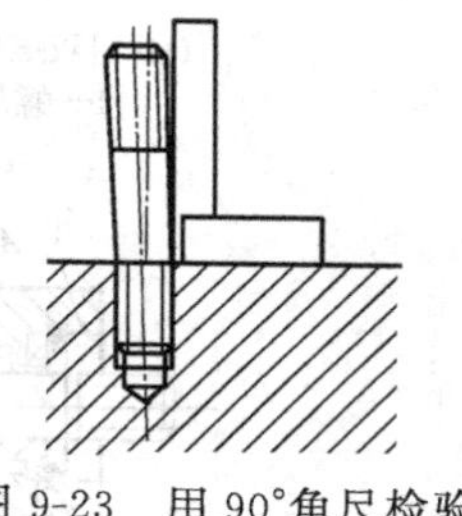

图 9-23　用 90°角尺检验双头螺栓的垂直度误差

装入双头螺柱时，必须用油润滑，以免旋入时产生咬住现象，也便于以后的拆卸。由于双头螺柱没有头部，无法直接将其旋入紧固，常采用双螺母对顶或螺钉与双头螺柱对顶的方法，也可采用专用工具拧紧的方法，具体参见图 9-24。

图 9-24(a) 为用双螺母对顶的方法。装配时，先将两个螺母相互锁紧在双头螺柱上，然后用扳手扳动上面一个螺母，把双头螺柱拧入螺孔中固定。

图 9-24(b) 为用螺钉与双头螺柱对顶的方法。用螺钉来阻止长螺母和双头螺柱之间的相对运动，然后扳动长螺母，双头螺柱即可拧入螺孔中。松开螺母时，应先使螺钉回松。

图 9-24(c) 为专用工具拧紧双头螺柱的方法。专用工具中的三个滚柱放在工具体空腔内，由限位套筒 4 确定其圆周和轴向位置。限位套筒由凹槽挡圈固定，滚柱松开和夹紧由工具体内腔曲线控

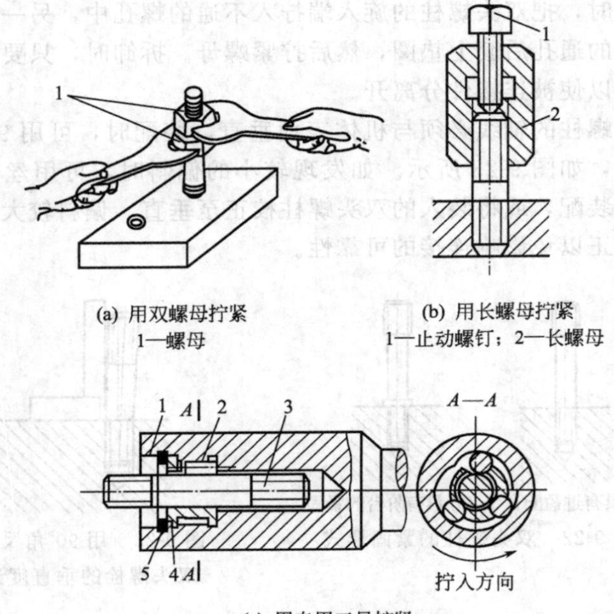

(a) 用双螺母拧紧
1—螺母

(b) 用长螺母拧紧
1—止动螺钉；2—长螺母

(c) 用专用工具拧紧
1—工具体；2—滚柱；3—双头螺柱；4—限位套筒；5—挡圈

图 9-24　双头螺柱的装配方法

制。滚柱应夹在螺柱的光滑部分，按图 9-24(c) 所示箭头方向转动工具体即可拧入双头螺柱，反之可松开螺柱。拆卸双头螺柱的工具，其凹槽曲线应和拧入工具的曲线方向相反。

② 螺纹连接装配时，为润滑和防止生锈，在螺纹连接处应涂润滑油。螺钉或螺母与零件贴合表面应平整，螺母紧固时应加垫圈，以防损伤贴合表面。

③ 螺纹连接装配时，拧紧力矩应适宜，达到螺纹连接可靠和紧固的目的，为此，要求纹牙间有一定的摩擦力矩，使螺纹牙间产生足够的预紧力。对不同材料和直径的螺纹拧紧力矩，可参照表 9-6，或按设计要求。

表 9-6 螺纹最大拧紧力矩 单位：N·m

螺纹	材料	干燥平垫圈	干燥圆垫圈	干燥平垫圈，弹簧垫圈	润滑圆垫圈	润滑平垫圈	润滑平垫圈，弹簧垫圈
M6	Q235	9.79	12.16	11.866	12.699	12.01	12.915
M8		27.37	27.81	28.27	28.19	30.39	30.744
M10		52.21	61.27	54.34	63.31	61.29	56.07
M12		88.73	97.19	96.01	108.1	96.02	102.97
M14		174.26	193.88	197.5	—	—	—
M16		277.5	343.2	318.7	—	—	—
M6	35	14.69	14.31	14.24	14.61	14.96	14.955
M8		26.61	29.65	31.8	29.23	28.82	30.234
M10		70.79	74.49	77.69	70.13	69.74	69.65
M12		121.6	121.7	122.4	142.69	123.76	130.82
M14		179.7	271.4	238.9	264.07	228.5	249
M16		389.4	—	—	—	—	—

装配时，对有特殊控制螺纹力矩预紧力要求的应采用测力扳手控制拧紧力矩的大小，测力扳手的结构如图 9-25 所示。

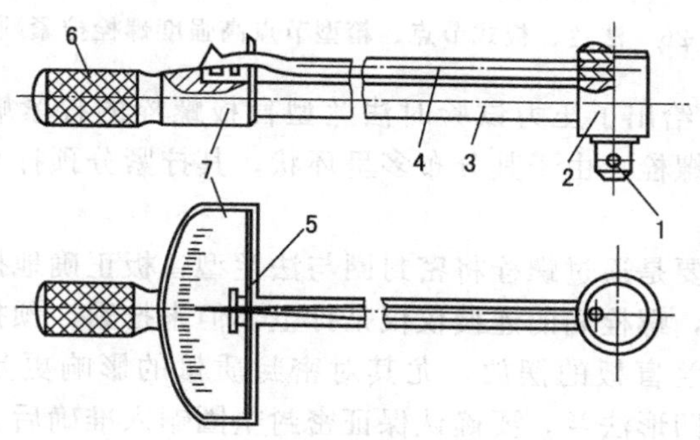

图 9-25 测力扳手

1—钢球；2—柱体；3—弹性扳手柄；4—长指针；5—指针尖；6—手柄；7—刻度盘

此外，还可通过控制螺母拧紧时应转过的角度来控制预紧力；或通过控制螺栓伸出的长度来控制预紧力，从而达到控制拧紧力矩大小的目的。

④ 螺栓拧紧至少要分两次，同时，还要选择适当的拧紧顺序。螺栓按顺序拧紧是为了保证螺栓群中的每一个螺栓的受力都均匀一致。螺栓的拧紧顺序有两项要求：一个是螺栓本身的拧紧次数；另一个是螺栓间的拧紧顺序。螺栓的拧紧顺序可参照法兰型结构[图 9-26(a)]和板式、箱型结构[图 9-26(b)、(c)]两种类型进行。

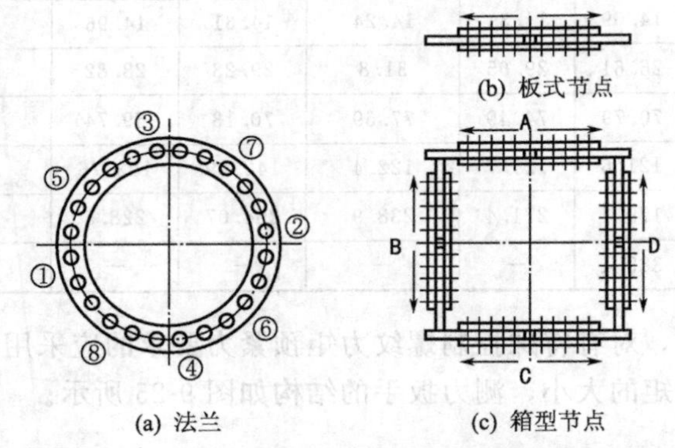

(a) 法兰　(b) 板式节点　(c) 箱型节点

图 9-26　法兰、板式节点、箱型节点高强度螺栓拧紧顺序

图 9-27 给出了压力试验时法兰型盲板螺栓的拧紧顺序。对于该类结构的螺栓，由于其分布多呈环状，其拧紧分预拧与最终拧紧两个过程。

预拧主要是通过螺栓将密封圈与法兰型盲板正确地摆放固定在接管法兰上，螺栓间的连接仅仅是拧上，但未拧紧，预拧对于呈垂直和倾斜法兰盲板的摆放，尤其对密封质量的影响更是不可忽略的。对于凸凹形法兰，要确认保证密封垫圈镶入准确后，方可进入后续的加载拧紧。

预拧经检验，确认密封垫圈放置合乎要求，各个螺栓都均匀地处于刚刚受力的状态后，再进行加载拧紧，螺栓的拧紧顺序呈对角线进行，具体加载拧紧顺序参见图 9-27(a)。加载拧紧的次数与螺栓的直径和螺纹的牙型有关。拧紧次数随直径增大而增多，齿形为梯形或锯齿形的螺纹需增加拧紧次数。

在最终拧紧过程中，拧紧顺序是从第一点开始依次进行的，参见图 9-27(b)。在这一点上，与加载拧紧顺序是截然不同的。最终拧紧的次数与加载拧紧的规律相同。

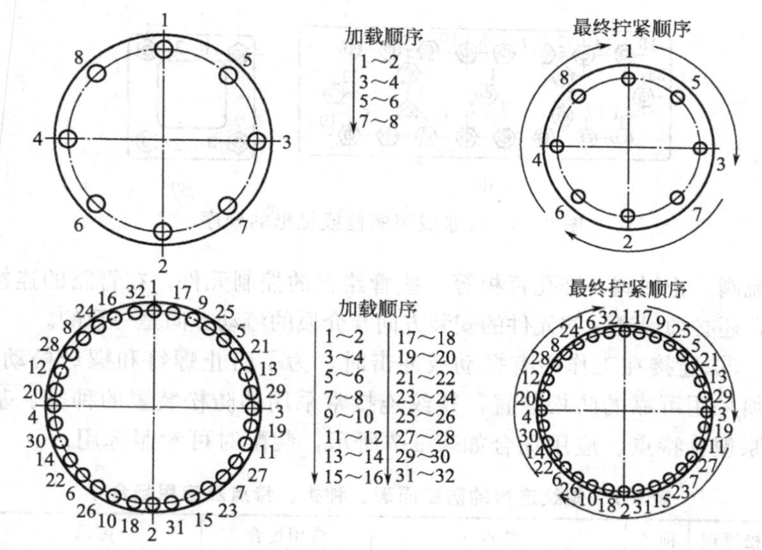

(a) 加载拧紧时的对角拧紧顺序　(b) 最终拧紧时的依次拧紧顺序

图 9-27　螺栓的拧紧顺序

板式、箱型节点高强度螺栓拧紧顺序：板式、箱型节点高强度螺栓的拧紧以四周扩展，或从节点板接缝中间向外、向四周依次对称拧紧的顺序进行，具体参见图 9-26(b)、图 9-26(c)。

其他结构类型上的高强度螺栓拧紧顺序：除上述结构外，对其他类型结构的高强度螺栓的初拧和终拧顺序一般都是从螺栓群的中部向两端、四周进行，如图 9-28 所示。

对于阀门、疏水阀、膨胀节、截止阀、疏水阀、减压阀、安全阀、

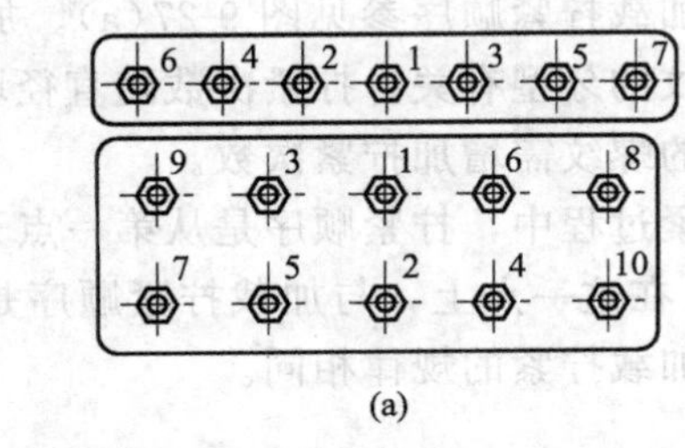

(a)

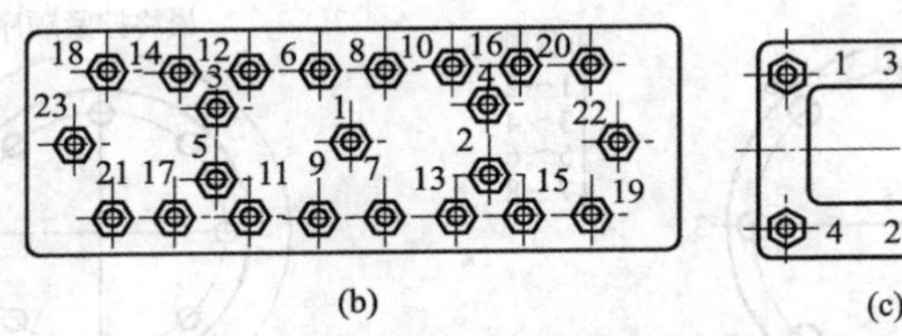

(b) (c)

图 9-28 拧紧成组螺栓或螺母的顺序

节流阀、止回阀、锥孔盲板等一些管路上的控制元件，在管路的连接中，还必须保证这些元件的安装方向与介质的流动方向是一致的。

⑤ 连接在工作中有振动或冲击时，为了防止螺钉和螺母松动，必须采用可靠的防松装置。螺纹连接常采用的防松装置的种类、基本原理、特点、应用场合如表 9-7 所示，装配时可参照选用。

表 9-7 螺纹连接的防松原理、种类、特点及应用场合

防松原理	种类	特点	应用场合	图示
附加摩擦力	锁紧螺母	(1)使用两只螺母,结构尺寸和重量增加 (2)多用螺母,不甚经济 (3)锁紧可靠	一般用于低速重载或较平稳的场合	
	弹簧垫圈	(1)结构简单 (2)易刮伤螺母和被连接件表面 (3)弹力不均匀,螺母可能偏斜	应用较普遍	弹簧垫圈

续表

防松原理	种类	特点	应用场合	图示
机械防松	开口销	(1)防松可靠 (2)螺杆上销孔位置不易与螺母最佳锁紧位置的槽吻合	用于变载或振动较好的场合	开口销
	止动垫圈	(1)防松可靠 (2)制造麻烦 (3)多次拆卸易损坏	用于连接部分可容纳弯耳的场合	止动垫圈
	串联钢丝	(1)钢丝相互牵制,防松可靠 (2)串联钢丝麻烦,若串联方向不正确,不能达到防松的目的	适用于布置较紧凑的成组螺纹连接	
	钢丝卡紧法	(1)防松可靠 (2)装拆方便 (3)防松力不大	适用于各种沉头螺钉	钢丝
	点铆法	(1)防松可靠,操作简单 (2)拆卸后连接零件不能再用	适用于各种特殊需要的连接	样冲 1~1.5P
粘接防松	厌氧性黏结剂	(1)粘接牢固 (2)粘接后不易拆卸	适用于各种机械修理场合,效果良好	涂黏结剂

9.3.2 键连接的装配

键是用于连接传动件，并传递扭矩的一种标准件。键连接就是用键将轴和轴上零件连接在一起，用以传递扭矩的一种连接方法。因键连接具有结构简单、工作可靠，装拆方便等优点，所以在机器装配中广泛应用。如齿轮、带轮、联轴器等与轴多采用键连接。

常用的键连接类型有平键连接、半圆键连接、楔键连接和花键连接等。这些连接类型按结构特点和用途的不同，又可分为松键连接、紧键连接和花键连接三种，键连接的种类、特点及应用见表9-8。

表9-8 键连接的种类、特点及应用

种类		连接特点	应用	图示
松键连接	普通平键	靠侧面传递转矩，对中性良好，但不能传递轴向力	主要用在轴上固定齿轮、带轮、链轮、凸轮和飞轮等旋转零件	普通平键
	半圆键	靠侧面传递较小的转矩，对中性好，半圆面能围绕圆心作自适性调节，不能承受轴向力	主要用于载荷较小的锥面连接或作为辅助的连接装置。如汽车、拖拉机和机床等应用较多	半圆键
	导向平键	除具有普通平键特点外，还可以起导向作用	一般用于轴与轮毂需作相对轴向滑动处	导向平键

续表

种类		连接特点	应用	图示
紧键连接		主要有普通楔键和钩头楔键两种，靠上、下面传递转矩，键本身有1∶100的斜度，能承受单向轴向力，但对中性差	一般用于需承受单方向的轴向力及对中性要求不严格的连接处	斜度1:100 普通楔键 h；斜度1:100 h 钩头楔键
花键连接	矩形	接触面大，轴的强度高，传递转矩大，对中性及导向性好，但成本高	一般用于需对中性好、强度高、传递转矩大的场合。如汽车和拖拉机以及切削力较大的机床传动轴等	花键套 花键轴
	渐开线形			
	三角形			

为保证键连接装配的质量，应针对其不同的连接类型，采取以下工艺措施。

(1) 松键连接的装配

松键连接在机械产品中应用最为广泛，其特点是只支撑扭矩，而不能承受轴向力。松键连接的装配要求如下。

① 清理键及键槽上的毛刺、锐边，以防装配时形成较大的过盈量而影响配合的可靠性。

② 对重要的键连接，装配前应检查键和槽的加工精度，以及

键槽对轴线的对称度和平行度。

③ 用键的头部与轴槽试配，保证其配合。然后锉配键长，在键长方向普通平键与轴槽留有约 0.1mm 的间隙，但导向平键不应有间隙。

④ 配合面上加机油后将键压入轴槽，应使键与槽底贴平。装入轮毂件后半圆键、普通平键、导向平键的上表面和毂槽的底面应留有间隙。

(2) 紧键连接的装配

紧键连接除能传递扭矩外，还可传递一定的轴向力。紧键连接常用的键有楔键、钩头楔键和切向键。紧键连接主要是指楔键连接，楔键上下两面是工作面，键的上表面和毂槽的底面各有1∶100的斜度。因此，装配时，应特别注意其工作面的贴合情况。紧键连接的对中性较差，常用于对中性要求不高、转速较低的场合。紧键连接装配要求如下。

① 键和轮毂槽的斜度一定要吻合，装配时楔键上、下两个工作面和轴槽、轮毂槽的底部应紧密贴合，而两侧面应留有间隙。切向键的两个斜面斜度应相同，其两侧面与键槽紧密贴合，顶面留有间隙。

② 钩头楔键装配后，其钩头与轮端面间应留有一定距离，以便于拆卸。

③ 装配时，用涂色法检查接触情况，若接触不好，可用锉刀或刮刀修整键槽底面。

(3) 花键连接的装配

花键连接由于齿数多，具有承载能力大、对中性好、导向性好等优点，但成本较高。花键连接对轴的强度削弱小，因此广泛地应用于大载荷和同轴度要求高的机械设备中。按工作方式，花键有静连接和动连接两种形式。花键连接的装配要点如下。

① 在装配前，首先应彻底清理花键及花键轴的毛刺和锐边，并清洗干净。装配时，在花键轴表面应涂上润滑油，转动花键轴检

查啮合情况。

② 静连接的花键孔与花键轴有少量的过盈量，装配时可用铜棒轻轻敲入，但不得过紧，否则会拉伤配合表面。对于过盈较大的，可将套件加热（80～120℃）后进行装配。

③ 动连接花键应保证精确的间隙配合，其套件在花键轴上应滑动自如，灵活无阻滞，转动套件时不应有明显的间隙。

9.3.3 销连接的装配

用销钉将机件连接在一起的方法称销连接，销连接具有结构简单、连接可靠和装拆方便等优点，在机械设备中应用广泛。

销主要有圆柱销和圆锥销两种基本形式，如图 9-29 所示，其他形式的销都是由它们演化而来。在生产中常用的有圆柱销、圆锥销和内螺纹圆锥销、开口销等。各类销已标准化，使用时，可根据工作情况和结构要求，按标准选择其形式和规格尺寸。

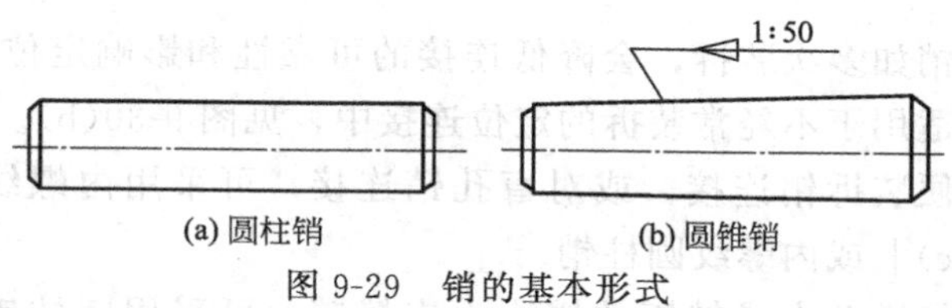

图 9-29 销的基本形式

销连接可用来确定零件之间的相互位置（定位）、连接或锁定零件用来传递动力或转矩，有时还可以作为安全装置中的过载剪切元件，见图 9-30。

用作确定零件之间相互位置的销，通常称为定位销。定位销常采用圆锥销，因为圆锥销具有 1∶50 的锥度，使连接具有可靠的自锁性，且可以在同一销孔中，多次装拆而不影响连接零件的相互位置精度，见图 9-30(a)。定位销在连接中一般不承受或只承受很小的载荷。定位销的直径可按结构要求确定，使用数量不得少于 2 个。销在每一个连接零件内的长度约为销直径的 1～2 倍。

定位销也可采用圆柱销，靠一定的配合固定在被连接零件的孔

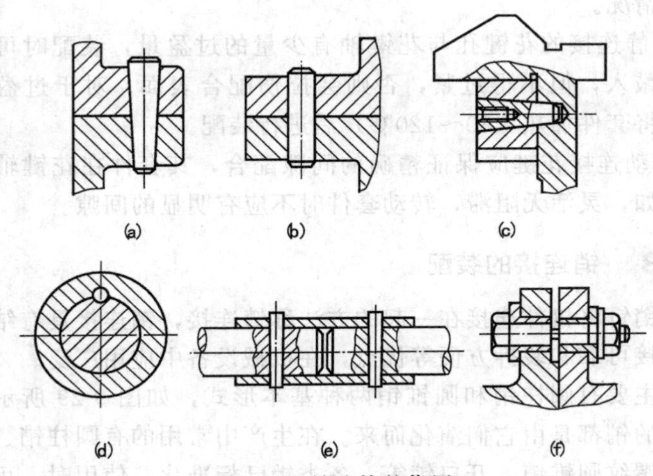

图 9-30 销连接的作用
(a)，(b)，(c) 定位作用；(d)，(e) 连接作用；(f) 保险作用

中。圆柱销如多次装拆，会降低连接的可靠性和影响定位的精度，因此，只适用于不经常装拆的定位连接中，见图 9-30(b)。

为方便装拆销连接，或对盲孔销连接，可采用内螺纹圆锥销［图 9-30(c)］或内螺纹圆柱销。

用来传递动力或转矩的销称为连接销，可采用圆柱销或圆锥销，见图 9-30(d)、(e)，但销孔须经铰制。连接销工作时受剪切和挤压作用，其尺寸应根据结构特点和工作情况，按经验和标准选取，必要时应作强度校核。

当传递的动力或转矩过载时，用于连接的销首先被切断，从而保护被连接零件免受损坏，这种销称为安全销。销的尺寸通常以过载 20%～30%时即折断为依据确定。使用时，应考虑销切断后不易飞出和易于更换，为此，必要时可在销上切出槽口，见图 9-30(f)。

为保证销连接装配的质量，应针对其所采用销的不同类型，采取相应的操作方法，通常销连接的装配方法及要点主要有以下方面内容。

(1) 圆柱销装配

圆柱销一般多用于各种机件（如夹具、各类冲模等）的定位，按配合性质的不同，主要有间隙配合、过渡配合和过盈配合。因此，装配前应检查圆柱销与销孔的尺寸是否正确，对于过盈配合，还应检查其是否有合适的过盈量。一般过盈量在 0.01mm 左右为适宜。此外，在装配圆柱销时，还应注意以下装配要点。

① 装配前，应在销子表面涂机油润滑。装配时应用铜棒轻轻敲入。

② 圆柱销装配时，对销孔要求较高，所以往往采用与被连接件的两孔同时钻、铰，并使孔表面粗糙度低于 $Ra1.6\mu m$，以保证连接质量。

③ 圆柱销装入时，应用软金属垫在销子端面上，然后用锤子将销钉打入孔中。也可用压入法装入。

④ 在打不通孔的销钉前，应先用带切削锥的铰刀最后铰到底，同时在销钉外圆用油石磨一通气平面（图 9-31），以便让孔底的空气排出，否则销钉打不进去。

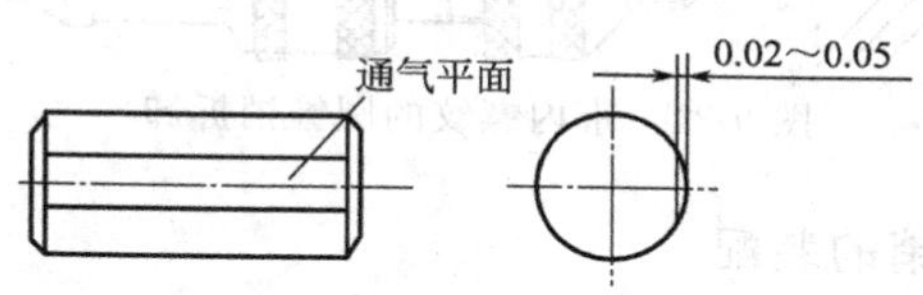

图 9-31 带通气平面的销钉

(2) 圆锥销装配

常用的圆锥销主要有普通圆锥销、有螺尾的圆锥销及带内螺纹的圆锥销。但不论装配哪一种圆锥销，装配时都应将两连接件一起钻、铰。钻孔时按圆锥销小头直径选用钻头（圆锥销以小头直径和长度表示规格）。用 1∶50 锥度的铰刀铰孔。铰孔时用试装法控制孔径，以圆锥销自由插入全长的 80%～85%为宜（图 9-32）。然后用手锤敲入，销子的大端可稍高出工件表面。

拆卸普通圆柱销和圆锥销时，可以从小头向外敲出。有螺尾的圆锥销，可以用螺母旋出如图 9-33 所示。

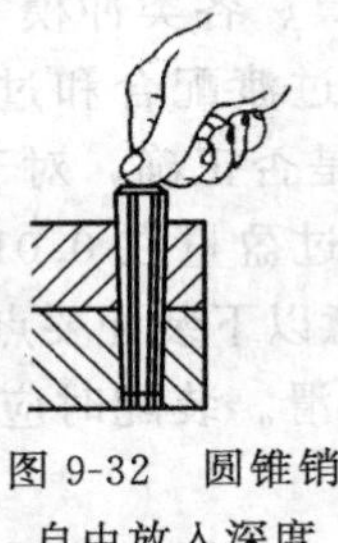

图 9-32 圆锥销自由放入深度

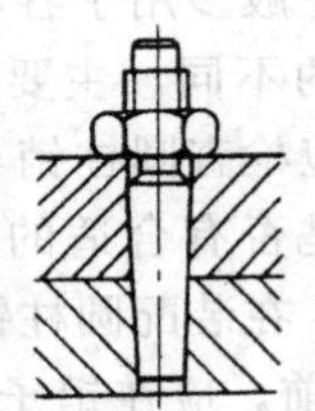

图 9-33 螺尾圆锥销拆卸

若拆卸带内螺纹的圆柱销或圆锥销时，可用拔销器拔出，如图 9-34所示。

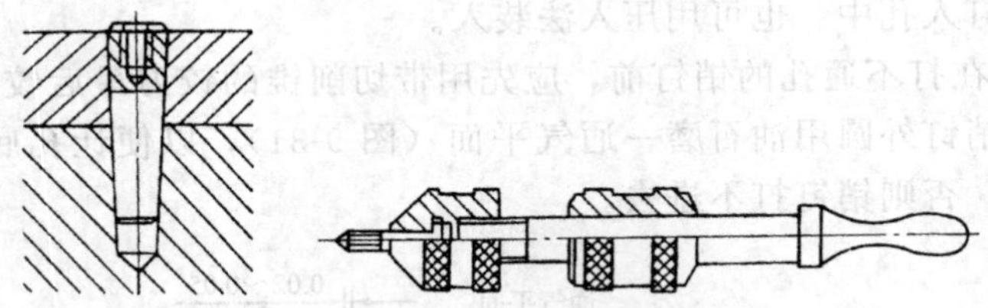

图 9-34 带内螺纹的圆锥销拆卸

(3) 开口销的装配

将开口销装入孔内后，应将小端开口扳开，防止振动时脱出。

9.3.4 过盈连接的装配

过盈连接是依靠包容件（孔）和被包容件（轴）配合后的过盈值达到紧固连接的，见图 9-35。装配后，轴的直径被压缩，孔的直径被胀大。由于材料的弹性变形，使两者配合面间产生压力。工作时，依靠此压力产生摩擦力来传递扭矩、轴向力。过盈连接具有结构简单，对中性好，承载能力强，能承受变载和冲击力。由于过盈配合没有键槽，因而可避免机件强度的削弱，但配合面加工精度要求较高，加工麻烦，装配有时不太方便。

过盈连接常见的形式有两种，即圆柱面过盈连接和圆锥面过盈连接。

(1) 圆柱面过盈连接的装配

① 圆柱面过盈连接的装配要点

a. 依据承载力、轴向力及扭矩合理选择过盈值的大小。装配后最小的实际过盈量，要能保证两个零件相互之间的准确位置和一定的紧密度。

b. 配合表面应具有较小的表面粗糙度值，并应清洁。经加热或冷却的配合件在装配前要擦拭干净。

c. 孔口及轴端均应倒角 15°～20°，并应圆滑过渡，无毛刺(图 9-36)。

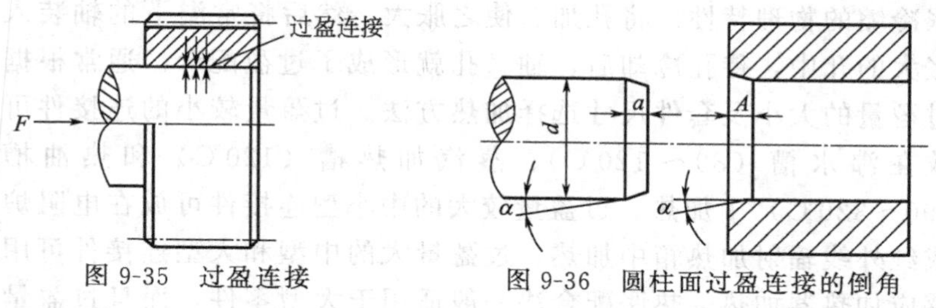

图 9-35 过盈连接

图 9-36 圆柱面过盈连接的倒角

d. 装配前，配合表面应涂油润滑，以防压入时擦伤表面。

e. 装压过程要保持连续，速度不宜太快，一般以 2～4mm/s 为宜。压入时，特别是开始压入阶段必须保持轴与孔的中心线一致，不允许有倾斜现象，最好采用专用的导向工具。

f. 细长件或薄壁件需检查过盈量和形位偏差，装配时最好垂直压入，以免变形。

② 圆柱面过盈连接的装配方法

a. 压入法。当过盈量及配合尺寸较小时，一般采用在常温下压入配合法装配。压入法主要适用于配合要求较低或配合长度较短的场合，且多用于单件生产。成批生产时，最好选用分组选配法装配，可以放宽零件加工要求，而得到较好的装配质量。图 9-37 给出了常用的压入方法及设备。

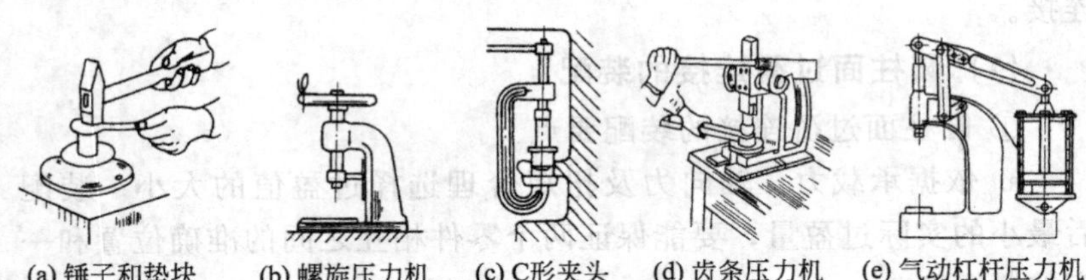
(a) 锤子和垫块　(b) 螺旋压力机　(c) C形夹头　(d) 齿条压力机　(e) 气动杠杆压力机

图 9-37　压入方法和设备

尽管压入法工艺简单，但因装配过程中配合表面被擦伤，因而减少了过盈量，降低连接强度，故不宜多次装拆。

b. 热胀配合法。热胀配合法也称红套，它是利用金属材料热胀冷缩的物理特性。将孔加热使之胀大，然后将常温下的轴装入胀大的孔中，待孔冷却后，轴、孔就形成了过盈配合。通常根据过盈量的大小及套件尺寸选择加热方法。过盈量较小的连接件可放在沸水槽（80～120℃）、蒸汽加热槽（120℃）和热油槽（90～320℃）中加热。过盈量较大的中小型连接件可放在电阻炉或红外线辐射加热箱中加热。过盈量大的中型和大型连接件可用感应加热器加热。热胀配合法一般适用于大型零件，而且过盈量较大的场合。

c. 冷缩配合法。冷缩配合法是将轴进行低温冷却，使之缩小。然后与常温下的孔装配，得到过盈连接。如过盈量小的小型和薄壁衬套可采用干冰冷缩。可冷至－78℃，操作简单。对于过盈量较大的连接件，可采用液氮冷缩，可冷至－195℃。

冷缩法与热胀法相比，收缩变形量较小，因而多用于过渡配合，有时也用于过盈量较小的配合。

(2) 圆锥面过盈连接装配

圆锥面过盈连接是利用轴和孔产生相对轴向位移互相压紧而获得过盈的配合。圆锥面过盈连接的特点是压合距离短，装拆方便，

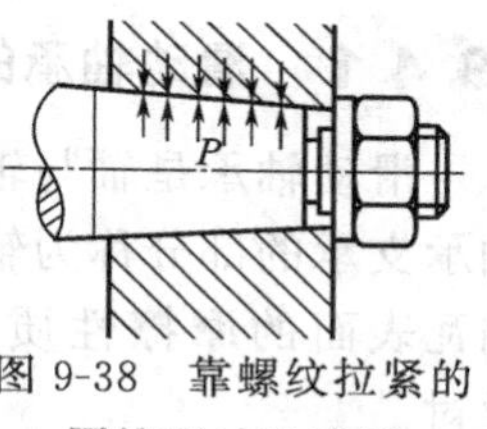

图 9-38 靠螺纹拉紧的圆锥面过盈连接

配合面不易擦伤拉毛，可用于需要多次装拆的场合。

圆锥面过盈连接中使配合件相对轴向位移的方法有多种：图 9-38为依靠螺纹拉紧而实现的；图 9-39 为依靠液压使包容件内孔胀大后而实现相对位移；此外，还常常采用将包容件加热使内孔胀大的方法。靠螺纹拉紧时，其配合的锥面锥度通常为1∶30～1∶8；而靠液压胀大内孔时，其配合面的锥度常采用 1∶50～1∶30，以保证良好的自锁性。

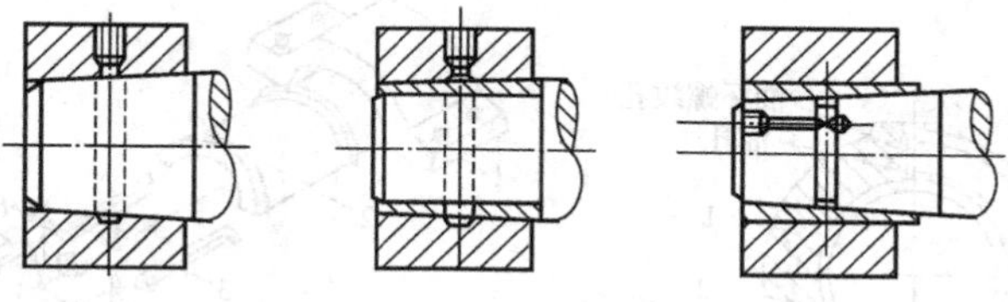
图 9-39 靠液压胀大内孔的圆锥面过盈连接

利用液压装拆圆锥面过盈连接时，要注意以下几点。

① 严格控制压入行程，以保证规定的过盈量。

② 开始压入时，压入速度要小。

③ 达到规定行程后，应先消除径向油压后消除轴向油压，否则包容件常会弹出而造成事故。拆卸时，也应注意。

④ 拆卸时的油压比安装时要低。

⑤ 安装时，配合面要保持洁净，并涂以经过滤的轻质润滑油。

9.4 轴承的装配

用来支承轴或轴上旋转零件的部件称为轴承。按轴承工作时的摩擦性质不同，轴承可分为滑动轴承、滚动轴承两种。

9.4.1 滑动轴承的装配

滑动轴承是轴与轴承孔进行滑动摩擦的一种轴承。其中，轴被轴承支承的部分称为轴颈，与轴颈相配的零件称为轴瓦。为了改善轴瓦表面的摩擦性质而在其内表面上浇铸的减摩材料层称为轴承衬。

(1) 滑动轴承的类型及应用

根据润滑情况，滑动轴承可分为液体摩擦轴承和非液体摩擦轴承两大类。而根据结构形状的不同，又可分为整体式轴承、剖分式轴承等多种形式，如图 9-40 所示。

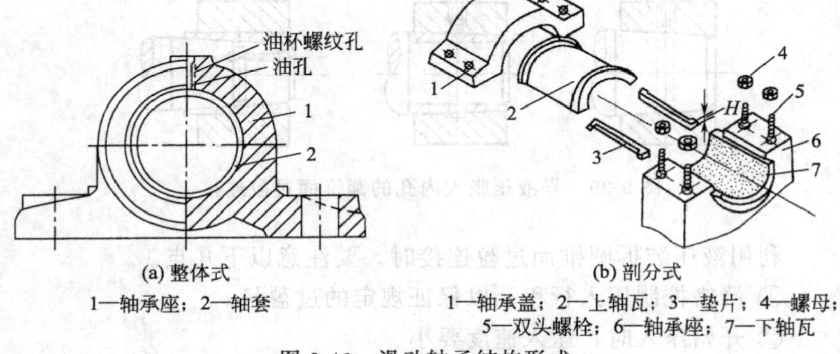

图 9-40 滑动轴承结构形式

滑动轴承具有润滑油膜吸振能力强、能承受较大冲击载荷、工作平稳、可靠、无噪声、拆装维修方便等优点。一般用于低速重载工况场合，或者是维护保养及加注润滑油困难的运转部位，如内燃机、轧钢机、大型电机及仪表、雷达、天文望远镜等方面。

(2) 滑动轴承的装配步骤及要点

① 整体式径向滑动轴承的装配　整体式径向滑动轴承由轴承座和轴套组成，其结构如图 9-40(a) 所示，其装配步骤及要点主要有以下几方面。

a. 装前应仔细检查机体内径与轴套外径尺寸是否符合规定

要求。

b. 对两配合件要仔细地倒棱和去毛刺，并清洗干净。

c. 装配前对配合件要涂润滑油。

d. 压入轴承套，过盈量小可用锤子在放好的轴套上，加垫块或用芯棒敲入，见图 9-41。如果过盈量较大，可用压力机或拉紧工具压入。用压力机压入时要防止轴套歪斜，压入开始时可用导向环或导向心轴导向。

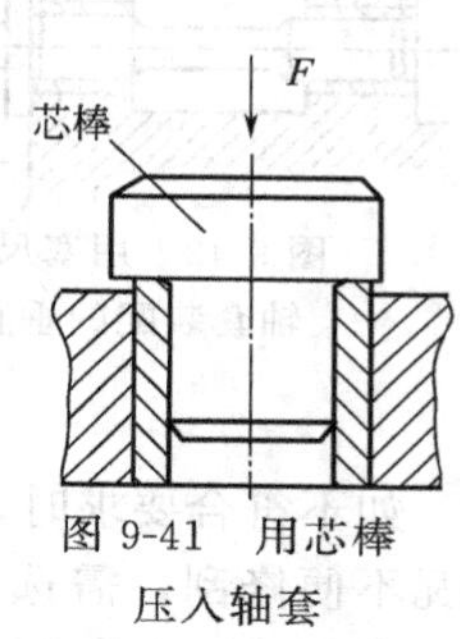

图 9-41 用芯棒压入轴套

e. 负荷较大的滑动轴承压入后，还要安装定位销或紧定螺钉定位，常用的轴承定位方式如图 9-42 所示。

f. 修整压入后轴套孔壁，消除装压时产生的内孔变形，如内径缩小、椭圆形、圆锥形等。

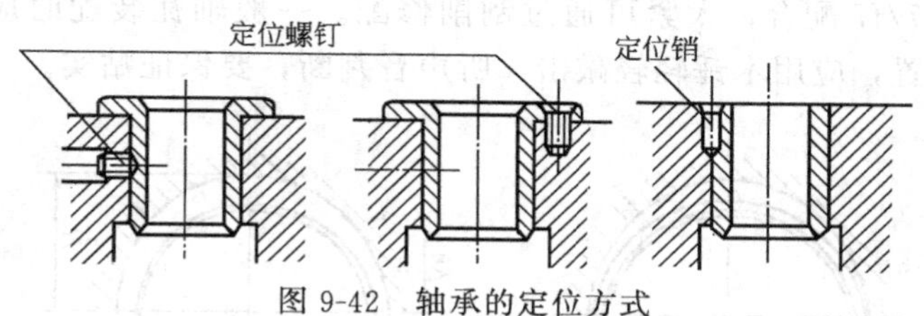

图 9-42 轴承的定位方式

g. 最后按规定的技术要求检验轴套内孔。主要检验项目及方法有：用内径百分表在孔的两三处相互垂直方向上检查轴套的圆度误差；用塞尺检验轴套孔的轴线与轴承体端面的垂直度误差，参见图 9-43。

h. 在水中工作的尼龙轴承，安装前应在水中泡煮一定时间，约 1h 再安装，使其充分吸水膨胀，防止内径严重收缩。

② 剖分式滑动轴承的装配 典型的剖分式滑动轴承的结构如图 9-40(b) 所示，它由轴承座、轴承盖、剖分轴瓦、垫片及双头螺柱组成。剖分式滑动轴承装配要点如下。

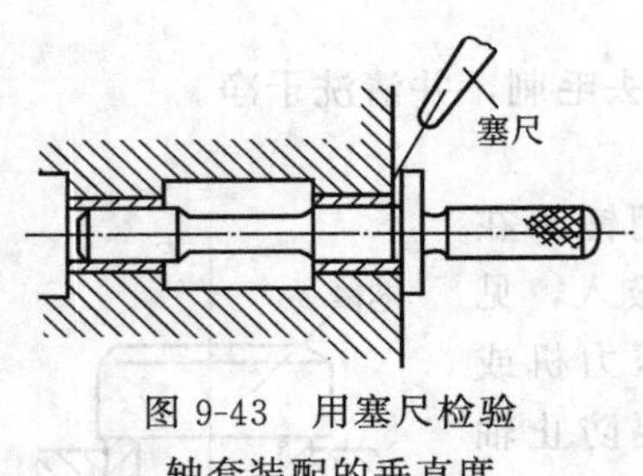

图 9-43　用塞尺检验轴套装配的垂直度

a. 清理。装配前，首先应清理轴承座、轴承盖、上瓦和下瓦的毛刺、飞边。

b. 轴瓦与轴承座、盖的装配。上下轴瓦与轴承座、盖装配时，应使轴瓦背与座孔接触良好，可用涂色法检查轴瓦外径与轴承座孔的贴合情况，接触良好，着色要均匀。

如不符合要求时，厚壁轴瓦以座孔为基准修刮轴瓦背部。薄壁轴瓦不便修刮，需选配。为达到配合的紧密，保证有合适的过盈量，薄壁轴瓦的剖分面应比轴承座的剖分面 H 略高一些(图 9-44)，$\Delta h=\pi\delta/4$（δ 为轴瓦与轴承内孔的配合过盈），一般 $\Delta h=0.05\sim0.1$mm。同时，应保证轴瓦的阶台紧靠座孔的两端面，达到 H7/f7 配合，太紧可通过刮削修配。一般轴瓦装配时应对准油孔位置，应用木锤轻轻敲击，听声音判断，要保证贴实。

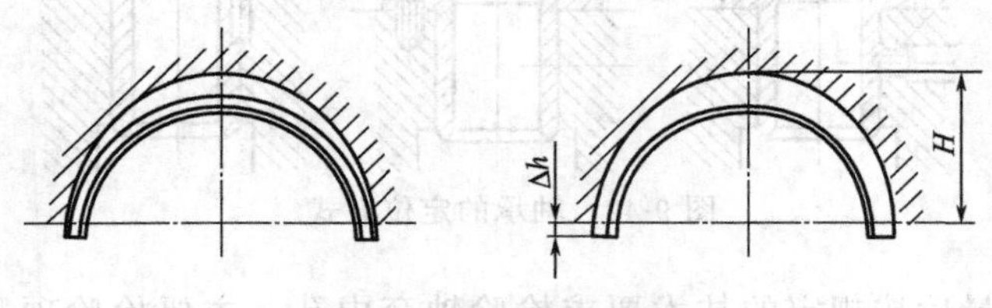

图 9-44　薄壁轴瓦的选配

c. 轴瓦孔的配制。用与轴瓦配合的轴来显点，在上下轴瓦内涂显示剂，然后把轴和轴承装好，双头螺钉的紧固程度以轴能转动为宜。当螺柱均匀紧固后，轴能轻松转动且无过大间隙，显点达到要求，即为刮削合格。

d. 装配与间隙调整。对刮好的轴瓦应进行仔细的清洗后再重新装入座、盖内，最后调整接合处的垫片，瓦内壁涂润滑油后细心装入配合件，保证轴与轴瓦之间的径向配合间隙符合设计要求后，再按规定拧紧力矩均匀地拧紧锁紧螺母。

9.4.2 滚动轴承的装配

工作时，由滚动体在内外圈的滚道上进行滚动摩擦的轴承，称为滚动轴承。滚动轴承具有摩擦力小、使用维护方便、工作可靠、启动性能好、轴向尺寸小、在中等速度下承载能力较高等优点。

滚动轴承是由专业厂大量生产的标准部件，其滚动轴承内圈与轴的配合采用的是基孔制；外圈与轴承孔的配合采用的是基轴制。按国家标准规定，轴承内径尺寸只有负偏差，这与通用公差标准的基准孔尺寸只有正偏差不同。轴承外径尺寸只有负偏差，但其大小也与通用公差标准不同。

（1）滚动轴承的装配要求

除两面带防尘盖或密封圈的滚动轴承外，其他轴承均应在装配前进行清洗并加防锈润滑剂。应注意的是，清洗时不应影响轴承的间隙，清洗后轴承不能直接放在平板上，更不允许直接用手去拿或触摸。

装配时不应盲目操作，应以无字标的一面作为基准面，紧靠在轴肩处；滚动轴承上标有代号的端面应装在可见部位，以便于将来更换。装配后应保证轴承外圈与轴肩和壳体台肩紧贴（轴颈和壳体孔台肩处的圆弧半径，应小于轴承的圆弧半径），而不应在它们之间留有间隙，如图 9-45 所示，同时还应除去凸出表面的毛刺。

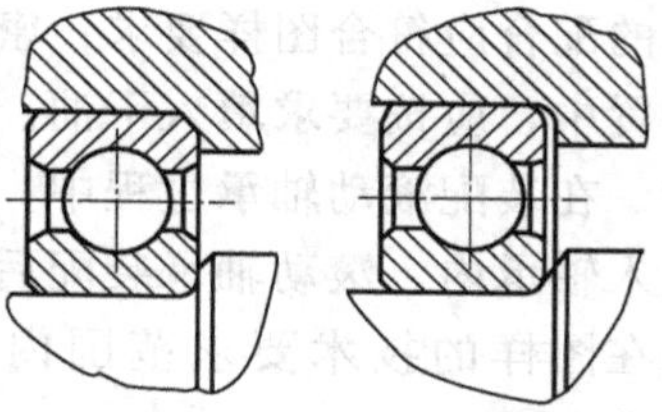

(a) 正确　(b) 错误

图 9-45　滚动轴承在台肩处的配合

轴承装配在轴上和壳体中后，不能有歪斜和卡住现象。为了保证滚动轴承工作时有一定的热胀余地，在同轴的两个轴承中，必须有一个轴承的外圈（或内圈）可以在热胀时产生轴向移动，以免轴承产生附加应力，甚至在工作中使轴承咬住。滚动轴承常见的轴向固定有两种基本形式。

① 两端单向固定方式　如图 9-46 所示，在轴的两端支承点上，用轴承端盖单向固定，分别限制两个方向的轴向移动。为了避免受热伸长而使轴承卡住，在右端轴承外圈与端盖之间留有不大的间隙（0.5～1mm），以便游动。

② 一端双向固定方式　如图 9-47 所示，右端轴承双向轴向固定，左端轴承可以随轴游动。这样工作时不会发生轴向窜动，受热膨胀又能自由地向另一端伸长，不致卡死。

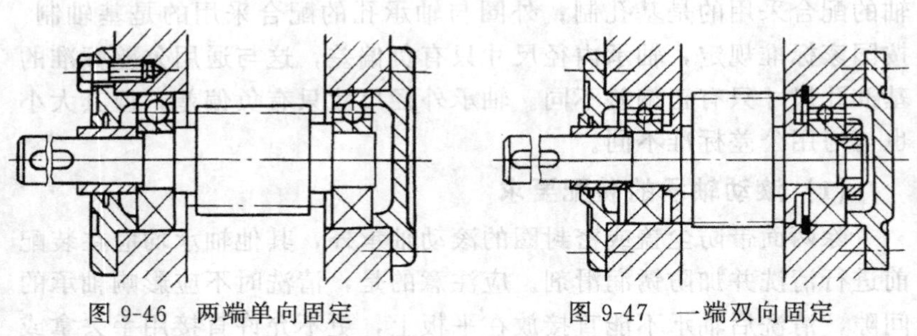

图 9-46　两端单向固定　　图 9-47　一端双向固定

此外，滚动轴承安装时应符合轴系固定的结构要求。轴承的固定装置应可靠，紧定程度应适中，防松装置应完善；轴承与轴、座孔的配合应符合图样要求；密封装置应严密，在沟式和迷宫式密封装置中，应按要求填入干油。

在装配滚动轴承过程中，应严格保持清洁、严防有杂物或污物进入轴承内。滚动轴承装配后运转应灵活、无噪声，工作温升应控制在图样的技术要求范围内，施加的润滑剂应符合图样的技术要求。

滚动轴承常用的润滑剂有润滑油、润滑脂和固体润滑剂三种。润滑油一般用于高速轴承润滑，润滑脂一般常用于转速和温度都不很高的场合。当一般润滑脂和润滑油不能满足使用要求时，可采用固体润滑剂。

(2) 角接触球轴承的装配要点

① 装配顺序　轴承内、外圈的装配顺序应遵循先紧后松的原

则进行。当轴承内圈与轴是紧配合、轴承外圈与轴承座是较松的配合时，应先将轴承安装在轴上，然后再将轴连同轴承一起装入轴承座内，如图 9-48(a) 所示。当轴承外圈与轴承座孔是紧配合，轴承内圈与轴是松配合时，则先将轴承压装在轴承座孔内，然后再把轴装入轴承内圈内，如图 9-48(b) 所示。当轴承内圈与轴和轴承外圈与轴承座孔配合的松紧相同时，可用安装套施加压力，同时作用在轴承内、外圈上，把轴承同时压入轴颈和轴承座孔中，如图 9-48(c) 所示。

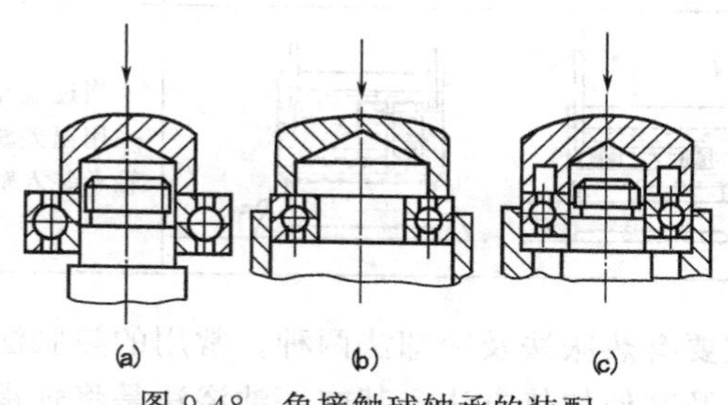

图 9-48 角接触球轴承的装配

② 装配方法 装配方法的选用一般应根据所配合过盈量的大小确定。当配合过盈量较小时，用锤子敲击装配。当配合过盈较大时，可用压力机直接压入。当过盈量过大时，也可用温差法装配，具体参见表 9-9。应该说明的是：角接触球轴承是整体式圆柱孔轴承的典型类型，它的装配方法在圆柱孔轴承装配中具有代表性。其压入轴承时采用的方法和工具在其他圆柱孔轴承同样适用。

表 9-9 滚动轴承的常用装配方法

装配方法	图示	操作说明
敲入法		当配合过盈量较小时，可用套筒垫起来敲入，或用铜棒对称地敲击轴承内圈或外圈

续表

装配方法	图示	操作说明
压入法		当过盈量过大时，可用压力机直接压入，也可用套筒垫起来压轴承内、外圈，或整体套筒一起压入壳体及轴上
温差法		当过盈量过大时，也可采用温差法，趁热（冷）将轴承装入轴颈处

温差法主要有热胀法及冷却法两种。常用的热胀法主要有油浴法、电感应法及其他加热方法。其中，油浴法是将轴承浸在闪点为250℃以上的变压器油的油池内加热，加热温度为 80～100℃。加热时应使用网格或吊钩，搁置或悬挂轴承。装配前必须测量轴承内径，要求轴承内径比轴径大 0.05mm 左右。再用干净揩布擦去轴承表面的油迹和附着物，并用布垫托住端平装入轴颈，用手推紧轴承直至冷却固定为止，然后略微转动轴承，检查轴承装配是否倾斜或卡死；电感应加热法是利用电磁感应原理的一种加热方法。目前普遍采用的有简易式感应加热器和手提式感应加热器。加热时将感应加热器套入轴承内圈，加热至 80～100℃时立即切断电源，停止加热进行安装；如果在现场安装还可以采用简易加热方法：一种是空气加热法，是把轴承放置于烘箱或干燥箱加热的一种方法；另一种是传热板加热法，适用于外径小于 100mm 的轴承，传热板的温度不高于 200℃。应注意的是，热胀法不适用于内部充满润滑油脂带防尘盖或密封圈轴承的装配。

冷却法装配轴承是把轴承置于低温箱内。若是轴承与轴承座孔的装配，可先把轴承置于低温箱内冷却。箱内和低温介质一般多用干冰，通过它可以获得－78℃的低温。操作时将干冰倒入低温箱内即可。取出低温零件（轴或轴承）时不可用手直接拿取，应戴上石棉手套并立即测量零件的配合尺寸，如合适即刻进行装配，零件安装到位后不可立即松手，应直到零件恢复到常温才能松手。

（3）圆锥滚子轴承的装配要点

圆锥滚子轴承是分体式轴承中的典型。它的内、外圈可以分离，装配时可分别将内圈装入轴上，外圈装入轴承座孔中，然后再通过改变轴承内、外圈的相对位置来调整轴承的间隙，如图 9-49 所示。内、外圈装配时，仍然按其过盈量的大小来选择装配方法和工具，其基本原则与向心球轴承装配相同。

（4）推力球轴承的装配要点

推力球轴承装配时应注意区别紧环和松环，松环的内孔比紧环的内孔大，故紧环应靠在轴上相对静止的面上，如图 9-50 所示，右端紧环靠在轴肩端面上，左端的紧环靠在螺母的端面上，否则使滚动体丧失作用，同时会加速配合零件间的磨损。

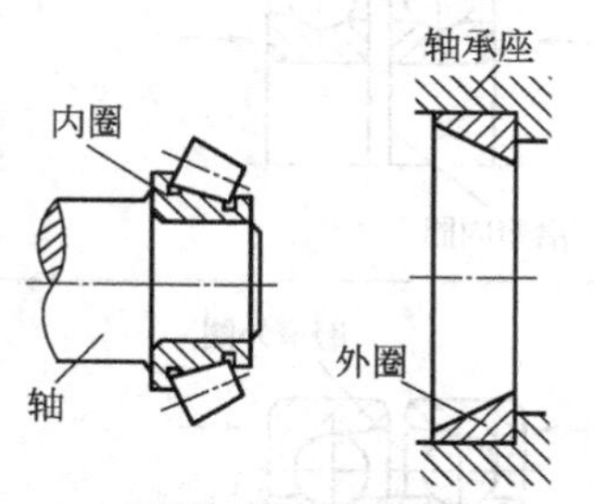

图 9-49 圆锥滚子轴承的装配方法

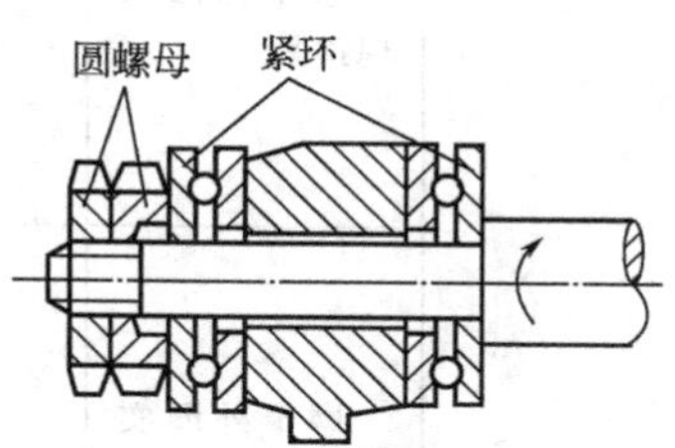

图 9-50 推力球轴承的装配

（5）滚动轴承间隙的调整和预紧

在滚动轴承的装配过程中，有一项重要的工作就是滚动轴承间隙（又称游隙）的调整和预紧。由于轴承存在游隙，在载荷作用下，内、外圈就要产生相对移动，这就降低了轴承的刚度，引起轴的径向和轴向振动。同时还会造成主轴的轴线漂移，从而影响加工精度及机床、设备的使用寿命。滚动轴承间隙的调整方法主要有径向预紧和轴向预紧两种，表 9-10 给出了滚动轴承间隙调整和预紧的方法。

表 9-10 滚动轴承间隙调整和预紧的方法

轴承类型	方法	图示
角接触球轴承 70000	用轴承内、外圈垫环厚度差实现预紧	垫圈
	用弹簧实现预紧	螺柱 (a) (b)
	磨窄内圈实现预紧	磨窄内圈
	磨窄外圈实现预紧	磨窄外圈
	外圈宽、窄两端相对安装实现预紧	

续表

轴承类型	方法	图示
双列圆柱滚子轴承NN3000K	调节轴承内圈锥孔轴向位置实现预紧	
圆锥滚子轴承30000	将内圈装在轴上，外圈装在壳体孔中，用垫片[图(a)]螺钉[图(b)]螺母[图(c)]调整	(a) (b) (c)
推力球轴承50000	调节螺母实现预紧	

9.5 传动机构的装配

机械设备的运转需要动力来驱动。但是，把原动机（如电动机、柴油机等）直接与工作机械相连的情况是很少见的，一般都需要在两者之间加入传递动力、变速、变向等的传动装置，传动装置是大多数机械的主要组成部分。

按工作原理的不同，传动装置可分为两大类。第一类是传动过程中，机械能不转变为其他形式能量的称作机械传动；第二类是传动过程中，机械能转变为电能，或电能转变为机械能的称为电传动。其中机械传动的应用最为广泛，常见的传动机构主要有带传动、链传动、齿轮传动及蜗杆传动等。

9.5.1 带传动机构的装配

带传动是通过传动带与带轮之间的摩擦力来传递运动和动力的，具有工作平稳、噪声小、结构简单、制造容易，以及过载打滑起到安全保险作用的特点。带传动有多种类型，按带的断面形状可分为V带传动、平带传动及齿形带（同步带）传动三种，如图 9-51所示。

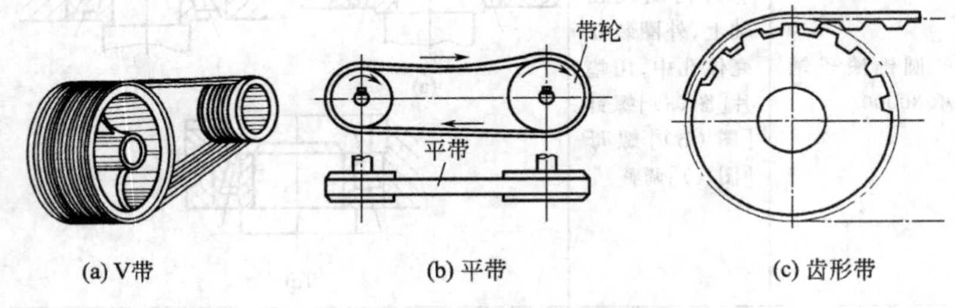

图 9-51 带传动的类型

(1) 带轮的装配

带轮装夹方式有多种，固定的方式也有所不同，如图 9-52 所示。

① 带轮圆锥固定　带轮装夹在圆锥形轴头上，如图 9-52(a) 所示，带轮锥孔与锥轴配合传递力矩大，有较好的定心作用。

② 带轮端盖压紧固定　带轮装夹在圆柱轴头上，如图 9-52(b) 所示，利用轴肩和垫圈固定。带轮圆柱孔与轴颈配合应有一定的过盈量，装配时应注意带轮与轴颈配合不宜过松，装配后轴头端面不应露出带轮端面，否则传递力矩都作用在平键上，将降低带轮和传动轴的使用寿命。

③ 带轮楔键固定　带轮用楔键固定在圆柱轴头上，如图 9-52 (c) 所示，利用楔键斜面进行固定。装配要点是楔键与轮槽底面接

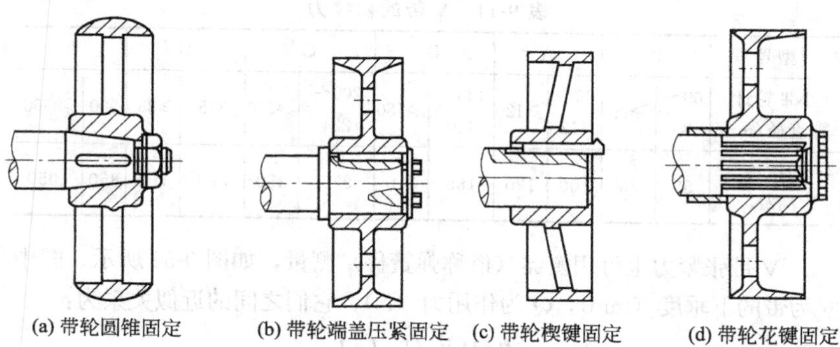

图 9-52 带轮固定方式

触精度必须达到 75％以上，否则带轮传动时的振动容易使楔键滑出造成安全事故。

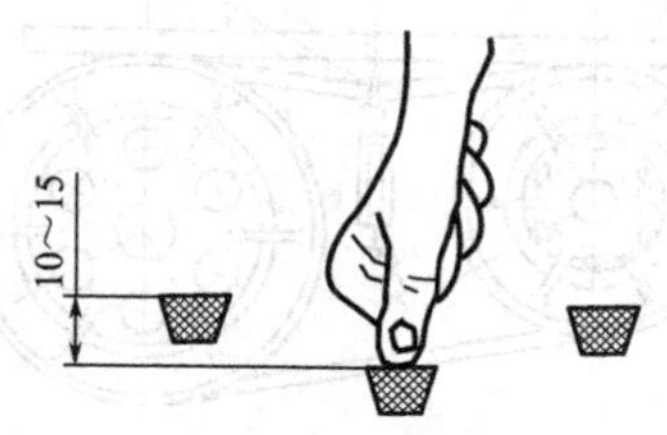

图 9-53 V 带的装配调整

④ 带轮花键固定　带轮装夹在花键轴头上，如图 9-52(d) 所示。带轮与花键轴头配合的特点是定位精度好，传递力矩大，装拆方便。花键装配如遇到配合过盈量较大时，可用无刃拉刀或用砂布修正，不宜用手工修锉花键，以免损坏花键的定位精度。

(2) V 带的装配

① 带装配时，先将中心距缩小，待带套入带轮后再逐步调整带的松紧。带的松紧程度调整如图 9-53 所示。调节时，用拇指压下带时手感应有一定的张力，压下 10～15mm 后手感明显有重感，手松后能立即复原为宜。由于使用 V 带的型号和带轮直径不同，带的张紧程度也有所不同，V 带的初拉力如表 9-11 所示。

表 9-11 V 带的初拉力

型号	Z		A		B		C		D		E	
小带轮计算直径/mm	68～80	≥90	90～112	≥120	125～150	≥180	200～224	≥250	315	≥355	500	≥560
初拉力 f_0/N	55	70	100	120	165	210	275	350	580	700	850	1050

V 带张紧力也可用衡器（俗称弹簧秤）测量，如图 9-54 所示。图中 y 为带的下垂度（mm），Q 为作用力（N），它们之间的近似关系为：

$$y = QL/(2f_0)$$

式中 L——测定点的距离，mm；

f_0——带的初拉力，N。

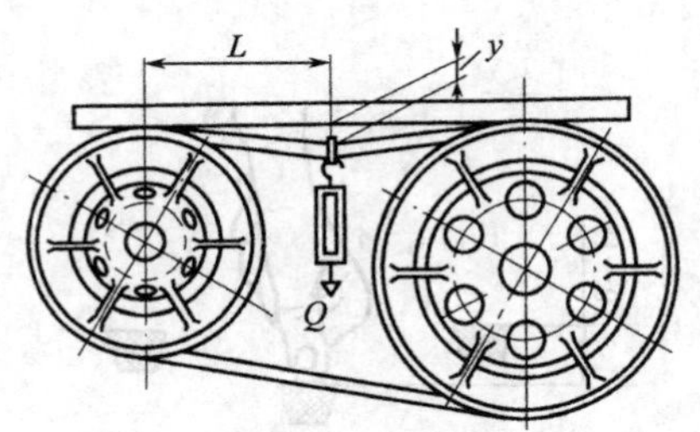

图 9-54 带张紧力衡器测量法

② 对于带传动系统，常采用张紧轮机构调整机构带的张紧力。张紧轮装夹方法如图 9-55 所示。V 带的张紧轮的轮槽与 V 带的工

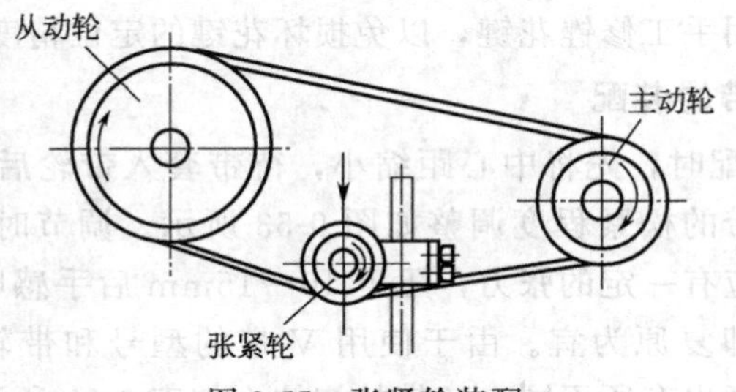

图 9-55 张紧轮装配

作面接触，张紧轮装夹在带的非受力一侧方向，调整张力使带的摩擦力增加。

③ V带长度用多根带时，带的长度应基本一致，以保证每根带传递动力一致，以及减缓带传动中的振动影响。

(3) 平带、齿形带的装配

平带装配应保证两带轮装配位置的正确。平带工作时，带应在带轮宽度的中间位置，如图 9-56(a) 所示。齿形（同步带）传动如图 9-56(b) 所示。

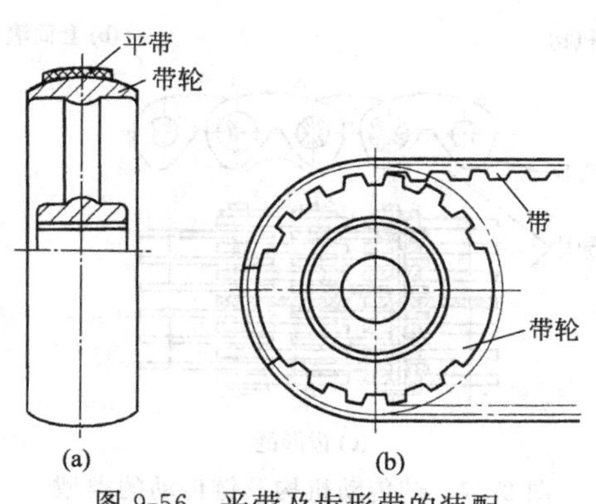

图 9-56 平带及齿形带的装配

9.5.2 链传动机构的装配

链传动机构通过链和链轮的啮合来传递动力，如图 9-57(a) 所示。链传动具有结构紧凑、对轴的径向压力较小、承载能力大、传动效率高的优点，但链传动时的振动、冲击和噪声较大，链节磨损后链条容易拉长，引起脱链现象。常用的链传动有套筒滚子链［图 9-57(b)］和齿形链［图 9-57(c)］两种。

(1) 链传动的装配技术要求

① 链传动机构中的两个链轮轴线应保持平行，否则会引起脱链或加剧链与链轮的磨损。

② 两链轮的轴向偏移量应小于允许值：两链轮中心距小于

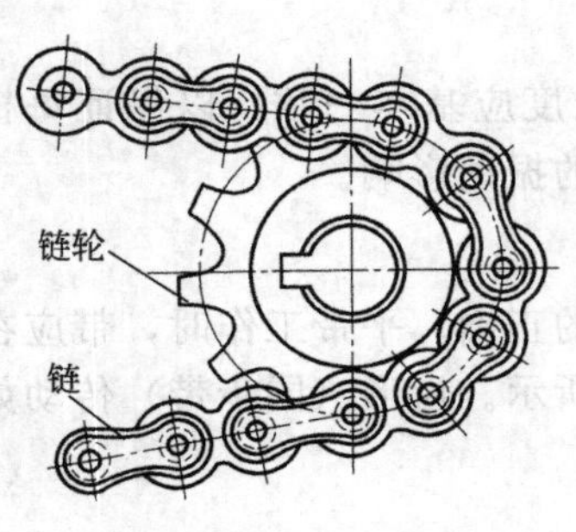

(a) 链传动机构

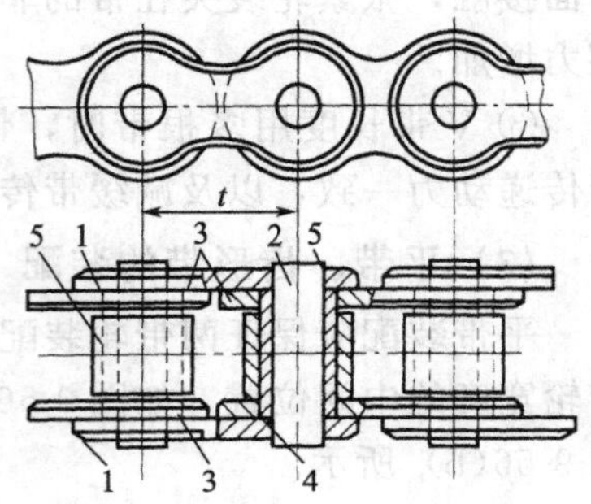

(b) 套筒滚子链

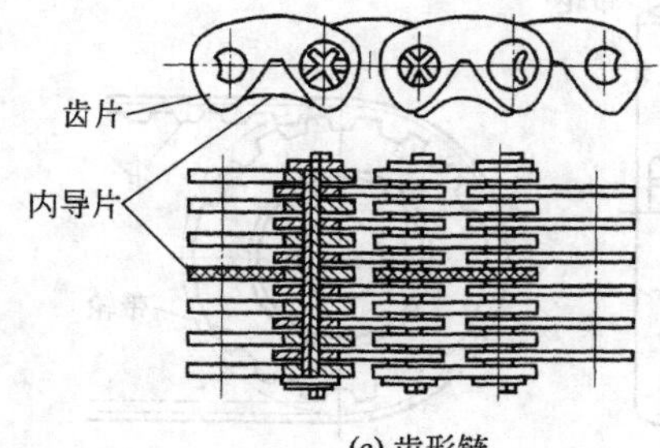

(c) 齿形链

图 9-57 链传动机构及链传动的类型

1—外链板；2—销轴；3—内链板；4—套筒；5—滚子

500mm 时，轴向偏移小于 1mm；两链轮中心距不小于 500mm 时，轴向偏移小于 2mm。

③ 链轮装配后应符合规定的要求，链轮跳动量如表 9-12 所示。链轮装配后的跳动量可用划针盘或百分表进行检查，如图 9-58所示。

表 9-12 链轮跳动量 单位：mm

链轮的直径	套筒滚子链的链轮跳动量	
	径向 δ	端面 a
≤100	0.25	0.3

续表

链轮的直径	套筒滚子链的链轮跳动量	
	径向 δ	端面 a
>100～200	0.5	0.5
>200～300	0.75	0.8
>300～400	1.0	1.0
>400	1.2	1.5

④ 链条装配的松紧程度应合适。链条装配过紧，传动中会增加传动载荷和加剧磨损；链条装配过松，传动中会出现弹跳或脱落。

（2）链传动的装配

① 链轮的装配　链轮在轴上有紧定螺钉固定和圆锥销固定两种固定方法，如图 9-59 所示。

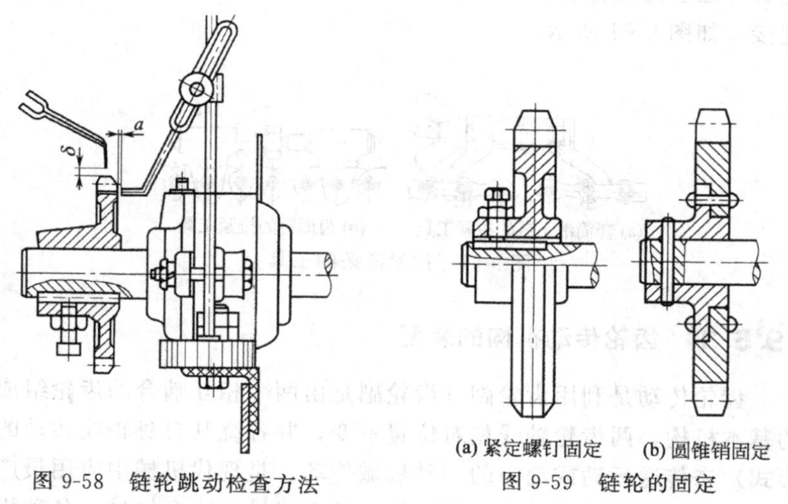

图 9-58　链轮跳动检查方法

(a) 紧定螺钉固定　(b) 圆锥销固定

图 9-59　链轮的固定

② 链条的装配　链条的装配分为链条两端的连接和链条与链轮的装配两方面。套筒滚子链的结构及接头形式如图 9-60 所示。

链节固定有多种方式，大节距套筒滚子链用开口销连接，如图 9-61(a) 所示；小节距套筒滚子链用卡簧片将活动销固定，如图 9-61(b) 所示。

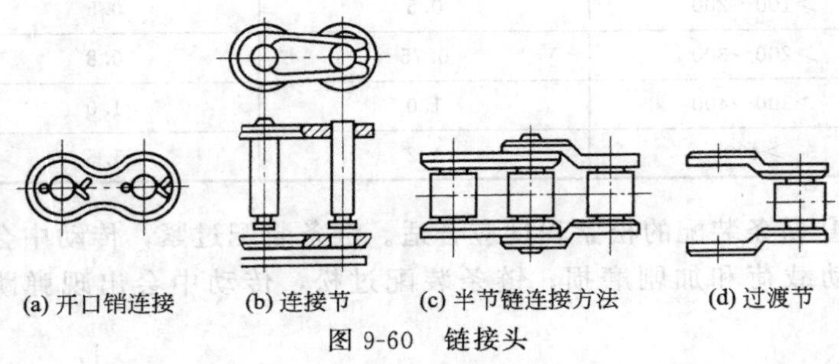

图 9-60 链接头

若结构上允许在链条装好后再装链轮，这时链条的接头可预先进行连接；若结构上不允许链条预先将接头连接好，就必须将链条先套在已装好的链轮上，并采用拉紧工具将链条两端拉紧后再进行连接，如图 9-61 所示。

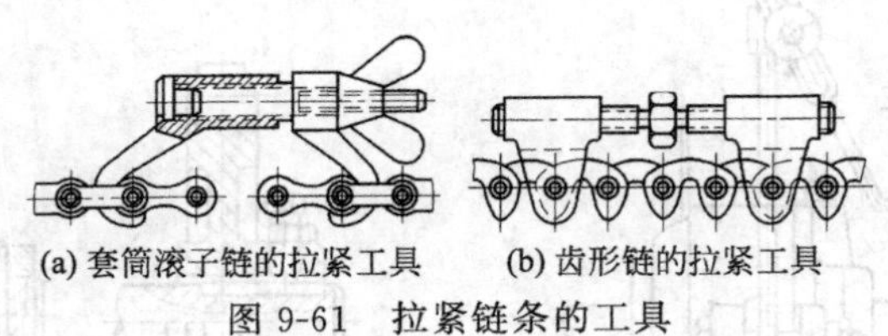

图 9-61 拉紧链条的工具

9.5.3 齿轮传动机构的装配

齿轮传动是利用齿轮副（齿轮副是由两个相互啮合的齿轮组成的基本机构，两齿轮轴线相对位置不变，并各绕其自身轴线转动的形式）来传递运动或动力的一种机械传动，是现代机械中应用最广的一种机械传动形式。在工程机械、矿山机械、冶金机械、各种机床及仪器、仪表工业中被广泛地用来传递运动和动力。具有能保证一定的瞬时传动比、传动准确可靠、传递功率和速度范围大、传递效率高、使用寿命长、结构紧凑、体积小等一系列优点，但齿轮传动也具有传动噪声大、传动平稳性比带传动差、不能进行大距离传动、制造装配复杂等缺点。

齿轮传动的类型较多，有直齿、斜齿、人字齿轮传动；有圆柱齿轮、圆锥齿轮以及齿轮齿条传动等。

(1) 齿轮传动机构的装配要求

对齿轮传动机构进行装配时，为保证工作平稳、传动均匀、无冲击振动和噪声的工作目标，应满足以下要求。

① 齿轮孔与轴的配合要恰当。固定在轴颈的齿轮通常与轴有少量的过盈配合，装配时需要加一定外力压装在轴上，装配后齿轮不得有偏心或歪斜；滑移齿轮装配后不应有阻滞现象；空套在轴上的齿轮配合间隙和轴向窜动不能过大或有晃动现象。

② 齿轮间的中心距和齿侧间隙要准确，因齿侧间隙用于储油并起润滑和散热作用，故侧隙不应过大或过小。

③ 传动齿轮中相互啮合的两齿应有正确的接触部位且形成一定的接触面积。

④ 高速大齿轮装配后，应进行平衡检查，以免工作时产生过大的振动。

(2) 圆柱齿轮传动机构的装配

齿轮传动机构的装配，一般可分为齿轮与轴的装配；齿轮轴组件的装配；啮合质量检查三个部分，各部分的装配要点主要有以下几方面。

① 齿轮与轴的装配　齿轮在轴上的工作方式有空转、滑移、固定连接三种。齿轮与轴的常见结合方式如图 9-62 所示。

② 把齿轮与轴部件装入箱体　为保证装配质量，装配前应对箱体的有关部位作检验。

a. 测量同轴线孔的同轴度时，先在各孔中装入专用定位套，接着用通用心轴进行检验，若心轴能顺利推入相关孔中，则表明孔的同轴度符合要求。如需要测同轴度的偏差值，拆除待测孔中的定

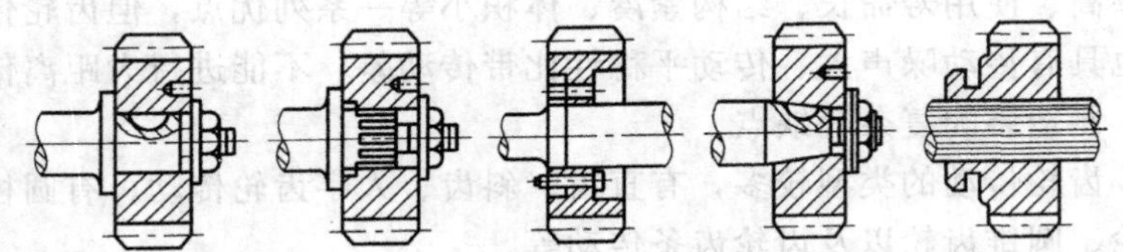

(a) 半圆键连接 (b) 花键连接 (c) 轴肩螺栓连接 (d) 圆锥连接 (e) 与花键滑动连接

图 9-62 齿轮与轴的结合方式

位套，并把百分表装在心轴 1 上，转动心轴，测量百分表的指针摆动范围即可得出同轴度差值，如图 9-63 所示。

b. 孔距精度和孔系相互位置精度的检验，可用游标卡尺、检验心轴、专用轴套测量，如图 9-64 所示。孔距 $A=(L_1+L_2)/2-(d_1+d_2)/2$，平行度误差为 L_1-L_2。

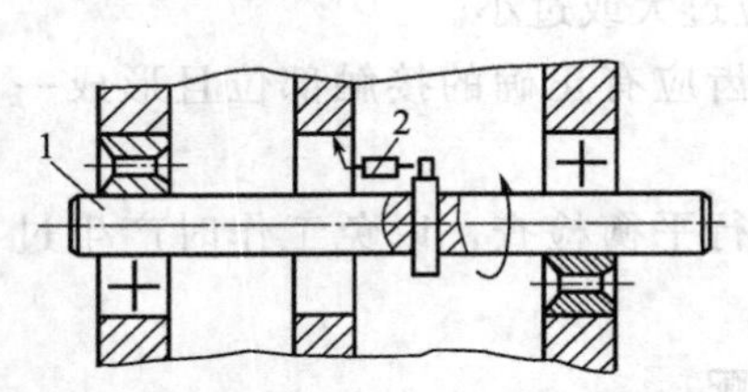

图 9-63 同轴线孔的同轴度测量

1—心轴；2—百分表

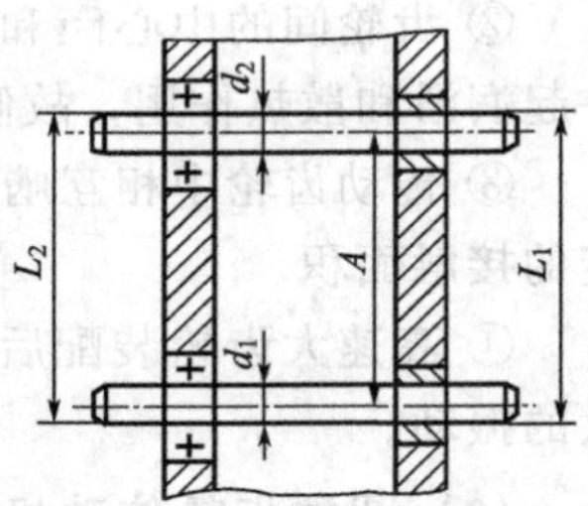

图 9-64 孔距精度和孔系相互位置精度的检验

c. 测量轴线与基面的尺寸精度及平行度的误差。箱体基面用等高垫块支承在平板上，在孔内装入专用定位套并插入检验心轴，然后使用高度游标卡尺（量块及百分表也可）去测量心轴两端的尺寸 h_1、h_2，如图 9-65 所示。这时轴线与基面的距离 $h=(h_1+h_2)/2-d/2-a$，平行度误差为 h_1-h_2。

d. 测量轴线与孔端面的垂直度时，先把心轴插入装有专用定位套的孔中，且一端用角铁抵住，以不让轴窜动；再转动心轴一圈，则百分表指针摆动的范围，就是端面与轴线间的垂直度误差，如图 9-66 所示。

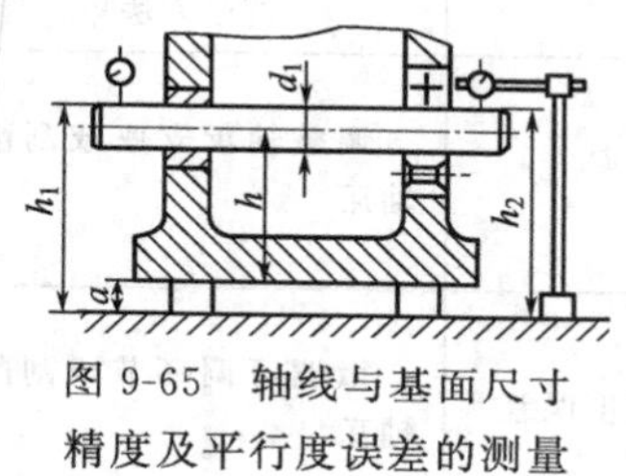

图 9-65 轴线与基面尺寸精度及平行度误差的测量

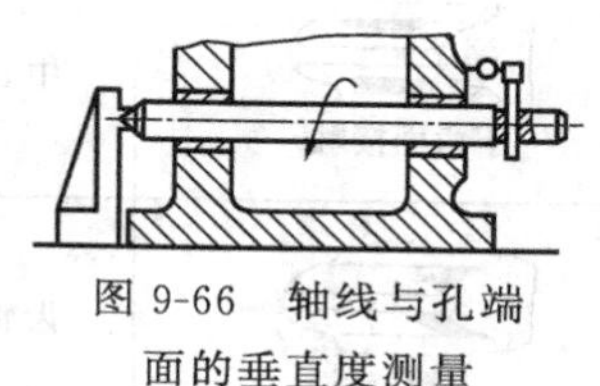
图 9-66 轴线与孔端面的垂直度测量

③ 装配后的检验与调整 当齿轮和轴部件装入箱体后，必须对装配后的侧隙和接触面积进行检验，以保证各传动齿轮之间都有良好的啮合精度。

a. 检验侧隙时，先将百分表的测头与一齿轮的齿面接触，再把另一齿轮固定；然后把接触百分表测头的齿轮从一侧的啮合转到另一侧的啮合，此时百分表上读数的差值就是侧隙的大小，如图 9-67 所示。

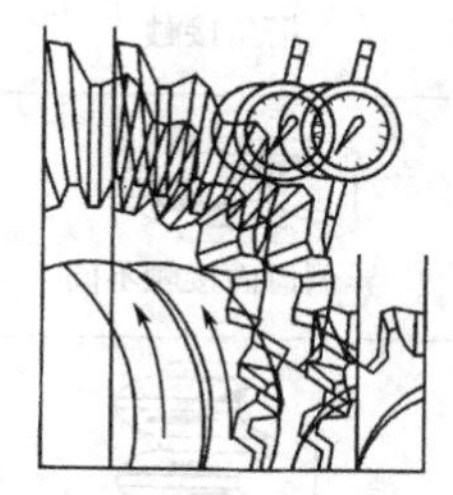
图 9-67 齿轮侧隙的检验方法

b. 对于正常啮合齿轮来说，其齿面的接触斑点由齿轮公差等级确定。对 6～9 级精度的齿轮，其接触斑点沿齿宽方向应不小于 40%～70%，而在齿高方向应不小于 30%～50%。生产中，直齿圆柱齿轮传动常见接触斑点及调整方法如表 9-13 所示。

表 9-13 常见接触斑点及调整方法

接触斑点	原因	调整方法
正常	—	—
上齿面接触	中心距偏大	调整轴承支座或刮削轴瓦

续表

接触斑点	原因	调整方法
下齿面接触	中心距偏小	调整轴承支座或刮削轴瓦
一端接触	齿轮副轴线平行度误差	微调可调环节或刮削轴瓦
搭角接触	齿轮副轴线相对歪斜	调整可调环节或刮削轴瓦
异侧齿面接触不同	两面齿向误差不一致	调换齿轮
不规则接触，时好时差	齿圈径向圆跳动量较大	(1) 运用定向装配法调整 (2) 消除齿轮定位基面异物(包括毛刺、凸点等)
鳞状接触	齿面波纹或带有毛刺等	(1) 去除毛刺、硬点 (2) 低精度可用磨合措施

(3) 锥齿轮传动机构的装配

锥齿轮传动属于相交轴间的传动，故在装配前应对箱体孔的加工精度进行测量。

① 锥齿轮传动机构的装配要求　对正常收缩齿的直齿锥齿轮来说，其分度圆锥、齿顶圆锥、齿根圆锥应具有同一个锥顶点 O，且一对齿轮亦应具有共同的锥顶点 O。在每个齿轮轴向位置确定的情况下进行装配时，将小锥齿轮以“装夹距离”为依据，去测量确

定小齿轮的装夹位置并进行轴向定位的情况，如图 9-68(a) 所示。小齿轮轴位置有偏差时，其轴向定位同样也可以“装夹位置”为依据，并使用专用量规进行测量，如图 9-68(b) 所示。

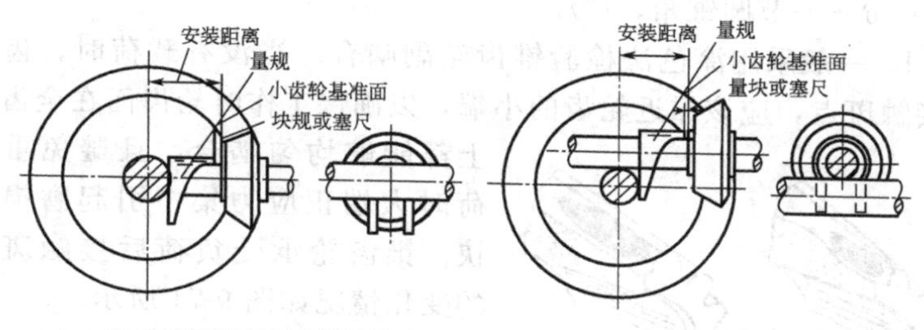

(a) 小齿轮装夹距离的测量　(b) 小齿轮偏置时装夹距离的测量

图 9-68　小齿轮的轴向定位

大齿轮的轴向位置由侧隙大小确定，其通常用工艺轴来代表尚未装好的大齿轮。大齿轮沿着自己的轴线移动且一直移动到侧隙符合要求的情形，如图 9-69 所示。

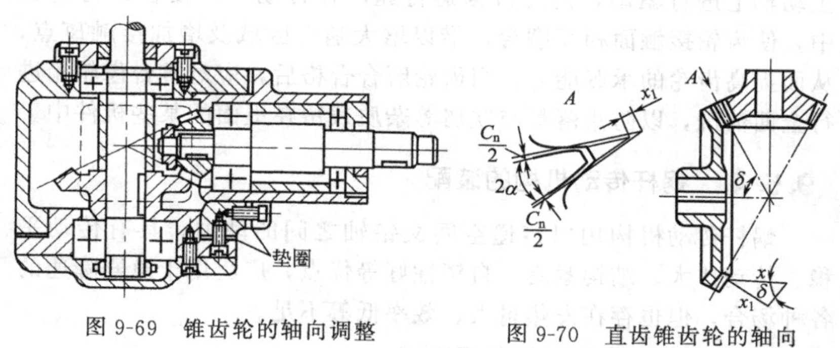

图 9-69　锥齿轮的轴向调整

图 9-70　直齿锥齿轮的轴向调整量与侧隙的近似关系

② 锥齿轮传动机构装配后的检验

a. 锥齿轮侧隙的检验方法与检验圆柱齿轮副侧隙的方法相同。如果不合格，应移动锥齿轮的轴向位置进行调整。直齿锥齿轮副的法向侧隙 C_n。如图 9-70 所示，与齿轮的轴向调整量 x 的近似关系为：

$$C_n = 2x\sin\alpha\sin\delta$$

式中 α——压力角，(°)；

δ——节圆锥角，(°)。

b. 一般采用涂色法检验锥齿轮副啮合。当没有载荷时，齿轮的接触斑点，应该靠近轮齿的小端，以确保工作时轮齿面在全齿宽上都能够均匀啮合，且避免重载荷时大端正应力集中引起磨损过快。锥齿轮承受负荷后接触斑点的变化情况如图 9-71 所示。

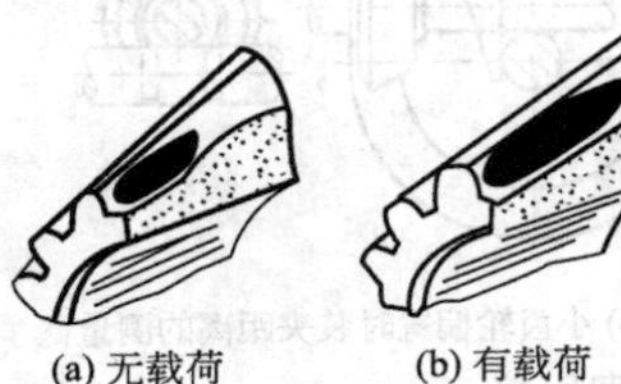

图 9-71 锥齿轮承受负荷后接触斑点的变化

c. 对锥齿轮传动副来说，通过装配后进行磨合，可以提高其接触精度。常用磨合方法有加载磨合和电火花磨合两种。加载磨合常用在工装制造中，方法是在齿轮副的输出轴上加一力矩，并在主动轴上进行驱动，使之根据运行速度作传动，以便在运行过程中，使齿轮接触面相互磨合，借以增大啮合区域及增加接触斑点，从而提高齿轮的承载能力。当齿轮磨合合格后，应对整台齿轮箱进行全面清洗，以防止落料与铁屑等杂质残留在里面的某些机件中。

9.5.4 蜗杆传动机构的装配

蜗杆传动机构用以传递空间交错轴之间的动力，具有传动平稳、传动比大、结构紧凑、自锁性好等优点，广泛用于急剧降速的各种场合，但也存在发热量大、效率低等不足。

(1) 蜗杆传动机构的装配要求

在蜗杆传动机构中，蜗杆轴心线与蜗轮轴心线在空间交错轴间的交角一般为 90°，且蜗杆为主动件，主要装配要求如下。

① 蜗轮与蜗杆间中心距要准确，应有适当的啮合侧隙和正确的接触斑点。

② 蜗杆轴心线与蜗轮轴心线要互相垂直。

③ 蜗杆的轴心线位于蜗轮轮齿的中间平面内。

④ 装配后，不管蜗轮在什么位置，转动蜗杆时，手感应相同且无卡住现象。

（2）蜗杆传动机构的装配

一般做法是先对蜗杆箱体中孔的中心距及轴心线间的垂直度进行测量，然后进行装配；通常先装蜗轮、后装蜗杆，装配完后再进行有关检验与调整。

① 蜗杆箱体中孔的中心距和轴心线间垂直度的测量　蜗杆箱体孔中心距的测量如图 9-72(a) 所示。测量时，先把箱体用三齿千斤顶支承在平板上，再把检验心轴 1 与 2 分别插入箱体上的轴孔中，接着调整千斤顶使任一心轴与平面平行，然后分别测量两心轴与平板的距离，即可算出中心距 a。当一心轴与平面平行时，这时另一心轴不一定平行于平面，此时应测量心轴两端到平面的距离，并取其平均值作为该心轴到平面的距离。

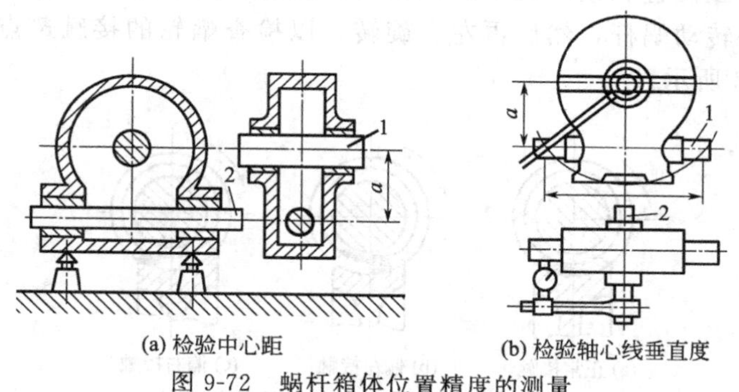

(a) 检验中心距　　(b) 检验轴心线垂直度

图 9-72　蜗杆箱体位置精度的测量

箱体轴心线间垂直度的测量如图 9-72(b) 所示。测量时，先在心轴 2 的一端套一百分表架并用螺钉固定；然后旋转心轴 2，按百分表测头在心轴 1 两端的读数差，即可换算出轴线间的垂直度误差。如果检验结果表明，另一心轴对平面的平行度和两轴线间的垂直度超差，则可在保证中心距误差的范围内，采用刮削轴瓦及底座平面的方法进行修整；如超差太大无法修整时，通常予以报废。

② 蜗杆传动机构的装配过程　按先装蜗轮、后装蜗杆的步骤进行。

a. 蜗轮的装配。蜗轮有整体式和组合式之分，而组合式蜗轮有铸造连接、过盈连接、受剪螺栓连接等。在进行装配时，应先把蜗轮的齿冠部分与轮毂部分连接起来，再把整个蜗轮套装到蜗轮轴上，然后把蜗轮轴装入箱体内。

b. 蜗杆的装配。在蜗轮轴装入箱体后，再把蜗杆装入。因蜗杆轴心线的位置，通常由箱体的装夹孔确定，故蜗杆与蜗轮的最佳啮合，是通过改变蜗轮的轴向位置来实现的，而蜗轮的轴向位置可通过改变调整垫圈的厚度进行调整。

③ 装配后的检验及调整　检验及调整内容包括啮合精度和侧隙两方面。

a. 完成蜗杆和蜗轮的装配后，应先采用涂色法检验蜗杆与蜗轮的相互位置和接触斑点。操作时，先把红丹粉涂在蜗杆的螺旋面上并转动蜗杆，然后再左右旋转，以检查蜗轮的接触斑点，如图 9-73 所示。

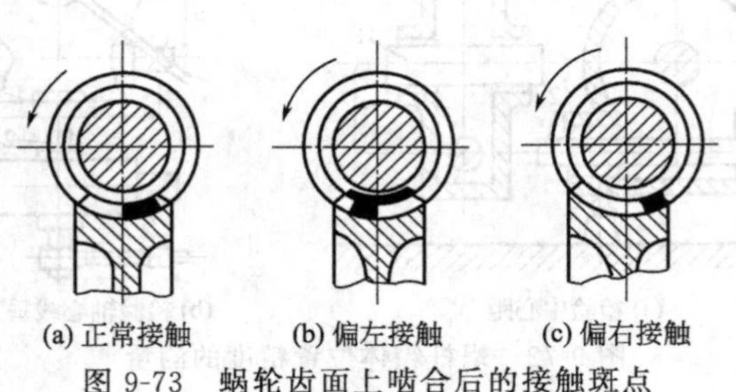

图 9-73　蜗轮齿面上啮合后的接触斑点

b. 蜗杆、蜗轮装配后对侧隙的检验如图 9-74 所示。直接测量法［图 9-74(a)］是在蜗杆轴上固定一带量角器的刻度盘 2，再使百分表测头顶在蜗轮齿面上，然后用手转动蜗杆，在百分表指针不动的条件下，固定指针 1 所对应的刻度盘读数的最大差值，即为蜗杆的空程角。侧隙用下式来计算：

$$C_n = \frac{Z_1 m\alpha}{6.8}$$

式中 C_n——蜗杆副的法向侧隙，μm；

Z_1——蜗杆头数；

m——模数，mm；

α——空程角，(′)。

用测量杆测量侧隙的方法如图 9-74(b) 所示。

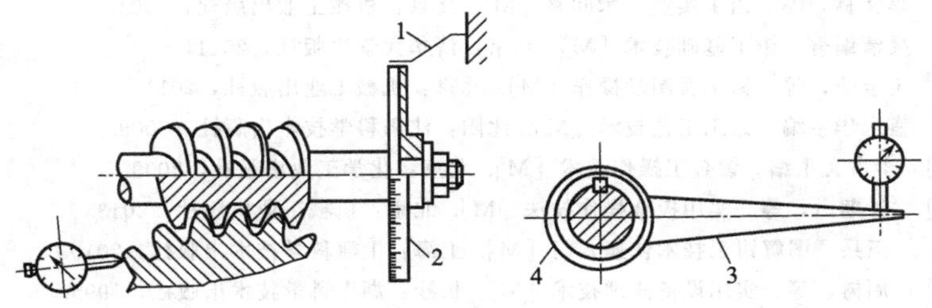

图 9-74 蜗杆传动机构侧隙的测量

1—指针；2—刻度盘；3—测量杆；4—蜗轮轴

参考文献

[1] 吴志远．图解钳工入门［M］．北京：中国电力出版社，2008.

[2] 陈永，等．机械工人必备常识［M］．北京：机械工业出版社，2011.

[3]《职业技能培训NES系列教材》编委会．钳工技能［M］．3版．北京：航空工业出版社，2008.

[4] 陈忠民主编．钣金工操作技法与实例［M］．上海：上海科学技术出版社，2009.

[5] 陈宏钧，等．钳工操作技能手册［M］．北京：机械工业出版社，1998.

[6] 李文林，等．钳工实业技术问答［M］．北京：机械工业出版社，2001.

[7] 吴清编著．钳工基础技术［M］．北京：清华大学出版社，2011.

[8] 王金荣，等．钳工看图学操作［M］．北京：机械工业出版社，2011.

[9] 盛永华主编．钳工工艺技术［M］．沈阳：沈阳科学技术出版社，2009.

[10] 李占文主编．钣金工操作技术［M］．北京：化学工业出版社，2009.

[11] 钟翔山，等．实用钣金操作技法［M］．北京：机械工业出版社，2013.

[12] 王兵．图解钳工技术快速入门［M］．上海：上海科学技术出版社，2010.

[13] 周树，等．实用设备修理技术［M］．长沙：湖南科学技术出版社，1995.

[14] 杨叔子．机械加工工艺师手册［M］．北京：机械工业出版社，2002.

[15] 陈大钧．钳工技能［M］．北京：航空工业出版社，1991.

[16] 郭庆荣．中级钳工技术［M］．北京：机械工业出版社，1999.

[17] 钱昌明，等．钳工工作技术禁忌实例［M］．北京：机械工业出版社，2006.

[18] 魏康民．机械制造工艺装备［M］．重庆：重庆大学出版社，2007.